"十四五"职业教育国家规划教材

"十二五"职业教育国家规划教材

经全国职业教育教材审定委员会审定

普通高等教育"十一五"国家级规划教材

兽医临床诊疗技术

第 5 版

（畜牧兽医类专业用）

吴敏秋　主编

中国农业大学出版社

· 北京 ·

内 容 简 介

本教材系统地介绍了兽医临床诊断和治疗方面的操作要领，对可能出现的检查结果进行链接分析，以培养学生的临床操作技能以及发现问题、分析问题和解决问题的能力。教材内容紧扣兽医临床诊疗中实际应用需要，对兽医临床检查技术及治疗技术进行重点介绍，对一些目前应用较少的，但又是临床兽医必备的技能和知识应用数字化加以介绍，同时纳入了近年逐步应用于临床的新技术，从而保证了教材内容的科学性、完整性和先进性。教材共有 8 个项目，分解成 30 个任务，介绍了兽医临床检查技术、临床检验技术、特殊检查、病历记录与建立诊断、给药技术、动物外科手术、穿刺技术与封闭疗法和其他治疗技术等内容。教材以“项目为导向”的模式呈现教学内容，根据完成典型工作任务所需知识和技能，兼顾全国执业兽医资格考试大纲要求及继续教育的需要，对所有教学内容进行了整合。本书文字简洁，图文并茂，内容通俗易懂、深入浅出，突出“实践性”和“应用性”。本教材可作为职业院校畜牧兽医、动物医学（兽医）及动物防疫与检疫等专业的教材，也可作为相关专业继续教育教材，也是参加执业兽医资格考试者的重要参考书。

图书在版编目(CIP)数据

兽医临床诊疗技术 / 吴敏秋主编. —5 版. —北京：中国农业大学出版社，2021.2 (2024.8 重印)

ISBN 978-7-5655-2476-9

Ⅰ.①兽… Ⅱ.①吴… Ⅲ.①兽医学－诊疗－高等职业教育－教材 Ⅳ.①S854

中国版本图书馆 CIP 数据核字(2020)第 224089 号

书　　名　兽医临床诊疗技术　第 5 版
作　　者　吴敏秋　主编

策划编辑　康昊婷　　**责任编辑**　林孝栋
封面设计　郑　川　李尘工作室
出版发行　中国农业大学出版社
社　　址　北京市海淀区圆明园西路 2 号　　**邮政编码**　100193
电　　话　发行部 010-62733489,1190　　读者服务部　010-62733489
　　　　　编辑部 010-62732617,2618　　出　版　部　010-62733440
网　　址　http://www.caupress.cn　　**E-mail**　cbsszs@cau.edu.cn
经　　销　新华书店
印　　刷　北京溢漾印刷有限公司
版　　次　2021 年 2 月第 5 版　　2024 年 8 月第 6 次印刷
规　　格　185 mm×260 mm　　16 开本　　21.25 印张　　510 千字
定　　价　59.00 元

编审人员

主　编　吴敏秋　江苏农牧科技职业学院

副主编　陆江宁　黑龙江农业职业技术学院

　　　　黄文峰　辽宁职业学院

　　　　黄东璋　江苏农牧科技职业学院

参　编　牛彦兵　新疆农业职业技术学院

　　　　侯小露　广西农业职业技术大学

　　　　侯　斌　江苏省靖江市畜牧兽医推广中心

　　　　谭　菊　江苏农牧科技职业学院

审　稿　刘宗平　扬州大学

　　　　孙银华　江苏省海安市农业农村局

前言

兽医临床诊疗技术是教育部颁布的《高等职业学校专业教学标准》中畜牧兽医专业、动物医学专业和动物防疫与检疫专业的专业基础课，实际上更是联系专业基础课与专业核心课的桥梁课程。它既是解剖生理、病理、药理等专业基础课程的后续课程，又是动物疾病防治技术等专业核心课程的先导课程，在畜牧兽医类专业课程体系中发挥承上启下的关键作用。为推动更多农业科技的“火花”变成创新发展的“引擎”，培养更多具有工匠精神和服务“三农”的技术技能人才。体现“教育、科技、人才是全面建设社会主义现代化国家的基础性、战略性支撑。”本次修订从内容选择、教材编排等方面进行了具体的整合。

一、教学内容选择

为全面贯彻党的教育方针，落实《国家职业教育改革实施方案》，落实立德树人根本任务，强化使命担当，《兽医临床诊疗技术》（第5版）紧扣畜牧兽医类专业的人才培养目标，通过调研相应职业岗位（群）的能力要求，分析本专业学生的就业岗位、行业现状和发展趋势，以提高学生的兽医临床诊疗技能为主线，结合《全国执业兽医资格考试大纲》，明确学生在本课程学习中需要掌握的专业技能和相关知识，形成了基于工作过程，完成工作任务需要的课程教学内容体系。

为此，在经全国职业教育教材审定委员会审定的“十二五”职业教育国家规划教材《兽医临床诊疗技术》（第4版）基础上，同时满足“1＋X”证书制度的需要，适应现代学徒制人才培养模式，强化学生实训能力，结合长期临床实践和教学经验，对照新颁布的专业教学标准要求，围绕实际工作过程中任务要求，经过几番研讨，调整和完善了课程教学内容。全书坚持知行合一、工学结合，系统地介绍了兽医临床诊断和治疗方面的操作要领，以培养学生的临床操作技能，对可能出现的检查结果进行链接分析，以培养学生发现问题、分析问题和解决问题的能力。全书内容紧扣兽医临床诊疗中实际应用需要，对兽医临床诊断及治疗技术进行重点介绍，对一些目前应用较少的，但又是临床兽医必备的技能和知识应用数字化加以介绍，对近年逐步应用于临床的新技术，特别是对实验室的临床检验技术和特殊检查技术也进行了简单介绍，从而保证教材内容的科学性、完整性和先进性。全书文字简洁，图文并茂，内容通俗易懂、深入浅出，突出实践性和应用性。

二、教材编排

本教材以任务驱动、项目导向为突破口，科学设计、合理安排教学内容。将“教、学、做”一体化融入教学全过程，实现“工”与“学”的契合与对接；突出实践技能培养，主次分明，重点突出；紧扣兽医临床应用技术，对兽医临床检查技术、临床检验技术及治疗技术给予重点介绍，将近年逐步应用于临床的新技术，特别是新的实验室临床检验技术和特殊检查技术纳入教学内容中。整体内容取舍、布局合理。

现代职业教育强调教学活动应以学生为中心，在编排教材时，我们特别强调为学生提供更多实际操作的学习机会，增强学生适应实际工作环境和解决综合问题的能力，注重对学生终身学习和个性发展的培养。教材将教学内容设置成 8 个项目，再细化为 30 个任务来完成，为发挥学生的主体作用提供了很好的解决方案。在每个项目的学习目标中，也明确了思政育人要求，追求专业课程教学与课程思政相结合的润物无声育人效果。本教材以“项目为导向”的模式优化教材表现形式，以完成典型工作任务所需的技能与知识为基础，结合行业标准和技术规范要求，兼顾全国执业兽医资格考试大纲要求，对所有教学内容进行了整合。

三、教材编写特点

1. 结构创新。教材在编写过程中有意识地突破和改造传统课程教学体系，以职业需要和工作环境为前提，以操作过程为主线，以完成工作任务目标设计步骤，让学生在操作过程中学习知识、完成任务的同时，巩固相关专业知识，以此形成一本全新的教材。本教材在结构设计中加大了“任务（技能）实施”的力度，以体现项目为导向；“技术提示”和“知识链接”是教学内容的重要组成部分，其功能是解决或解释实际操作中遇到的问题和现象，从而巩固专业知识。

2. 选材创新。本书在编写过程中，查阅、参考了大量兽医临床诊断和治疗方面的著述，继承了我国兽医临床教学工作中的成功方法和观点，同时兼顾近年来职业教育的特点，在传承的基础上发展，在发展过程中创新。教材在编写中纳入相关领域的最新学术观点和新技术，如兽医临床检验技术已经从原来的手工常规检验、生化分析，转变为应用血液分析仪、血液生化仪和尿液分析仪等精密仪器检测；特殊检查由 X 线、心电图（ECG）、B 超等检查技术，发展到应用内窥镜、X 线计算机断层摄影（CT）和磁共振成像（MRI）等检查技术，大大增加、延伸了兽医的感官检查范围和深度。

3. 呈现方式创新。教材既有统一的层次安排，如起导入作用的“项目引言”“任务分析”和“任务目标”，还安排了“学习情境”以介绍完成任务所需要的基本条件和设施，任务完成后还安排了“操作训练”和“项目测试”，以及自我测评和拓展专业知识，这些都增强了教材的可读性，提高了学生的学习兴趣，便于学生理解和掌握相关知识。

四、教材使用

本书可作为职业院校畜牧兽医、动物医学、动物防疫与检疫等专业的教材，也可作为相关专业继续教育教材，也是各级兽医临床诊疗工作者、养殖企业技术员及参加全国执业兽医资格考试者的重要参考书。

教学中以项目引领任务驱动，教师通过现场操作演示和学生操作训练，教会学生兽医临床诊断方法和治疗方法，并对操作过程中容易出现或遇到的问题、注意事项，通过技术提示进行强调；对检查中出现的现象或结果，则通过知识链接进行解答和解释，培养学生的实际操作能力与发现问题、分析问题和解决问题的能力。本书将理论与实践教学有机地结合起来，实现“理实一体化”，提高学生职业能力和学习能力，培养学生综合技能，拓展学生创业本领。

随着全国畜牧业发展，动物种群结构也发生了变化。为此，在本次修订中减少了马属动物的教学内容，相关的专业理论知识只是做了部分链接，而更多的理论知识，还需要教学者和学习者利用图书资料和网络进行完善和自主学习，以具备执业兽医所需要的专业知识、技术水平。在完成每个项目学习后，参照全国执业兽医资格考试题型，本书还编写了一定题量的测试题，学生可以对所学内容的掌握情况进行测试，有的可在教材中找到答案，有的则要通过查阅资料并认真思考后才能完成。

教材编写中得到有关高等职业院校专家、教授和行业专家的热情帮助和大力支持，特别是扬州大学兽医学院博士生导师刘宗平教授和全国首届十佳杰出兽医江苏省海安市农业农村局孙银华研究员，他们对全书进行了审稿并提出修改意见，谨此致以衷心感谢。

党的二十大报告指出，教育是国之大计、党之大计。培养什么人，怎样培养人、为谁培养人是教育的根本问题。育人的根本在于立德。教材在本次重印时秉承立德树人理念，在各项目学习目标中添加思政元素，帮助学生树立吃苦耐劳、勤奋敬业的工作作风。书中难免有一些不足之处，敬请各位同仁推评指正。

编者

2023 年 6 月

目录

项目一

临床检查技术

项目引言

在兽医临床工作中，为了诊断疾病，常需应用各种特定的检查方法，以获得能用于疾病诊断的症状和资料，这些特定的检查方法称为临床检查法。临床检查技术是兽医临床诊断技术的基本技能，是应用临床检查的基本方法，对动物进行临床一般检查，并根据需要对相应系统的组织器官进行感官检查，及时发现各种临床症状，并能对其进行分析，以获得第一手资料，为疾病诊断打下基础。

学习目标

1. 能对动物依据检查目的进行保定；
2. 能熟悉临床检查的程序，应用基本检查方法；
3. 会进行临床一般检查；
4. 能对动物的循环系统、呼吸系统、消化系统、泌尿和生殖系统、神经系统进行临床检查；
5. 能发现病理变化，对临床检查结果能进行正确的分析；
6. 树立吃苦耐劳、勤奋敬业的工作作风，养成客观收集临床资料、科学分析和判断的工作态度。

任务一　接近与保定

任务分析

接近是指兽医人员靠近被诊治动物的过程。保定是以人力、器械或药物限制动物的活动，消除其防卫能力，保障人、畜的安全，以达到检查和处置的目的。作为兽医人员要检查动物，正确接近动物，要既不惊扰动物，又能保证兽医人员进行诊疗活动的安全，是完成诊疗工作的基本技能。

任务目标

1. 会根据各种动物不同的特性，正确接近动物；
2. 能对不同动物根据诊疗目的进行正确保定。

任务情境

兽医诊疗室、饲养场(厂)的动物圈舍或运动场；动物(牛、马、猪、羊、犬、猫等)；动物所喜爱的饲料(草料)；保定绳；捕猪器；牛鼻钳；马耳夹子；鼻捻子；二柱栏、四柱栏、保定架(台)等。

任务实施

一、接近动物

(1)兽医人员接近动物时，一般由畜主或饲养人员在旁边协助进行。

(2)检查者应以温和的呼唤声，先向动物发出欲接近的信号，然后再从其侧前方徐徐靠近。

(3)接近后，可用手轻轻抚摸动物的颈侧，使其保持安静和温顺状态，以便进行检查。对猪，则可在其耳根或腹下部用手轻搔，使其安静或卧下，再行检查。对牛或马属动物可一只手轻拍其额部，另一只手从饲养员或畜主手中接过缰绳。

二、保定动物

(一)牛保定法

1. 简易保定法

(1)徒手保定法　保定者面对牛的头部，站于牛的一侧先用一只手拉提鼻绳、鼻环，或用拇指与食指、中指捏住牛的鼻中隔略上提，然后用另一只手抓住牛角加以保定(图 1-1)。

(2)鼻钳保定法　将鼻钳的两钳嘴抵近两鼻孔，并迅速夹住鼻中隔，用一只手或双手握持略向上提举(图 1-2)，亦可用绳系紧钳柄固定之。

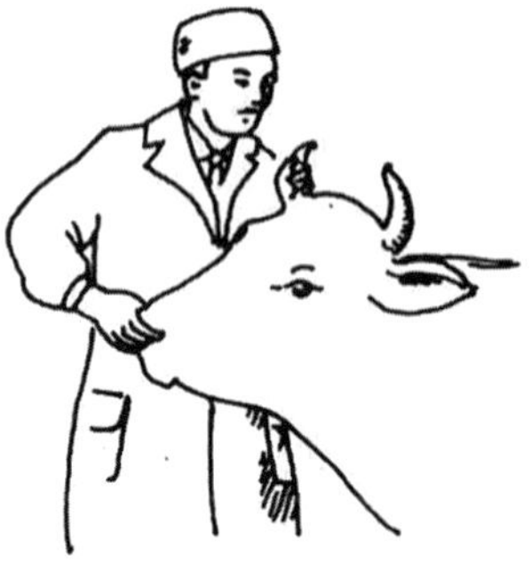

图 1-1　牛徒手保定法

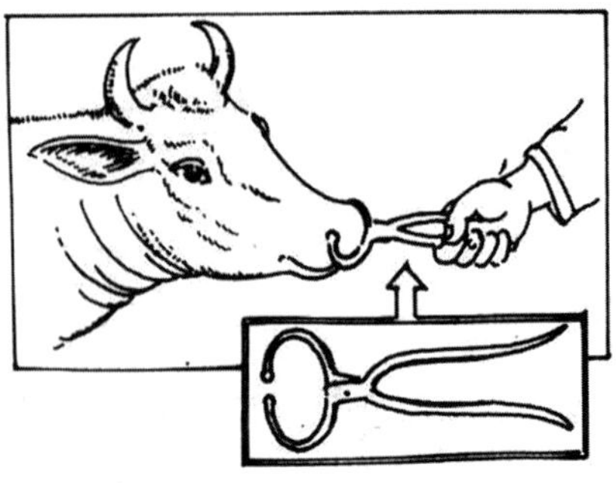

图 1-2　牛鼻钳保定法

(3)两后肢保定法　取 2～3 m 长的保定绳，折成等长两段，于腹部形成绳套，然后慢慢滑至两后肢跗关节之上，向一侧拉紧即可。亦可用一条手指粗的柔软的短绳从中间对折，在跗关节上方将两后肢胫部做“8”字形缠绕，打一活结，将两后肢固定在一起。也可用绳子的一端扣住一后肢跗关节上方跟腱部，另一端则转向对侧肢相应部做“8”字形缠绕，最后收绳抽紧使两后肢靠拢，绳头由 1 人牵住，准备随时松开(图 1-3)。

2. 柱栏保定法

(1)单柱颈绳保定法　将牛的颈部紧贴于单柱(或树桩)，以单绳或双绳做颈部活结固定(图 1-4)。此法也适用于马属动物。

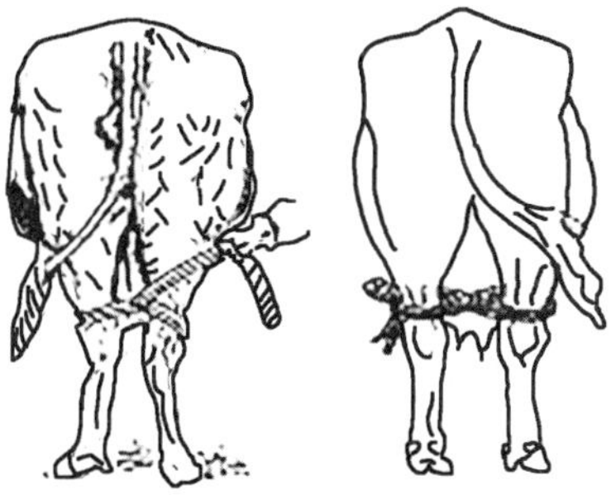

图 1-3　两后肢保定法

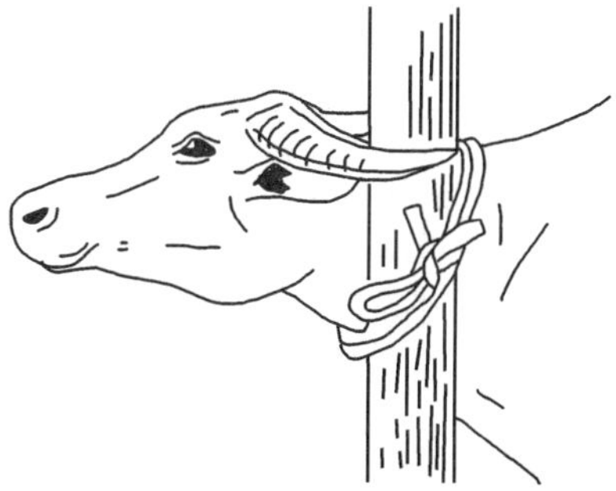

图 1-4　牛单柱颈绳保定法

(2)牛角桩保定法　将牛头前方或侧方对准木桩或树干，用绳子或牛缰绳在角根和木桩上做“8”字形反复捆缚，最后将牛的嘴端也缚于木桩上(图 1-5)。

(3)二柱栏保定法　将牛牵至二柱栏前柱旁，令其靠近柱栏，先将缰绳系于柱栏横梁前端的铁环上，再做颈部活结使颈部固定于前柱上。然后再用一条长绳于前柱至后柱的挂钩上水平环绕一周做围绳，将牛围在前后柱之间，最后用绳在胸部或腹部做上下、左右固定，分别在鬐甲和腰上打活结。必要时可用一根长竹竿或木棒从右前方向左后方斜插过腹，前端在前柱前外侧着地，后端斜向后柱挂钩下方，并在挂钩处加以固定(图 1-6)。此法也适用于马属动物。

图 1-5　牛角桩保定法

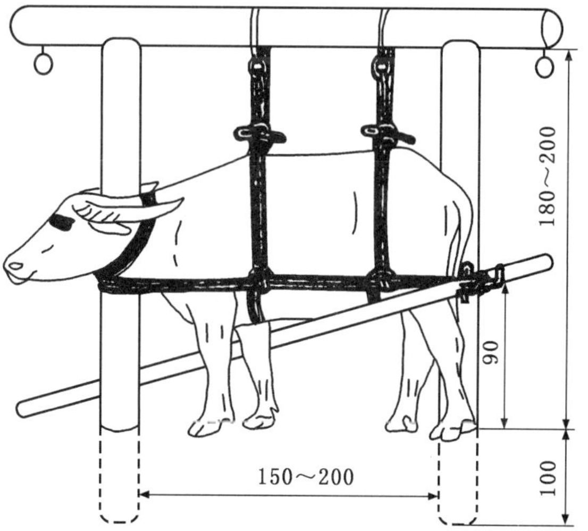

图 1-6　牛二柱栏保定法(单位:cm)

(4)四柱栏及六柱栏保定法　先将四柱栏的活动横梁按所保定的动物高度调至胸部1/2水平线上，同时按该动物胸部宽度调好两横梁的间距，装好两前柱间的前带(胸带)，然后从柱栏后方牵引动物进入柱栏内，再装好两后柱间的后带(臀带)即可保定。需要时可装肩带和腹带。解除保定的顺序是，先解除肩带和腹带，再解开缰绳和前带，让动物从前柱间离开。此法也适用于马属动物。四栏柱和六柱栏可用钢管制成，管直径为8～10 cm为宜(图1-7，图1-8)。

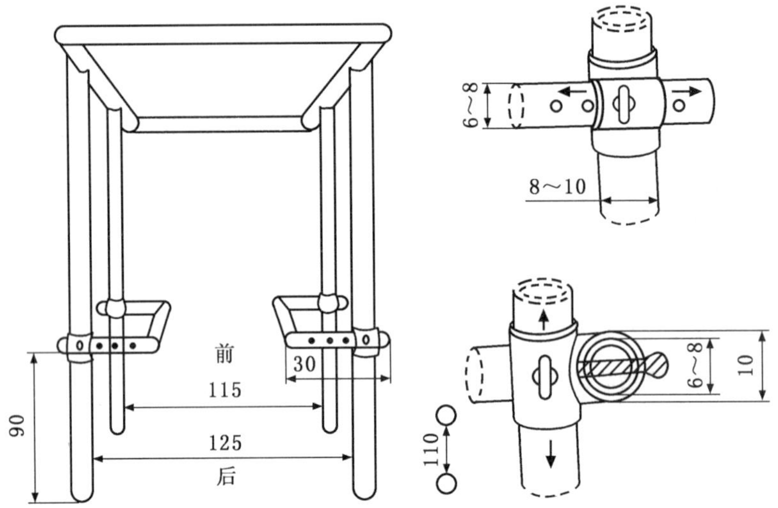

图1-7　四柱栏及其规格(单位:cm)

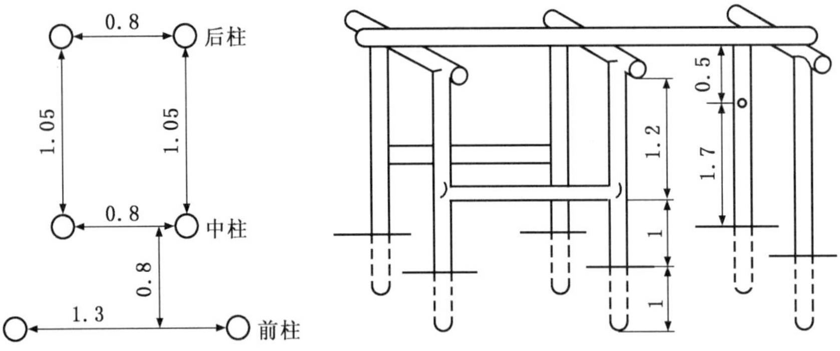

图1-8　六柱栏及其结构示意图(单位:m)

对某些检查(如检查口腔)或处置，可按需要同时利用两前柱固定头部(或同时系好肩带)。在做直肠检查时，需上好腹带及肩带，并将尾举向侧方或固定于两后柱的铁环上。在做导尿(特别是公马)或某些外伤处理时，需固定一或两后肢，以防踢蹴。

3. 侧卧保定法

(1)背腰缠绕倒牛法　取1条长约15 m的绳，将绳的一端拴在牛的两角根处，另一端沿非卧侧颈部外面的躯干上部向后牵引，在肩胛骨后角处环胸绕1圈做成第一个绳套，继而向后引至肷部，再环腹1周(此套应放在乳房前方)做成第二个绳套(图1-9)，绳子套好后，由1

人抓住牛鼻环绳和牛角，向倒卧侧按压牛头，2～3 人用力向后牵拉绳的游离端，使牛后肢屈曲而自行倒卧。

应注意，牛卧倒后，一要固定好头部；二不能放松绳端，否则牛易重新站起。一般情况下，不需捆绑四肢，必要时再进行固定。

图 1-9　背腰缠绕倒牛法

(2)拉提前肢倒牛法　由助手保定牛的头部(握鼻绳或鼻环)。取 10 m 长的圆绳一条，折成长、短两段，于折转处做一套结并系于左前肢系部；将短绳一端经胸下至右侧并绕过背部再返回左侧；再将长绳一端向上引至左髋结节前方并经腰部返回绕 1 周半打结，再引向后方，交于另一助手牵引。此时，保定者应拉紧左前肢的短绳，令牛向前走一步，在其抬左前肢的瞬间，3 人同时拉紧绳索，拉长绳端的助手速将缠在腰部的绳套顺着臀部下滑到两后肢的跖部而拉紧，牛即先跪下而后倒卧，1 人迅速固定牛头，还有 1 人固定牛的后躯，最后将两后肢与左前肢捆扎在一起(图 1-10)，需要时再固定右前肢，将四肢缚在一起。

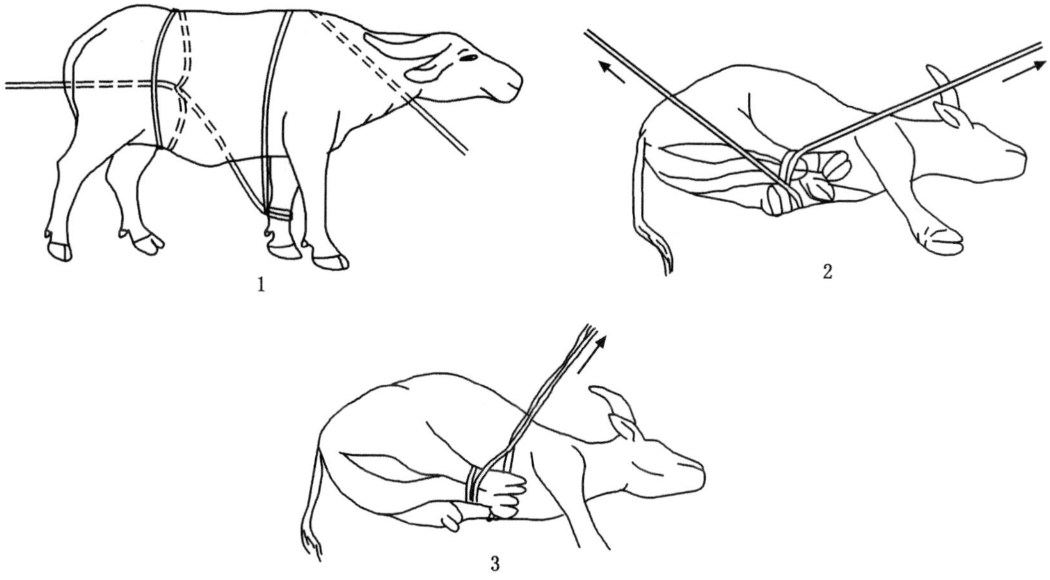

图 1-10　拉提前肢倒牛法

1. 倒牛绳的套结法　2、3. 肢蹄的捆系法

(二)猪保定法

1. 站立保定法

(1)捕猪器或绳套保定　捕猪器或在绳的一端做一活套，使绳游离端自猪的鼻端滑下，当猪张口时迅速将绳套入上腭，并立即勒紧；然后由 1 人拉紧捕猪器或保定绳的一端，或将绳拴于木桩上；此时，猪多呈用力后退姿势，可保持安定的站立状态(图 1-11)。

(2)握耳保定法　保定者抓住猪的两耳根部，必要时保定者可用两腿骑跨夹住猪的胸前部，使其呈站立状态。

图 1-11　猪的绳套保定法

1. 猪的保定后姿势　2. 绳套的结法

(3)猪尾握持保定法　保定者抓住猪尾后，猪会向前跑串挣扎，从而保持平衡的站立状态。

2. 提举保定法

保定人员抓住猪的两耳根基部，迅速提举，使猪腹面朝前，并以膝部夹住其颈胸部；亦可抓住两后肢飞节并将其后躯倒提，保定者用两腿夹住猪胸背部而固定之。

3. 网架保定法

网架的结构是用两根较坚固的木棒或竹竿（长 100～150 cm），按 60～75 cm 的宽度，用绳在架内织成网床（图 1-12）。将网架平放于地上，将猪赶至网架上，随即抬起网架，并将两端的木杆放于木凳（或其他支架）上，使猪的四肢落入网孔并离开地面即可固定。较小的猪可将其捉住放于网架上固定。

图 1-12　猪保定用网架的结构

4. 保定架保定法

将猪放于特制的活动保定架或较适宜的木槽内，使其呈仰卧姿势后固定四肢或行背位保定（图 1-13）。

5. 侧卧保定法（棒绳捆猪法）

抓猪时，右手迅速握住猪的左耳，同时用左手抓住猪的左侧膝皱襞，并向检查者怀内提举靠紧；然后将猪右胸壁横放于一端系有绳的木棒上（木棒长度超出猪体的横径），以膝抵压猪的腰臀部，将绳从猪腋下向上绕过左胸至背侧，再向下绕过木棒后，引绳向前，将上下腭缠绕拉紧，使猪头部向后上方弯曲，然后将绳端再向后绕过左腋下，返回向前系，在腭与棒之间的绳上系结固定；最后，检查者踩住地上的木棒即可（图 1-14）。

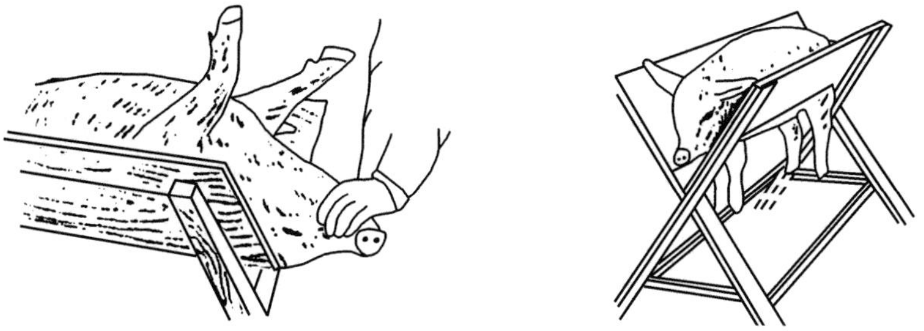

1　　2

图 1-13　猪的保定架保定法

1. 仰卧保定　2. 背位保定

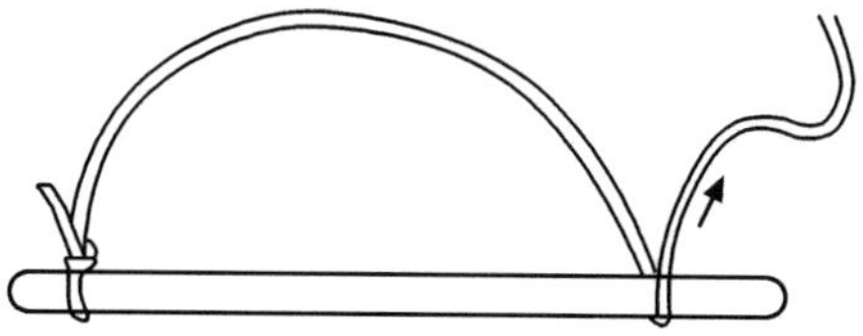

1

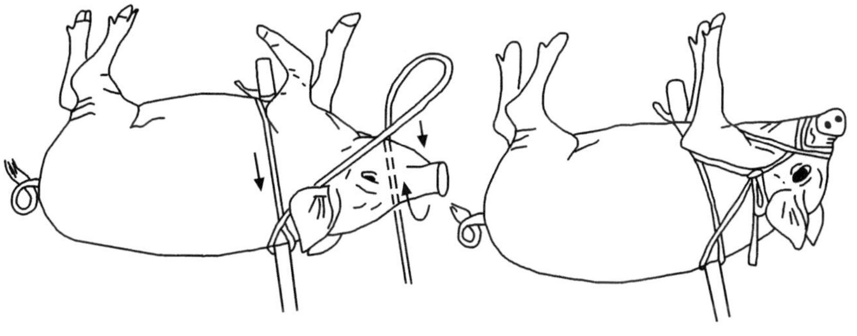

2　　3

图 1-14　棒绳捆猪法

1. 棒绳　2. 绳的捆法　3. 保定后状态

(三)羊保定法

1. 握角骑跨夹持保定法

两手握住羊的两角,骑跨羊身,以大腿内侧夹持羊两侧胸壁即可保定(图 1-15)。

2. 两手围抱保定法

从羊胸侧用两手(臂)分别围抱其胸即可保定(图 1-16)。

3. 侧卧保定法

保定者俯身从对侧一只手抓住两前肢系部或一前肢臂部,另一只手抓住腹胁部膝皱襞处扳倒羊体,后一只手改为抓住两后肢的系部,前后一齐抓住即可(图 1-17)。适用于治疗或简单手术时的保定。

图 1-15 握角骑跨夹持保定法

图 1-16 两手(臂)围抱保定法

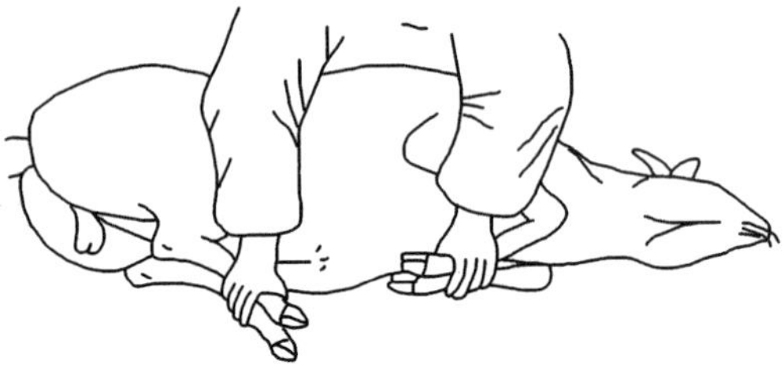

图 1-17 侧卧保定法

(四)犬保定法

1. 颌部保定法

用绷带在犬的上下颌缠绕 2 周后收紧，交叉绕于颈部打结，以固定其嘴不得张开(图 1-18)。

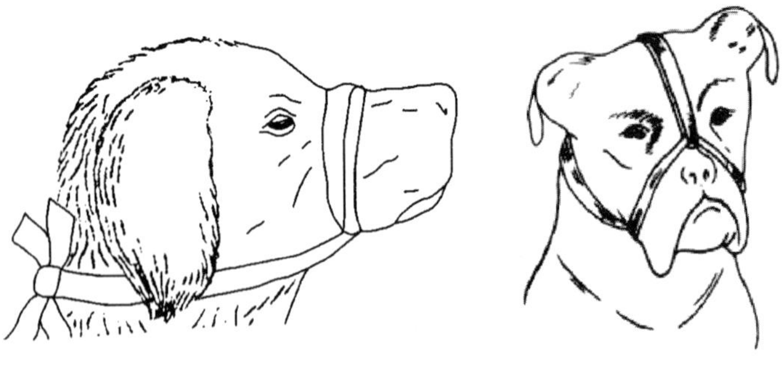

图 1-18 颌部保定法

2. 侧卧保定法

先将犬作颌部保定，然后两手分别握住犬两前肢的掌部和后两肢的跖部，将犬提起侧卧在平台上，以右手的臂部压住犬的颈部，即可保定(图 1-19)。

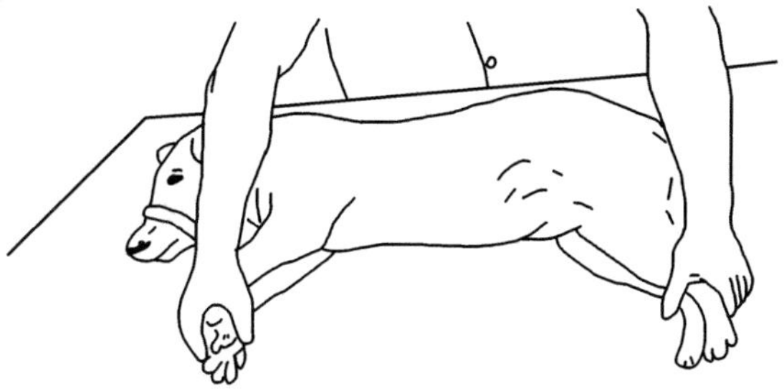

图 1-19 侧卧保定法

3. 口笼(嘴套)保定法

将专用于套犬的口笼套入犬的口鼻部,并将游离部顶带系在颈部。

4. 伊丽莎白项圈保定法

将其套在犬颈部后将扣扣好,形成前大后小漏斗状。适用于限制犬回头的临床检查,也多用于术后防止犬自我损伤。

5. 四肢捆绑保定法

将犬呈侧卧、仰卧或腹卧姿势后,用绷带将四肢分别拴系于检查台或手术台上,可将前后分别拴在一起,进行侧卧、仰卧或腹卧保定。

(五)猫保定法

1. 徒手保定法

保定小猫时,可先把一只手放在小猫的胸腹下,用手掌托起,再用另一只手扶住头颈部即可。也可用右手抓住猫的颈背部皮肤,左手托起猫的臀部,使猫的大部分体重落在左手上。保定成年猫时,应由 2 人进行,1 人先抓住猫颈部皮肤,另 1 人用双手分别抓住猫的两前肢和两后肢,将猫牢牢地固定住。

2. 猫袋保定法

猫袋可用人造革、粗帆布或厚布制成,布的一侧缝上拉锁,把猫装进袋后拉上拉锁。布的前端装一根能放松的带子,把猫装进袋后先拉上拉锁,再扎紧颈部袋口,猫就不能外跑,此时拉出露出的后肢,可进行体温测量、注射、灌肠等。

3. 站立保定法

站立保定时,要将猫放在桌面上或手术台上,用左手把住猫颈下方,右手放在猫的背腰部,以防猫左右摆动或蹲下。

4. 侧卧保定法

将猫侧卧于桌面上,用细绳或绷带将两前肢和两后肢分别捆绑在一起,用细绳系在桌腿上,助手将猫头按住。

(六)禽保定法

小型禽类如鸡、鸽等的保定,可将其两脚夹于保定者的食指和中指之间,拇指和其余手指拢住翅膀;成年的鸡、鸭、鹅等禽类的保定,可用一只手抓住两翅基部,另一只手抓住两脚;大型禽类的保定,可用一只胳膊环绕禽体,另一只胳膊向下压住翅膀,但对于鸵鸟要先抓住其颈基部，再按住背部向下压，使之卧下。禽类保定时切忌只抓住一只翅膀，以免挣扎而造成骨折或其他损伤。

技能拓展

一、马保定法

1. 简易保定法

(1)鼻捻保定法　一只手(右手)抓住笼头，将鼻捻子的绳套套于另一只手(左手)上，并夹于指间，如图 1-20 所示，该手自鼻梁向下轻轻抚摸至上唇时，迅速有力地抓住马的上唇，将绳套套于唇上，此时抓笼头的一只手离开笼头，并迅速向一方捻转把柄，直至拧紧，放松左手，保定者双手持把柄和缰绳面向前站于马的左侧，与马左肩齐平。

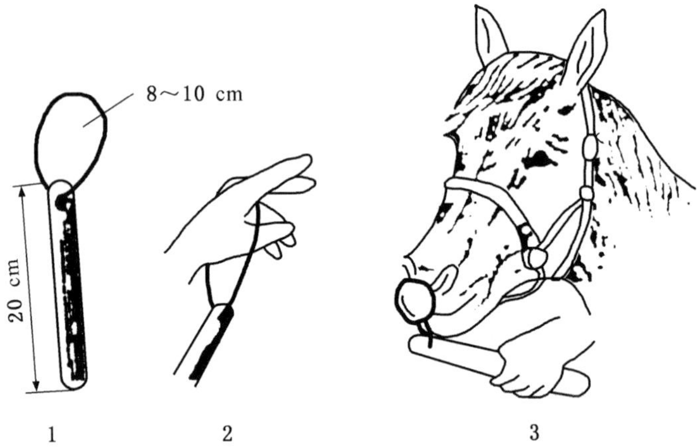

图 1-20　鼻捻保定法

(2)耳夹子保定法　耳夹子是一长形夹，夹于马的耳根部，其作用与鼻捻子相似。一只手放于马的耳后颈侧，然后迅速抓住马耳，持夹子的另一只手迅速将夹子张开，把耳夹子装于耳根部并用力夹紧，此时应握紧耳夹，避免因骚动、挣扎而使夹子脱手甩出甚至伤人等。

使用鼻捻子和耳夹子可造成马明显的疼痛，对马的伤害较大，尽量少用，用其保定时，时间不能过长。

2. 前、后肢保定法

(1)两后肢保定法　用一条手指粗细长 7～8 m 的绳子，绳中段对折打一颈套，套于马颈基部，两游离端通过两前肢中间和两后肢之间，使绳套于马后肢的系部，再分别向左右两侧返回交叉，并适当抽紧绳索，最后将绳端引回至颈套，分别系结固定于颈部绳环左右侧(图 1-21)。

(2)前肢提举保定法　徒手或用绳提举马的一前肢。

用手提举时，检查者站于肩胛侧方，面向马体后方，一只手置于鬐甲部，另一只手自颈、肩部向下抚摸，握住掌部。提举时将鬐甲部稍向对侧推动，然后用另一只手握住系部即可。

用绳提举时，将绳系于前肢的系部，使绳的游离端经鬐甲部绕向对侧，一人拉绳端使肢

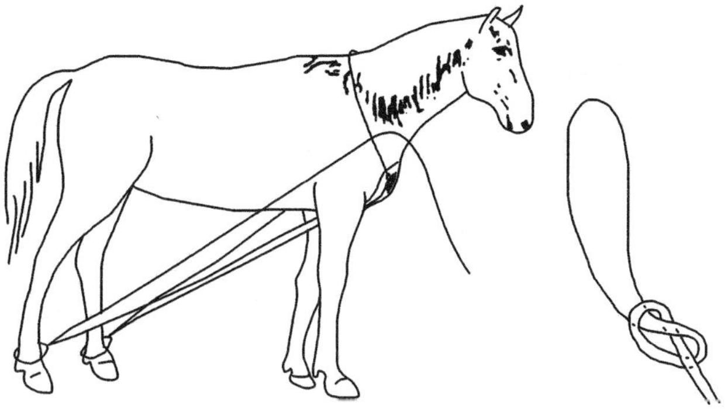

图 1-21　两后肢保定法

1. 颈基部的绳套　2. 保定的姿势

提举(图 1-22)。

3. 柱栏保定法

(1)单柱保定法　将马缰绳系于立柱(或树桩)上,用颈绳绕颈部后,系结固定。适用于灌药或插胃管等。

(2)二柱栏保定法　先将马引至柱栏的一侧,并令其靠近柱栏,将缰绳系于柱梁横前端的铁环上,再将脖绳系于前柱上,最后缠绕围绳及吊挂胸、腹绳,具体操作同牛的二柱栏保定法。

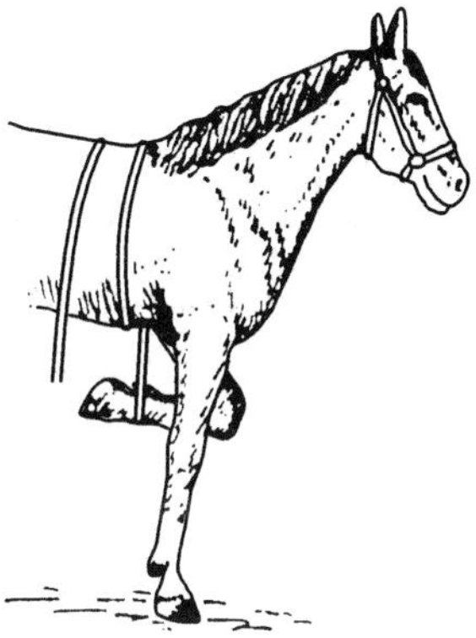

图 1-22　前肢提举保定法

(3)四柱栏及六柱栏保定法　保定栏内备有胸革(或用扁绳代替)、肩革(带)及腹革(带),前者是保定栏内必备的,而后者可依检查的目的及被检动物的具体情况而定。先挂好胸革,再将马从柱栏后方引进,并把缰绳系于某一柱上,最后挂上臀革。保定后即可对马匹进行一般临床检查。

4. 侧卧保定法(倒马法)

(1)双环倒马法　准备长约 12 m 的绳子 1 条,固定棒 1 根(长约 25 cm、直径 3 cm)及 2 个铁环(内径 10 cm 左右)。至少需要 3 人参与保定,1 人固定头部,另外 2 人分别牵引左右侧保定绳。

第一步倒卧:在绳的中央结成一个双活结(图 1-23),使其一长一短,并各套一铁环,绳套在马的颈基部,使 2 个套环在马倒卧的对侧颈部相套,并插入木棒;将绳的两游离端穿过两前肢及两后肢之间,分别再绕过同侧后肢系部,向前穿过同侧的铁环。此时,左右侧的保定者,同时用力向马体后方平行牵引同侧绳的游离端,使马倒卧。

第二步固定肢蹄:使两后肢尖靠近前肢肘头,如果是左侧倒卧,则将右侧绳通过右侧颈部,缠于木棒上固定 1 周,再使该绳从右后肢系部缠绕 1 周,以活结固定于棒上;左侧绳的游离端从左侧绕过鬐甲至右侧,在木棒缠绕 1 周,再于左侧系部绕 1 周,以活结固定于棒上。用左右两侧绳的余端作双套结,将两前肢系部与两后肢系部固定在一起。解除保定时,只需

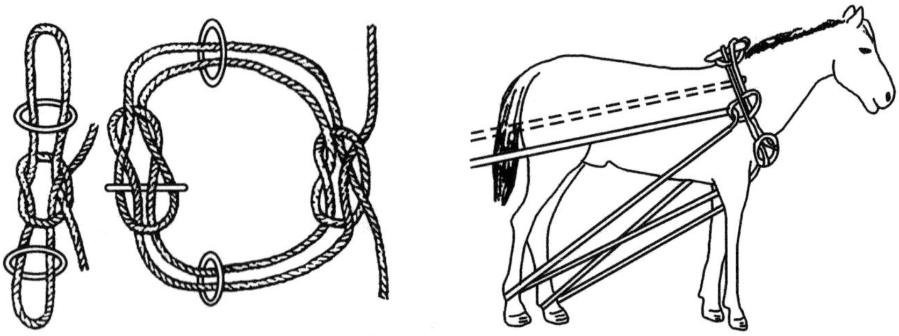

1 2

图 1-23 双环倒马法

1. 颈部绳套的结法 2. 装上绳套的状

抽出木棒，绳即可自行松开。

(2)单绳倒马法 用长约 12 m 的保定绳，其一端系一铁环(内径 8～10 cm)。

先将系有铁环的一端绕颈一周，在欲卧侧的对侧颈基部打结，使铁环放于马肘部后上方，铁环自然下垂；将绳另一游离端通过腹下，再行至卧侧后肢系部，从系部的内侧向后、外侧绕行，再将游离端从铁环的下方(靠马体部)插入环内，从环穿过经背腰部，将绳端引向卧侧后方，用右手拉紧，使卧侧后肢悬起，再用左手握紧缰绳，把马头转向卧地的对侧，加大回头的姿势。同时用两肘强压马的背部，马体失去平衡而随即卧倒地上。当马卧倒后，头部应仍是保持倒卧的回头姿势，并迅速用绳的游离端固定另一后肢，之后将马头放于平地上，加以固定。

二、骆驼保定法

在畜主的协助下，令其卧下。待其卧下后，用绳在一侧弯曲的腕关节上、下方缠绕 1～2 周，使绳的一端自屈曲腕关节内侧空隙通过并系结；再将另一端绕过颈上部，至另一侧屈曲的腕关节部做同样的缠绕与系结。如此便可以进行一般的临床检查与处置。必要时，亦可将绳自两屈曲的前肢，分别在驼峰间交叉引至对侧后肢屈曲部，做与前肢相同的固定。保定或接近时，应注意其喷人。

技术提示

(1)接近前应先了解动物的习性及其惊恐与欲攻击人、畜时的神态(如牛低头凝视；马竖耳、瞪眼；猪斜视、翘鼻、发出呼呼声等)。

(2)除亲自观察外，还须向畜主了解动物平时的性情，如有无胆小易惊，好踢人、咬人、顶人等恶癖。

(3)接触马属动物时，一般应从其侧前方接近，以让其有所注意。不宜从正前方和后方贸然接近，以免被其前肢刨伤或后肢踢伤。

(4)接近犬、猫时，最好要让其看到检查者再行接近，当犬、猫怒目圆睁、龇牙咧嘴甚至发出“呜呜”声或“汪汪”声时应特别小心。

(5)为防止感染和疾病传播，要有相应的防护措施，并注意消毒。

(6)在所有的保定过程中，固定绳均应打活结，便于在发生意外时解开。

(7)依诊疗目的及需要，采取既灵活又安全的各种相适应的保定措施。对性情暴躁或有可能伤害诊疗人员的动物，在施行诊疗时，必须全面而确实地保定。

(8)倒卧保定时，保定用的绳索必须结实可靠以防断裂；动物不宜过饱；倒卧的地面不宜太坚硬，应选择平坦的土质地面，头部下方应铺软垫；在固定四肢时，术者应站于适当的位置，注意安全；在整个倒卧过程中，应尽量注意避免动物损伤及骨折等。

(9)尽可能避免剧烈追赶动物，以免影响检查结果。

(10)对患有气喘症状的患病动物不适宜强行保定。

知识链接

一、绳结打法

保定过程中均需要打结，保定中所有的结都要求牢固、结实可靠、且易于解脱。常用的绳结法有以下几种。

1. 单活结

一只手持绳并将绳在另一只手上绕 1 周，然后用被绳绕的手握住绳的另一端并将其经绳环处拉出即可(图 1-24)。

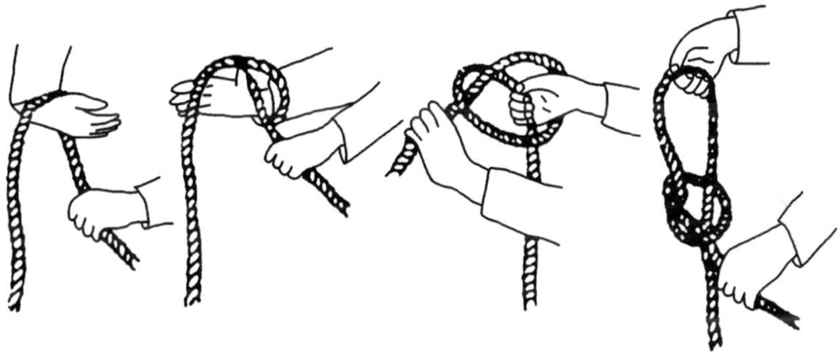

图 1-24　单活结的打法

2. 双活结

两手握绳，左手掌向上，右手掌向下，两手同时右转至两手相对为止，此时绳子形成 2 个圈；再使 2 圈并拢，左手圈通过右手圈，右手圈通过左手圈，然后两手分别向相反方向拉绳，于是形成 2 个套圈(图 1-25)。

3. 猪蹄结(猪蹄扣)

一种方法是将绳端套于柱上后，再套一圈，把两绳端压在圈的里边，一端向左，一端向右；另一种方法是两手交叉握绳，各向原来的方向移动，最后两手一转即可(图 1-26)。

4. 拴马结

左手握持缰绳的游离端，右手握持缰绳绕过木桩，再在左手上绕成一个小圈套；将左手的小圈套从大圈套向上、向右拉出，同时换右手拉缰绳的游离端；把游离端做成小套穿入左手所拉的小圈内，然后抽出左手，拉紧缰绳的近端即可(图 1-27)。

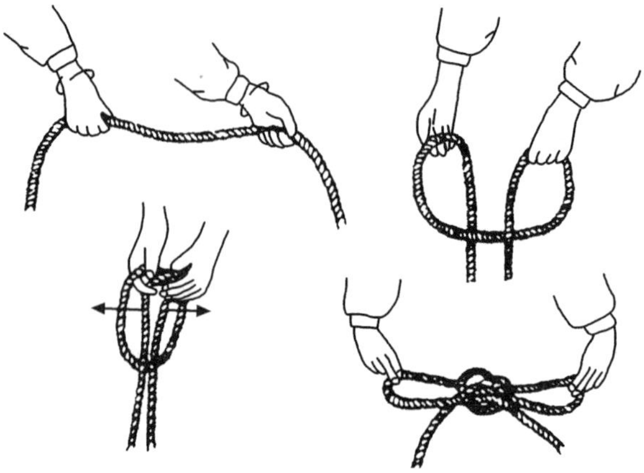

图 1-25　双活结的打法

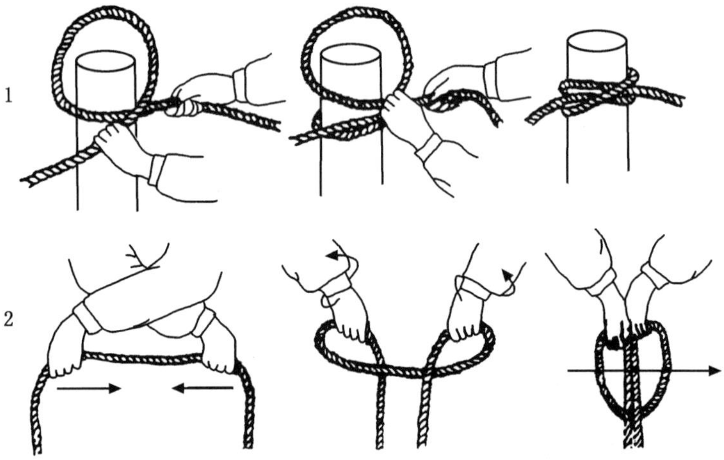

图 1-26　猪蹄结的打法

1. 在桩柱上　2. 双手打法

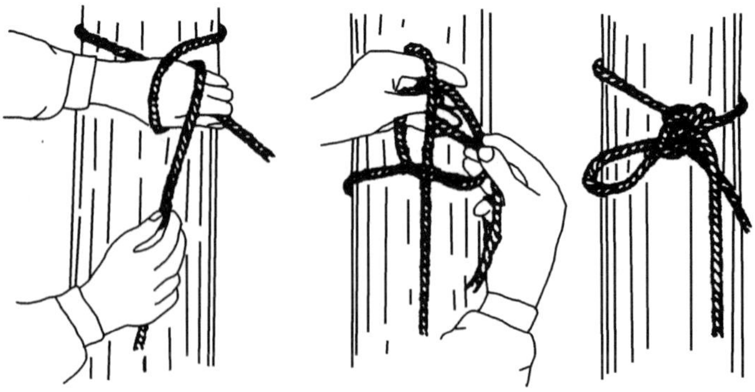

图 1-27　拴马结的打法

二、保定方法应用

动物保定的方法各异，各种常用的保定方法与应用见表 1-1。

表 1-1　常用动物的保定方法与应用

动物	保定方法	应　用
牛	徒手保定法	驯服且有缰绳的牛一般检查、肌内及静脉注射
	鼻钳保定法	一般检查、灌肠、肌内及静脉注射
	两后肢保定法	直肠、乳腺及后躯的诊疗
	牛角桩保定法	一般检查、肌内注射、内脏器官的临床检查或直肠检查等
	柱栏保定法	临床检查、各种注射及治疗
	侧卧保定法	去势、乳房手术及蹄病治疗
马	鼻捻保定法	一般检查和简单治疗
	耳夹子保定法	一般检查和简单治疗
	两后肢保定法	直肠检查或母马配种保定
	前肢提举保定法	检蹄或一般的外科处理
	柱栏保定法	一般临床检查及治疗
	侧卧保定法	去势术、直肠检查等

动物	保定方法	应　用
猪	站立保定法	临床检查、灌药和注射
	提举保定法	胃管投药及肌内注射
	保定架保定法	前腔静脉注射、腹部手术
	网架保定法	直肠脱整复、腹腔注射以及阴囊和腹股沟疝手术
	侧卧保定法	大公、母猪去势，腹腔手术，耳静脉、腹腔注射
羊	握角骑跨夹持保定法	临床检查或治疗时的保定
	两手围抱保定法	一般检查或简单治疗
	侧卧保定法	去势、腹腔手术、注射
犬	颌部保定法	一般检查、肌内及静脉注射
	嘴套保定法	适用于嘴筒较长的大型犬和中型犬的临床检查和治疗
	颈钳保定法	捕捉或医疗凶猛的犬
	四肢捆绑保定法	处理犬的外伤或手术
	侧卧保定法	腹部注射、会阴部等手术

操作训练

利用课余时间参与门诊工作，协助保定动物。

任务二　临床基本检查法与临床检查程序

任务分析

临床检查方法可概括为临床基本检查法、实验室检验法和特殊检查法。临床基本检查法是对动物进行病史询问和物理检查，包括问诊、视诊、触诊、听诊、叩诊和嗅诊。为了全面系统地收集动物的症状，并通过科学的分析以做出正确的诊断，临床检查工作应该有计划、有步骤地按一定程序进行，避免遗漏主要症状，从而获得完整的病史及症状资料。临床检查动物一般可按下述程序：动物登记、病史调查、流行病学调查，以获得对患病动物的一般了解，在此基础上再现症检查并进行必要的补充性的实验室检验和特殊检查，最后完成病历记录。

任务目标

1. 会进行临床基本检查，并能根据检查目的正确选择检查方法；
2. 能识别和判定检查结果，对异常现象进行记录；
3. 熟知临床检查的程序。

任务情境

动物医院门诊室或诊疗实训室；动物（牛、羊、猪、犬和猫等）；保定用具；听诊器材；叩诊锤；叩诊板等。

任务实施

一、问诊

问诊是指向畜主或饲养管理人员询问与患病动物发病有关的情况，又称病史调查。

采用交谈或启发式询问方法。一般在着手检查动物前进行，也可边检查边询问。问诊的内容主要包括现症病史、既往病史、饲养管理情况、卫生防疫及生产性能等。

二、视诊

视诊是指通过肉眼或借助简单器械观察动物及动物群的各种外在表现，以及体表组织与器官状态的检查方法，以判断动物是否正常或寻找诊断依据。广义的视诊还可包括X线影像、超声检查及内窥镜检查以及动物群巡视等。

1. 群体巡视

在动物圈舍或运动场，不惊扰动物的情况下，主要观察动物群全貌，如精神状态、营养状况、群体采食与饮水状况、运动、排粪及粪便状态等情况。及时发现异常，如流鼻液、咳嗽、腹泻、运动失调等，同时注意异常表现在动物群中所占比例。应注意观察圈舍环境卫生状况，如饲槽或水槽是否被粪便污染、圈舍内通风情况等。同时还应注意了解饲料种类与质量、生产记录等。

2. 个体视诊

检查者应站离动物适当距离处，首先观察其全貌，然后由前往后、从左到右边走边看；观察动物的头、颈、胸、脊椎、四肢。当行至动物的正后方时，应注意尾、肛门及会阴部；并对照观察两侧胸、腹部是否有异常；为了观察步态及运动过程，可由畜主或饲养员进行牵遛或适当驱赶，以观察其表现；最后再接近动物进行仔细观察。

三、触诊

触诊是指检查者利用手或借助检查器具触压动物体，根据感觉了解组织器官有无异常变化的一种检查方法。触诊主要是由检查者以指腹、掌指关节部掌面或手背的皮肤进行感觉的。触诊可确定病变的位置、硬度、大小、轮廓、温度、压痛及移动性等。

1. 浅表触诊法

检查者以手掌或手背轻放于被检部位，感知动物体表温度，并注意与对称部位、病变部与健康部、躯干与末梢部的对照检查。滑动触摸、轻压或揉捏，判断局部敏感性、肿块的硬度与性质等。

2. 深部触诊法

从外部检查内在组织器官的位置、形态、大小、移动性、压痛及内容物性状等。

(1)双手按压法　检查者以两手于被检部位的左右或上下对应位置同时加压，并逐渐缩小两手间的距离，感知两手间动物内脏器官或内容物的状态。

(2)插入触诊法　检查者以一指或几个并拢的手指，沿一定部位用力插入或切入触压，以感知内部器官的状态和压痛点。

(3)冲击触诊法　以拳或并拢的手指，置于腹壁相应的被检部位，作 2～3 次急速、连续、强而有力的冲击，以感知腹腔深部器官的状态与腹腔积液状态。

除上述外部触诊法，对大动物还可进行直肠检查以及食道、尿道的探诊等，这些属内部触诊法。

四、听诊

听诊是以听觉听取动物体内某些器官活动所产生的声音，根据声音的特性判断其机能活动及物理状态的一种检查方法。

1. 直接听诊法

直接听诊法是先将一块听诊布放置动物体表，然后检查人员用耳紧贴欲检器官部位的听诊布，进行听诊。其优点是方法简单，声音纯真；缺点是检查者易被性情暴烈的动物伤害，且听得的声音较弱。此外，直接听诊还可听取动物咳嗽、磨牙、呻吟及呼吸等声音。

2. 间接听诊法

间接听诊法即借助听诊器在欲检器官的体表相应部位进行听诊。

五、叩诊

叩诊是对动物体表某一部位进行叩击，使之振动并产生音响，根据产生音响的性质，判断被叩击部位及其深部器官的物理状态，间接地确定该部位有无异常的检查方法。

1. 直接叩诊法

直接叩诊法是用手指或叩诊锤直接向动物体表的一定部位叩击的方法。

2. 间接叩诊法

间接叩诊法分为指指叩诊法与锤板叩诊法。

(1)指指叩诊法　通常以左手的中指紧贴被检查的部位(作叩诊板),其他手指稍微抬起,勿与体表接触;右手中指第二指关节处呈 90°屈曲状(作叩诊锤),并以右腕做轴而上、下摆动,用适当的力量垂直地向左手中指的第二指节处进行叩击,听取所产生的叩诊音响。主要用于中、小动物的叩诊。

(2)锤板叩诊法　即用叩诊锤和叩诊板进行叩诊。一般以左手持叩诊板,将其紧密地放于欲检查部位的体表;用右手持叩诊锤,以腕关节做轴,将锤上、下摆动并垂直地叩击叩板,连续叩击 2～3 次,以听取其音响。通常适用于大动物胸、腹部检查。

六、嗅诊

嗅诊是借助于检查者的嗅觉检查动物的分泌物、排泄物、呼出气、皮肤及病理性渗出液等气味的一种方法。

检查者用手将动物散发的气味扇向自己鼻部,通过闻嗅判定气味的特点与性质。

七、临床检查程序

1. 动物登记

动物登记是指系统地记录就诊动物的标志和特征。登记的目的主要用于明确动物的个体特征,以便于识别,同时也可为诊疗工作提供参考。

(1)动物种类(畜别)　如马、牛、水牛、羊、猪、鸡、犬等。不同种类动物有其固有的传染病(如猪瘟仅发生于猪、牛瘟不侵害马等),也各有其不同的常见、多发病(如牛前胃疾病、马腹痛疾病等),对毒物、药物的敏感性亦有所不同。

(2)动物品种　不同品种动物有不同的生产性能,对疾病的抵抗力、耐受性、患病后的严重性亦不同。不同品种动物也有不同的常发病,如高产乳牛易患某些代谢紊乱性疾病,本地品种的猪较耐粗饲料等。

(3)性别　不同性别动物的解剖、生理特点,在临诊过程中尤应给予注意,母畜在妊娠及分娩前、后的特定生理阶段,常有特定的多发病及诊疗中的特别注意事项,因此,登记时对妊娠动物应加以标明。

(4)年龄　动物不同年龄阶段,常有其固有的、多发的疾病(如驹腺疫、仔猪大肠杆菌及鸡白痢等),幼龄动物对疾病较成年动物敏感。此外,年龄因素与发育状态在确定药量、判断预后上也值得参考。

(5)体重　主要与用药量有关。

(6)过敏药物　询问并登记动物是否有药物过敏史及可能过敏的药物名称,以便临床用药时参考。这一点对宠物门诊尤为重要。

此外,作为动物个体特征的标志,还应注明畜名、号码、毛色、特征或烙印。为便于联系,应登记所属单位及管理员的姓名、住址或电话。通常应注明就诊的日期及时间。

2. 问诊及发病情况的调查

一般通过问诊调查发病情况，必要时，还需深入现场了解动物的全部情况。

(1)发病时间　询问动物发病时间及发病时的具体环境(如饲前或饲后、使役中或休息时等)。

(2)病后表现　主要了解动物饮食、粪、尿、咳嗽、起卧、反刍、跛行及其他症状表现等。

(3)病因调查　对动物平时的饲养制度、饲料种类及调配方法、使役情况，以及环境卫生、气候及畜舍通风情况等进行了解，以探索发病的原因。

(4)诊治情况　病后是否治疗过，治疗时用药情况及效果，供诊断和治疗时参考。

(5)动物以往的健康情况　是否患过病，情况如何，对分析现症常常有帮助。

3. 流行病学调查

当动物怀疑为传染病、寄生虫病、代谢病和中毒病时，除了询问上述内容外，还应对动物所在的动物群及周围的发病情况或流行病学情况进行调查。条件允许的情况下进行严格的群体观察和现场调查。

(1)动物群中同种或其他动物有无类似疾病发生，发病率多少；有无死亡，死亡率如何；邻居及附近养殖场(厂)最近有什么疾病流行；过去的检疫及预防接种情况；动物流向及调拨等情况对传染病和地方病的分析都有重要意义。

(2)动物群的饲料配合、饲喂方法和制度、饲料的质量、加工调制方法、放置场所、附近有无排出有毒气体及废水的工厂等。对放牧动物，则应了解牧场及牧草的情况。此外，对饮用水源、饮水情况、气候条件及生产、使役情况等也要加以了解。这些对推断病因，分析中毒、代谢病、地方病等均有实际意义。

(3)了解动物当地既往发病情况，需查阅该单位、地区各种有关兽医文件，如疫情资料、发病和死亡统计材料、病志、剖检记录、实验室检验记录等。必要时需查阅公共卫生方面的有关资料。

4. 现症临床检查

对动物进行客观地临床检查，是发现、判断症状及病变的主要阶段，而症状、病变更是提示诊断的基础和出发点。所以，临床检查必须仔细、认真。一般可按下列步骤进行。

(1)一般检查　主要包括观察整体状态，如精神、营养、体格、姿势、运动、行为等；被毛、皮肤检查；可视黏膜检查；浅在淋巴结检查；体温、脉搏及呼吸次数的测定等。

(2)各器官、系统检查　包括心血管系统检查、呼吸系统检查、消化系统检查、泌尿生殖系统检查、神经系统检查等。

(3)辅助或特殊检查　根据需要可配合进行必要的实验室检验；X线检查、心电图以及超声检查等。

技术提示

(1)语言要通俗易懂，态度要和蔼，并尽可能用当地方言提问，尽量避免使用特定意义的兽医专业术语，如里急后重、潜血、共济失调等，以取得饲养、管理人员的大力配合，避免暗示性提问。

(2)在问诊内容上既要有重点，又要全面收集情况，并根据具体情况进行必要的选择和增减。

(3)在问诊的顺序上应根据实际情况灵活掌握，可先问诊后检查，也可以边检查边问诊，还可以在检查结束后补充提问。

(4)对问诊所得到的材料，应客观对待，不要简单地肯定或否定，应结合现症检查结果进行综合分析，但不要单纯依靠问诊而草率做出诊断或给予处方、用药。

(5)对初来门诊的动物，应让其稍事休息，先适应一下新的环境后再进行检查。

(6)视诊最好在自然光照的场所进行。

(7)视诊时一般先不要靠近动物，也不宜进行保定，以免惊扰动物，应尽量使动物取自然姿势。

(8)收集症状要客观全面，不要单纯根据视诊所见的症状就做出诊断，要结合其他方法检查的结果，进行综合分析与判断。

(9)注意安全，应了解被检动物的习性及有无恶癖，并在必要时进行保定；当需触诊马、牛的四肢及腹下等部位时，要一只手放在畜体的适宜部位做支点，用另一只手进行检查；并从前往后，自上而下地边抚摸边接近欲检部位，切勿直接突然接触。

(10)检查某部位的敏感性时，宜先健区后病部，先远后近，先轻后重，并注意与对应部位或健区进行对比；检查前应先遮住动物的眼睛；注意不要使用能引起动物疼痛或妨碍动物表现的保定方法。

(11)为了排除外界音响的干扰，听诊和叩诊应在安静的室内进行。

(12)听诊器两耳塞与外耳道相接要松紧适当，过紧或过松都会影响听诊的效果，听诊器的集音头要紧密地贴在动物欲查部位的体表，并避免滑动。听诊器的软管不应交叉，也不要与检查者的手臂、衣服及动物被毛等接触、摩擦，以免发生杂音。

(13)听诊时要聚精会神，并同时注意观察动物的活动与动作，如听诊呼吸音时，要注意呼吸动作；听诊心脏时，要注意心搏动等，并注意与传导来的其他器官的声音相区别。

(14)听诊胆小易惊或性情暴烈的动物时，要由远而近地逐渐将听诊器集音头移至听诊区，以免引起动物反抗。听诊过程中需注意人、畜安全。

(15)叩诊时用力的强度，不仅可影响声音的强弱和性质，同时也可决定振动向周围与深部的传播速度。因此，用力的大小应根据检查的目的和被检器官的解剖特点来决定。对深部的器官、部位及较大的病灶宜用强叩诊，反之宜用轻叩诊。

(16)为便于集音，叩诊最好在室内进行；为有利于音响的积累，每一叩诊部位应进行2～3次间隔均等的同样叩击。

(17)叩诊板应紧密地贴于动物体表的相应部位上，对瘦弱动物应该注意勿将其横放于两根肋骨上；对毛用羊应注意将其被毛拨开。

(18)叩诊板不能用强力压于体表，除叩诊板(或用作叩诊板的手指)外，其余材料或手指不应接触动物的体表，以免影响振动和音响效果。

(19)叩诊锤应垂直地叩在叩诊板上；叩诊锤或用作锤的手指在叩击后应迅速离开。

(20)为了均等地掌握叩诊的用力强度,叩诊的手应以腕关节做轴,轻松地上、下摆动进行叩击,不应强加臂力。

(21)在相应部位进行对比叩诊时,应尽量做到叩击的力量、叩诊板的压力以及动物的体位等都相同。

(22)叩诊时易发生锤板的特殊碰击声,因此叩诊锤的胶皮头要注意及时更换。

(23)传统上兽医进行临床检查时多徒手检查而不戴手套,因为戴手套会影响检查者手的触感,但考虑到公共卫生,在实际工作中除触诊感觉体表温度外以戴手套检查为宜。

(24)兽医临床实际工作中,并非对每个病例都需要全部实施上述临床基本检查,兽医人员应根据不同疾病的特点确定需要检查的内容和顺序。临床检查的程序也并不是固定不变的,可根据具体情况灵活运用。检查顺序可融合各系统(器官)顺序进行检查,面对具体的病例从头到尾井然有序地进行全面检查,即一般检查和系统检查的综合应用。但在临床上主要的系统和器官都必须详细和全面地检查,以防遗漏一些伴随症状或并发症。

知识链接

1. 听诊器

兽医临床上常用软质听诊器进行听诊。软质听诊由耳件、体件(又称集音头、胸具)和软管 3 部分组成,体件有钟形和鼓形 2 种(图 1-28)。鼓形体件对器官活动所产生的声音有放大作用,但与动物体表被毛接触会产生明显的杂音而干扰声音的听取与判定。钟形体件适用于听取低调声音,如二尖瓣狭窄的隆隆样舒张期杂音。现在还有较为先进的电子听诊器。

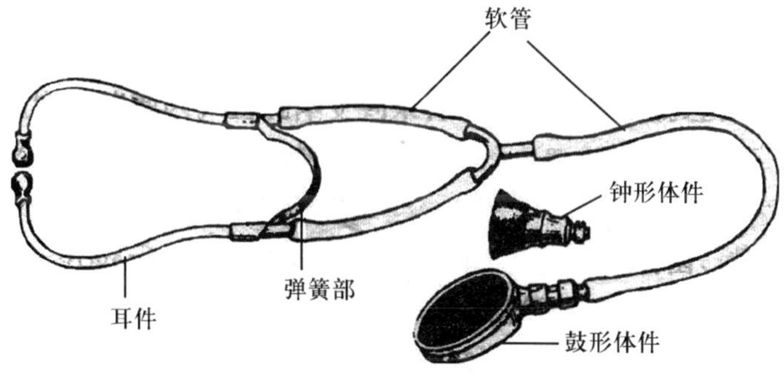

图 1-28　听诊器

2. 基本检查法的应用

临床基本检查法有 3 个特点:一是方法简单易行,不需要昂贵的仪器设备,借助简单的器械和检查者的感觉器官就可施行;二是在任何场所对任何动物都可普遍应用;三是能直接地、较准确地观察和判断病理变化。基本检查法与临床应用可归纳如表 1-2 所述。

表 1-2 基本检查法与临床应用

基本方法		临床应用
问诊		(1)现症病史　主要了解本次发病的时间、地点；发病后的主要表现及经过；动物群及相邻饲养场的动物发病情况；对发病原因的估计；已经采取的治疗措施及其效果。 (2)既往病史　患病动物及动物群过去发病情况，即以往发生过哪些病？是否发生过与本次发病相类似的疾病？其经过和结果如何？ (3)饲养管理情况　包括日粮的组成与质量、饲喂量(采食量)、饲喂制度和方式。 (4)卫生防疫情况　了解畜舍卫生及环境条件、平时消毒措施、预防接种情况及有关流行病学情况的调查。 (5)生产性能　根据动物特点，有针对地了解。如肉用动物要了解动物生长速度；产蛋禽要了解产蛋量；乳畜则应了解产奶量；役畜则应了解使役情况等。
视诊		(1)外貌(体格、发育、营养及躯体结构等)的观察。 (2)精神状态、姿势、运动与行为等的观察。 (3)被毛、皮肤及体表病变等的观察。 (4)可视黏膜与外界直通的体腔等的观察。 (5)某些生理活动情况，如呼吸动作，采食、咀嚼、吞咽、反刍与嗳气活动，排尿与排粪动作等的观察。 (6)动物排出的分泌物、排泄物及其他病理产物的数量、性状与混杂物等的观察。
触诊	浅表触诊法	适用于检查体表的关节、肌肉、肌腱、浅在血管、骨骼等，以感觉其温度、湿度、敏感性、肿块的硬度与性状等。
	深部触诊法	(1)双手按压法　以检查中、小动物内脏器官及其内容物的性状。也可用于大动物颈部食道及气管检查。 (2)插入触诊法　适用于肝脏、脾脏、肾脏的外部触诊检查。 (3)冲击触诊法　适用于腹腔积液及瘤胃、皱胃内容物性状的判定。当腹腔积液时，在冲击后感到有回击波或振水音。
听诊	直接听诊法	动物采食、咀嚼、磨牙、呻吟声及咳嗽，也可在没有听诊器的情况下听取心音、呼吸音及胃肠蠕动音等。
	间接听诊法	听取心音；听喉、气管及胸肺部生理或病理活动的音响及胃肠的蠕动音。
叩诊	直接叩诊法	检查副鼻窦、喉囊以及检查马属动物的盲肠和反刍动物的瘤胃，以判断其内容物性状、含气量及紧张度；也可判断其被叩击部位的敏感性。
	间接叩诊法	检查肺脏、心脏及胸腔的病变；也可检查肝脏、脾脏的大小和位置以及靠近腹壁的较大肠管内容物性状。
嗅诊		判断分泌物、排泄物及呼出气的气味。

3. 触诊常见的异常触感

(1)捏粉样　又称面团样，触压时柔软，局部形成凹陷或留有压痕，移去手指后慢慢变平，如压生面团样。此种情况表明皮下组织内有浆液浸润，多见于皮下水肿，常发生于眼睑、胸前、四肢、腹下等部位。临床上常见于心脏疾病、肾脏疾病、血液疾病及营养不良等；胃肠内容物积滞时也会出现捏粉样，如瘤胃积食时瘤胃内容物的形状。

(2)波动感　触压病部时，感觉柔软而有弹性，指压不留痕，进行间歇性压迫或将其一侧固定，从对侧加以冲击时内容物呈波动样改变。为组织间有体液潴留的表现，常见于脓肿、血肿、大面积淋巴外渗等。

(3)气肿感　触压病部时，柔软稍有弹性，并随触压而有气体向邻近组织窜动感，同时可听到捻发音。为组织间有气体积聚的表现，常见于皮下气肿、气肿疽等。

(4)坚实感　触压病区时，感觉坚实致密，如触压肝脏一样，常见于蜂窝织炎、组织增生及肿瘤等。

(5)硬固感　触压病部时，感觉组织坚硬，如触压骨、石块一样，常见于尿道结石、骨瘤等。

(6)疼痛　触压病部时，动物出现皮肌抖动、回顾、躲避或抗拒等动作。

4. 叩诊音

叩诊音的高低、强弱、持续时间的长短，受被叩击部位及其深部脏器的致密度、弹性、含气量、邻近器官的含气量和距离、叩击力量的轻重及脏器与体表的距离等因素的影响。动物体表叩诊时通常能产生 5 种叩诊音，即清音、浊音、鼓音、半浊音和过清音。其中清音、浊音和鼓音 3 种是基本叩诊音，其余 2 种为过渡音响。过清音是清音与鼓音之间的过渡音响，半浊音是清音与浊音之间的过渡音响。

(1)清音　是一种振动时间较长、较强大而清晰的叩诊音，表明被叩击部位的组织或器官有较大弹性，并含有一定量的气体。叩诊健康动物肺部呈清音。

(2)浊音　是一种音调高、声音弱、持续时间短的叩诊音，表明被叩击部位的组织或器官柔软、致密、不含空气且弹性不良。叩诊健康动物厚层肌肉部位(如臀部)以及不含气体的心脏、肝脏等实质脏器与体表直接接触部位呈浊音。

(3)鼓音　是一种音调较高朗、振动较有规则，比清音强、持续时间较长，类似敲击小鼓时的叩诊音。叩击健康牛瘤胃上 1/3 部或马盲肠基部呈鼓音。

(4)半浊音　是介于清音与浊音之间的过渡音响，表明被叩击部位的组织或器官柔软、致密、有一定的弹性，含有少量气体。叩击健康动物肺区边缘、心脏相对浊音区呈半浊音。

(5)过清音　是一种介于清音与鼓音之间的过渡音响，音调较清音低，音响较清音强。表明被叩击部位的组织或器官内含有多量气体，但弹性较弱。叩击健康动物额窦、上额窦呈过清音。

当被叩击部位及其深部器官的致密度、弹性与含气量等物理状态发生病理性改变时，其叩诊音也会发生相应的病理性变化。如当肺部发生炎性渗出、实变、肿瘤等病变，使肺组织变得致密、丧失弹性，不含气体时，则叩诊音转为浊音；当动物患肺气肿时，肺组织含气量增多，弹性减弱时，叩诊呈过清音；当额窦内有炎性渗出物或脓液积聚时，则叩诊时呈浊音。

5. 嗅诊气味异常

呼出气、皮肤、乳汁及尿液带有似烂苹果散发出的丙酮味，常提示牛、羊酮病。呼出气和流出的鼻液有腐败臭味，可怀疑支气管或肺脏发生坏疽性病变。皮肤、汗液有尿臭味，常提示尿毒症。呕吐物出现粪臭味，可提示长期剧烈呕吐或肠梗阻。

操作训练

利用课余时间到动物医院或养殖场练习基本检查方法，并应用于动物检查。

任务三　一般临床检查

任务分析

在对就诊动物进行登记和问诊后，通常需对其进行直接检查。一般检查是对动物进行临床检查的初步阶段。通过一般检查可以了解动物全貌，并可发现疾病的某些重点症状，为进一步系统检查提供线索。

一般检查以视诊和触诊为主要检查方法。检查的内容包括全身状态观察、被毛及皮肤检查、眼结膜检查、浅表淋巴结检查以及体温、脉搏及呼吸数的测定等。

任务目标

1. 能进行动物全身状态的观察，并识别异常状态，对异常状态进行分析；
2. 会进行体温、脉搏及呼吸数的测定，判断是否正常，并能对异常现象进行分析；
3. 会进行动物的被毛及皮肤检查，能对常见症状进行分析判断；
4. 能熟练地进行动物眼结膜检查，并对常见异常状态进行分析判断；
5. 会对不同动物的浅表淋巴结进行检查、判断其状态，能对异常状态进行分析判断。

技能一　全身状态观察

技能描述

全身状态观察又称整体状态检查，是指对动物外貌形态和行为综合表现的检查，其结果能反映出动物健康状态。具体内容包括精神状态观察、营养与体格发育检查、姿势与步态观察。

技能情境

光线良好动物医院或诊疗实训室(亦可在动物养殖场)及相应的动物。

技能实施

一、精神状态观察

在自然状态下，对动物不加保定和控制，让其自由活动，兽医人员观察动物的神态。主要根据动物面部表情、眼和耳的活动及其对外界刺激的各种反应、举动做出判定。

健康动物表现为头耳灵活，眼睛明亮，反应迅速，动作敏捷，被毛平顺有光泽。幼龄动物则显得活泼好动。

二、营养与体格发育检查

1. 营养状况检查

主要根据动物肌肉的丰满度、皮下脂肪的蓄积量及被毛情况判定。确切测定应称量体重。

健康动物表现营养良好，肌肉丰满、皮下脂肪充盈、骨骼棱角不显露、被毛平顺有光泽。

2. 体格发育状况检查

主要根据动物骨骼的发育程度及躯体的大小而确定，要注意动物的头、颈、躯干及四肢、关节各部的发育情况及其形态比例关系。必要时应测量体长、体高、胸围等体尺性状等。

健康动物正常发育良好，体格发育与年龄相称，符合品种特征，肌肉结实，体格健壮；躯体结构紧凑而匀称，各部的比例适当。

三、姿势与步态观察

主要观察动物运动中或休息状态下所表现的姿态。

健康动物姿态自然，且不同种类动物通常各有特点。马多站立，常轮流歇其后蹄，偶尔卧下，但闻吆喝声而起；牛站立时常低头，食后喜四肢集腹下而卧，起立时先起后肢，动作缓慢；羊、猪于食后好躺卧，生人接近时迅即起立、逃避。

技术提示

（1）进行全身状态的观察时，动物应当不加任何保定和限制措施，并让动物适当适应环境，避免人为的干扰，有条件的最好直接进入动物圈舍进行观察。

（2）对门诊动物，应使其适当休息并安静后再行检查，并有畜主或饲养人员在旁协助为好。

知识链接

1. 精神异常

精神异常表现为抑制或兴奋两种状态。

（1）抑制状态　一般动物表现为双耳耷拉，头低下，眼半闭，行动迟缓或呆滞站立，对周围刺激表现淡薄而反应迟钝，重则可见嗜睡甚至昏迷。而禽类则表现为羽毛蓬松，垂头缩颈，两翅下垂，闭目呆立。可见于各种发热性疾病、消耗性疾病和衰竭性疾病等。

（2）兴奋状态　轻者表现为左顾右盼，惊恐不安，竖耳刨地；重者不顾障碍前冲后退，狂躁不驯或挣扎脱缰。牛表现力哞叫或摇头乱跑；猪则有时伴有痉挛与癫痫样动作，严重时可见攀登饲槽，跳越障碍，甚至攻击人、畜等。可见于脑及脑膜炎症、中暑及某些中毒病。

2. 营养与体格发育异常

（1）营养不良　动物表现消瘦，骨骼表露明显，被毛粗乱无光，皮肤松弛缺乏弹性。常见于消化不良、长期腹泻、代谢障碍、慢性传染病和寄生虫病等。

(2)营养过剩　即肥胖,表现体内中性脂肪积聚过多,体重增加。多因饲养水平过高、运动不足或内分泌紊乱而引起。如肥胖母牛综合征、肾上腺皮质功能亢进、甲状腺功能减退等。

(3)发育不良　多表现为躯体矮小,发育程度与年龄不相称,在幼畜多呈发育迟缓甚至发育停滞。

(4)单侧耳、眼睑、鼻唇松弛、下垂而致头面歪斜　多为面部神经麻痹的表现。马因鼻唇部浮肿而引起类似河马头样病变形态,常为出血性紫癜的特征。猪的鼻面部歪曲、变形,应提示传染性萎缩性鼻炎等。

(5)头大颈短、面骨膨隆、胸廓扁平、腰背凹凸、四肢弯曲、关节粗大　多为骨软症或幼畜佝偻病的特征。

(6)腹围极度膨大、胁部胀满　提示反刍动物的瘤胃臌气或马骡的肠臌气。

3. 姿势与步态异常

(1)全身僵直　表现为头颈挺伸,肢体僵硬,四肢关节不能屈曲,尾根挺起,典型的木马样姿势,可见于破伤风。

(2)异常站立姿势　病马两前肢交叉站立而长时间不改换,提示脑室积水;鸡两腿前后叉开,常为鸡马立克氏病的特征。动物单肢悬空或不敢负重,提示肢蹄疼痛;两前肢后踏、两后肢前伸或四肢集向腹下,均为多肢疼痛的表现,典型病例应注意蹄叶炎。

(3)站立不稳　躯体歪斜或四肢叉开、依墙靠壁站立,常为共济失调与躯体失去平衡的表现,可见于脑病或中毒。鸡呈扭头曲颈,甚至躯体滚转,应注意鸡新城疫、B族维生素缺乏症或呋喃类药物中毒。

(4)骚动不安　马骡可表现为前肢刨地、后肢踢腹、回视腹部、伸腰摇摆、时起时卧、起卧滚转呈犬坐姿势或呈腹朝天等;牛、羊可见后肢踢蹴腹部。骚动不安姿势是腹痛病的特有表现。

(5)异常躺卧姿势　动物躺卧而不能起立,常见于多肢的瘫痪或疼痛性疾病以及重度软骨症;如伴有痉挛与昏迷常提示为脑及脑膜的重度疾病(包括侵害中枢神经系统的传染病)或中毒病的后期,也可见于某些代谢紊乱性疾病(如乳牛的产后瘫痪及醋酮血病、新生仔猪的低血糖症等)。动物呈犬坐姿势而后躯轻瘫,主要提示脊髓损伤性疾病,马还应注意肌红蛋白尿症。

(6)步态异常

①跛行。是动物躯干或肢蹄发生结构性或功能性障碍引起的姿势或步态的异常,可见于骨折、四肢局部创伤、口蹄疫、腐蹄病、乳房炎、钙磷等矿物质缺乏等。

②步态不稳。四肢运动不协调或呈蹒跚、踉跄、摇摆、跌晃似醉酒状,多为中枢神经系统疾病或中毒,也可见于重病后期的垂危动物。

技能二　体温、脉搏及呼吸数测定

技能描述

体温、脉搏和呼吸数是动物生命活动的重要生理指标,是临床诊疗工作的重要常规检查内容，对任何病例都是必须检查的项目。正常情况下，除外界气候及运动等环境条件的暂时性影响外，一般均维持在一个较为恒定的范围之内。但在病理过程中，受疾病影响将发生不同程度和形式的变化。

技能情境

门诊室或诊疗实训室；动物；体温计；秒表（或时钟）；酒精棉球；石蜡油；保定用具等。

技能实施

一、体温测定

体温测定用特制的兽用体温计，一般以动物直肠内温度为标准。测温时，先将被检动物适当地保定；再将体温计水银柱甩至35℃以下；用酒精棉球擦拭消毒，并涂以润滑剂（石蜡油）后，再徐徐插入肛门至直肠内，并将尾毛夹夹于尾根部的被毛上，小动物可用手持体温计测量。经3～5 min后取出，用酒精棉球拭净粪便或黏液后读取度数。用后甩下水银柱并放于消毒瓶内备用。

给马属动物测温时，检查者通常位于动物的左侧后方；给牛测温时检查者应站在其正后方。

健康动物的体温因品种和个体不同而有一定的差异，同时受一些因素的影响而出现生理性的变化，但其温差变动在1℃以内。如幼龄动物体温偏高，老龄动物体温偏低；雌性动物体温比雄性动物略高；一般母畜在妊娠后期体温稍高；高产乳牛比低产乳牛体温稍高；动物在兴奋、运动与使役以及采食、咀嚼活动后，体温会暂时性升高。此外，早晨的体温稍低，午后稍高；动物在烈日下暴晒或圈舍内动物密度过高、圈舍通风不良时，体温可上升；而冬季放牧露营时，体温可稍低。

各种健康动物的正常体温见表1-3。

表1-3　健康动物的正常体温　℃

动物	正常范围	动物	正常范围
猪	38.0～39.5	马	37.5～38.5
奶牛	37.5～39.5	骡	38.0～39.0
黄牛	37.5～39.0	山羊	38.0～40.5
水牛	36.0～38.5	绵羊	38.0～40.0
犬	38.5～39.5	猫	38.0～39.5
兔	38.5～39.5	鸡	40.0～42.0
鸭	41.0～43.0	鹅	40.0～41.5

二、脉搏数测定

牛通常检查尾动脉，检查者站在牛的正后方，一只手（左手）握住尾梢部抬起牛尾，右手拇指放于尾根部的背面，用食指、中指在距尾根 10 cm 左右处尾的腹面正中尾动脉处，用手指轻压即可感知。马属动物检查颌外动脉，检查者站在马头一侧，一只手握住笼头，另一只手拇指置于下颌骨外侧，食指、中指伸入下颌骨内侧，在下颌骨的血管切迹处，前后滑动，发现动脉血管后，用手指轻压即可感知。猪、羊、犬和猫可在后肢股内侧的股动脉处检查，检查者用一只手（左手）握住动物的一侧后肢的下部，检手（右手）的食指及中指放于股内侧的股动脉上，拇指放于股外侧。

测定动物每分钟脉搏的次数，以"次/min"表示。健康动物每分钟的脉搏数较为恒定，其参考范围见表 1-4。正常脉搏的频率受多种因素影响，如品种、性别、年龄、饲养管理、外界温度、生产性能、紧张和兴奋状态等。

表 1-4 健康动物脉搏数 次/min

动物	脉搏数	动物	脉搏数
奶牛	60～70	猪	60～80
水牛	30～50	犬	70～120
黄牛、肉牛	50～80	猫	110～130
鹿	40～80	兔	120～140
绵羊、山羊	70～80	马	35～45
鸡（心率）	120～200	驴	40～50

三、呼吸数测定

一般可根据胸腹部的起伏动作测定，检查者立于动物的侧方，注意观察其胸廓和腹壁的起伏，一起一伏为 1 次呼吸。亦可依据鼻翼的开张动作进行计数，或通过听诊呼吸音来计数，在寒冷季节还可观察呼出气流来测数。鸡的呼吸数，可通过观察肛门下部的羽毛起伏动作来测数。

呼吸数是指呼吸频率，测定动物每分钟的呼吸次数，以"次/min"表示。健康动物呼吸数参考范围见表 1-5。健康动物的呼吸数受某些生理性因素和外界条件的影响，可引起一定的变动。如幼畜比成年动物稍多；妊娠的母畜可增多；运动、使役、兴奋时可增多；品种、营养情况也有影响；当外界温度过高时，某些动物（特别水牛、绵羊、肥猪等）可引起显著的增多；在海拔 3 000 m 以上，气温 20℃以上时，马、骡的呼吸数可增加 2～3 倍。此外，尚应注意动物的体位，如乳牛饱食后取卧位时，可见呼吸次数明显增多。

表 1-5 健康动物呼吸数 次/min

动物	呼吸数	动物	呼吸数
奶牛、黄牛、肉牛	10～30	猪	18～30
水牛	10～50	犬	10～30
鹿	15～25	猫	10～30
绵羊、山羊	12～30	兔	50～60
鸡	15～30	马	8～16

技术提示

(1)对门诊动物,应使其适当休息并安静后再测定。

(2)体温计于用前应统一进行检查、验定,以防有过大的误差。读数方法是一手拿住体温计尾部,即远离水银柱的一端,使眼与体温计保持同一水平,然后慢慢地转动体温计,从正面看到水银柱时就可读出相应的温度值。

(3)对动物应每日定时(早晚各一次)进行测温,并逐日记录绘成体温曲线表。

(4)测温时应注意人、畜安全。如通常应对动物进行必要的保定;体温计的玻璃棒插入的深度要适宜(一般大动物可插入其全长的2/3;小动物则不宜过深)。

(5)注意因测温的方法不当而发生的误差。如用前应甩下体温计的水银柱;测温时间不可短于温度计所要求的时间(如要求3 min则不少于3 min);须进行灌肠、直肠检查的动物应在处置前测温;直肠有多量宿粪的动物,勿将体温计插入宿粪中,而应排出积粪后再测定等。

(6)遇有直肠发炎、频繁下痢或肛门松弛的动物,为较准确地测量体温,对母畜宜测阴道的温度,但应注意,通常阴道的温度较直肠稍低(低0.2～0.5℃)。

(7)脉搏数和呼吸数一般应检测1 min;如动物不安静宜测2～3 min,再取其平均值。

(8)当动脉脉搏过于微弱不感于手时,可用心跳次数代替。

(9)观察动物鼻翼的活动或以手放于其鼻前感知气流的测定呼吸数的方法不够准确,必要时可以听取肺部呼吸音或喉、气管呼吸音的次数代替。

知识链接

一、体温计

体温计是一种最高温度计,它可以记录该体温计所曾测定的最高温度。用后的体温计应"回表",即拿着体温计的上部用力往下猛甩,可使已升入管内的水银重新回到液泡里。其他温度计绝对不能甩动,这是体温计与其他液体温度计的一个主要区别。

体温测定还可用兽用电子体温计(图1-29)或兽用红外线体温计(图1-30)替代。

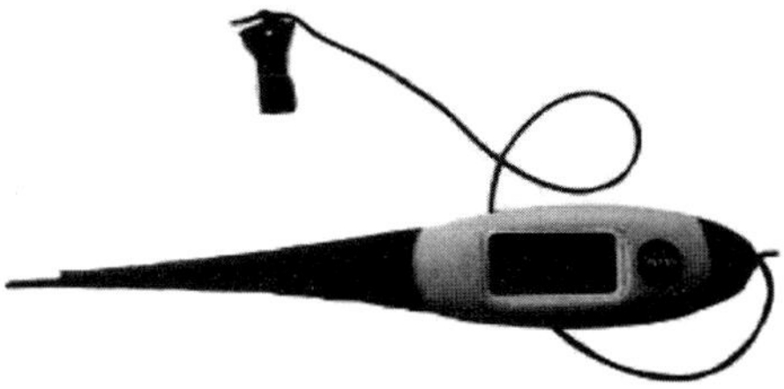

图1-29　兽用电子体温计

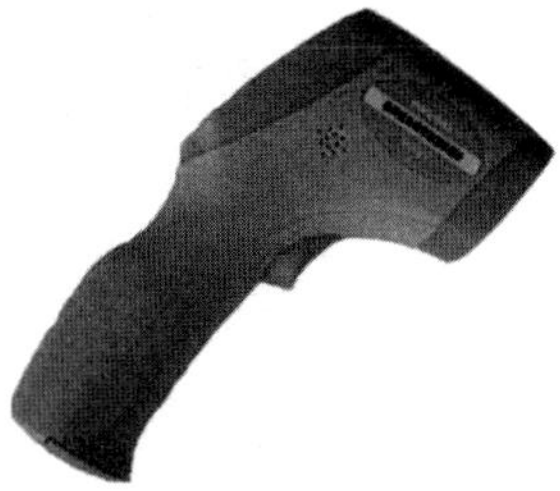

图1-30　兽用红外线体温计

(1)兽用电子体温计使用方法　将体温计头部插入直肠5～8 cm后,按下开关(ON/OFF)键,听到"滴"声后开始测量,当听到持续的"滴……"声后,测量结束。3～5 s抽出体温计,查看测量结果后,按开关键关闭或 5 min 后自动关机。

(2)兽用红外线体温计使用方法。

测量范围:35～43℃按住“-”键不松手 2 s 后,切换选择“兽用红外线动物体温模式”。

测量方法:对准动物待测部位,按测量键,显示屏上即显示动物的实际体温。

不同动物测量部位:猪的耳根(脖颈后 3～5 cm)、尾根(交巢穴出)、脊背(颈椎至尾椎)、后腹部三角部位;狗的大腿内侧;禽的口腔、翼下;牛、羊的口腔、大腿内侧。兽用红外线体温计受环境影响较大,群体筛查时体温测定较为便捷。

二、体温改变

1. 体温升高

体温升高又称发热,是指体温高于正常范围。常见于许多传染病和某些炎症的病程中。

(1)发热程度　根据体温升高的程度,将发热分为微热、中热、高热和极高热 4 个等级。体温升高 0.5～1.0℃叫微热,仅见于感冒等局限性炎症;体温升高 1～2℃叫中热,可见于支气管肺炎、支气管炎、急性胃肠炎及某些亚急性传染病过程中;体温升高 2～3℃叫高热,可见于急性感染性疾病与广泛性的炎症,如猪瘟、巴氏杆菌病、败血性链球菌病、流行性感冒、急性胸膜炎与腹膜炎等;体温升高 3℃以上叫极高热,可见于某些严重的急性传染病,如猪丹毒、炭疽、脓毒败血症及中暑等。

(2)热型　在发热过程中,将每天早晚测得的体温在特制的表格里记录下来,然后连成的曲线,叫体温曲线。当动物患发热性疾病时,体温曲线可出现各种有规律的形状(形态)特性,称为热型。兽医临床上常见的热型有下列几种。

①稽留热。是指体温升高到一定程度,并持续数天或更长时期,且每日昼夜的温差很小(在 1.0℃以内)而不降至常温者(图 1-31)。可见于猪瘟、炭疽、大叶性肺炎、流行性感冒等。

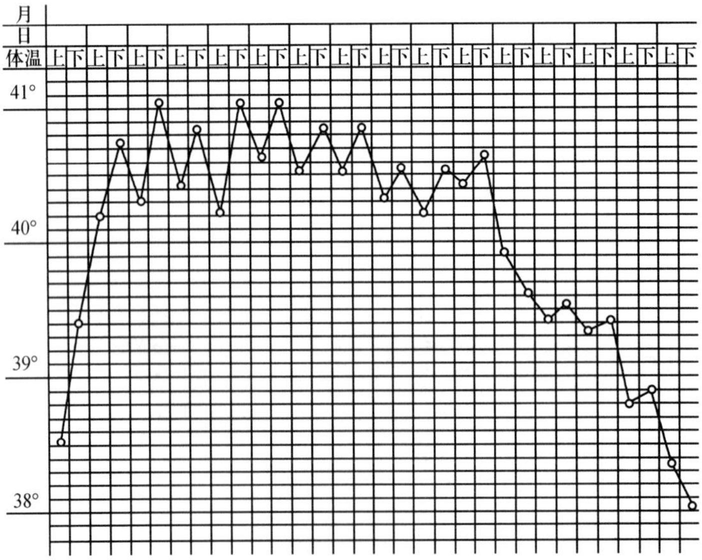

图 1-31　稽留热型

②弛张热。是指体温升高，昼夜间有较大的升降变动（常在 1.0℃以上），而不降至常温者（图 1-32）。可见于败血症、小叶性肺炎等。

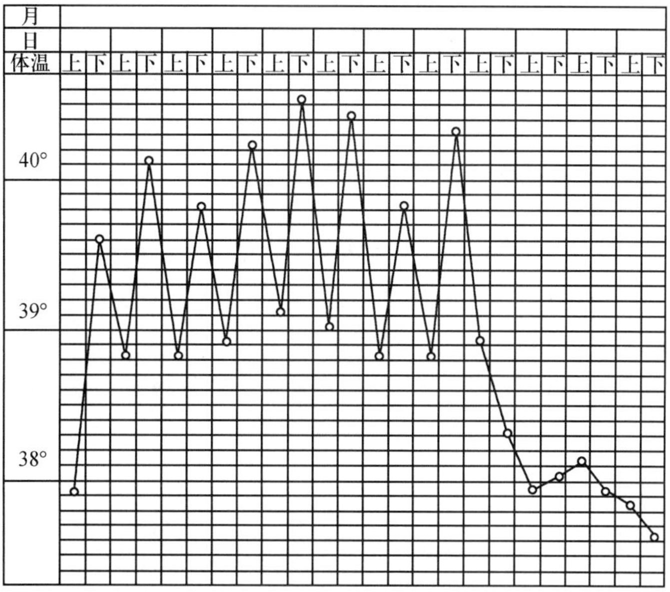

图 1-32　弛张热型

③间歇热。在持续数天的发热后，经过一段时间体温下降至正常温度，再过一段时间又重新升高，如此以一定间隔时间而反复交替出现发热的现象，称间歇热，也称波热（图 1-33）。可见于慢性结核病、血孢子虫病及布氏杆菌病等。

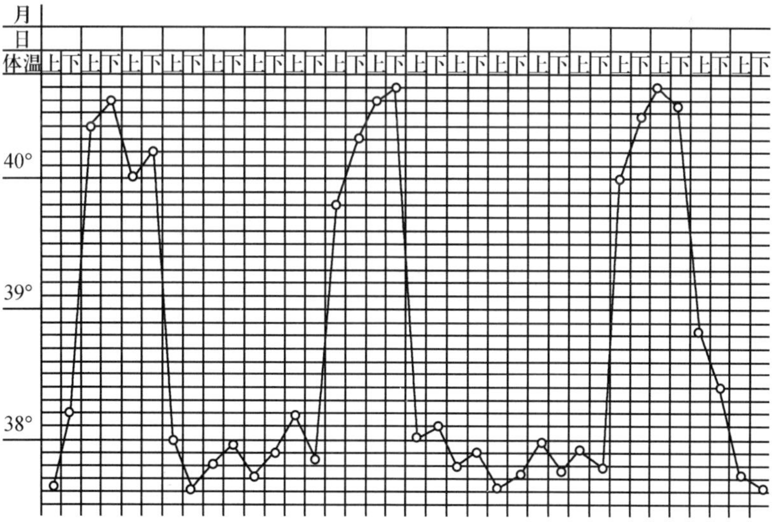

图 1-33　间歇热型

④不定型热。是指体温热曲线变化没有规律，日温差有时极其有限，有时波动很大的热型。可见于传染性胸膜炎、非典型腺疫及慢性猪瘟等。

⑤回归热。是指体温急剧上升，持续数天后又骤然下降至正常水平，高热期与无热期各持续若干天后规律性交替一次。可见于犬瘟热、马传染性贫血等。

2. 体温降低

体温降低即体温低于正常范围的下限，又称低体温。临床上多见于严重贫血、休克、大失血、中毒及濒死期等动物。长时间低体温，同时伴有发绀、末梢发凉、高度沉郁或昏迷等，多提示预后不良。

三、脉搏数改变

(1)脉搏次数增多　是心脏活动加快的结果。可见于多数的发热性病、心脏病（如心衰、心肌炎、心包炎等）、呼吸器官疾病、各型贫血、伴有剧烈疼痛的疾病（如马腹痛症、四肢疼痛性疾病等）、严重贫血性疾病以及某些中毒病等。

(2)脉搏次数减少　是心动徐缓的指征。主要见于某些脑病（如脑肿瘤、脑脊髓炎等）及中毒（如洋地黄中毒），也可见于胆血症（胆道阻塞性疾病）以及垂危动物等。

四、呼吸数改变

(1)呼吸次数增多　凡是能引起动脉脉搏次数增多的疾病，多数也能引起呼吸数增多。可见于呼吸器官特别是支气管、肺、胸膜的疾病（如肺炎、肺水肿等）；多数的热性病；心脏衰弱及贫血、失血性疾病；膈的运动受阻（如膈麻痹、膈破裂等），腹压显著升高（如胃肠臌气、腹水等）或胸壁疼痛（如胸膜炎、肋骨骨折等）的病理过程；脑及脑膜充血、炎症的初期等。

(2)呼吸次数减少　主要由于呼吸中枢高度抑制而引起。见于颅内压的显著升高（如脑炎、脑肿瘤、慢性脑积水等），某些中毒（如麻醉药中毒）与代谢紊乱，当上呼吸道高度狭窄时由于每次吸气的持续时间过长也可引起呼吸次数的减少。

技能三　被毛和皮肤检查

▶技能描述

动物被毛和皮肤状态是其健康与否的标志之一，也是判定营养状况的依据。皮肤本身的疾病很多，许多疾病在病程中可伴随着多种皮肤病变和反应。皮肤的病变有局部的，也有全身的。

▶技能情境

动物医院门诊室或诊疗实训室；动物（牛、羊、猪、犬及猫等）；保定用具等。

▶技能实施

一、鼻盘、鼻镜及鸡冠检查

检查牛、猪、犬时，要特别注意鼻镜、鼻盘及鼻尖的观察；而检查鸡时则应注意冠及肉髯的观察。主要注意检查其颜色、温度、湿度等。

健康牛、猪的鼻镜或鼻盘均湿润，并附有少许小而密集的水珠，触之有凉感。鸡的冠及肉髯的颜色要符合品种特征，质地柔软，触之有温感。

二、被毛检查

应注意观察被毛的清洁度、光泽、分布状态、完整性及与皮肤结合的牢固性等。检查时还要注意被毛的污染情况，当动物腹泻时，肛门附近、尾部及后肢等可被粪便污染；马、骡腹痛病时，可由于起卧、滚转被毛也会为泥土污染。

健康动物的被毛整洁、平顺而富有光泽、生长牢固，动物多于每年春、秋两季脱换新毛，而家禽多于每年秋末换羽。

三、皮肤检查

主要通过视诊和触诊进行，宜注意其颜色、温度、湿度、弹性及疱疹等病变。

1. 颜色

主要观察白色或浅色皮肤的动物的口唇部、禽类的冠和肉髯，其他皮肤有颜色的动物因有色素而不易观察，可参照可视黏膜的颜色变化。

2. 温度

检查皮肤温度，用手背触诊为宜。牛、羊可检查鼻镜（正常时发凉）、角根（正常时有温感）、胸侧及四肢；马可触摸耳根、颈部、腹侧及四肢；猪可检查耳及鼻端；禽类可检查肉髯。

3. 湿度

主要通过视诊及触诊进行，主要注意鼻部、腋下及腹股沟部是否有出汗或用手感知被毛的湿度。

健康动物在安静状态下，少许汗随出随即蒸发，因而皮肤不干不湿而有滑润感。皮肤湿度与汗腺的分布及分泌状态有关。马属动物汗腺最发达，其次为羊、牛、猪、犬和猫，禽类无汗腺。

4. 弹性

检查方法是将该处皮肤做一皱襞提起后再放开，观察其恢复原态的情况。检查皮肤弹性的部位，马在颈侧、牛在最后肋骨后部、小动物可在背部。

健康动物放手后立即恢复原状，老龄动物的皮肤弹性略差。

5. 疹疱

注意观察体表被毛稀疏部位或有毛与无毛交界处，检查时要特别注意眼、唇周围及蹄部、趾间等处。

四、皮下组织检查

以触诊和视诊进行检查，发现皮下或体表有肿胀时，应注意观察肿胀部位的大小、形态，并通过触诊判定其温度、敏感性、硬度、移动性及内容物性状等。

技术提示

(1)被毛和皮肤检查要在光线明亮的场所进行,并尽可能在自然光线下进行。

(2)要注意动物季节性换毛(羽)与病理性脱毛(羽)相区别。

(3)检查动物前驱的被毛及皮肤时,检查者面向动物前面,而检查动物后躯时面向后面。

知识链接

1. 鼻盘、鼻镜及鸡冠异常

牛鼻镜干燥、增温时多为热性病或前胃弛缓的表现,严重者可出现龟裂;猪鼻盘干燥、热感一般为病态,多见于热性病时。在治疗过程中,鼻镜或鼻盘由干变湿,常为病情好转的象征。在观察白猪的鼻盘时,尚应注意其颜色,可反应血液循环状态及血液运输氧的能力,缺氧或亚硝酸盐中毒时,常可见到鼻盘发绀的现象。

鸡冠和肉髯正常为鲜红色,当患高致病性禽流感、鸡新城疫等疾病时可呈蓝紫色;颜色变淡多为营养不良和贫血的表现;如出现疱疹,常提示鸡痘。

2. 被毛与皮肤异常

(1)被毛蓬松粗乱、失去光泽、易脱落或换毛季节推迟,多是长期消化紊乱、营养不良和慢性消耗性疾病的表现。局部被毛脱落,多见于湿疹、真菌感染、外寄生虫感染(如螨、虱、蚤等)及营养代谢性疾病。禽类肛门周围甚至头颈部羽毛脱落并伴有出血现象,多提示患有啄肛或啄羽癖。

(2)猪皮肤上出现的小点状出血(指压不褪色),多见于败血性疾病,如猪瘟;而出现较大的红色充血性疹块(指压褪色),常提示为猪丹毒。猪亚硝酸盐中毒时,皮肤可呈青白色或蓝紫色。皮肤发绀,多见于心脏衰弱、呼吸困难及某些中毒;仔猪耳尖、鼻盘发绀又常见于慢性副伤寒。雏鸡胸腹、腿侧、翼部皮下呈淡绿色(渗出性素质)及其周边呈红紫蓝色,见于雏鸡硒及维生素 E 缺乏症。

(3)全身皮肤温度增高,常见于发热性病;局限性皮肤温度增高是局部发炎的结果。全身皮肤温度降低,常为体温过低的标志,可见于衰竭症、大失血及牛的生产瘫痪等;局限于一定部位的冷感,可见于该部的水肿或外周神经麻醉。皮肤温度分布不均而耳根、鼻端及四肢末梢冷厥,主要提示为末梢循环障碍。

(4)出汗。少量出汗多表现在耳根、肘后及鼠蹊部,轻者触之有湿润感;较重者可见这些部位的被毛漉湿并呈卷束状;大量出汗则可见汗液滴流,甚至汗如雨下。出汗可见于发热病、剧痛性疾病、有机磷中毒、内分泌失调(如甲状腺功能亢进、糖尿病等)以及伴有高度呼吸困难的疾病等。另外,动物大剂量注射拟胆碱类药物、肾上腺素或水杨酸等均可引起全身出汗。当动物虚脱、胃肠或其他内脏破裂及濒死期时,则多出大量冷汗且有黏腻如油,提示循环衰竭,多预后不良。

(5)皮肤干燥。又称少汗或无汗。表现被毛粗乱无光,缺乏黏滞感,牛鼻镜、猪鼻盘及肉食动物的鼻端干燥。多见于发热性疾病及各种原因引起的机体脱水。

(6)皮肤弹性降低,表现为放手后恢复很慢,可见于营养不良、脱水及皮肤病等。

(7)牛、羊、猪的皮肤疱疹性病变,应特别注意于口蹄疫、猪传染性水疱病及痘病,犬发生犬瘟热时皮肤出现小脓疱。疱疹还见于痘病、脓疱性皮炎等。出现皮疹,多见于传染病、寄生虫病、皮肤病、药物及其他物质所致的过敏性反应。

(8)皮下组织状态改变。常见的肿胀有炎性肿胀、浮肿、气肿、血肿、淋巴外渗、疝及肿瘤等。

①皮下水肿。表面扁平,与周围组织界限明显,压之如生面团状,留有指压痕,且较长时间不易恢复,触之无热,无痛感;而炎性肿胀则有热、痛,无指压痕。

水肿可因重度营养不良、心脏疾病,局部静脉或淋巴液回流受阻及微血管损伤等原因引起。马、骡的心性、营养性及肾性浮肿,其常发部位为胸下、腹下、阴囊、阴筒及四肢下部或少见于眼睑;牛、羊则多发生在下颌间隙及颈下、胸垂,除以上原因外,常见于牛的创伤性心包炎及寄生虫病,特别是肝片吸虫病时;猪可见于眼睑或面部,常见于猪水肿病。

②皮下气肿。边缘轮廓不清,触诊时发捻发音(沙沙声),压之有向周围皮下组织窜动的感觉。颈侧、胸侧、肘后的皮下气肿,多为窜入性且局部无热、痛反应;当气肿疽(牛、羊)、恶性水肿(马)等厌氧菌感染时,气肿局部并有热痛反应且局部切开后可流出混有泡沫的腐臭液体。

③脓肿、血肿及淋巴外渗。外形多呈圆形突起,触之有波动感,多因局部创伤或感染而引起,可行穿刺鉴别之。

④疝。触之也有波动感,可通过查到疝环及整复试验而与其他肿胀相鉴别。猪常发生阴囊疝及脐疝;大动物多发腹壁疝,常因创伤而继发。

技能四　眼结膜检查

技能描述

黏膜上有丰富的毛细血管,根据其颜色的异常变化,可判断血液成分和血液循环状态。眼结膜是兽医临床上检查最为方便且能表明全身和局部状态的可视黏膜,可依其颜色改变判断动物健康状况。临床上检查可视黏膜时,一般以检查眼结膜为主,牛则主要检查巩膜。

技能情境

动物医院门诊室或诊疗实训室;动物(牛、马、猪、羊、犬及猫等);保定用具等。

技能实施

首先观察被检动物的眼睑有无肿胀、外伤及眼分泌物的数量、性状。

检查牛或马的眼结膜时,通常检查者立于动物头一侧,一只手持缰绳或鼻中隔(牛)以固定头部,另一只手食指第一指节置于上眼睑中央的边缘处,拇指放于下眼睑中央上缘,其余三指屈曲并放于眼眶上缘作为支点,食指和拇指向眼窝略加压力,同时分别拨开上、下眼睑,即可使眼睑结膜及瞬膜露出而检视(图 1-34 中的 1)。

检查牛巩膜时可一只手握牛角,另一只手握住其鼻中隔并用力扭转其头部,即可使巩膜露出；也可用两手握牛角并向一侧扭转，使牛头偏向侧方(图 1-34 中的 2)。

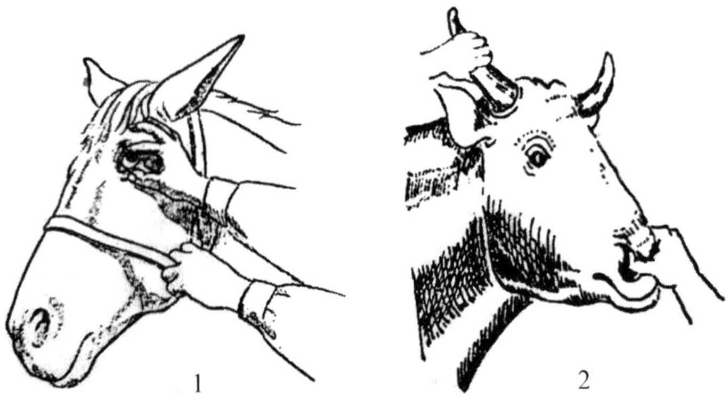

图 1-34 眼结膜检查

1. 马眼睑结膜检查 2. 牛巩膜检查

检查羊、猪、犬等中、小动物的眼结膜时，可用两手对头部稍加固定，以两手拇指分别打开其上、下眼睑进行观察。

健康黄牛及乳牛的眼结膜呈淡粉红色，水牛则较深呈潮红；猪、羊的眼结膜也呈粉红色；犬的眼结膜为淡红色，但很易因兴奋而变为红色；马眼结膜较牛略红呈淡红色。

技术提示

(1)检查眼结膜，最好在自然光线下进行，灯光下对黄色则不易识别。

(2)眼结膜受压迫或摩擦时易引起充血，因此不宜反复进行检查。

(3)要对两侧眼结膜进行对照检查，并注意区别是由眼的局限性疾病，还是全身性或其他疾病所引起。

知识链接

眼结膜病理性颜色的改变及其诊断意义：

(1)潮红(发红) 充血的征兆。单眼的潮红，可能系局部的炎症所致；双眼均潮红，多表示全身的循环障碍。弥漫性潮红常见于热性病、肺炎、肠臌气等；树枝状充血，多见于伴有血液循环障碍的一些疾病。

(2)苍白 贫血的象征。可见于各种类型的贫血，如马传染性贫血、仔猪贫血；血孢子虫病、锥虫病；大失血及内出血；牛的血红蛋白尿病等。

(3)黄染 主要是胆色素代谢障碍的结果。可见于肝脏病(如肝炎)、胆道阻塞(如肝片吸虫病)及溶血性病(如新生幼畜溶血病、血孢子虫病等)。

(4)发绀 黏膜呈蓝紫色，主要是血液中还原血红蛋白增多或含有异常血红蛋白的结果，是机体缺氧的典型表现。可见于血液供氧不足(如肺炎、肺气肿、支气管痉挛、喉炎等)、循环障碍(如创伤性心包炎、心力衰竭及休克等)、变性血红蛋白增加(如亚硝酸盐中毒、犬遗传性高铁血红蛋白症等)。

(5)出血　结膜上出现出血点或出血斑，是出血性素质的特征，在非洲猪瘟、焦虫病、血斑病、猪瘟等疾病中更为明显。

技能五　体表浅在淋巴结检查

技能描述

淋巴结是机体的屏障机构。淋巴结检查，在诊断附近组织器官的感染或诊断某些传染病上有很大的价值。

技能情境

动物医院门诊室或诊疗实训室；动物(牛、马、猪、羊、犬及猫等)；保定用具等。

技能实施

检查体表浅在淋巴结，主要以触诊结合视诊进行。检查时，应注意其位置、大小、形状、硬度、温度、敏感性、表面状态及其移动性。临床上主要检查下颌淋巴结、肩前(颈浅)淋巴结、膝襞(膝上、股前)淋巴结(犬无该淋巴结)、乳房上淋巴结等位于浅表的淋巴结(图 1-35)。猪主要检查腹股沟浅淋巴结等。

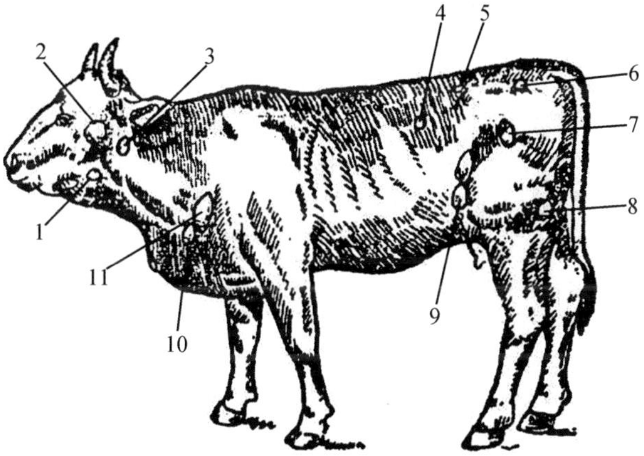

图 1-35　牛的体表在淋巴结位置

1. 颌下淋巴结　2. 耳下淋巴结　3. 颈上淋巴结　4. 髂上淋巴结　5. 髂内淋巴结　6. 坐骨淋巴结　7. 髂外淋巴结　8. 腘淋巴结　9. 膝襞淋巴结　10. 颈下淋巴结　11. 肩前淋巴结

知识链接

(1)急性肿胀　表现淋巴结体积增大，并有热、痛反应，常较硬；有时可有波动感。多见于驹腺疫；亦可见于炭疽；牛患泰勒氏焦虫病时全身淋巴结可呈急性肿胀。

(2)慢性肿胀　多无热、痛反应，较坚硬，表面不平，且不易向周围移动。多见于牛泰氏焦虫病、猪瘟、结核病及牛淋巴细胞性白血病等。

操作训练

利用课余时间或节假日参与门诊工作，进行动物的一般临床检查练习。

任务四　循环系统临床检查

任务分析

兽医临床上心脏和血管的原发性疾病并不多见，但在许多疾病发生的过程中都会造成循环系统机能和结构的损伤，甚至发生心功能衰竭而危及动物生命。因此，要善于尽早发现心脏与血管的异常现象，采取有效措施维持心脏和血管机能，提高临床治疗效果。

任务目标

1. 会进行心搏动检查，正确进行心脏的听诊，并能对异常心音做出判断；
2. 会进行脉搏检查与浅表静脉检查。

任务情境

动物医院或动物诊疗实训室；动物（牛、马、羊、猪、犬及猫等）；听诊器；叩诊器；保定用具等。

任务实施

一、心脏检查

1. 心搏动检查

主要应用视诊与触诊进行。视诊时，检查者位于动物左侧方，仔细观察左侧肘后心区被毛及胸壁的振动情况。触诊一般在动物左侧进行，检查者一只手放于动物的肩背部，用另一只手的手掌或并拢的手指紧贴与动物左侧肘后心区，感知心搏动的状态。必要时可在右侧进行检查。主要判定心搏动的位置、频率及强度变化。

健康动物，随每次心室的收缩而引起左侧心区附近胸壁的轻微振动。牛、羊心搏动在肩端线下 1/2 部的第 3～5 肋间，以第 4 肋间最明显；马的心搏动在左侧胸廓下 1/3 部的第 3～6 肋间，以第 5 肋间最明显；犬的心搏动在左侧第 4～6 肋间的胸廓下 1/3 处，以第 5 肋间最明显。

由于胸壁振动的强度受动物的营养状态和胸壁厚度的影响，所以营养过剩、胸壁较厚的动物其心搏动较弱；相反，消瘦的个体胸壁较薄其心搏动较强。动物在运动过后、兴奋或恐慌时，也可见有心理性的搏动增强。

2. 心脏叩诊

进行心脏叩诊时，被检动物取站立姿势，使其左前肢略向前举起或拉向前，以充分显露心区。对大动物，宜用锤板叩诊法；小动物可用手指叩诊法。

检查按常规叩诊法，从肩胛骨后角沿肘肌向下进行叩诊，同时标记由清音转变为浊音的上界点；再沿肘关节与髋结节连线，由心区向后上方叩诊，并标记由浊音变为清音的后界点；连接两个浊音点所成的弧线，即为心脏浊音区的后上界(图 1-36)。相对浊音区反映心脏的实际大小，而绝对浊音区呈不等边的三角形，比实际心脏的大小要小得多。

叩诊的目的在于依据叩诊音的性质判断心脏的位置、大小、形状，同时可确定其痛觉。心脏本身由肥厚肌肉构成，叩诊呈浊音。心浊音区包括相对浊音区和绝对浊音区 2 部分。心脏被肺脏所遮盖的部分叩诊呈半浊音为相对浊音区，而不被肺脏遮盖的部分叩诊呈浊音为绝对浊音区。在心区反复地用较强和较弱的叩诊进行检查，依据产生浊音及半浊音的区域，可判定马的心脏绝对浊音区及相对浊音区。相对浊音区在绝对浊音区的后上方呈带状，宽 3～4 cm(图 1-37)。牛则仅在第 3～4 肋间出现相对浊音区，且其范围较小。

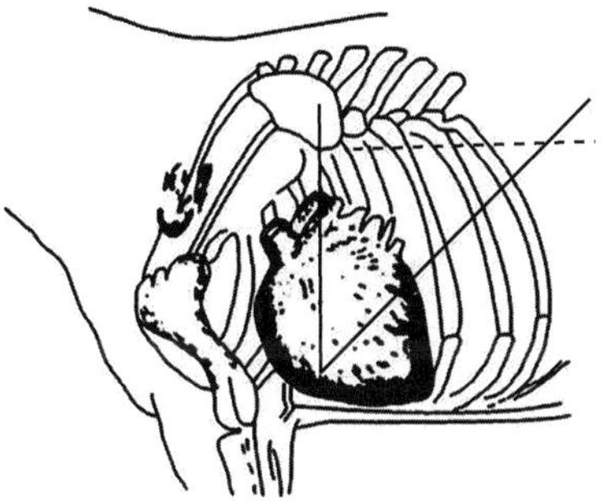

图 1-36　马心脏叩诊区示意图

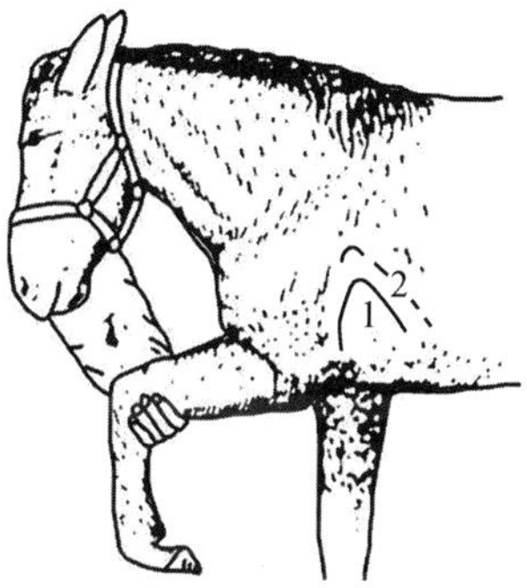

图 1-37　马的心脏叩诊浊音区

1. 绝对浊音区　2. 相对浊音区

3. 心脏听诊

被检动物取站立姿势，使其左前肢向前伸出半步，以充分显露心区。以听诊器进行间接听诊，将集音头放于心区部位即可。当需要辨认各瓣膜口音的变化时，可按表 1-6 和图 1-38 的部位确定其最佳听取点。

心脏听诊检查的内容包括心音的频率、强度、节律、性质及是否有分裂和心杂音等。

健康动物正常心音特点因动物种类不同而有一定差异。黄牛、乳牛、山羊的心音较为清晰，尤其第一心音明显，但持续时间较短，山羊的第二心音较弱。犬的心音清亮，且第一与第二心音的音调、强度、间隔及持续时间均大致相同。水牛及骆驼的心音则不如黄牛清晰。马的第一心音的音调较低，持续时间较长且音尾拖长，第二心音短促、清脆且音尾突然停止。猪的心音较钝浊，且 2 个心音的间隔大致相等。

表 1-6 常见动物心音最佳听取点

动物	第一心音		第二心音	
	二尖瓣口	三尖瓣口	主动脉口	肺动脉口
牛、羊	左侧第 4 肋间，主动脉口的稍下方	右侧第 3 肋间，胸廓下 1/3 的中央水平线上	左侧第 4 肋间，肩端线下 1～2 指处	左侧第 3 肋间，胸廓下 1/3 的中央水平线上
犬	左侧第 5 肋间，胸壁下 1/3 中央	右侧第 4 肋间，肋骨与肋软骨结合部一横指上方	左侧第 4 肋间，肩端线下方	左侧第 3 肋间，接近胸骨处或肋骨与肋软骨结合处
猪	左侧第 5 肋间，胸廓下 1/3 的中央水平线上	右侧第 4 肋间，肋骨和肋软骨结合部稍下方	左侧第 4 肋间，肩端线下 1～2 指处	左侧第 3 肋间，接近胸骨处
马	左侧第 5 肋间，胸廓下 1/3 的中央水平线上	右侧第 4 肋间，胸廓下 1/3 的中央水平线上	左侧第 4 肋间，肩端线下 1～2 指处	左侧第 3 肋间，胸廓下 1/3 的中央水平线上

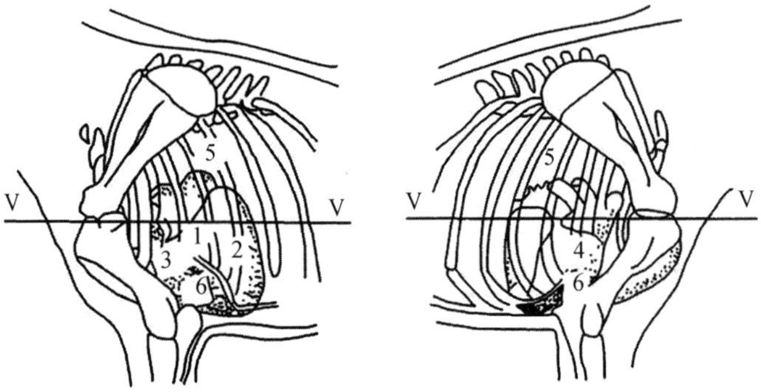

图 1-38 马的各瓣膜口心音最佳听取点

V. 肩关节水平线 1. 主动脉口 2. 左房室口 3. 肺动脉口 4. 右房室口
5. 第 5 肋骨间 6. 心浊音区

二、脉管检查

1. 动脉脉搏检查

大动物（牛、马属动物等）多检查尾动脉或颌外动脉；中、小动物（猪、羊、犬等）则以股动脉为宜（见一般临床检查）。

检查时，除注意计数脉搏的频率外，还应判定其脉搏的性质（主要是搏动的大小、强度、软硬及充盈状态等）及有无节律的变化等。

健康动物的脉搏性质表现为：脉管有一定的弹性，搏动的强度中等，脉管内的血量充盈适度。正常的脉搏节律,其强弱一致、间隔均等。

2. 表在静脉检查

主要用视诊和触诊的方法检查可视黏膜、体表浅在静脉(如颈静脉、胸外静脉、腹下及四肢静脉等)的充盈状态及颈静脉的波动。

一般营养良好的健康动物,表在静脉管不明显;较瘦或皮薄毛稀的动物则较为明显。正常情况下,某些动物(如马、牛等)于颈静脉处可见有随心脏活动而出现的自颈基部向颈上部反流的波动,通常其反流波不超过颈下部的1/3,称颈静脉生理性(阴性)波动,也称心房性静脉波动。波动出现于心房收缩、心室舒张的过程中,如在颈中部的静脉上用手指加压后,可见颈静脉近心端及远心端的波动均自行消失。

技术提示

(1)心脏听诊时应遵循一般听诊的常规注意事项。

(2)当心音过于微弱而听取不清时,可使动物做短暂的运动,并在运动之后立即听诊,可使心音加强而便于辨认。

(3)鉴别第一心音与第二心音时,除可根据不同动物心音的特点外,第一心音产生于心室收缩期中,与心搏动、动脉搏动同时出现,于心尖部听诊清晰,第一心音至第二心音间隔的时间短;而第二心音则产生于心室舒张期中,与心搏动、动脉脉搏出现时间不一致,在心基部听诊清晰,第二心音至下次心动时的第一心音间隔的时间稍长。

知识链接

1. 心搏动异常

(1)心搏动减弱　触诊时感到心搏动力量减弱,并且区域缩小,甚至难以感知。多因胸壁浮肿、气肿、脂肪过多沉积及心功能衰竭。也可见于胸腔积液、肺气肿及创伤性心包炎。

(2)心搏动增强　触诊时感到心搏动强而有力,并且区域扩大,甚至引起动物全身的震动,有时沿脊柱亦可感到心搏动。当心搏动过强,伴随每次心动而引起的动物的体壁发生振动时称为心悸。主要见于热性病初期、心脏病代偿期、贫血性疾病及伴有剧烈疼痛的疾病。

(3)心搏动移位　向前移位,见于胃扩张、腹水、膈疝;向右移位,见于左侧胸腔积液;向后移位,见于气胸或肺气肿。

(4)心区压痛　触压心区时,动物表现敏感、躲闪、呻吟等疼痛症状,可见于心包炎、胸膜炎等。

2. 心区叩诊异常

(1)心脏叩诊浊音区缩小　主要提示肺气肿、肺水肿。

(2)心脏叩诊浊音区扩大　可见于心肥大、心扩张以及渗出性心包炎、心包积水。

(3)心脏叩诊敏感　当叩诊心区时,动物表现回视、躲闪或反抗而呈疼痛不安,表示心区敏感,常是心包炎或胸膜炎等。

当牛患创伤性心包炎时除可见浊音区扩大、呈敏感反应外,有时可呈鼓音或浊鼓音。

3. 心音异常

(1)心音频率改变　心音频率是指每分钟的心音次数。高于正常值时，称心率过速；低于正常值时，称心率徐缓；其引起的原因和诊断意义与心搏动及动脉脉搏频率的异常变化基本相同。

(2)心音的强度变化　第一、二心音均增强，可见于热性病的初期，心机能亢进以及兴奋或伴有剧痛性的疾病及贫血等；第一、二心音均减弱，可见于心机能障碍的后期、濒死期、严重的贫血及渗出性胸膜炎、心包炎等；第一心音增强，在第一心音显著增强的同时，常伴有明显的心悸，而第二心音微弱甚至听取不清，主要见于心脏衰弱或大失血、失水以及其他引起动脉血压显著下降的各种病理过程；第一心音减弱，主要见于二尖瓣闭锁不全、心肌炎及心脏扩张等，常可能伴有心杂音；第二心音增强，主要由于肺动脉及主动脉血压升高所致，可见于肺气肿或肾炎；第二心音减弱，可见于各种原因引起的心动过速、贫血和休克等。

(3)心音节律改变　正常情况下，每次心音的间隔时间均等，且每次心音的强度相似，此为正常的心音节律。正常心脏收缩频率和节律遭到破坏，表现为每次心音的间隔不等，并且强度不一，称为心律不齐。主要提示心脏的兴奋性与传导机能的障碍或心肌损害，常见于心肌的炎症、心肌营养不良或变性、心肌硬化等。临床常见的心律不齐有以下几种：

①窦性心律不齐。其表现为心脏活动的周期性的快慢不均现象，是窦房结发出的冲动显著不均所引起的心脏跳动的节律不齐。且大多与呼吸有关，一般吸气时心动加快而呼气时心动变慢，又称呼吸性节律。常见于犬、猫和幼畜，多为生理现象，无诊断意义。如成年犬出现窦性心律不齐可见于慢性肺气肿、肺炎。

②期前收缩。又称过早搏动，是窦房结以外(心房、心室肌)的异位兴奋灶发出的过早兴奋而引起比正常心跳提前出现的心脏收缩，此后，原来应有的正常心脏搏动消失一次，以致要待到下次正常的兴奋冲动传来，才引起心脏搏动，从而出现间隔时间延长，即所谓的代偿间歇。期前收缩的第一心音明显增强，第二心音减弱或消失。期前收缩偶尔出现多无诊断意义，如频繁发生则是心肌受损的标志，可见于心肌炎、心内膜炎、急性感染等。

③心房颤动。指病理情况下，房室的个别肌纤维在不同时期分散而连续的收缩，从而发生的震颤，表现心音强度不一致，心率快于脉搏，脉搏出现短绌，心律毫无规律，常见于心肌炎、心力衰竭、创伤性心包炎等。

(4)心音性质的改变　常表现为心音混浊，即心音调低沉且含混不清，听诊时无法区分第一心音和第二心音。主要见于结核病、口蹄疫、猪瘟、猪肺疫及严重贫血时。

(5)心音分裂　表现为某个心音分成 2 个相连的音响，以致每一心动周期中出现近似 3 个心音。第一心音分裂，主要是二尖瓣和三尖瓣不同步关闭所致。可见于心肌损害及其传导机能的障碍；第二心音分裂，主要由于主动脉瓣与肺动脉瓣的不同时关闭所致，可见于重度的肺充血或肾炎。

(6)心杂音　伴随心脏的收缩、舒张活动而产生的正常心音以外的附加音响，称为心杂音。依病变存在的部位而分为心外性杂音与心内性杂音。

①心外性杂音。主要是发生于心腔以外的心外膜或其他部位的杂音。如心包杂音，其特点是听之距耳较近，用听诊器的集音头压于心区则杂音可增强。若杂音的性质类似液体

的振荡声，称心包击水音；若杂音的性质呈断续性的、粗糙的擦过音，则称心包摩擦音。心包杂音是心包炎的特征，当牛创伤性心包炎时尤为典型而明显。

②心内性杂音。是指发生于心腔或血管内的杂音。依心内膜是否有器质性病变而分为器质性杂音与非器质性杂音。依杂音出现的时间又分为缩期性杂音及舒期性杂音。

心内性器质性杂音是慢性心内膜炎的特征，其杂音的性质较粗糙，随动物运动或用强心剂后而增强。因瓣膜发生形态的改变，如出现房室瓣闭锁不全(杂音出现于心缩期)或动脉瓣闭锁不全(杂音出现于心舒期)，杂音多是持续性(永久性)的，应用强心剂会使杂音更加明显。当房室口狭窄或动脉口狭窄时也会出现心内杂音，前者导致的杂音出现于心舒期，而后者则出现于心缩期。见于心内膜炎、风湿病、心肌炎及慢性猪丹毒等。

心内性非器质性杂音(机能性杂音)，其声音的性质较柔和，如吹风样，多出现于心缩期，且随病情的好转、恢复或用强心剂后，杂音可减弱或消失。马常出现贫血性杂音，尤其当马患慢性传染性贫血时更为明显。

为确定心内膜的病变部位及性质，应注意明确杂音的分期性与心杂音最明显的部位，以判定发生部位与引起的原因。

4. 脉搏异常

(1)脉搏频率出现增多与减少(见一般临床检查)。

(2)脉搏的振幅较大，且力量较强称大脉(强脉)，见于发热性疾病、动脉瓣闭锁不全及慢性肾炎等。振幅过小且力量微弱称小脉(弱脉)，见于心力衰竭、休克及濒死期的动物。触压血管时，抵抗力小，管壁较为松弛称软脉，见于心力衰竭及严重贫血。触压血管管壁过于紧张而硬感，呈绳索状称为硬脉，见于急性肾炎、破伤风及伴有剧烈疼痛的疾病。较强的、大的、充实的、较软的脉搏，表示心脏机能良好；较强的、小的脉搏，多提示心脏机能衰弱。脉搏的极度微弱甚至不感于手，多反映心脏机能重度衰竭。

(3)脉搏节律不齐(脉律不齐)是心律不齐的反应。

5. 浅表静脉检查异常

(1)浅表静脉的过度充盈(如颈静脉、胸外静脉、股内静脉等)，是静脉回流受阻的表现。局部性静脉怒张多由于局部静脉血管受压所致；全身性静脉怒张可见于各种原因引起的心力衰竭以及导致胸膜腔内压增高的疾病(如渗出性胸膜炎、肺气肿等)。当牛患创伤性心包炎时，可见颈静脉的高度充盈、隆起并呈绳索状。

(2)颈静脉的波动高度超过颈下部的 1/3 处，达颈中部以上时，即为病态。此乃心房性(阴性)静脉波动过度增强的特征，是右心衰竭或淤滞的标志。

如波动出现于心室收缩过程中(与心搏动及动脉脉搏同时出现)，在颈中部的静脉处以手指加压后，其近心端的波动仍存在，甚至增强，而远心端波动消失，此乃心室性(阳性)颈静脉波动的特点。颈静脉的心室性波动是三尖瓣闭锁不全的特征。

有时由于颈动脉的过强搏动可引起颈静脉处发生类似的波动，称伪性颈静脉波动。用手指按压颈中部静脉时，其近心端与远心端的波动均不消失，并可感知颈动脉的过强搏动是其特征。

操作训练

利用课余时间参与门诊工作，进行循环系统临床检查技术的训练。

任务五　呼吸系统临床检查

任务分析

呼吸系统与外界相通，环境中的各种病原生物、粉尘及有害气体均易随空气进入呼吸道及肺，而引起呼吸器官发病。有许多传染病和寄生虫病主要侵害呼吸系统，使得临床呼吸器官疾病比例较高。呼吸器官疾病大多通过临床检查，必要时结合 X 线可以进行临床诊断。

任务目标

1. 会进行呼吸运动检查，正确判定呼吸类型、呼吸节律、呼吸对称性及所出现呼吸困难的类型；

2. 正确进行上呼吸道检查，判定咳嗽类型及鼻液的性状；

3. 能进行动物胸、肺部检查，对出现的异常现象能正确分析判断。

任务情境

动物诊疗实训室或门诊诊疗室；动物（猪、牛、马、羊及犬等）；听诊器；叩诊器；保定用具等。

任务实施

一、呼吸运动检查

检查呼吸运动，应计数呼吸频率，注意呼吸类型及呼吸节律的改变，判定呼吸类型及有无呼吸困难。

1. 计测呼吸频率

详见一般检查。

2. 观察呼吸类型

注意观察呼吸过程中胸廓、腹壁的起伏活动强度及对称性，以判定呼吸类型。

呼吸类型又称呼吸方式（简称呼吸式）。健康动物（除犬外）均为胸腹式呼吸，即在呼吸时，胸壁和腹壁的起伏动作协调，呼吸肌的收缩强度亦大致相等。健康犬则以胸式呼吸占优势。

3. 呼吸节律检查

注意观察呼吸过程，根据每次呼吸的深度及间隔时间的均匀性，以判定呼吸节律。

健康动物呼吸运动呈一定的节律性，即每次呼吸之间间隔的时间相等，并且具有一定的深度和长度，如此周而复始的呼吸称为节律呼吸。生理情况下，吸气与呼气时间之比因动物种类不同而有一定差异，牛为1∶1.26，绵羊和猪为1∶1，山羊为1∶2.7，马为1∶1.8，犬为1∶1.64。呼吸节律随运动、兴奋、尖叫、嗅闻及惊恐等因素而发生暂时性的改变等。

4. 呼吸困难的判定

观察动物的姿态及呼吸频率、类型、节律是否发生改变，同时注意辅助呼吸肌是否参与呼吸活动。

二、上呼吸道检查

1. 鼻部及鼻旁窦检查

观察鼻部及鼻旁窦有无表在病变及形态改变；注意有无水泡；触诊或叩诊鼻旁窦有无敏感反应及叩诊音的改变等。

2. 鼻腔检查

在光线明亮的地方或借助额镜进行视诊。用单手法时，检查者一只手握缰绳或笼头，另一只手的拇指和中指夹住其外鼻翼并向外拉开，食指将其内鼻翼挑起进行观察；用双手法时，由助手保定并抬起动物的头部，检查者用两手分别拉开动物的两侧鼻翼即可(图1-39)。

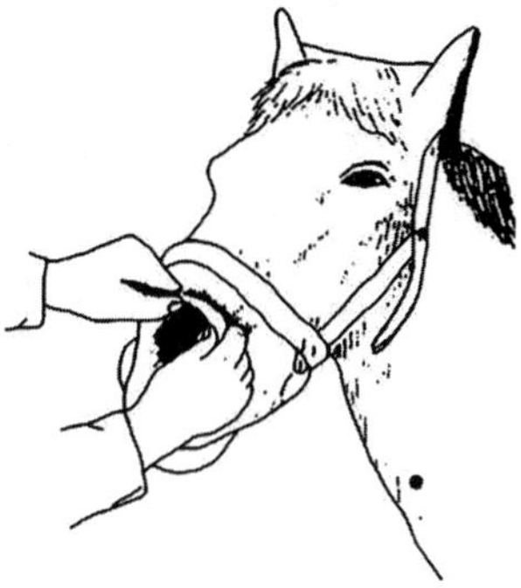

图1-39　马的鼻腔检查

检查时，应注意鼻黏膜的颜色，有无肿胀、结节、溃疡或瘢痕。

健康动物的鼻黏膜稍湿润，有光泽、呈淡红色。牛的鼻黏膜前部多有色素附着，所以诊断价值不大。

3. 喉及气管检查

喉及气管检查主要采用视诊、触诊和听诊的方法进行。检查大动物及羊时，检查者可站于动物的头颈部侧方，分别以两手自喉部两侧同时轻轻加压并向周围滑动，以感知喉部的温度、硬度和敏感度，注意观察局部有无肿胀。用听诊器分别听取喉和气管的呼吸音，注意呼吸音有无改变。猪和禽类、肉食动物，可打开口腔直接对喉腔及其黏膜进行视诊。

健康动物的触诊和视诊多无异常表现，听诊喉呼吸音为类似“哧、哧”的声音，而气管呼吸音则较为柔和。

三、呼出气、鼻液、咳嗽检查

1. 呼出气检查

将手置于鼻孔前，感觉两侧鼻孔呼出气流的强度、温度，嗅诊呼出气体的气味。

健康动物两侧鼻孔呼出气流的强度相等，呼出的气流稍有温感，没有特殊气味。

2. 鼻液检查

鼻液(除正常状态的水牛外)常是呼吸道异常分泌而从鼻腔排出的病理性产物。检查时观察鼻液的量、颜色、性状、稠度及混有物，同时注意鼻液有无特殊臭味。

健康动物鼻黏膜均分泌少量浆液和黏液，不同动物都有其特殊的排鼻液的方式，如马、猪和羊等动物均以喷鼻或咽下的方式排出鼻液，牛、犬和猫等动物则用舌舐去鼻液，故从外表看不见或仅能看到少量鼻液。

3. 咳嗽检查

听取咳嗽的声音，注意咳嗽的性质、强度及疼痛反应等，必要时做人工诱咳试验。

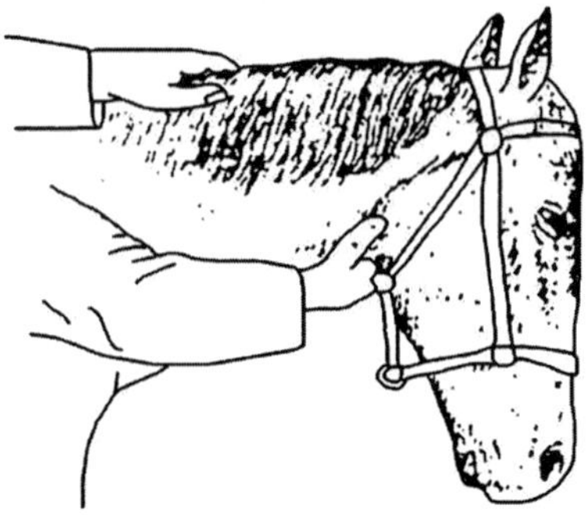
图 1-40　马的人工诱咳法

人工诱咳法：马属动物取站立姿势，检查者位于动物胸前的侧方；一只手放于动物的鬐甲部，用另一只手的拇指、食指和中指分别握住动物的喉头及一、二节气管轮，轻轻加压的同时向上提举（图 1-40），同时观察动物的反应。牛可用暂时捂鼻的方法诱发咳嗽，即用多层湿润的毛巾遮盖或闭塞鼻孔一定时间后迅速放开；或用一特制的橡皮（或塑料）套鼻袋，紧紧地套于牛的口鼻部，使牛中断呼吸片刻，再迅速去掉套鼻袋，使牛出现深吸气，则可出现咳嗽。小动物经过短时间闭塞鼻孔或捏压喉部、叩击胸壁均可引起咳嗽。

健康动物通常不发生咳嗽，或仅发生一两声咳嗽。在人工诱咳时可引起一两声的咳嗽反应；如呈连续性的频繁咳嗽，常为喉、气管的敏感反应。

四、胸廓及胸壁的视诊和触诊

观察动物胸廓的外形，并由正前方或后方对比观察胸廓两侧的对称性，胸壁有无损伤、变形及肋间隙有无异常，胸前、胸下有无水肿等。

触诊胸壁的目的在于判断其温度、敏感性、胸壁或胸下有无浮肿、气肿和胸壁震颤。检查时要注意左右对照。

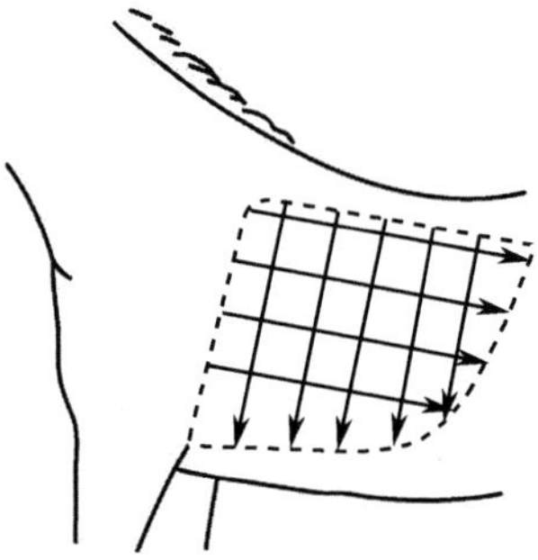
图 1-41　肺叩诊区示意图

五、胸与肺部的叩诊

大动物宜用锤板叩诊法，中小动物可用指指叩诊法。

在两侧肺区均应由前到后（沿水平线）或自上而下（沿肋每个间隙）每隔 3～4 cm 做一叩诊点，每个叩诊点叩击 2～3 次，依次进行普遍的叩诊检查（图 1-41）。

叩诊的目的，主要在于发现叩诊音的改变，并明确叩诊区域的变化，同时注意动物对叩诊的敏感反应。

健康动物的肺区，叩诊呈清音，以肺的中 1/3 最为清楚，上 1/3 与下 1/3 声音逐渐变弱，而肺的边缘则近似半浊音。由于肺的前部被发达的肌肉和骨骼所掩盖，使得叩诊无法检查，因此，健康动物的肺叩诊区只相当于肺的体表投影区的 2/3。肺叩诊区因动物种类不同而有很大差异。

(1)牛、羊肺叩诊区　叩诊区的上界为一条距背中线约 1 掌宽（10 cm 左右）、与脊柱相平行的直线；前界为自肩胛骨后角并沿肘肌群后缘向下划出的一条近似“S”形的曲线，止于第 4 肋间；后下界是一条由第 12 肋骨与背界的交点处起，向下、向前的弧线（经髋结节水平线与第 11 肋间的交点及肩关节水平线与第 8 肋间交点），其下端终于第 4 肋间。此外，在瘦牛的肩前 1～3 肋间，尚有一狭小的肩前叩诊区（图 1-42），上部宽 6～8 cm，下部宽 2～3 cm。羊的叩诊区与牛略同，但无肩前叩诊区。

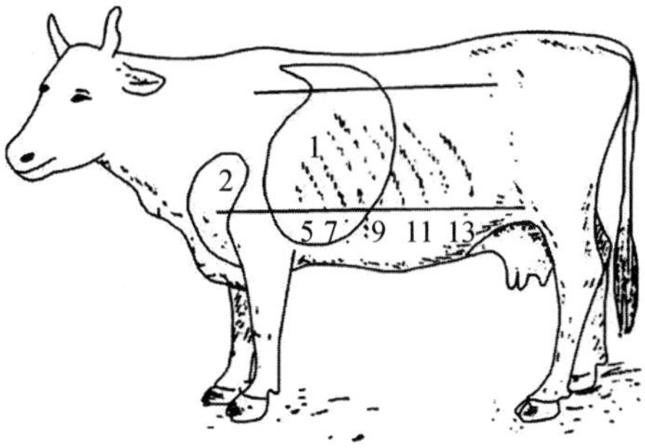

图 1-42　牛的肺叩诊区

1. 胸侧肺叩诊区　2. 肩前肺叩诊区

5、7、9、11、13. 相应肋骨数

(2)马肺叩诊区　确定方法是引 3 条水平线，第 1 条是髋结节水平线；第 2 条是坐骨结节水平线；第 3 条是肩关节水平线。叩诊区的后下界为由髋结节水平线与第 16 肋骨的交点、坐骨结节水平线与第 14 肋骨的交点及肩关节水平线与第 10 肋骨交点的连接所成的弧线，其下端终于第 5 肋骨；叩诊区的前界，为肩胛骨后角向下引的垂线，其下端终于肘头上方；叩诊区的上界，为肩胛骨后角引向髋结节内角的直线（图 1-43）。

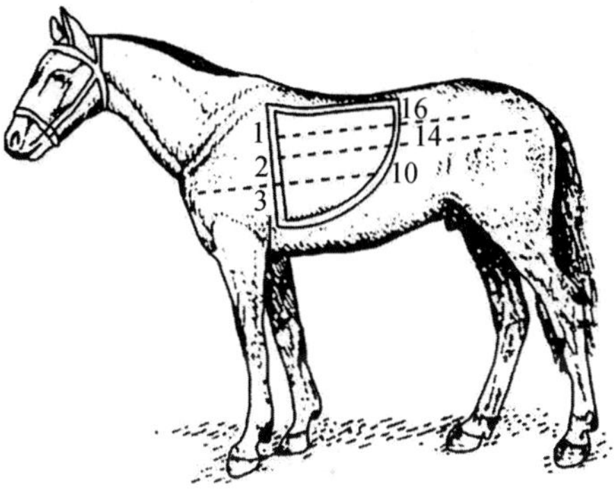

图 1-43　马的正常肺叩诊区

1. 髋结节水平线　2. 坐骨结节水平线

3. 肩关节水平线　10、14、16. 相应肋骨数

(3)猪肺叩诊区　上界距背中线 4～5 指宽，后界由第 11 肋骨开始，向下、向前经坐骨结节线与第 9 肋间之交点，肩关节水平线与第 7 肋间之交点而止于第 4 肋间。肥猪的肺叩诊区不明显，且其上界下移，前界后移，叩诊音也不如其他动物明显。

(4)犬肺叩诊区　前界自肩胛骨后角并沿其后缘所引垂线，下止于第 6 肋间之下部；上界自肩胛骨后角所画之水平线，距背中线 2～3 指宽；后界自第 12 肋骨与上界交点开始，向下、向前经髋结节水平线与第 11 肋间之交点，坐骨结节线与第 10 肋间之交点，肩关节线与第 8 肋间之交点而达第 6 肋间之下部与前界相交。

六、胸与肺部的听诊

一般多用听诊器进行间接听诊，肺听诊区和叩诊区基本一致。听诊时，首先从肺叩诊区的中 1/3 开始，由前向后逐渐听取，其次为上 1/3，最后听诊下 1/3，每一听诊点的距离为 3～4 cm，每一听诊点应连续听诊 3～4 次呼吸周期，对动物的两侧肺区，应普遍地进行听诊。

健康动物可听到微弱的肺泡呼吸音，为柔和的吹风样的“夫、夫”音。于吸气阶段较清楚，尤其是吸气末尾时最强，音调较高，时相较长，而呼气时音响较弱，音调较低，时相较短，呼气末尾时听不清楚。整个肺区均可听到肺泡呼吸音，但以肺区的中部为最明显。各种动物中，犬和猫的肺泡呼吸音最强，其次是绵羊、山羊和牛，而马的肺泡音最弱；幼畜比成年动物肺泡音强。

支气管呼吸音实为喉呼吸音和气管呼吸音的延续，但较气管呼吸音弱，比肺泡呼吸音强，类似将舌尖抵住上腭呼气所发出的“赫、赫”音。特征为吸气时弱而短，呼气时强而长，声音粗糙而高。马的肺区通常听不到支气管呼吸音，其他动物仅在肩后第3～4肋间，靠近肩关节水平线附近区能听到，但常与肺泡呼吸音形成支气管肺泡呼吸音(混合性呼吸音)，其声音特征为吸气时主要是肺泡呼吸音，声音较为柔和，而呼气时则主要为支气管呼吸，声音较粗粝，近似于“夫-赫”的声音。犬在整个肺区都能听到明显的支气管呼吸音。

技术提示

(1)叩诊时，除应遵循叩诊的一般注意事项外，对消瘦的动物，叩诊板(或用作叩诊板的手指)宜沿肋间放置。叩诊的强度应依不同区域的胸壁厚度及叩诊的不同目的为转移，肺区的前上方宜行强叩诊，后下方应轻叩诊，发现深部病变应行强叩诊。对病区与周围健区，在左右两侧的相应区域，应进行比较叩诊，以确切地判定其病理变化。

(2)听诊时，应密切注视动物胸壁的起伏活动，以便辨别吸气与呼气阶段。如呼吸活动微弱、呼吸音响不清时，可人为地使动物的呼吸活动加强，以便于辨认。为此，可短时地捂住动物的鼻孔并于放开之后立即听诊；或使动物做短暂的运动后听诊。

(3)胸、肺部听诊时，应注意呼吸音的强度、性质及病理性呼吸音的出现。对病变区域应与周围健区以及对侧的相应区域进行比较听诊，以确切地判断病理变化。

知识链接

1. 相关概念

(1)呼吸运动是指动物呼吸肌收缩和舒张所造成的胸廓扩张和缩小的过程，从而带动肺脏的扩张和收缩，此过程主要由膈肌和肋间肌的收缩和松弛来完成的。

(2)呼吸频率增加，呼吸深度和呼吸节律异常，并有辅助呼吸肌参与呼吸活动，呈现一种复杂的呼吸障碍，称为呼吸困难。高度的呼吸困难称为气喘。

(3)咳嗽是动物的一种反射性保护动作，同时也是呼吸器官疾病过程中最常见的一种症状。当喉、气管、支气管、肺、胸膜等部位发生炎症或受到刺激时，使呼吸中枢兴奋，在深吸气后声门关闭，继而以突然剧烈呼气，则气流猛烈冲开声门，形成一种暴发的声音，并将呼吸道中的异物或分泌物咳出，即为咳嗽。

2. 异常呼吸类型

(1)胸式呼吸　表现为呼吸活动中胸壁的起伏动作占优势，腹壁的肌肉活动微弱或消失，且胸壁的起伏明显大于腹壁，表明病变在腹腔器官和腹壁。主要见于膈肌的活动受阻及引起腹压显著升高的疾病，如牛创伤性网胃膈肌炎、马的急性胃扩张、重度肠臌气、急性腹膜炎及腹壁外伤等。

(2)腹式呼吸　呼吸过程中腹壁的活动特别明显，而胸壁起伏活动很微弱，提示病变在胸部。可见于肺气肿及伴有胸壁疼痛的疾病，如胸膜炎、肋骨骨折等；猪气喘病时也多呈明显的腹式呼吸。

3. 异常呼吸节律

(1)吸气延长 吸入气体发生障碍，表现吸气时间明显延长，吸气费力。提示上呼吸道发生狭窄或阻塞。见于鼻炎、喉水肿等。

(2)呼气延长 肺内气体排出受阻，表现呼气时间明显延长。提示肺泡弹性下降及细支气管狭窄。见于细支气管炎、肺气肿等。

(3)间断性呼吸 吸气或呼气过程分成2段或若干段，表现断续性的浅而快的呼吸。可见于胸膜炎、细支气管炎、慢性肺气肿以及伴有疼痛的胸腹部疾病，也见于呼吸中枢兴奋性降低时，如脑炎、脑膜炎、中毒性疾病等。

(4)陈 施二氏呼吸 表现为呼吸活动由微弱开始并逐渐加深、加强、加快，达到一定高度后又逐渐变浅、减弱、变慢，最后经短暂停息(数秒钟至数十秒钟)，然后再重复上述呼吸，而呈周期性，这种波浪式呼吸节律又称为潮式呼吸。可见于呼吸中枢的供氧不足及其兴奋性减退，如脑病、重度的肾脏疾病及某些中毒性疾病等。

(5)毕欧特氏呼吸 表现连续的数次深度大致相等的深呼吸与呼吸暂停交替出现的呼吸节律，又称间停式呼吸。主要提示呼吸中枢兴奋性极度降低，病情较潮式呼吸严重。如各型脑膜炎、中毒性疾病及濒死期，多预后不良。

(6)库斯茂尔氏呼吸 呼吸明显加深并延长，同时呼吸次数减少，但不中断，并伴有如鼻鼾声或狭窄音的呼吸杂音。提示呼吸中枢衰竭的晚期，是病危的征兆。可见于脑脊髓炎、脑水肿、大失血、尿毒症及濒死期状态。

4. 呼吸困难类型

(1)吸气性呼吸困难 指呼吸时吸气动作困难，表现为动物头颈平伸、鼻翼开张、胸廓极度扩展、肋间凹陷、吸气时间延长并常伴有吸气时的狭窄音，此时呼气并不发生困难；同时多伴呼吸次数减少，严重者甚至可呈张口吸气。见于上呼吸道狭窄或阻塞性疾病。

(2)呼气性呼吸困难 指肺泡内的气体呼出困难，表现辅助呼气肌(主要是腹肌)参与活动，呼气时间显著延长，多呈两段呼出，沿肋弓形成凹陷(称喘线)，脊背弓起，肷窝变平，甚至肛门外突。多见于慢性肺气肿、细支气管炎、细支气管痉挛，也可见于弥漫性支气管炎。

(3)混合性呼吸困难 指吸气及呼气均发生困难，同时多伴有呼吸次数的增多。混合性呼吸困难可见于支气管炎、肺和胸膜的各种疾病、心机能障碍、重度贫血及急性感染性疾病等。

5. 呼出气异常

(1)两侧鼻孔呼出的气流强度不一或变弱 提示单侧或两侧鼻腔或咽喉部狭窄，可见于鼻腔内有肿瘤，也可见于鼻黏膜、鼻旁窦、喉囊存在炎性肿胀或大量蓄脓。

(2)呼出气流温度变化 呼出气流温度增高，可见于发热性疾病；温度显著降低，可见于虚脱、重症脑病及严重的中毒等。

(3)呼出气有异味 有难闻的腐败臭味，表示上呼吸道或肺脏的化脓或腐败性炎症，有肺坏疽时更为典型，也可见于霉菌性肺炎及副鼻窦炎；当牛患醋酮血病时，呼出气体有酮臭味。

6. 鼻液异常

(1)鼻液量改变　鼻液量可反映炎症渗出的范围、程度及病期。单侧性鼻液，提示鼻腔、喉囊和副鼻窦的单侧性病变；双侧性鼻液则多来源于喉以下的气管、支气管及肺。一般炎症的初期、局灶性病变及慢性呼吸道疾病鼻液少，如慢性卡他性鼻炎、轻度感冒、气管炎初期等。上呼吸道疾病的急性期和肺部严重疾病时，常出现大量的鼻液，如犬瘟热、流行性感冒、牛肺结核、急性咽喉炎、肺脓肿、大叶性肺炎的溶解期、马腺疫、开放性鼻疽等。

(2)鼻液的性状改变　由于炎症性质和病理过程的不同，鼻液性状可分为浆液性、黏液性、黏脓性、腐败性和出血性等。

①浆液性鼻液。流出的鼻液稀薄如水，无色透明，不黏在鼻孔的周围，可见于急性鼻卡他、流行性感冒、马腺疫初期等。

②黏液性鼻液。鼻液呈蛋清样或粥状，黏稠，白色或灰白色，常混有脱落的上皮细胞和炎性细胞等，有腥臭味。常见于呼吸道卡他性炎症中期或恢复期以及慢性呼吸道炎症的过程。

③黏脓性鼻液。鼻液黏稠浑浊，呈糊状、凝乳状或凝集成块，黄色或淡黄色，具有脓味或恶臭味，为化脓性炎症的特征。常见于化脓性鼻炎、鼻旁窦蓄脓、肺脓肿破裂、犬瘟热、马腺疫、鼻疽等。

④腐败性鼻液。鼻液污秽不洁，呈灰色或暗褐色，具有腐败性的恶臭。常见于坏疽性鼻炎、腐败性支气管炎、肺坏疽等。

⑤出血性鼻液。鼻液中混有血液，如混有的血液为淡红色，其中混有泡沫或小气泡，则为肺充血、肺水肿和肺出血的征兆。有较多的血液流出，主要见于鼻黏膜外伤、鼻出血、猪的传染性萎缩性鼻炎等。

⑥铁锈色鼻液。鼻液为均匀的铁锈色，是大叶性肺炎和传染性胸膜肺炎的特征。

(3)鼻液中出现混杂物　鼻液中混有多量小气泡，反映病理产物来源于细支气管或肺泡；混有红褐色组织块，可见于肺坏疽；混有饲料或其残渣，提示伴有吞咽障碍或呕吐。

7. 咳嗽类型

(1)湿咳　咳嗽声音低而长伴有湿啰音，称为湿咳，反映炎症产物较稀薄。可见于咽喉炎、支气管炎、支气管肺炎和肺坏疽的中期。

(2)干咳　若咳声高而短，是干咳的特征，表示病理产物较黏稠或管腔发炎肿胀。可见于急性喉炎初期、慢性支气管炎等。

(3)稀咳　稀咳常发生在清晨，饲喂或运动之后，常是呼吸器官慢性疾病的启示，应特别注意于牛结核、马鼻疽、轻度的猪气喘病。

(4)痉挛性咳嗽　频繁、剧烈而连续性的咳嗽，常为喉、气管炎的特征；马的传染性上呼吸道卡他性炎症更为典型；猪的频繁而剧烈甚至呈痉挛性的咳嗽，多见于重症的气喘病、慢性猪肺疫，当猪后圆线虫病时常见阵发性咳嗽。

(5)痛咳　咳嗽的同时动物表现疼痛、不安、尽力抑制，则为疼痛性的表现。可见于呼吸道异物、喉炎、胸膜炎、异物性肺炎等。

8. 鼻部检查异常

(1)鼻部的肿胀、膨隆和变形　马的鼻面部、唇周围皮下浮肿，外观呈河马头状特征，可见于血斑病；鼻面部膨隆，常见于骨软症，而以幼驹更为典型；窦炎或蓄脓症时可见局部隆突、胀肿，甚至骨质变软；猪的鼻面部短缩、歪曲、变形，是传染性萎缩性鼻炎的特征。鼻部出现水疱，可见于口蹄疫、猪传染性水疱病等。

(2)鼻部的痒感　当动物鼻部及其邻近组织发痒时，动物常用爪(蹄)搔痒，或在栅栏、饲槽、木桩、树干、墙壁等处蹭之，长期蹭痒会使鼻部脱毛、出血和皮肤损伤。见于鼻卡他、猪传染性萎缩性鼻炎、鼻腔寄生虫病、异物刺激等。

(3)鼻旁窦敏感及叩诊呈浊音　提示鼻窦炎、鼻窦积液或蓄脓，重者多伴有颜面、鼻窦部的肿胀、变形，且患侧鼻孔常流脓性分泌物，低头时流出量增多。

(4)鼻黏膜的潮红、肿胀　主要见于鼻卡他及流行性感冒。马鼻黏膜出现的结节、溃疡或瘢痕(冰花样或星芒状)，常提示为鼻腔鼻疽。

9. 喉和气管检查异常

(1)喉部周围组织和附近淋巴结有热感、肿胀、敏感性增高　主要见于喉炎、咽喉炎、马腺疫、急性猪肺疫或猪、牛的炭疽等。禽类喉腔若出现黏膜肿胀、潮红或附有黄白色伪膜，是各型喉炎的特征。

(2)喉和气管呼吸音异常

①呼吸音增强。即喉和气管呼吸音强大粗厉。见于各种出现呼吸困难的动物。

②喉狭窄音。其性质类似口哨声、呼噜声、拉锯声，有时声音相当强大，甚至在数十步之外都可听到。常见于喉水肿、咽喉炎、喉和气管炎、喉肿瘤、放线菌病及马腺疫等。

③啰音。当喉和气管内有分泌物存在时，可听到啰音。若分泌物黏稠，类似吹哨音或咝咝音，称干啰音；若分泌物稀薄，形成如水泡破裂或液体移动所产生的声音，称湿啰音，又称水泡音。多见于喉炎、气管炎和气管内异物等。

10. 胸廓及胸壁异常

(1)狭胸　表现为胸廓的左右横径短小，见于发育不良或骨软病；圆筒状胸，表现为左右横径增大，主要见于慢性肺气肿；单侧气胸时，可见胸廓左右不对称。

(2)胸壁敏感　触诊胸壁时动物回视、躲闪、反抗，是胸壁敏感反应，主要见于胸膜炎及肋骨骨折；纤维素性胸膜炎时，可感知胸壁震颤。

(3)胸壁温度增高　局部温度增高，见于局部炎症。胸侧壁温度增高，见于胸膜炎。

(4)胸骨与肋骨变形　幼畜的各条肋骨与肋软骨结合处呈串珠状肿胀，是佝偻病的特征；鸡的胸骨脊弯曲、变形，提示钙缺乏。肋骨变形、有折断痕迹或有骨折、骨瘤，可提示骨软症及氟骨病。

11. 胸肺部叩诊异常

(1)胸壁敏感　叩诊胸部时，动物表现回视、躲闪、反抗等疼痛不安现象，是胸膜炎的重要特征。

(2)叩诊区扩大或缩小　叩诊区变动范围与正常肺区相差 2～3 cm 时，才认为是病理现象。肺叩诊区扩大(主要表现为后下界后移)，提示肺体积增大(肺气肿)或胸腔积气。叩诊区缩小(主要表现后界前移),主要是腹压增高性疾病,常见于急性胃扩张、急性肠臌气、急性瘤胃臌气、急性瘤胃积食、腹腔积液等。

(3)叩诊音的变化

①浊音或半浊音。表明所叩击的肺组织不含空气或含空气极少。见于肺充血、肺水肿、肺结核、胸腔积液等。散在性浊音区,提示小叶性肺炎;成片性浊音区,是大叶性肺炎肝变期的特征。

②水平浊音。当胸腔积液达一定量时,叩诊积液部位呈浊音,由于液体上界呈水平面,故浊音区的上界呈水平线,称水平浊音。水平浊音的位置可随动物体位及姿势的改变而发生变化。主要见于渗出性胸膜炎或胸腔积液。

③鼓音。表明有肺空洞、支气管扩张、气胸或含气的腹腔器官进入胸腔等现象存在。可见于肺脓肿或肺坏疽的破溃期、肺结核的空洞期、慢性支气管炎、牛肺疫、胸腔积气及膈疝等。

④过清音。表明肺内气体过度充盈,其音质类似敲打空盒的声音,故又称空盒音。主要见于肺泡气肿,亦可见于肺部疾患时的代偿区。

⑤金属音。表明肺组织内有较大的肺空洞,且位置浅表、四壁光滑而紧张。其音调比鼓音高朗,类似敲打金属容器所发出的声音。可见于肺脓肿或肺坏疽的破溃期、肺结核的空洞期,也可见于气胸、心包积液与积气同时存在使心包达一定紧张度等情况下亦可发生。

⑥破壶音。表明有与支气管相通的较大肺空洞存在,其音类似叩击破壶所发出的声音。见于肺脓肿、肺坏疽和肺结核等形成大空洞时。

12. 呼吸音异常

(1)病理性肺泡呼吸音

①肺泡音增强。普遍地增强,为两侧整个肺区肺泡呼吸音均增强,表明呼吸中枢兴奋、呼吸运动和肺换气功能增强的结果。见于发热性疾病、贫血、代谢性酸中毒及支气管炎、肺炎或肺充血的初期。局限性增强,又称代偿性增强,是由于一部分或一侧肺组织有病变而使其呼吸机能减弱或消失,健康或无病变肺组织呼吸机能代偿性增强。见于大叶性肺炎、小叶性肺炎、肺结核、渗出性胸膜炎等疾病时的健康肺区。

②肺泡呼吸音减弱或消失。表现为肺泡呼吸音变弱或完全听不到。表明进入肺泡的空气量减少或空气完全不能进入肺泡。见于上呼吸道狭窄、胸部疼痛性疾病、全身极度衰弱(脑炎后期、中毒性疾病后期以及濒死期等)、呼吸麻痹及膈肌运动障碍等。或肺组织的弹性减弱或消失。见于各型肺炎、肺结核、引起肺部分泌物增加的疾病及肺气肿等。或呼吸音传导障碍。见于渗出性胸膜炎、胸壁肥厚和气胸等。

(2)病理性支气管呼吸音　在马的肺区内听到支气管呼吸音,其他动物的肺区听到单纯的支气管呼吸音,均为病理性支气管呼吸音。可见于大叶性肺炎的实变期、广泛的肺结核、牛肺疫、猪肺疫及渗出性胸膜炎、胸腔积液等压迫肺组织所致。

(3)病理混合呼吸音　在正常肺泡音的区域内听到混合性呼吸音系病理性的,表明较深的肺组织发生实变,而周围被正常的肺组织所覆盖,或较小的肺部实变组织与正常含气的肺组织混合存在。可见于大叶性肺炎或胸膜肺炎的初期、小叶性肺炎和散在性肺结核等。

(4)呼吸音杂音　伴随呼吸活动产生肺泡呼吸音和支气管呼吸音以外的附加音响。

①啰音。主要出现于吸气的末期，呈尖锐或断续性，可因咳嗽而消失，是呼吸道内积有病理性产物的标志。啰音分干啰音与湿啰音。

干啰音：声音尖锐，似蜂鸣、飞箭、类鼾声，表明支气管肿胀、狭窄或分泌物较为黏稠。主要见于弥漫性支气管炎、支气管肺炎、慢性肺气肿、牛结核和间质性肺炎等。

湿啰音：又称水泡音，似水泡破裂声。水泡音是支气管炎与肺炎的重要症状，反映气道内有较稀薄的病理产物。主要见于支气管炎、各型肺炎、肺水肿、肺淤血及异物性肺炎等。

②捻发音。捻发音是肺泡内有少量黏稠分泌物，使肺泡壁或毛细支气管壁互相黏合在一起，当吸气时气流可使黏合的肺泡壁或毛细支气管壁被突然冲开所发出的一种爆裂音。类似在耳边揉捻毛发所发出的极细碎而均匀的"噼啪"音，其特征是仅在吸气时可听到，在吸气之末最为清楚。捻发音比较稳定，不因咳嗽而消失。可见于毛细支气管炎、肺水肿、肺充血的初期等。

③胸膜摩擦音。当发生胸膜炎时，特别是有纤维蛋白沉着，使胸膜的脏层与壁层面变得粗糙不平，呼吸时两层粗糙的胸膜面互相摩擦所发生的声音，即为胸膜摩擦音。胸膜摩擦音的特点是干而粗糙，声音接近体表，出现于吸气末期及呼气初期，且呈断续性，摩擦音常发生于肺移动最大的部位，即肘后、肺叩诊区下 1/3、肋弓的倾斜部。有明显摩擦音的部位，触诊可感到有胸膜摩擦感和疼痛表现。胸膜摩擦音是纤维素性胸膜炎的特征。可见于大叶性肺炎、各型传染性胸膜肺炎及猪肺疫等。

操作训练

利用课余时间到动物医院或养殖场进行动物的呼吸系统临床检查。

任务六　消化系统临床检查

任务分析

消化器官发生疾病时，会表现出不同的临床症状，其他系统或器官发生疾病时消化器官也会有不同程度的表现症状。因此，出现消化系统临床症状，即要通过检查确定是消化器官疾病还是其他器官疾病而表现的伴发(继发)的症状。在消化临床检查时，以询问病史和临床基本检查法为主，结合胃管探诊，必要时尚须进行 X 线检查、内腔镜检查、超声探查，必要时还需进行穿刺液、血液及粪便的实验室检验等。

任务目标

1. 会进行动物饮食欲状态的检查与判定，并能进行口腔、咽及食道的临床检查；
2. 会进行不同动物的胃肠检查；
3. 会进行排粪状态判断及粪便的感官检查；

4. 能进行动物肝、脾及直肠检查。

技能一　饮食状态、口腔、咽及食道检查

技能描述

动物饮食欲对于消化系统疾病的诊断，以及其他许多疾病的诊断及预后判定，都是很重要的依据，而口腔、咽及食道的疾病直接影响饮食欲。临床判定饮食状态及口、咽、食道是否出现病理改变，为疾病诊断提供依据。

技能情境

动物诊疗实训室或门诊诊疗室，也可在动物饲养场进行；动物(猪、牛、马、羊及犬等)；听诊器；叩诊器；开口器；保定用具等。

技能实施

一、饮食与吞咽状态检查

首先通过问诊了解动物采食与饮水状态，然后现场对动物仔细观察采食和饮水活动与表现，必要时可进行试验性的饲喂或饮水。主要根据动物采食和饮水的方式、采食量、采食持续时间、咀嚼状态(力量和速度)、吞咽活动等判定动物的食欲和饮欲状态。还可参考腹围大小等进行综合判断。检查时应注意饲料的种类及质量、饲料配制、饲养制度、饲喂方式、环境条件及动物的使役和饥饿程度等因素对饮食的影响。

健康动物其采食、饮水的方式各异，平时应多接触动物，仔细观察和熟悉不同动物的饮食方式 。牛用舌卷食饲草，马用唇和切齿摄取饲料，羊大致与马相同，猪主要靠上、下腭动作而采食，再借助舌、唇、颊及咬肌协同作用，经咀嚼逐渐形成食团，然后吞咽。

二、反刍、嗳气及呕吐检查

对反刍动物注意观察其反刍的开始出现时间、每次持续时间、昼夜间反刍的次数、每次食团的再咀嚼情况等。检查嗳气时注意观察颈部食道沟，当嗳气通过时，自下而上出现气体移动波，同时伴有气体嗳出时特有的音响。检查呕吐时应注意呕吐发生的时间、频率及呕吐物的数量、性质、气味及混杂物。

健康反刍动物，一般于采食后经 0.5～1 h 即开始反刍；每次反刍持续时间在 0.25～1 h 不等；每昼夜反刍 4～10 次；每次返回的食团再咀嚼 30～60 次。高产乳牛的反刍次数较多，且每次的持续时间较长。反刍活动常因外界环境影响可能出现中断。反刍的变化可作为反刍动物疾病严重程度的指征之一。

嗳气是反刍动物的一种生理现象，嗳气的频度取决于摄入饲料种类和气体产生的速度。健康牛一般每小时有 15～30 次的嗳气，羊 9～11 次，采食后增多，空腹时减少。除反刍动物外的其他动物不表现嗳气。

三、口腔、咽及食管检查

1. 口腔检查

一般多用视诊、触诊和嗅诊等方法进行。注意观察口唇状态和流涎情况，检查口腔气味、温度与湿度，观察口腔黏膜的颜色及完整性、舌及牙齿有无变化等。另外，尚须注意舌苔的变化。口腔内部检查时，常采用徒手开口法或借助特制的开口器辅助打开口腔进行。

(1)牛的徒手开口法　检查者位于牛头侧前方，一只手握住牛鼻环或捏住鼻中隔并向上提举，另一只手从口角处伸入并握住舌体向侧方拉出，即可使口腔打开。

(2)马的徒手开口法　徒手开口时，检查者站于马头的侧方，一只手把住笼头，另一只手食指和中指从一侧口角伸入并横向对侧口角；手指下压并握住舌体；将舌拉出的同时用另一只手的拇指从它侧口角伸入并顶住上腭，使口张开。

(3)牛、马的开口器开口法　用重型开口器开口时，首先应妥善地进行动物的头部保定，检查者将开口器齿嵌部自动物上、下门齿之间插入口腔，并顺势下压开口器使开口器与动物牙齿成垂直状态，迅速顺时针旋转开口器螺旋柄，使动物上、下齿板渐渐离开而打开口腔(图 1-44)。马一般多用单手开口器开口，一只手把住笼头，另一只手持开口器自口角处伸入，随动物张口而逐渐将开口器的螺旋形部分伸入上、下臼齿之间，而使口腔张开；检查完一侧后，再以同样方法检查另一侧(图 1-45)。

图 1-44　重型开口器及其应用

图 1-45　马的单手开口器及其应用

(4)猪的开口法　由助手握住猪的两耳进行提举保定；检查者持猪开口器，将其平直伸入口内，达口角后，将把柄用力下压，即可打开口腔进行检查或处置(图 1-46)。

(5)犬的开口法　性情温顺的犬可用徒手开口法，检查者一只手拇指与中指由颊部捏住上颌，另一手的拇指与中指由左、右口角处握住下颌，分别将其上下唇向内压迫在臼齿面上，以食指抵住犬齿，同时用力上下稍拉开，即可开口，但应注意防止被咬伤手指。也可一人确实保定头部后，另一人用两段布带或绷带分别横置于上下犬齿之后，用两手同时将口向上下拉开即可。烈性犬须用特制的犬的专用开口器进行开口，操作方法与猪的开口器开法类似。

(6)猫的开口法　徒手开口时，以一只手的小指抵在颈部作支点，用拇指和食指捏紧上颌，并将猫的头部向上抬起，即可开口。

健康动物上下口唇闭合良好，老龄和瘦弱动物的下唇常松弛下垂；老龄动物偶有流涎；

口腔稍湿润,口腔温度与体温一致;口腔黏膜呈淡红色而有光泽;牙齿排列整齐。

图 1-46　猪的开口器及应用

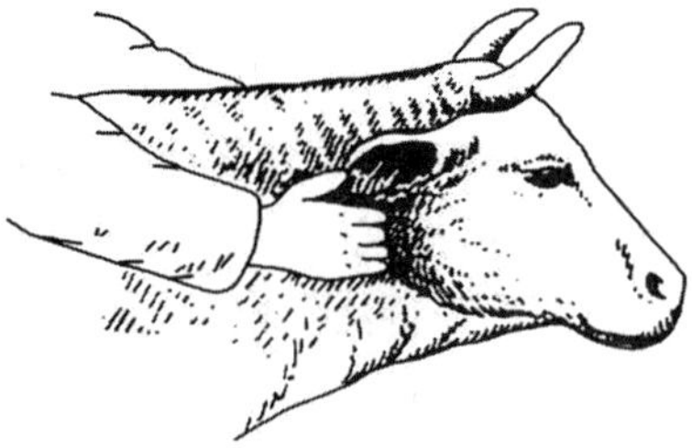

图 1-47　牛的咽部外部触诊

2. 咽检查

咽检查主要通过外部视诊和触诊进行。视诊注意头颈的姿势及咽周围有否肿胀;触诊时,可用两手同时自咽喉部左右两侧加压并向周围滑动,以感知其温度、敏感反应及肿胀情况等(图 1-47)。小动物及禽类的咽可打开口腔进行咽内部视诊比较容易,大动物须借助于喉镜检查。

3. 食管及嗉囊检查

大动物的颈部食管可进行视诊和触诊检查,必要时可应用食管探诊(探诊方法详见胃管投药部分)。视诊时,注意吞咽过程饮食物沿食管通过的情况及局部有无肿胀。触诊时检查者站于动物左侧用两手分别沿颈部食道沟自上而下加压滑动检查,注意感知有无肿胀、异物,以及内容物硬度,有无波动感及敏感反应。

检查禽类的嗉囊,主要用视诊和触诊,注意内容物的多少、软硬度等情况。

技术提示

(1)徒手开口时,应注意防止咬伤手指。

(2)拉出舌时,不要用力过大,以免造成舌系带的损伤。

(3)使用开口器时应注意动物的头部保定;对患骨软症的动物应注意防止开口过大,造成颌骨骨折。

知识链接

1. 相关概念

①食欲和饮欲是动物对采食饲料及饮水的需要。

②呕吐是动物不自主地将胃内容物或部分小肠内容物经口腔或鼻腔排出体外的一种病理现象。呕吐是一种保护性反应。肉食动物最易发生呕吐,其次是猪,牛、羊等反刍动物较少发生,马则极难发生,一般仅出现呕吐动作,当疾病严重时才能有胃内容物经鼻孔反流现象。

2. 饮食与吞咽异常

(1)饮欲和食欲改变

①食欲减少甚至废绝。表现为对优质适口的饲料采食无力、食量显著减少甚至完全拒

食。食欲减少主要见于消化器官的各种疾病以及热性病、全身衰竭、消化及代谢功能扰乱，完全拒食(食欲废绝)提示疾病严重。

②食欲亢进。表现为食欲旺盛，采食量多。主要见于重病恢复期、糖尿病、甲状腺机能亢进及某些代谢病和寄生虫病等。

③异嗜。动物喜食正常饲料成分以外的物质的现象称异嗜。表现为啃食泥土、煤渣、墙灰，舐食污水、粪尿，羊有时表现互相舐毛。异嗜多为矿物质、微量元素代谢扰乱及某些氨基酸缺乏的征兆，多见于幼畜；也可见于慢性胃卡他。母猪食仔、吞食胎衣，鸡的啄羽、啄肛，也常是异嗜的一种表现，后者在鸡群中常有相互模仿的倾向。

④饮欲增加。表现为贪饮甚至狂饮，常见于某些热性病、大出汗、严重的腹泻以及食盐中毒。

⑤饮欲减少。表现为不饮水或饮水量少，可见于马的重度疝痛及伴有昏迷的脑病等。

(2)采食方式的异常　表现采食不灵活，采食迟钝、缓慢、突然中止或口衔饲料等，多见于唇、舌、口腔黏膜及牙齿疾病。重度破伤风、某些舌病、颌骨疾病时，可表现采食障碍。

(3)咀嚼障碍　表现为采食不灵活，咀嚼小心、缓慢、无力，并因疼痛而中断，有时将口中食物吐出。咀嚼障碍多提示口腔黏膜、舌、牙齿的疾病，骨软症、慢性氟中毒时亦可引起。空嚼和磨牙，可见于狂犬病、某些脑病及胃肠道阻塞和高度疼痛性疾病。

(4)吞咽障碍　表现为吞咽时动物伸颈、摇头，屡次企图吞咽而被迫中止，或吞咽同时引起咳嗽，有些动物可见有唾液、食物、饮水等经鼻反流。吞咽障碍主要提示咽与食管的疾病，如咽炎、咽麻痹、食管阻塞等。

(5)反刍障碍　可表现为反刍开始出现的时间晚，每次反刍的持续时间短，昼夜间反刍的次数少，以及每个食团的再咀嚼次数减少，严重时甚至反刍完全停止。反刍障碍是前胃机能障碍的结果，可见于多种疾病，如前胃弛缓、瘤胃积食、瘤胃臌气、瓣胃及真胃阻塞、高热性疾病、中毒、多种传染病等。

(6)嗳气的改变　嗳气频繁和增多，是瘤胃内容物异常发酵，产生大量的游离气体，可见于瘤胃臌气的初期。嗳气减少也是前胃机能扰乱的一种表现，由于嗳气显著减少而使瘤胃积气，并可继发瘤胃臌气，可见于前胃弛缓、瘤胃积食、瓣胃阻塞、真胃疾病及发热性疾病等。偶见有马的嗳气，常提示胃扩张。

(7)呕吐　反刍动物呕吐时，表现不安、呻吟，同时腹肌强烈收缩，呕吐物多为瘤胃内容物，可见于前胃、肠的疾病、中毒以及中枢神经系统疾病。马呕吐时多呈恐惧而极度不安，腹肌强烈收缩，常见战栗与出汗，多提示为急性胃扩张，且常继发胃破裂而致死。犬、猫和猪常出现过食性呕吐，多在采食后不久一次性呕吐大量胃内容物；采食后立即发生持续而频繁的呕吐，且呕吐物混有黏液，常见于胃、十二指肠、胰腺和中枢神经系统的严重疾病；呕吐物中混有血液，常见于胃溃疡、猪瘟、犬瘟热、猫泛白细胞减少症等；混有胆汁而呈黄绿色，见于十二指肠阻塞；呕吐物呈粪便样带臭气味，主要见于大肠阻塞、猪肠嵌闭等。

3. 口腔、咽及食道检查异常

(1)口唇异常　口唇下垂，可见于面神经麻痹、狂犬病、唇舌损伤和炎症、下颌骨骨折等；双唇紧闭，见于脑膜炎和破伤风等；唇部肿胀，见于口黏膜深层炎症、牛瘟、马血斑病等；唇部疱疹，常见于牛和猪的口蹄疫等。

(2)流涎　口腔分泌物(正常或病理性的)流出口外的现象称为流涎。表示唾液腺在病理因素刺激下分泌增多,或咽及食管疾病导致唾液咽下发生障碍。可见于各型口炎、恶性卡他热、猪水疱病、犬瘟热、鸡新城疫、唾液腺炎、咽麻痹、食道梗塞、有机磷中毒、面神经麻痹等。牛的大量牵缕性流涎,应注意口蹄疫。

(3)口腔温度与湿度异常　口腔温度增高、热感,可见于口炎或热性病;口腔温度低下,见于重度贫血、虚脱及动物濒死期。口腔分泌物减少或干燥,可见于一切热性病、失水性疾病、阿托品中毒及严重的胃肠疾病。口腔过湿,则引起流涎。

(4)口腔黏膜颜色改变　口腔黏膜颜色可表现为苍白、潮红、发绀和黄染等变化,其诊断意义除局部炎症可引起潮红、肿胀提示口炎外,其余与其他部位的可视黏膜颜色变化意义相同。

(5)口腔黏膜破损　表现为疱疹、溃疡。马的溃疡性口炎,其病变常在舌下;反刍动物及猪的口黏膜疱疹、溃疡性病变,特别应注意口蹄疫。鸡白喉、牛坏死杆菌病及犬念珠菌病时,口腔黏膜上常附有伪膜状物。雏禽口腔黏膜有炎症或白色针尖大小的结节,见于维生素 A 缺乏症。

(6)舌与舌苔异常　舌的颜色变化与口腔黏膜颜色变化诊断意义大致相同。舌的外伤常由于受异物的刺伤或受磨灭不整的牙齿损伤所引起。舌面的溃疡多并发于口炎。舌硬如木、体积增大,甚至垂于口外,可见于放线菌病、舌麻痹,也可见于各种类型脑炎后期、霉玉米中毒和肉毒梭菌中毒等;猪舌下和舌系带两侧有水疱样结节,是囊尾蚴病的特征。

舌苔是一层脱落不全的舌上皮细胞沉淀物,并混有唾液、饲料残渣等,表现为舌面上附有一层灰白、灰黄、灰绿色附着物,是胃肠消化不良时所引起的一种保护性反应。主要见于热性病及慢性消化障碍等。舌苔薄而色淡,一般表示病情轻或病程短;舌苔厚而色深,一般表示病情重或病程长。

(7)牙齿不整或松动　常发生于骨软病或慢性氟中毒,后者在门齿表面多见有特征性的氟斑,即切齿的釉质失去正常光泽,出现黄褐色的条纹,并形成凹痕。

(8)咽喉部及其周围组织的肿胀、热感　伴有疼痛反应,提示咽炎或咽喉炎;幼驹的咽喉及其附近的淋巴结的肿胀、发炎,应注意于腺疫;牛的咽喉周围的硬性肿物,应注意于结核、腮腺炎及放线菌病;猪则应注意于咽炭疽及急性猪肺疫。

(9)牛、马的食道阻塞　如阻塞物在颈部食道,视诊能发现该部肿大,触诊时动物常呈疼痛反应,其上部食管常因贮积饲料、分泌物而扩张,如内容物为液体,则触压有波动感。食管痉挛则可感知呈一条较硬的索状物,并同时呈敏感反应。

(10)鸡嗉囊积食　可见容积扩大并可感知内容物量多或食物坚硬,减、拒食则嗉囊内空虚;如嗉囊存有多量气体则膨胀并有弹性;嗉囊积液可见于鸡新城疫及有机磷中毒等。

技能二　胃肠、排粪动作及粪便感官检查

技能描述

动物胃肠蠕动可以用听诊器在动物体表进行听诊,甚至可以用手进行感觉,而蠕动状态则反映出动物消化机能。动物排粪状态及粪便感官状态,从另一方面说明动物的消化机能。因此,对动物进行胃肠、排粪及粪便感官临床检查,直接利于消化器官机能状况的判定。

技能情境

动物诊疗实训室或门诊诊疗室，亦可在动物饲养场进行；动物（猪、牛、马、羊及犬等）；听诊器；叩诊器；保定用具等。

技能实施

一、反刍动物的腹部及胃肠检查

1. 腹部检查

主要用视诊和触诊进行，注意观察腹围的大小、形状，尤其是肷窝充盈程度；触诊腹壁的敏感性及紧张度。

2. 瘤胃检查

主要用视诊、叩诊、触诊及听诊检查，其中临床上以触诊和听诊为主。瘤胃体积庞大，占据左侧腹腔的绝大部分位置，与腹壁紧贴（图 1-48）。

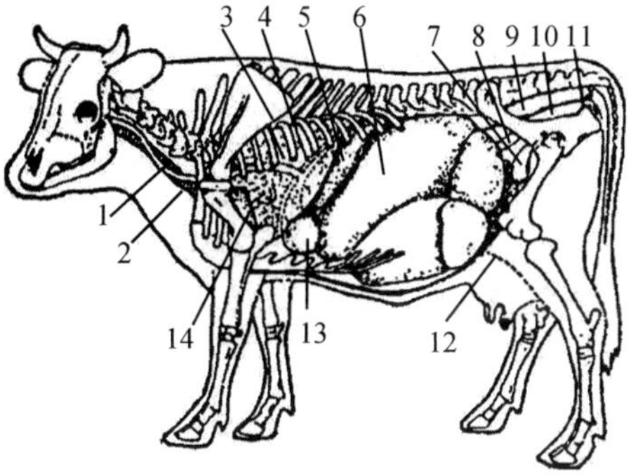

图 1-48　母牛内脏器官（左侧）

1. 食道　2. 气管　3. 肺　4. 横膈圆顶轮廓　5. 脾（其前缘以虚线表示）　6. 瘤胃　7. 膀胱　8. 左子宫角　9. 直肠　10. 阴道　11. 阴道前庭　12. 空肠　13. 网胃　14. 心脏

视诊时，注意观察瘤胃的充盈度；触诊时，检查者位于动物的左侧，左手放于动物背腰部作支点，右手握拳、屈曲手指或以手掌放于左肷部，先用力反复触压瘤胃，以感知内容物性状，然后静放于肷部腹壁上以感知瘤胃蠕动强度和频率；听诊时，多以听诊器行间接听诊，以判定瘤胃蠕动音的频率、强度、性质及持续时间；叩诊是用叩诊器或手指（或拳）在肷部进行直接叩诊，根据叩诊音判定瘤胃内容物的性状。

健康反刍动物，饲喂前触诊瘤胃松软而有弹性，上 1/3 积有少量气体，中部和下部坚实；饲喂后瘤胃充满，左肷部平坦。触诊感知内容物似面团状，轻压后可留压痕，随瘤胃蠕动而将检手抬起，蠕动力量较强。听诊瘤胃蠕动音呈“沙沙”声，似吹风样或远雷声，随每次蠕动波可出现由弱到强，达高峰后又逐渐减弱甚至消失。健康牛蠕动 1～2 次/min，羊 2～4 次/min，每次蠕动持续时间为 15～45 s 在采食后 2 h 左右蠕动最为旺盛，随后逐渐减弱。叩诊瘤胃上部呈鼓音，中、下部依次呈半浊音或浊音。

3. 网胃检查

网胃位于胸骨后缘、腹腔的左前下方剑状软骨突起的后方，相当于第 6～8 肋间，前缘紧贴膈肌（图 1-48）。主要采用触诊、叩诊和视诊的方法进行，必要时可用 X 线、超声波及金属探测仪进行检查。

（1）叩诊　可于左侧心区后方的网胃区内，进行强叩诊或用拳轻击，以观察动物网胃区疼痛反应。

（2）触诊　检查者位于左胸侧与动物同向，屈曲右膝于动物腹下，右手握拳并抵在动物的剑状突起部，将右肘支于右膝上，然后用力抬腿并以拳顶压网胃区；或由二人分别站于动物胸部两侧，面向前，各伸一只手于剑突下相互握紧，并将其另一只手放于动物的鬐甲部作支点，二人同时用力上抬紧握的手，并用放于鬐甲部的手紧捏其背部皮肤；或先用一木棒横放于动物的剑突下，由二人分别自两侧同时用力上抬，迅速下放并逐渐后移压迫网胃区；或由助手握住牛鼻中隔并向上提举，使牛的额线与背线相平，检查者用手强力捏压鬐甲部等方法进行检查，以观察动物反应。

（3）视诊　使动物自然站立，观察其站立姿势是否异常；或牵引动物在较陡的坡路由上向下行走，或急转弯等运动，观察其反应。

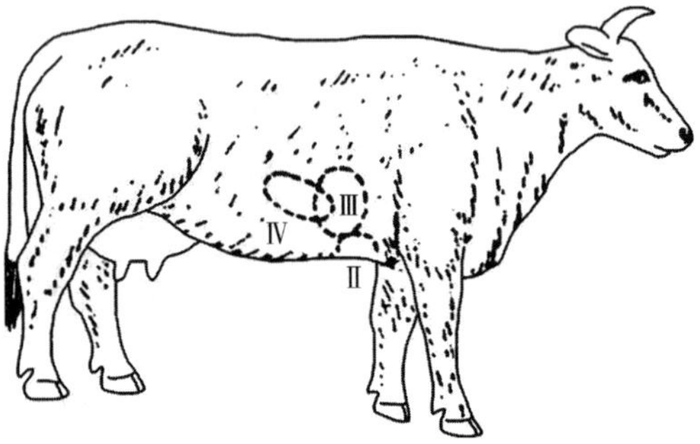

图 1-49　牛网胃（Ⅱ）、瓣胃（Ⅲ）、真胃（Ⅳ）的位置

4. 瓣胃检查

主要采用听诊和触诊的方法进行。牛的瓣胃检查部位在右侧第 7～9 肋间沿肩关节水平线上下 3～5 cm 的范围内（图 1-49）。

进行听诊时，是听取瓣胃蠕动音。在右侧瓣胃区进行强力触诊或以拳轻击，以观察动物是否有疼痛反应。

健康状态下瓣胃的蠕动音呈断续的细小捻发音，于采食后较为明显。

5. 真胃及肠检查

真胃及肠管在体表的投影位置如图 1-50 所示。

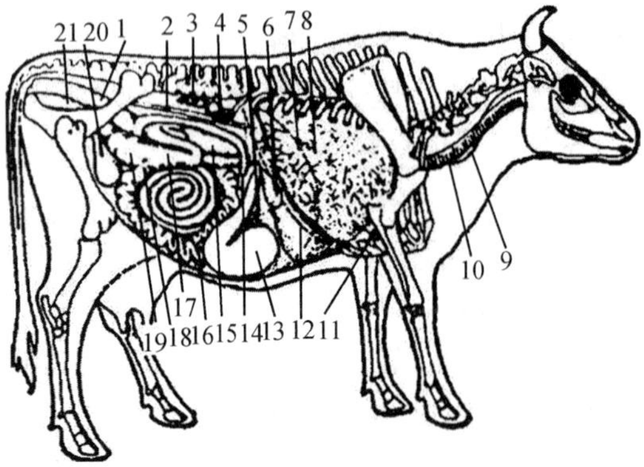

图 1-50　母牛内脏器官（右侧）

1. 直肠　2. 腹主动脉　3. 左肾　4. 右肾　5. 肝脏　6. 胆囊　7. 横膈圆顶轮廓线　8. 肺　9. 食管　10. 气管　11. 心脏　12. 横膈膜沿肋骨附着线　13. 真胃　14. 十二指肠　15. 胰腺　16. 空肠　17. 结肠　18. 回肠　19. 盲肠　20. 膀胱　21. 阴道

(1)真胃的视诊与触诊　于牛右侧第 9～11 肋间沿肋弓下至腹底壁，进行视诊和深触诊。视诊时主要注意其充盈度和左右对称性。触诊是判定真胃内容物性状和局部的敏感性。对羊、犊牛则使呈左侧卧姿势，检手插入右肋下行深触诊。

(2)真胃的听诊　在真胃区可听到蠕动音，类似肠音，呈流水声或轻度的含漱音。

(3)肠管检查　主要采用触诊、听诊的方法进行。羊和犊牛因右侧腹壁松弛、腹围小，可以进行外部触诊，成年牛一般行右侧腹壁冲击触诊，判定肠管或腹腔内是否有积液(振水音)，还可通过直肠内检查其他肠段是否有异常。听诊于右侧肷部或腹肋部进行肠蠕动音的听诊。

反刍动物的肠管位于腹腔右侧后半部，紧靠瘤胃壁。触诊时正常为软而不实的感觉，冲击触诊没有振水音。肠蠕动音短而稀少，小肠蠕动音类似轻度含漱音或断续的流水声；大肠蠕动音类似鸠鸣音。

二、猪腹部及胃肠检查

1. 腹部检查

主要通过视诊观察腹围大小及外形有无变化。

2. 胃肠检查

猪的胃肠检查主要用触诊和听诊进行检查。

(1)触诊　使动物取站立姿势，检查者位于后方，两手同时自两侧肋弓后开始，在压触摸的同时逐渐向上后方滑动进行检查；或使动物侧卧，然后用手掌或并拢、屈曲的手指，进行深部触诊。检查胃时可适当将猪的前躯稍抬高，而检查后段或盆腔时可将后躯抬高。检查时注意胃肠内容物的充盈度、性状及敏感性。

(2)听诊　用听诊器进行胃肠蠕动音检查。

因猪皮下脂肪太厚以及检查时的尖叫抗拒，所以效果不佳。猪胃的容积较大，位于剑状软骨上方的左侧肋部，其大弯可达剑状软骨后方的腹底部。猪的小肠位于腹腔右侧及左侧下部，结肠呈圆锥状位于腹腔左侧，盲肠大部分在右侧(图 1-51)。

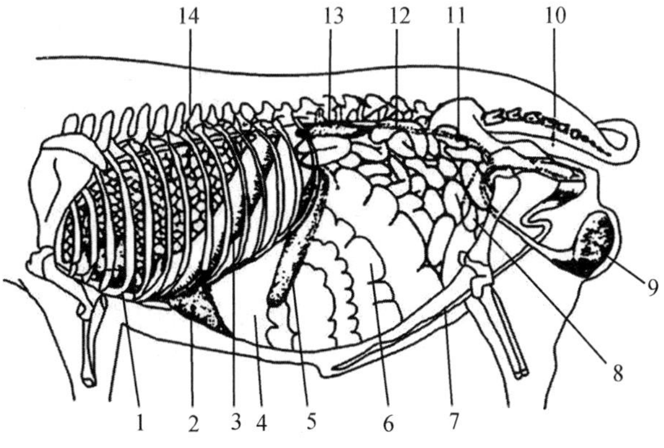

图 1-51　猪的内脏器官(左侧)

1. 心脏　2. 肝脏　3. 膈的肋线　4. 胃　5. 脾脏　6. 结肠　7. 阴茎　8. 膀胱　9. 睾丸　10. 直肠　11. 小肠　12. 输尿管　13. 肾脏　14. 肺脏

三、马腹部及胃肠检查

1. 腹部的视诊、触诊

观察腹部的轮廓、外形、容积及肷部的充满程度，应做左右侧对比观察。触诊时，检查者位于腹侧，一只手放于马的背部，检手以手掌平放于腹侧壁或下侧方，用腕力作间断性冲击动作，或以手指垂直向腹壁行突击式触诊，以感知腹肌的紧张度、腹内容物的性状，并观察动物的反应。

2. 胃肠检查

马属动物胃的体积小，位于腹中部的第 14～17 肋骨之间，髋结节水平线附近，悬于腹中部偏左侧，不与腹壁接触，临床检查比较困难。多用胃管探诊或直肠内部检查判断。

肠管检查用触诊、听诊及直接检查进行。触诊左右肷部可判定肠内容物的性状。听诊的位置在左右肷部，在左肷部可听到小结肠和小肠音，左侧腹部下 1/3 处可听到左侧大结肠音，右肷部为盲肠音，右侧肋弓下方可到右侧大结肠音。注意判定肠蠕动音的频率、性质、强度和持续时间。听诊时应对两侧各部进行普遍检查，并于每一听诊点听诊不少于半分钟。必要时可配合进行叩诊或直肠检查。

健康马小肠蠕动音如流水声或含漱音，正常时 8～12 次/min；大肠音如雷鸣音或远炮声，正常时 4～6 次/min。对靠近腹壁的肠管进行叩诊时，依其内容物性状变化而音响不同，正常时盲肠基部（右肷部）呈鼓音；盲肠体、大结肠则可呈浊音或鼓音。

四、犬和猫胃肠检查

1. 腹围及胃检查

主要用视诊、触诊、叩诊等方法进行检查，还可以根据需要做胃镜检查、胃液检查、X 线检查和超声波检查等。视诊时，主要注意观察腹围变化。因犬、猫的腹壁薄软，腹腔浅显，便于触诊。触诊时，将犬、猫放在桌子上令其自然站立，也可横卧或分别提举前、后肢，两手置于两侧肋骨弓的后方，用手指于肋骨内侧向前上方触压，以感知胃内容物的性状及胃壁的敏感性。如将犬、猫前后躯轮流抬高，几乎可触知全部腹腔脏器。叩诊时，一般将犬、猫取仰卧姿势，对胃部进行指指叩诊，当空腹时从剑状软骨后直到脐部呈鼓音，当采食后则呈浊音。

2. 肠管检查

主要用触诊及听诊等方法进行检查。

（1）触诊　将两手置于两侧肋弓后方，逐渐向后上方移动，让肠管等内脏器官滑过各指端进行触诊；也可将两拇指置于腰部，其余指头伸直放于腹壁两侧，逐渐用力压迫，直至两手指端相互接触为止，以感知腹壁、肠管及可触摸的内脏器官的状态。

（2）听诊　用听诊器在左右两侧腹壁进行听诊。犬正常的肠音 4～6 次/min，猫为 3～5 次/min，其声音似一种断续的“咕噜”音，其声响和音调变异较大，如小型犬的音响比大、中型犬弱。

（3）直肠检查　检查肛门、肛门腺及会阴部时，检查者戴手套并涂以润滑剂，以手指伸入肛门检查直肠或经直肠腔检查腹腔和盆腔的器官，主要检查直肠的宽窄、骨盆大小、肛门腺、膀胱、子宫及雄性动物前列腺等器官状况。

五、排粪动作及粪便感官检查

1. 排粪动作检查

观察动物排粪的动作和姿势，了解动物排粪次数。正常时，各种动物均采取固有的排粪姿势和相对稳定的排粪次数。

健康动物因种类不同，均有固定的排粪姿势。马、牛、羊排粪时，背腰稍弓起，后肢稍开张并略前伸。犬排粪则采取后躯下蹲近于坐下的姿势。马和山羊能在行进中完成排粪。猪可一边采食一边排粪。健康动物的排粪次数及量与采食的饲料数量、质量及活动状况有密切关系。牛每昼夜排粪便 10～18 次，粪量 15～35 kg；马每昼夜排粪为 8～11 次，粪量 15～20 kg；羊每昼夜排粪 3～8 次，粪量 1～3 kg；猪每昼夜排粪 2～5 次，粪量 1～3 kg；犬每昼夜排粪 1～3 次，粪量 0.3～0.8 kg。

2. 粪便感官检查

从粪便的形状、色泽、湿度、气味和有无混杂物及饲料消化状态等方面鉴别粪便是否正常。

健康动物的粪便性状和气味，依动物种类有所不同，而且受饲料的数量特别是质量的影响极大。牛粪便较软，落地形成迭层状粪盘；但水牛的粪便多较稀；乳牛采食大量青饲料时则粪便亦甚稀薄。马粪便呈球形，落地后部分碎开，多为黄绿色。羊粪多呈极小的干球状。猪粪为稠粥状，完全饲喂配合饲料的猪粪便呈圆柱状。犬和猫的粪便呈圆柱状。

禽类的粪便分为小肠粪便和盲肠粪便，有时混同排出，有时分别排出。正常鸡的小肠粪便为圆柱形，细而弯曲，不软不硬，多为棕绿色，粪的表面附有白色的尿酸盐；盲肠粪便一般在早晨单独排出，常为黄棕色或褐色糊状，有时也混有尿酸盐。尿酸盐是禽类尿中的正常排泄物，常与粪便同时排出。刚出壳尚未采食的雏鸡，排出的胎粪为白色和深绿色稀薄液体，主要成分是肠液、胆汁和尿液，有时也混有少量从卵黄囊吸收的蛋黄。一般草食动物的粪便无恶臭气味，而猪、犬、猫及禽的粪便较臭。

▶技术提示

(1)通过动物腹壁进行胃肠检查时，一定要弄清所检查器官的体表投影位置，听诊时要避免干扰。

(2)进行腹围观察时检查者要注意在动物前后方进行左右对比检查。

(3)进行大动物腹部检查进检查者要注意自身的体位与姿势，防止动物踢蹴或动物突然躲避而使检查者站立不稳，

▶知识链接

1. 腹部检查异常

(1)腹围增大　广泛性增大，主要提示瘤胃臌气、瘤胃积食、皱胃变位等。局限性增大，可见于腹壁疝、脓肿、血肿及淋巴外渗等。

(2)腹围缩小　表示胃肠内容物显著减少，可见于长期饥饿或破伤风等。

(3)腹下浮肿　触诊留有指压痕，可见于腹膜炎、肝片吸虫病、肝硬化以及创伤性心包炎和心脏衰弱。

(4)腹壁敏感　主要提示腹膜炎和腹壁损伤。

2. 瘤胃检查异常

(1)左肷部膨隆、触诊柔软有弹性，叩诊鼓音区下移，是瘤胃臌胀的特征。

(2)触诊内容物坚实，可见于瘤胃积食；内容物稀软可见于前胃弛缓。

(3)瘤胃蠕动频繁及蠕动音增强，可见于瘤胃臌气和瘤胃积食的初期；蠕动稀少、微弱、蠕动音短促，可见于前胃弛缓、瘤胃积食以及其他原因引起的前胃功能障碍；瘤胃蠕动音消失，是瘤胃运动机能高度障碍的结果，临床上多见于急性瘤胃臌气、瘤胃积食等前胃疾病的后期以及其他严重的全身性疾病。

3. 网胃检查异常

当进行网胃检查时，动物表现不安、痛苦、呻吟或抗拒，企图卧下；或下坡时运步小心，步态紧张，不敢前进，甚至横着下坡；或急转弯时表现痛苦等，均为网胃的疼痛反应。主要提示创伤性网胃炎或网胃炎、膈肌炎、心包炎。

4. 瓣胃检查异常

瓣胃蠕动音消失，可见于瓣胃阻塞；触诊敏感表现为动物疼痛不安、呻吟、抗拒，主要提示瓣胃创伤性炎症，亦可见于瓣胃阻塞或瓣胃炎。

5. 真胃检查异常

(1)右侧腹壁肋弓下向侧方隆起，可提示真胃阻塞或扩张；右腹壁膨大或肋弓突起，可提示真胃扭转；真胃触诊敏感，提示真胃炎或真胃溃疡；真胃区坚实或坚硬，则提示真胃阻塞；冲击触诊有波动感，并听到击水音，提示真胃扭转或幽门阻塞、十二指肠阻塞。

(2)真胃蠕动音亢进，见于真胃炎；真胃蠕动音稀少、微弱，则提示胃内容物干涸或机能减弱，见于真胃阻塞。

(3)肠音增强，见于急性肠炎、肠痉挛、有机磷农药中毒或服用泻剂等；肠音减弱，见于发热性疾病及消化机能障碍等；肠音消失，见于肠套叠及肠便秘等。

6. 猪腹部及胃肠检查异常

(1)腹围扩大　除见于母猪妊娠后期及饱食后不久等生理情况外，可见于过食或肠臌气、肠变位、肠阻塞等。

(2)腹围缩小　见于长期饲喂不足、顽固性腹泻及某些慢性消耗性疾病等。

(3)触诊胃区有疼痛反应(不安、呻吟)　可见于胃炎、胃食滞，当胃扩张、胃食滞时行强压触诊或可引起呕吐；肠便秘时深触诊可感知较硬的粪块。

(4)胃肠蠕动音增强或减弱　胃肠炎时蠕动音可增强；重度便秘时肠蠕动音减弱甚至消失。

7. 马腹部及胃肠检查异常

(1)腹围膨大　除可见于妊娠外，常见于肠臌气、胃肠积食、腹水及腹壁疝等。肠臌气时肷窝(尤以右侧)常隆起；当有腹水时，腹围膨大、下垂并多呈向两侧对称地扩展的特征。

(2)腹围蜷缩　可见于长期饥饿、剧烈的腹泻以及腹肌的紧张。当马患重度的骨软症时,常表现得甚为明显。

(3)腹壁敏感　触诊时表现疼痛反应,动物回顾、躲闪、反抗。主要提示腹膜炎。

(4)腹肌高度紧张　主要见于破伤风。

(5)腹水　触诊的手掌可有波动感并有回击波与振水音。

(6)腹壁疝　对呈现局部性膨大部分进行触诊,常可发现疝环,并经此可将部分脱出的肠管进行还纳。

(7)肠蠕动音亢进　表现为肠音高朗甚至似雷鸣,蠕动音频繁甚至持续不断等,主要见于各型肠炎的初期或胃肠炎,如伴有剧烈腹痛现象时则主要提示为痉挛疝痛。

(8)肠蠕动音减弱甚至消失　表现为肠音微弱、稀少并持续时间短促,严重时则完全消失,主要见于肠弛缓、便秘,亦可见于胃肠炎的后期;伴有腹痛现象时则常见于肠便秘或肠阻塞。

(9)肠音性质的改变　可表现为频繁的流水音,主要提示为肠炎;频繁的金属音(如叮当声或滴嗒声),主要提示肠臌气。

(10)叩诊的成片性鼓音区　提示肠臌气;与靠近腹壁的大结肠、盲肠的位置相一致的成片性浊音区,可提示相应肠段的积粪及便秘。

8. 犬、猫胃肠检查异常

(1)腹围变化　腹围扩大,可见于胃扭转、胃扩张、胃肿瘤及腹腔积液等;腹围缩小,见于急剧性腹泻、长期营养不良及慢性消耗性疾病等。

(2)触诊异常　在两侧肋下部摸到胀满、坚实的胃,提示急性胃扩张;胃部触诊有疼痛反应,提示胃内异物或急性胃卡他、胃炎、胃溃疡、腹膜炎;腹部触诊摸到一个紧张的球状囊袋,提示胃扭转等。肠套叠时,可触摸到质地如鲜香肠样有弹性、弯曲的圆柱形肠段。

(3)胃浊音区扩大　提示食滞性胃扩张;出现大面积鼓音区,提示气胀性胃扩张;胃扭转时,腹部臌胀,叩诊呈鼓音或金属音。

(4)腹壁触压　触压腹壁有疼痛反应,同时腹壁紧张度增高,提示腹膜炎;在腹壁触摸到一坚实或坚硬的腊肠状肠段,提示肠便秘;腹壁局部触痛,并触及臌气的肠段,提示肠缠结、肠扭转;触压腹内有坚实而有弹性、弯曲的圆柱形肠段,触压该部,动物表现剧痛,可见于肠套叠;对腹壁行冲击式触诊感到回击波,并有振水音,提示腹腔积液。

(5)肠音变化　肠音增强,可见于急性肠卡他、胃肠炎、肠便秘及引起腹泻的各种传染病和寄生虫病的初期;肠音减弱或消失,见于肠炎和肠便秘的中后期、肠变位以及发热性疾病而伴有消化机能紊乱时。

9. 排粪及粪便检查异常

(1)腹泻(下痢)　排粪的次数频繁并且粪便稀薄。见于肠卡他、肠炎、猪大肠杆菌病、猪传染性胃肠炎、羔羊痢疾、犬细小病毒病等。

(2)便秘　排粪次数减少,排粪费力并且粪便干、硬、色深。见于严重的发热性疾病、大肠便秘、反刍动物前胃弛缓、瘤胃积食等疾病。

(3)排粪失禁　动物不采取固有的排粪姿势,腹肌不收缩而粪便自行经肛门流出,提示肛门括约肌松弛或麻痹。常见于急性胃肠炎、荐部脊髓损伤。

(4)排粪疼痛　动物排粪时，表现疼痛不安或伴有呻吟。可见于腹膜炎、直肠损伤、创伤性网胃炎等。

(5)里急后重　动物长时间采取排粪姿势或反复、频作排粪动作，用力努责，而仅有少量粪便或黏液排出。可见于直肠炎或牛的子宫、阴道的炎症。

(6)气味异常　粪便有特殊腐败或酸臭味。多见于各型肠炎或消化不良。

(7)粪便形态异常　粪坚硬、色深，见于肠弛缓、便秘、热性病；牛在稀粪中混有片状硬粪块，提示瓣胃阻塞。粪便稀软、水样，常是下痢之症；水牛粪便呈柏油样，可见于胃肠阻塞。

(8)粪便颜色改变　粪便呈黑色，提示胃或前部肠道的出血性疾病；粪球外部附有红色血液，是后部肠管出血的特征；粪便呈灰色黏土状而缺乏粪胆素，可见于某些动物的阻塞性黄疸。

(9)粪便有混杂物　混有未消化饲料残渣，提示消化不良；混有多量黏液，可见于肠卡他；混有血液或排血样便，是出血性肠炎的特征；混有灰白色、成片状的脱落黏膜，提示伪膜性肠炎，亦可见于猪瘟等。

(10)禽的粪便改变　白色糊状稀粪，常见于雏鸡白痢，主要发生于3周龄以内的雏鸡；绿色水样粪便，常见于鸡新城疫、禽流感、鸡伤寒等急性传染病；带水软粪便，常见于饲料配合不当引起的消化不良，如饲料中豆饼、麸皮、水分含量过多；棕红色或黑褐色稀粪，提示粪便中含有血液，常见于球虫病、出血性肠炎及某些急性传染病；泡沫状稀粪，多见于感冒或核黄素缺乏等；蛋清蛋黄样粪便，常见于母鸡前殖吸虫病、输卵管炎或鸡新城疫等。

技能三　肝脏、脾脏及直肠检查

技能描述

肝脏的临床检查应用较少，当消化障碍，出现黄疸、粪便不正常，甚至出现腹腔积液时，可行肝脏的临床检查。而脾脏是动物体内最大的免疫器官，当出现溶血性疾病或某些传染病和寄生虫病时，可进行脾脏检查。直肠检查对于大动物(牛和马属动物等)的妊娠诊断、发情鉴定、腹痛疾病的诊断是一种比较可靠的方法，同时还可用于肾脏、膀胱及腹股沟管及骨盆等检查。此外，直肠检查还可作为一种治疗的手段，如用于隔肠破结术治疗结肠阻塞等疾病。

技能情境

动物诊疗实训室或门诊诊疗室，亦可在动物饲养场进行；动物(牛、马、羊及犬等)；叩诊器；胶围裙、高筒胶鞋、灌肠器、水桶、脸盆、指甲剪、毛巾、石蜡油、软肥皂、内脏器官模型或挂图等；牛鼻钳、鼻捻子及六柱栏等保定用具。

技能实施

一、肝脏及脾脏检查

1. 肝脏检查

(1)触诊　触诊肝区以观察动物反应，或有时可感知肿大的肝脏边缘。检查牛时在右侧肋弓下进行深部触诊(图1-52);检查猪时,将猪左侧卧保定,检查者用手掌或并拢屈曲的手指沿右季肋下部进行深触诊;马在右侧肋弓下行强压诊或以并拢且呈屈曲的手指进行深触诊(对消瘦的马)。行犬、猫肝脏触诊时,首先可行站立位置,从左右侧用两手的手指于肋弓下向前上方进行触压,可触及肝脏,为了避免腹肌的收缩,应逐渐加压触诊,然后再以侧卧或背位进行触诊,当右侧卧时,由于肝脏紧靠腹壁,则容易在肋下感知肝脏的右缘。

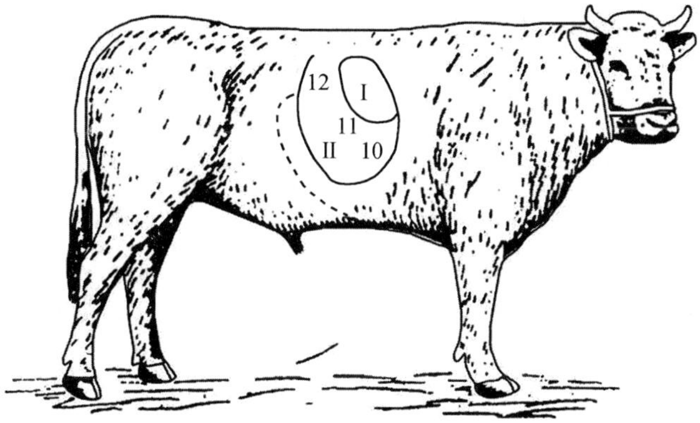

图1-52 牛的正常肝浊音区(Ⅰ)及肝济浊音区扩大(Ⅱ)

10、11、12. 肋骨数

(2)叩诊 大动物用锤板叩诊法,中、小动物可用指指叩诊法,于右侧肝区行强叩诊,以确定肝浊音区。

健康牛的肝脏位于右季肋部、最前方达第6肋间,其长轴向后向上倾斜,达最后肋间的背侧端,其肝浊音区在第10~11肋间的上部,浊音区呈长方形。健康羊的肝脏位于右季肋部,其浊音区在右侧第8~12肋间。犬、猫的肝脏位于左、右季肋部,浊音区右侧在第7~12肋间、左侧第7~10肋间。被肺脏掩盖部分呈半浊音,未被肺掩盖部分呈浊音。生理情况下,由于动物的营养和胃肠内含气的情况,肝脏浊音区可以有变动。

2. 脾脏检查

牛的脾脏位于瘤胃背囊的左前方,几乎被左肺所掩盖,正常不能触及,可通过超声波检查。马的脾脏位于左侧腹部紧接肺叩诊区的后方,其后缘大致接近左侧最后肋骨。可依叩诊法,确定其浊音区,在该区触诊或可感知其肿大边缘。必要时,可通过直肠检查,进行马的脾脏触诊。

犬的脾脏位于左季肋部,主要行外部触诊,使犬右侧卧,左手托右腹部,右手在左侧肋下向深部压迫,借以触知脾脏的大小、形状、硬度和疼痛反应。

二、直肠检查

直肠检查主要应用于大动物(马、骡、牛等)。将手伸入直肠内,隔着肠壁间接地对后部腹腔器官(胃、肠、肾、脾等)及盆腔器官(子宫、卵巢、腹股沟环、骨盆骨骼、大血管等)进行触诊。中、小动物在必要时可用手指检查。直肠检查不仅对这些部位的疾病诊断具有一定的价值，而且对某些疾病具有重要的治疗作用(如隔肠破结等)。

1. 准备工作

(1)确实保定，以六柱栏或四肢保定，为方便去掉臀带并将被检动物的两后肢分别进行保定，以防后踢；为防卧下及跳跃，要加腹带及肩带，尚应吊起尾巴。若在野外，根据情况和需要，也可横卧保定。牛还可用牛鼻钳钳住鼻中隔或行角桩保定，再用绳套住两后肢。

(2)术者剪短、磨光指甲，露出手臂，套上长臂乳胶手套或一次性长臂塑料手套，表面涂以润滑油或温肥皂溶液，穿橡胶长围裙和高筒胶靴。

(3)对腹压增大的动物应先行瘤胃或盲肠穿刺排气，否则腹压过高，不宜检查，特别是横卧保定时尤为重要。

(4)对心脏衰弱的动物，可先给予强心剂；对腹痛剧烈的动物应先行镇静(可静脉注射5%水合氯醛酒精液 100～300 mL)或以 1%普鲁卡因注射液 10～20 mL 行后海穴封闭，可使直肠及肛门括约肌弛缓而便于检查。

(5)用温水或温肥皂水进行灌肠，以缓解直肠的紧张并排出直肠内蓄积的粪便。

2. 操作方法

(1)术者的手将拇指放于掌心，其余四指并拢集聚呈圆锥状，稍旋转前伸即可通过肛门进入直肠，当肠内蓄积粪便时应将其取出，如膀胱内贮有大量尿液，应按摩、压迫膀胱排空之。

(2)术者的手沿肠腔方向徐徐伸入，当被检动物频频努责时，术者的手可暂停前进或随之稍后退；肠壁极度收缩时，则暂时停止前进，并让部分肠管套于手臂上；待肠壁弛缓时再徐徐伸入，一般术者的手伸到直肠狭窄部后，即可进行各部及器官的触诊。若被检动物努责过甚，可用 1%普鲁卡因 10～30 mL 进行尾骶穴封闭，使直肠及肛门括约肌弛缓而便于直肠检查。

(3)检查完毕，术者仍保持手指并拢姿态，缓慢退出直肠。

3. 检查顺序

(1)肛门及直肠状态　检查肛门的紧张程度及其附近有无寄生虫、黏液、血液、肿瘤等，并要注意直肠内容物的多少与性状以及黏膜的温度和状态等。

(2)骨盆腔内部检查　术者的手稍向前下方检查可摸到膀胱、子宫等。膀胱位于骨盆腔底部，膀胱无尿时，可感触到如梨状，当膀胱有尿液过度充满时，感觉似一球形囊状物、有弹性波动感。同时，触诊骨盆壁是否光滑，有无脏器充塞或粘连现象。如被检动物有后肢运动障碍时，须检查有无盆骨骨折。

(3)腹腔内部检查　术者手指到达直肠狭窄部时常遇到肠管收缩，找不到肠腔孔，尤其初学者就忙于向前去触摸腹腔脏器，往往易牵引、撕裂直肠狭窄部肠管(尤其老龄瘦弱及幼龄马)。因此，术者手在肠管收缩时，要暂停前进，待部分肠管套于手上，肠管弛缓时，再细心地用指腹沿肠管壁上下左右寻找肠腔孔，把并拢的手指慢慢地通过直肠狭窄部(在多数情况下，手掌是不能通过直肠狭窄部)以便于检查。

①牛的腹腔内部检查。牛的直肠内部检查顺序：肛门→直肠→骨盆→耻骨前缘→膀胱→子宫→卵巢→瘤胃→盲肠→结肠袢→左肾→输尿管→腹主动脉→子宫中动脉→骨盆部

尿道。

a. 瘤胃：其上半部完全占据腹腔左半部，下部一部分延及腹腔右半部。触诊瘤胃时，感知呈捏粉样硬度。瘤胃积食时，触摸瘤胃内容物较坚硬。

b. 肠管：全位于腹腔右半部。盲肠在骨盆口前方偏右侧，其尖端的一部分达骨盆腔内，内有少量气体或软的内容物；结肠袢在右肷部，可触到其肠袢排列。结肠袢的周围是空肠及回肠，正常时各部肠管不易区别。

c. 肾：左肾悬垂于腹腔内，其位置决定于瘤胃的充满程度，可左可右，可由第 2～3 腰椎延伸到 5～6 腰椎。可以用手托起来，或使之移动，检查较为方便。右肾因位置较前，其后缘在第 2～3 腰椎横突腹侧，较难触摸。检查肾脏时应注意其大小、形状、表面性状、硬度等。正常肾分叶表面有沟回，当患急、慢性肾盂肾炎时，肾脏体积增大，肾小叶外部界线不明显，靠近肾门部位有波动感，触压时有疼痛表现。

d. 腹壁：触诊右肷部的腹壁，注意检查温度、敏感性和表面是否光滑、有无结节等。

对母畜还可触诊其子宫及卵巢的大小、形状和形态的变化。对公畜可触诊其副性腺及骨盆部尿路的变化等。

②马的腹腔内部检查。马的直肠内部检查顺序：肛门→直肠→骨盆→膀胱→小结肠→左侧大结肠及骨盆曲→腹主动脉→左肾→脾脏→肠系膜根→十二指肠→胃→盲肠→胃状膨大部。

a. 小结肠：术者手再向前伸套入直肠狭窄部后，由于小结肠游离性较大，便于检查。顺而首先可摸到小结肠内有成串的鸡蛋大小的粪球。

b. 腹膜及腹股沟管内口：先触摸腹壁内面（按上方、侧方、下方的顺序）状态，正常时，表面光滑；然后再检查腹股沟管内口（位于耻骨前下方 3～4 cm，于体中线左右两侧，距白线 11～14 cm 处），正常时可插入 1～2 指。检查时宜注意腹股沟管内口内径大小，有无疼痛，有无软体物阻塞等。

c. 左侧结肠：左侧结肠位于腹腔的左侧，耻骨水平面的下方。其骨盆弯曲部在骨盆前口的直前方，其下层结肠内外各具有一条纵带和许多囊状隆起，以上各点在左侧结肠便秘或蓄满积粪时方容易摸到。

d. 左肾：术者手掌向上在脊柱下，可感知腹主动脉的搏动，沿腹主动脉前伸，到第 2～3 腰椎左侧横突下，可感到一半圆形较硬的器官，即是左肾的后半部。

e. 脾：检手由左肾下面向左腹壁滑动，到最后肋骨部可触知脾脏的后缘，脾脏后缘呈镰刀状。脾后缘一般不超过最后肋骨；但有些马，尤其骡，有时可超过最后肋骨。

f. 胃：检手从左肾的前下方前伸，小体型马患急性胃扩张时，在此处可触知膨大的胃后壁，并伴随呼吸而前后移动。

g. 盲肠：在右肷部，触诊盲肠底及盲肠体，呈膨大的囊状，并可摸到由后上方走向前下方的盲肠后纵带。

h. 胃状膨大部：在盲肠底的前下方，当该部便秘时，可感到有坚实内容物的半球形物体，随呼吸而前后移动。

i. 前肠系膜根：沿腹主动脉向前探索，指尖可感到呈扇形的柔软而有弹力的条索状物，并可感知搏动的脉管。

j. 十二指肠：沿前肠系膜根后方，向下距腹主动脉 10～15 cm 下方，当十二指肠便秘时，可触到由右而左呈弯形横走的圆柱状体，移动性较小，即是十二指肠阻塞。

技术提示

(1)术者的手在肠管内应手指并拢，不能随意搔抓或以手指锥刺，以防由于动作粗暴或马虎，造成直肠穿孔；检查中的前进、后退时宜徐缓小心，并应按一定顺序进行检查。

(2)要熟悉腹腔、盆腔及其他部位需要检查的器官、组织的正常解剖位置和生理状态，才能判定异常变化。

(3)直肠检查可同时兼有治疗作用，特别是对某些肠段发现结粪，可进行按压、破结(碎)。

(4)直肠检查是较为客观和准确的辅助检查法，必须将结果和其他临床检查的结果加以综合分析，才能提出合理的诊断意见。

知识链接

1. 肝脏及脾脏检查异常

(1)肝区触诊呈敏感反应，提示急性肝炎。于肋弓下深触诊感知肝脏的边缘，提示肝脏的高度肿大。

(2)叩诊肝浊音区扩大，提示肝脏肿大，可见于急性实质性肝炎、肝片吸虫病等。

(3)马的脾脏叩诊浊音区扩大及触诊结果脾的后缘超出肋骨弓，提示脾脏肿大。犬的脾脏肿大，见于白血病、急性脾炎、炭疽、巴贝斯虫病等。

2. 动物直肠检查可能发现的主要病理变化

(1)直肠壁紧张，同时肠内有多量黏液蓄积，提示直肠炎或有肠变位的可疑；检者手上粘有血液，见于直肠黏膜出血。

(2)小结肠、大结肠的骨盆曲、胃状膨大部或左侧上、下大结肠、盲肠、十二指肠等部位发现较硬的积粪，主要提示各该部位的肠便秘。

(3)大结肠及盲肠内充满大量的气体，腹内压过高，检手移动困难，主要提示肠臌气。

(4)肠系膜动脉根部有明显的动脉瘤，提示肠系膜动脉栓塞。

(5)触及膀胱敏感、疼痛，表示膀胱炎；当发现膀胱内有硬块状物体时，可疑为膀胱结石；膀胱充满尿液而高度膨大，提示膀胱括约肌痉挛或膀胱麻痹、尿道结石或阻塞。

操作训练

1. 利用课余时间到实训基地进行动物的饮食状态及机能的判断；
2. 进行消化器官的临床检查；
3. 利用节假日到奶牛场进行直肠检查。

任务七 泌尿生殖系统临床检查

任务分析

动物原发性泌尿生殖系统的疾病较少，大多数继发于一些传染病、寄生虫病、中毒病或营养代谢病，而且常被原发疾病的症状所掩盖。泌尿生殖系统的临床检查，不仅是对泌尿生殖器官本身，而且对其他各器官疾病的诊断都很重要。泌尿生殖系统的临床检查主要是用问诊、视诊、触诊、尿道探诊等方法进行，必要时还需进行肾功能试验、尿液的实验室检验、X线和超声波等检查，综合分析进行诊断。

任务目标

1. 会进行动物排尿状态及尿液的感官检查；
2. 能进行动物泌尿生殖器官的临床检查；
3. 会进行常见动物的尿道探诊。

任务情境

动物医院诊疗室或诊疗实训室；动物（牛、羊、犬等）开膣器、导尿管（金属制、橡皮制或塑料制）、量杯、水盆、额镜或手电筒；2%硼酸液或0.1%高锰酸钾溶液等。

任务实施

一、排尿动作及尿液感官检查

1. 排尿动作检查

观察和了解动物在排尿过程中的行动与姿势、排尿次数，注意是否有排尿异常等。

各种健康动物依其性别的不同而采取固有的排尿姿势。母牛、母猪和母羊排尿时，后肢展开、下蹲、背腰弓起、举尾。公牛和公羊排尿时不做准备动作，靠会阴部尿道的脉冲运动，尿液呈股状一排一停地流出，且可以在行走中或采食时排尿。马排尿时前肢略前伸，腹部和尻部略下沉，先行一次吸气后暂停呼吸，开始排尿，并借助腹肌收缩使尿液呈股状射出。公马排尿时阴茎不同程度伸出于阴鞘外，排尿后开始呼吸时常发出轻微呻吟声；母马排尿后可见阴唇有数次缩张。公猪排尿时尿流呈股状断续射出。母犬和幼犬先蹲下再排尿，公犬和公猫常将一后肢翘起排尿，有将尿液排在其他物体上做尿标记的习惯。正常动物每天排尿次数和排尿量与饲料中含水量及动物饮水量有关，还与泌尿机能、尿路状态及机体其他途径（如粪便、呼吸、皮肤）所排出水分的多少密切相关。动物正常每天排尿次数为：牛5～10次、羊2～5次、马5～8次、猪2～3次、犬和猫3～4次（公犬和公猫常因嗅闻物体或尿标记而产生尿意，短时间内可多次排尿）。

2. 尿液的感官检查

动物排尿时或导尿时收集尿液，注意检查尿的气味、透明度、颜色及混有物，并用量杯接取，估计其排尿量。

不同动物新排出的尿液具有一定的气味，尤其是雄性动物如公山羊、公猫和公猪的尿液具有难闻的臊味。一般尿液越浓，气味越烈。尿色、尿量依饮水及饲料的质和量以及外界温度、使役、运动情况而不同，尿量增多，尿色较淡，尿量减少，尿色较深。牛尿色淡，水牛和猪的尿液几乎无色如水样，马尿呈淡黄色，犬的尿液呈鲜黄色。通常每昼夜排尿量为：牛 6～12 L、猪 2～5 L、羊 0.5～2 L、马 3～6 L、犬 0.25～1 L、猫 0.1～0.2 L。马尿因含有大量的碳酸钙而浑浊，其他动物尿均透明。

二、肾脏、膀胱及尿道检查

1. 肾脏临床检查

检查动物的肾脏一般采用视诊、触诊和叩诊的方法进行，必要时应配合尿液的实验室检验。

(1)视诊　注意观察动物背腰肾区状态、运步状态。此外，应特别注意眼睑、腹下、阴囊及四肢下部是否水肿。

(2)触诊和叩诊　大动物可行外部触诊、叩诊和直肠内触诊。外部触诊或叩诊时，检查者先将左手掌平放于腰背肾区部上，然后用右手握空心拳，轻轻在左手背上叩击，同时观察动物的反应。直肠检查肾脏时，体格小的大动物可触及左肾的全部、右肾的后半部。检查时应注意肾脏的大小、形状、硬度、敏感性、活动性、表面是不光滑等。小动物则只能进行外部触诊，动物取站立姿势，检查者用两手拇指压于腰区，其余手指向下压于髋结节之前、最后肋骨之后的腹壁上，然后两手手指由左右挤压并前后移动，即可触及肾脏。

健康动物肾的位置与形态：牛肾呈椭圆形，具有分叶结构，右肾呈长椭圆形，位于第 12 肋间及第 2～3 腰椎横突的下面，左肾位于第 3～5 腰椎横突的下面，不紧靠腰下部，略垂于腹腔中，当瘤胃充满时，可完全移向右侧。羊肾表面光滑，不分叶，右肾位于第 1～3 腰椎横突的下面，左肾位于第 4～6 腰椎横突下。马的右肾类似心形，位于最后 2～3 胸椎及第 1 腰椎横突的下面，左肾呈蚕豆形，位于最后胸椎及第 2～3 腰椎横突的下方。猪左右两肾位置几乎相对，位于第 1～4 腰椎横突下面。肉食动物的右肾位于第 1～3 腰椎横突的下面，左肾位于第 2～4 腰椎横突的下面。

2. 膀胱检查

大动物只能进行直肠内触诊，中、小动物可将手指伸入直肠内进行触诊，或在腹腔入口前沿下方或侧方通过腹壁触诊。主要注意检查膀胱的位置、大小、充盈度、膀胱壁的厚度以及有无压痛等。

3. 尿道检查

雌性动物的尿道开口于阴道前庭的下壁，检查时可将手指插入阴道，在其下壁可触摸到尿道外口。也可用消毒过的开膣器打开阴门，检查者戴额镜或借用手电筒光照进行观察。雄性动物位于骨盆腔内的部分尿道，可在直肠内触诊，而位于骨盆及会阴以外的部分可行外部触诊。公马的尿道可行尿道探诊，而公猪和雄性反刍动物尿道因有乙状弯曲，用导尿管探诊较为困难。

尿道探诊通常应用与动物尿道内径相适应的橡皮导尿管，对母畜也可用特制的金属制、橡皮制或塑料制的导尿管（不同动物有不同口径、规格）进行探诊，操作方法见项目八的导尿与膀胱冲洗技术内容。

三、外生殖器及乳房检查

1. 公畜的外生殖器检查

观察动物的阴囊、睾丸和阴茎的大小、形状，注意尿道口是否有炎症、肿胀、分泌物或新生物等，且应配合触诊进行检查其疼痛反应。

2. 母畜的外生殖器及乳房检查

（1）外生殖器检查　注意观察外阴部的分泌物及其外部有无病变；借助阴道开张器扩张阴道检视阴道黏膜的颜色及有无疱疹、溃疡等病变；必要时可借助于手电筒或额镜进行深部检查，并注意子宫颈口的状态。

（2）乳房检查　观察乳房、乳头的外部状态，注意有无疱疹。触诊判定其温热度、敏感度及乳腺的肿胀和硬结等；同时触诊乳房淋巴结，注意有无异常变化；必要时可挤取少量乳汁，进行乳汁的感官检查。

技术提示

（1）尿道探诊主要用于怀疑尿道阻塞，以探查尿路是否畅通。当膀胱充满而又不能排尿时，以尿道探诊的同时导出尿液排空膀胱。必要时可进行膀胱冲洗，还可通过导尿管向膀胱内注射某些抗菌药物，作为膀胱炎和尿道炎的一种治疗手段。

（2）排尿量检查时可收集动物一定时间内排出的尿液进行测量或根据每次排尿量与排尿次数进行估算。

（3）雌性动物阴道内检查插入阴道开张器时，动作应轻柔，防止粗暴，以免损伤尿道黏膜。

知识链接

1. 排尿活动的异常

（1）多尿与频尿　多尿表现为排尿次数增多，同时每次均有大量尿液排出，可见于慢性肾病或渗出性胸膜炎的吸收期。频尿则表现为时呈排尿动作，而每次仅有少量尿液排出，主要见于膀胱炎及尿道炎。

（2）少尿与无尿　少尿表现为排尿次数减少而且尿量也减少，可见于热性病、急性肾炎。无尿即没有尿液排出。真性无尿是动物没有排尿动作，也无尿排出，是泌尿机能的严重障碍的表现，可见于急性肾炎。假性无尿是动物肾脏仍能生成尿液，但尿液滞留在膀胱内无尿液排出（又称尿闭或尿潴留），或因膀胱破裂，尿液进入腹腔，动物亦不见排尿的现象。可见于尿道结石或阻塞（主要见于公牛和公猪），亦可见于膀胱括约肌痉挛、膀胱麻痹。

(3)尿失禁与尿淋沥　动物未采取固有排尿姿势与动作，尿液不自主地自行流出，称尿失禁。见于膀胱及其括约肌的麻痹或中枢神经系统疾病。动物排尿不畅，尿液呈点滴状或细流状排出，称尿淋沥。见于尿结石、急性膀胱炎、犬前列腺炎等。

(4)排尿疼痛　动物于排尿时表现疼痛、不安、呻吟或屡取排尿姿势而排尿谨慎、痛苦，可见于膀胱炎、尿道炎或尿道结石与阻塞。

2. 尿液感官检查异常

(1)气味　尿呈强烈的氨臭味，可见于膀胱炎或尿液长期潴留；牛酮尿病时，尿呈醋酮(近似氯仿或烂苹果)味；猪尿有腐败臭味，应注意于猪瘟。

(2)浊度　马尿变为透明，多呈酸性，是病态反应，可见于发热病、饥饿及骨软症。牛和肉食动物的尿变浑浊，常提示肾脏和尿路疾病。

(3)颜色　尿色变深，可见于热性病或尿量减少；尿呈深黄色且其泡沫亦被染成黄色，可提示肝病及胆道阻塞性黄疸。

红色尿液在排除因药物影响的因素外，是血尿或血红蛋白尿的特征。血红蛋白尿多透明，放置后无红细胞沉淀，血红蛋白尿是溶血性病的特征，可见于新生仔畜溶血病、牛血红蛋白尿症或梨形虫病及成年动物(马、牛、猪等)硒缺乏症等，马则还应注意肌红蛋白尿病。血尿则浑浊，放置后可出现红细胞沉淀，血尿是肾或尿路、膀胱出血的结果，如为鲜血，多系尿道损伤；如混有大量凝血块，则多为膀胱出血，亦可见于肾或膀胱肿瘤。

白色尿和脓尿：白尿可见于乳糜尿及饲喂钙质过多。脓尿见于肾、膀胱和尿道的化脓性炎症及猪的肾虫病等。

3. 肾区检查异常

肾区的叩击试验或触诊时动物呈疼痛不安，视诊动物表现背腰僵硬、拱起、运步小心，后肢运动迟缓，可见于肾炎、肾脏及周围组织发生化脓性感染、肾脓肿等。触诊肾脏质地坚硬、体积增大、表面粗糙不平，可提示肾硬变、肾肿瘤、肾结核、肾结石等；肾萎缩时，其体积显著缩小，常提示为先天性肾发育不全、萎缩性肾盂肾炎及慢性间质性肾炎。

4. 膀胱检查异常

触诊膀胱区呈波动感，提示膀胱内尿液潴留；如随触压而被动地流出尿液，则提示膀胱麻痹；动物对触诊呈敏感的反应，可见于膀胱炎。

5. 公畜外生殖器检查异常

阴囊肿胀时，触诊留有指压痕，多为皮下浮肿的表现；阴囊肿大时，触诊睾丸肿胀、硬结或有热痛反应，提示睾丸炎。如单侧阴囊肿大，触诊其内容物柔软，如伴有疼痛不安时，提示阴囊疝。公羊和公猪的包皮囊肿大时，常提示包皮囊积尿或包皮炎。

6. 母畜外生殖器及乳房异常

①阴道分泌物增多，流出脓性或腐败物，可提示阴道炎、子宫炎。

②马外阴部皮肤有圆形或椭圆形褪色斑疹块，应提示媾疫；猪、牛的阴户肿胀应注意镰刀菌、赤霉菌中毒病。

③阴道黏膜潮红、肿胀、溃疡，提示阴道炎；阴道黏膜黄染，可见于各型黄疸；黏膜有斑点状出血点，提示出血性素质。

④乳房肿胀、有热痛反应,乳腺硬结、乳汁成絮状、凝结或混有血液、脓汁,是乳房炎的症状。

⑤乳牛的乳房淋巴结肿胀、硬结,无热痛反应,多应注意乳腺结核。牛、绵羊、山羊乳房皮肤上的疱疹、脓疱及结痂,应注意痘疹。

操作训练

利用课余时间或假期到动物医院门诊或养殖场,进行动物泌尿生殖系统临床检查和导尿训练。

任务八　神经系统临床检查

任务分析

神经系统的临床检查与其他器官系统不同,往往很难运用一般听诊、叩诊等方法确定其病理状态,主要根据神经机能的异常改变,来分析、推断疾病的部位与性质,从而发现症状。

任务目标

1. 会进行精神状态检查和头颅、脊柱检查,能正确识别异常状态;
2. 能进行感觉机能、反射机能及运动机能检查,并判断状态是否异常。

任务情境

动物诊疗室、动物(猪、牛等)、手电筒、叩诊器、消毒针头、保定用具等。

任务实施

一、精神状态检查

除通过问诊外,需要注意观察和检查动物的面部表情、姿势、神态,耳、尾及四肢的活动有无异常行为,以及对呼唤、刺激或强迫其运动时的反应。健康动物姿态自然、动作敏捷而协调、反应灵活。

二、头颅和脊柱检查

利用视诊、触诊和叩诊的方法,观察头颅大小和形态是否有改变,注意头颅的温度、硬度并进行叩诊有无浊音;脊柱的外形是否有改变。

三、感觉功能检查

动物的感觉除特种感觉,如视觉、听觉、嗅觉、味觉及平衡感觉外,还包括浅感觉和深感觉。浅感觉是指皮肤和黏膜感觉，包括触觉、痛觉、温觉等。深感觉是指位于深处的肌肉、关节、骨骼、肌腱和韧带等的感觉，也称本体感觉。临床主要检查内容如下。

1. 视觉检查

(1)视器官检查　观察眼睑、眼球、角膜、瞳孔的状态。

(2)视觉检查　可牵引动物前进，使其通过障碍物；还可用手指距动物眼睛一定距离上下或左右晃动，或做欲行击打的动作，观察其是否躲闪或有无闭眼反应。

(3)瞳孔检查　用手遮盖动物的眼睛，并立即放开以观察光线射入后瞳孔的缩小反应；也可在较暗的条件下，突然用手电筒从侧方照射动物的眼睛，同时观察瞳孔的大小变化。健康动物用强光照射瞳孔迅速缩小，移去光线瞳孔又迅速恢复。

2. 听觉检查

一般在安静的环境下，利用人的吆唤声或给以其他音响(如击掌)的刺激，以观察动物的反应。健康动物会迅速注视声源方向，并出现一定的防护表现。

3. 嗅觉检查

将动物眼睛遮盖，用有芳香味的物质或优质饲草、饲料，置于动物鼻前，给动物闻嗅，以观察其反应。对警犬可先令其闻嗅某人用过的物品(如手帕或鞋袜)，然后令其寻找物品的主人等。

健康动物闻及饲料的芳香味，往往唾液分泌增加，出现咀嚼动作，向饲料处寻食。嗅觉灵敏的警犬，则可准确无误地找出主人。

4. 皮肤感觉检查

可检查动物皮肤的触觉、痛觉、温热觉。一般在检查前应先遮盖动物的眼睛。触觉检查可用细草秆、手指尖等轻轻接触其鬐甲部被毛，观察所接触的被毛、皮肤有无反应，并比较身体的对称部位感觉的差异。痛觉检查则用针刺、拔被毛、轻打和踏压蹄冠等方法给以轻微刺激，观察动物反应。

健康动物触觉检查可表现出被毛颤动及皮肤收缩。当进行痛觉检查时，除被毛及皮肤反应外，甚至出现回头、竖耳、躲闪、鸣叫、四肢骚动等现象。唇、鼻尖、股内、蹄间隙、外生殖器、肛门周围及尾的下面最为灵敏，而臀部、大腿外侧、胸壁等部位比较迟钝。

四、反射机能检查

1. 浅反射检查

浅反射是指皮肤和黏膜反射。主要包括以下几种：

(1)鬐甲反射　轻轻触及鬐甲部被毛或皮肤，则皮肤收缩抖动。

(2)腹壁反射　轻触腹壁时，腹肌收缩。

(3)肛门反射　触及肛门皮肤时，肛门外括约肌收缩。

(4)提睾反射　刺激股内侧皮肤时，可见同侧睾丸上提。

(5)蹄冠反射　用针刺或用脚踩踏动物的蹄冠，正常动物则立即提肢或回缩，此反射用于检查颈部脊髓功能。

(6)喷嚏反射　刺激鼻黏膜则引起喷嚏或振鼻。

(7)角膜反射　轻轻刺激角膜，引起眼睑闭合。

2. 深反射检查

深反射是指肌腱反射。主要包括以下两种：

(1)膝反射　检查时应使动物横卧，并使其上侧的后肢肌肉保持松弛状态，用叩诊锤叩击膝韧带处。正常动物叩击时，膝关节下部肢体与关节呈伸展反应。

(2)跟腱反射　动物横卧，叩击跟腱，则引起跗关节伸展与球关节屈曲。

五、运动机能检查

检查时，首先观察动物静止期间肢体的位置、姿势，然后将动物的缰绳、鼻绳松开，任其自由活动，观察有无不自主运动、共济失调等现象。此外，用触诊的方法，检查肌腱的硬度及机能状况，并且对肢体做他动运动，以感觉其抵抗力。

技术提示

(1)动物到新的场所要让其先适应再行检查。

(2)检查中检查人员给动物的刺激要适当，不宜过轻或过重。

知识链接

1. 精神状态异常

(1)精神兴奋　是动物中枢神经机能亢进的结果。常表现为不安、惊恐，重则直向前冲，不顾障碍，挣扎脱缰、狂奔乱走，甚至攻击人、畜。见于脑及脑膜的充血和炎症以及毒物中毒等。狂犬病则是具特征性精神兴奋症状的疾病。

(2)精神抑制　是大脑皮层抑制的表现，是中枢机能障碍的另一种表现形式。中枢神经系统轻度抑制现象称精神沉郁，动物表现为低头垂耳，眼半闭，尾不摆而呆立不动，不注意周围事物，反应迟钝。多见于脑组织受毒素作用，或一定程度的缺氧和血糖过低所致。中枢神经系统中度抑制的现象称为昏睡(或嗜睡)，动物表现处于不自然的熟睡状态，如将鼻、唇抵在饲槽上或倚墙或躺卧而沉睡，只有在给以强烈刺激的情况下才产生迟钝的反应和暂时性反应，但很快又陷入沉睡状态。见于脑炎、颅内压增高等疾病。中枢高度抑制的现象称昏迷，动物表现卧地不起、昏迷不醒、呼唤不应、意识完全丧失，反射消失、甚至瞳孔散大、粪尿失禁等，常为预后不良的征兆。可见于脑炎、脑创伤、代谢性脑病以及由于感染、中毒引起的脑缺血、缺氧、低血糖等，另外也是各种疾病引起的动物濒死期的表现。

2. 头颅与脊柱异常

(1)头颅局部膨大变形　见于外伤、肿瘤、额窦炎，触诊头颅，可见动物呈敏感反应。若用力按压，局部有向内陷入时，常因患多头蚴病致使骨质菲薄所致。

(2)头颅增温　除局部外伤、炎症外，常为脑、脑膜充血及炎症、热射病及日射病等疾患的一个特征。

(3)头颅叩诊浊音　见于脑瘤、颌窦炎、脑多头蚴病。叩诊时应两侧对照检查。

(4)脊柱变形　脊柱上凸(脊柱向上弯曲)、下凹(脊柱向下弯曲)，脊柱侧凸(向侧方弯曲)可见于骨软症或佝偻病。

(5)脊柱局部肿胀、疼痛　常为外伤,如挫伤或骨折。

(6)脊柱僵硬　表现快速运动或转圈运动时不灵活,常见于破伤风、腰肌风湿、猪肾虫病等;慢性骨质病或老龄役马也可见之。

3. 感觉器官或机能异常

(1)眼睑变化　上眼睑下垂,多由眼睑举肌麻痹所致,见于面神经麻痹、脑炎、脑肿瘤及某些中毒病;眼睑肿胀,见于流行性感冒、牛恶性卡他热、猪瘟;眼睑水肿,常是仔猪水肿病的特征。

(2)眼球变化　眼球下陷,见于严重失水、眼球萎缩;慢性消耗性疾病及老龄消瘦动物的眼球下陷,是眼眶内脂肪减少的结果。眼球呈有节律性的搐搦,两眼短速地来回转动,称为眼球震颤,见于急性脑炎、癫痫等。

(3)角膜变化　角膜浑浊,见于马流感、牛恶性卡他热及泰勒氏焦虫症,亦可见于创伤、维生素A缺乏症、马周期性眼炎和其他眼病。

(4)瞳孔变化　瞳孔的变化除见于眼本身的疾病外,尚可反映全身的疾病,其中尤以对中枢神经系统病变的判断有重要价值,故在检查时应列为常规内容。瞳孔散大,主要见于脑膜炎、脑肿瘤或脓肿、多头蚴病、阿托品中毒。若两侧瞳孔呈迟发性散大,对光反应消失,眼球固定前视,表示脑干功能严重障碍,动物已进入垂危期。当动物高度兴奋和患剧痛性疾病时,亦可出现瞳孔散大,但仍保持有对光反应。瞳孔缩小,若伴发对光反应迟缓或消失,提示颅内压升高或交感神经、传导神经受损害,见于慢性脑室积水、脑膜炎、有机磷中毒及多头蚴病等;若瞳孔缩小,眼睑下垂,眼球凹陷,三者同时出现,乃交感神经及其中枢受损的指征。

(5)视力改变　动物视物不清,甚至失明,可见于犊牛和猪的维生素A缺乏症、猪食盐中毒、马周期性眼炎以及其他重度眼病的后期。

(6)听觉增强(听觉过敏)　动物对轻微声音,即将耳郭转向发音的方向或一耳向前,一耳向后,迅速来回转动,同时惊恐不安、肌肉痉挛等,可见于破伤风、马传染性脑脊髓炎、牛酮血症、狂犬病等。

(7)听觉减弱　对较强的声音刺激,无任何反应。主要提示脑中枢疾病,临床可见于延脑和大脑皮质颞叶受损害等。

(8)嗅觉障碍　嗅觉障碍时,则嗅觉减低或丧失,多由鼻黏膜发炎的结果,但应结合其他症状与食欲废绝者相区别。

(9)感觉变化　感觉减弱,表现为对强烈刺激无明显反应,常由于中枢机能抑制的结果;患脊髓及脑干的疾病,则痛觉可消失。感觉增强,可见于局部炎症、脊髓膜炎等。感觉异常,表现为动物集中注意于某一局部,或经常反复啃咬、搔抓同一部位。皮肤病、外寄生虫剧烈的痒感见于痒螨;会阴区的瘙痒可能是直肠积有蝇蚴、绦虫节片和蛲虫;鼻孔周围痒除羊鼻蝇蚴病引起的痒感外,亦可见于伪狂犬病。

4. 反射异常

(1)反射减弱、消失　反射减弱、消失是反射弧的传导路径受损所致。常提示为脊髓背根(感觉根)、腹根(运动根)或脑、脊髓灰质的病变,见于脑积水、多头蚴病等。极度衰弱的动物反射减弱，昏迷时则消失，这是由于高级神经中枢兴奋性降低的结果。

(2)反射亢进 可因反射弧或反射中枢兴奋性增高或刺激过强所致。见于脊髓背根、腹根或外周神经的炎症，以及脊髓膜炎、破伤风、有机磷中毒、士的宁中毒等。此外，当中枢运动神经元(锥体束)损伤时，也可以呈现反射亢进。

5. 运动机能障碍

(1)盲目运动 动物表现为无目的地徘徊，不注意周围事物，对外界刺激缺乏反应，有时表现直冲、后退，呈转圈或时针样运动等。主要见于脑及脑膜的局灶性刺激，如脑炎或脑膜炎以及某些中毒病时；若呈慢性经过，反复出现上述运动，可见于颅内占位性病变，如多头蚴病、猪的脑囊虫病。

(2)共济失调 动物肌肉收缩力正常，在运动时肌群动作相互不协调，导致动物体位和各种运动异常的表现，称共济失调。表现为静止时站立不稳，四肢叉开、倚墙靠壁；运动时的步态失调、后躯摇摆、行走如醉、高抬肢体似涉水状等。前者常见于小脑、小脑脚、前庭神经和迷路受损；后者见于大脑皮层、小脑、前庭、脊髓受害。临床上一般多见于小脑性失调，动物不仅呈现静止性失调，而且呈现运动性失调，可见于脑炎、脑脊髓炎以及侵害脑中枢的某些传染病、中毒病；某些寄生虫病(如脑脊髓丝虫病)时亦可见之。

(3)痉挛(运动过强) 痉挛是指肌肉不随意收缩的一种病理现象。可表现阵发性痉挛和强直性痉挛 2 种。阵发性痉挛的特征为单个肌群发起短暂、迅速，一个接着一个重复的收缩，收缩与收缩之间间隔以肌肉松弛。其痉挛经常突然发作，并迅速停止。强直性痉挛是指肌肉长时间均等的持续收缩。大多由大脑皮层受刺激、脑干或基底神经节受损伤所致。主要见于破伤风、某些中毒、脑炎与脑膜炎、侵害脑与脑膜的传染病；也可见于矿物质、维生素代谢紊乱；牛的创伤性网胃心包炎时，可见有肘后肌群的震颤。发热、伴发剧痛性的疾病、内中毒时，常见肌肉的纤维性痉挛或称为颤栗。

(4)麻痹(瘫痪) 麻痹是指动物骨骼肌的随意运动减弱或消失。

①根据病变部位不同，可出现中枢性麻痹和外周性麻痹 2 种类型。

中枢性麻痹：表现的特征是腱反射增加，皮肤反射减弱和肌肉紧张性增强，并迅速使肌肉僵硬。常见于狂犬病、马的流行性脑脊髓炎，某些重度中毒病等。中枢性麻痹时，多伴有中枢神经过敏机能障碍(如昏迷)。

外周性麻痹：临床特点为受害区域的肌肉显著萎缩，其紧张性减弱，皮肤和腱反射减弱。常见有面神经麻痹、三叉神经麻痹、坐骨神经麻痹、桡神经麻痹等。

②按其发生的肢体部位，可分为单瘫、偏瘫和截瘫 3 种形式。

单瘫：表现为某一肌群或一肢的麻痹，多由于末梢脑神经损伤，如三叉神经或颜面神经受害，影响咀嚼、开口和采食。

偏瘫：即一侧肢体的麻痹，见于脑病，常表现为上位对侧肢体瘫痪。

截瘫：为身体两侧对称部位发生麻痹，多由脊髓横断性损伤所致。

操作训练

利用课余时间或假期到动物医院门诊或养殖场，进行动物神经机能与运动状态的观察。

项目测试

项目测试题题型有A型题、B型题和X型题。A型题也称单选题，每一道题干后面列有A、B、C、D、E 5个备选答案，请从中选择1个最佳答案；B型题又称配伍题，是提供若干组考题，每组考题共用在考题前列出的A、B、C、D、E 5个备选答案，从备选答案中选择1个与问题关系最密切的答案；X型题又称多选题，每道题干后列出A、B、C、D、E 5个备选答案，请按试题要求在5个备选答案中选出2～5个正确答案。

A型题

1. 问诊技巧不正确的是（　　）
   A. 首次接诊动物，应礼节性地向畜主自我介绍
   B. 开始提出一般性问题
   C. 避免重复提问
   D. 提问注意有条理性
   E. 对有腹泻的动物应问“有里急后重吗？”
2. 既往病史内容不符合的是（　　）
   A. 传染病史及传染病接触史　　B. 外伤手术史
   C. 预防接种史　　D. 过敏史
   E. 经济价值
3. 有关腹泻与其含义不符合的是（　　）
   A. 排便次数增多　　B. 粪质稀薄
   C. 粪便可带脓血或黏液　　D. 粪便中含有未消化的食物
   E. 里急后重
4. 下列对黄疸的描述哪项是错误的（　　）
   A. 由于药物性郁胆所致的全身皮肤、黏膜黄染的表现
   B. 各种具有黄色色素的物质在体内蓄积引起的全身皮肤、黏膜发黄的症状
   C. 任何因素使血清胆红素升高而发生的全身皮肤、黏膜和巩膜黄染的症状
   D. 由于肝功能损害而发生的全身皮肤、黏膜和巩膜发黄的症状
   E. 由于胆道梗阻而发生的全身皮肤、黏膜和巩膜发黄的症状
5. 少尿可见于以下情况，哪种除外（　　）
   A. 休克　　B. 大出血
   C. 急性肾炎　　D. 心功能不全
   E. 膀胱破裂
6. 牛发热的程度下列哪项错误（　　）
   A. 微热 39.1～39.5℃　　B. 中热 39.7～40.5℃
   C. 高热 40.6～41.5℃　　D. 极高热 41.6～42℃

E. 微热 39.5～40℃

7. 有机磷中毒时可出现(　　)

A. 强直性痉挛
B. 瞳孔缩小
C. 瞳孔散大
D. 瞳孔无变化
E. 皮肤干燥

X 型题

8. 现病史的内容包括(　　)

A. 主要症状的特点和伴随症状
B. 可能病因及诱因
C. 药物过敏史
D. 病情发展及诊治经过
E. 病后一般情况记录

9. 下列观点不正确的是(　　)

A. 上呼吸道对异物、冷热和化学刺激敏感
B. 肺泡有迷走神经支配
C. 胸膜无迷走神经支配
D. 只有呼吸道刺激才可产生咳嗽反射
E. 咳嗽是一种保护性反射动作

10. 库氏茂尔氏呼吸是由于(　　)

A. 血液中酸性代谢产物增加
B. 刺激化学感受器
C. 呕吐
D. 直接兴奋呼吸中枢
E. 奶牛酮病酸中毒

11. 发热期间，体温有所下降，波动均在正常水平上的热型有(　　)

A. 稽留热
B. 弛张热
C. 间歇热
D. 不定型热
E. 回归热

12. 膀胱受刺激可出现的症状包括(　　)

A. 尿频
B. 尿急
C. 尿痛
D. 尿失禁
E. 排尿不尽

13. 间接叩诊方法应注意的事项正确的是(　　)

A. 板指为左手中指第二指节紧贴于叩诊部位，其他手指勿与体表接触
B. 叩指为右手自然弯曲的中指端，叩击左手中指第二、三指节间
C. 叩击方向应与叩诊部位体表垂直
D. 应以腕关节与指掌关节力量
E. 叩击动物要短促、富有弹性，击后右手应立即抬起

B 型题

(14～19 共用备选答案)

A. 吸气性呼吸困难
B. 呼气性呼吸困难

C. 心源性呼吸困难　　D. 混合性呼吸困难
E. 中毒性呼吸困难
14. 急性传染病(　　)
15. 急性喉炎(　　)
16. 弥漫性细支气管炎(　　)
17. 膈肌麻痹(　　)
18. 慢性心包炎(　　)
19. 奶牛酮病酸中毒(　　)
(20～21 共用备选答案)
A. 膀胱炎　　B. 膀胱结石
C. 膀胱肿瘤　　D. 膀胱破裂
E. 肾炎
20. 血尿伴水肿,血压升高见于(　　)
21. 排尿时疼痛,尿流突然中断或排尿困难见于(　　)
(22～25 共用备选答案)
A. 杂音能出现于舒张期　　B. 杂音为递减性
C. 两者均有　　D. 两者均无
22. 二尖瓣狭窄(　　)
23. 二尖瓣关闭不全(　　)
24. 主动脉瓣关闭不全(　　)
25. 主动脉瓣狭窄(　　)

项目二
临床检验技术

项目引言

实验室检验是指采集动物的血液、尿液、粪便或其他体液及病理性产物等标本，在相应实验室条件下，利用一定的物理学、化学和生物学等技术和方法，观察其物理性状，借助显微镜观察其形态，或应用精密仪器检测、分析其化学特性，以获取反映机体功能状态的检查结果。临床检验的结果是为临床疾病的诊断、临床检疫、预后及防治提供全面可靠的实验室分析数据，同时也为疾病的预测、预报和预防等方面服务。

学习目标

1. 会进行临床上实验室检验各种病料采取、保存与送检；
2. 会进行血液常规检验，尿液检验，粪便检验，并能对结果进行分析判断；
3. 能进行血液生化检验，肝功能检查，并能对结果进行分析判断；
4. 树立科学、严格遵守操作规程和精益求精的工作作风，培养创新进取、探索新的检测方法的能力。

任务一 血液常规检验

任务分析

血液在机体的新陈代谢过程中具有非常重要的作用，它保证机体生命机能的正常活动，任何对机体有害的刺激，都会影响血液成分的变化。因此，血液的检查在疾病的诊断中是十分重要的。血液检查按其方法和内容，可分为3个方面：第一，用物理方法测定其物理特性。如出血时间、红细胞沉降速率测定等。第二，以化学方法分析其化学成分的含量。如血红蛋白测定等。第三，用显微镜或电阻抗法检查其形态及数量的测定。如红细胞计数、白细胞计数、白细胞分类计数等。

任务目标

1. 会进行血液标本的采集与抗凝；

2. 会进行红细胞沉降速率、红细胞压积容量及血红蛋白含量测定，并对结果进行判定与分析；

3. 会进行红细胞和白细胞计数，并对结果进行判定与分析；

4. 会进行白细胞分类计数，并对结果进行判定与分析。

技能一　血液标本的采集与处理

技能描述

血液标本采集是进行兽医临床检验的前提，检验人员必须根据检验目的，确定血液标本的数量，从而选择合适的采血途径，依据要求进行采集，并对标本进行编号标记、登记、填写采样单，必要时还需进行保存或送检。

技能情境

1. 动物及器材

动物饲养场或实训室；动物（牛、羊、猪、鸡、犬或猫等）；采血器或灭菌针头；碘酊棉球，酒精棉球，干棉球，试管，剪毛剪，止血带；离心机；保定用具等。

2. 试剂

双草酸盐（草酸铵、草酸钾）溶液；3.8％枸橼酸钠溶液等。

技能实施

一、血样的采集

1. 静脉采血

（1）牛、羊、马的颈静脉采血　常在颈静脉上 1/3 与中 1/3 交界处剪毛、消毒，紧压颈静脉近心端，待血管怒张（助手尽量将动物头部向穿刺的对侧牵拉，使颈静脉充分显露），用采血器或注射针头对准血管刺入，即可获得血液标本。

（2）奶牛的尾中静脉采血　助手（或术者）尽量将牛尾上举，术者将牛尾根腹侧消毒，用采血器在第 2～3 尾椎间垂直刺入，轻轻抽动采血器内芯，直到抽出一定量的血液为止。此外，奶牛可在腹壁皮下静脉（乳前静脉）采血，注意针头不能太粗，以免造成血肿。

（3）猪耳静脉采血　成年猪可从耳静脉采血，由助手将耳根捏紧，稍等片刻静脉即可显露出来。局部常规消毒后，术者用采血器或较细的针头刺入耳静脉即可抽出血液。

（4）猪前腔静脉穿刺法采血　仔猪和中等大小的猪，仰卧保定，将两前肢向后拉直或使两前肢与体中线垂直，注意将头部拉直。肥育猪可站立保定，用绳环套在上颌，拴于柱栏即可。在采血器内先吸入适量的抗凝剂，右手持针管，使针头斜向对侧或向后内方与地面呈 60°角，刺入右侧胸前窝（即由胸骨柄、胸头肌和胸骨舌骨肌的起始部所构成的陷窝）2～3 cm

即可抽出血液，术前、术后均按常规消毒。

(5)犬、猫的采血 常在犬、猫的后肢外侧小隐静脉和前肢皮下静脉进行采血。后肢外侧小隐静脉在后肢胫部下1/3的外侧浅表皮下，由前侧方向后行走。抽血前将犬、猫保定，局部皮肤消毒。采血者左手拇指握紧血管区近心端或用乳胶管适度扎紧，使静脉充盈，右手用采血器或注射器(6号或7号针头的注射器)迅速刺入静脉，左手放松将针头固定，以适当速度抽血。采集前肢皮下静脉血的操作方法与后肢外侧小隐静脉的操作基本相同。

如果需要采集颈静脉血，取侧卧位，局部剪毛消毒。将颈部拉直，头尽量后仰。用左手拇指压住近心端颈静脉入胸部位的皮肤，使颈静脉怒张，右手持接有采血器或带针头的注射器，针头沿血管平行方向远心端刺入血管，取血后注意压迫止血。

(6)鸡翅内静脉采血 助手将鸡侧卧保定，局部消毒，用采血器刺入静脉，轻轻抽动采血器内芯，让血液缓慢流出，以防引起静脉塌陷和出现气泡，采血完毕，用干棉球轻压局部片刻。

2. 末梢采血

牛、马在耳尖部，猪、羊在耳边缘。剪毛、消毒，待乙醇挥发干燥后，用针头刺入0.5～1 cm，血液即可流出。用灭菌干棉球擦去第1滴血液，吸取第2滴血液作血样。犬、猫等小动物耳缘采血时，可在局部剪毛、消毒后，涂布一层凡士林，使局部刺入流出的血液易成滴状，便于吸取。

3. 心脏采血

家禽及某些小动物需要多量血液时，可行心脏穿刺采血。通常右侧卧保定，在左侧胸部触摸心搏动最明显的地方进行拔毛或剪毛，再消毒，用采血器向胸内心脏进行穿刺，轻抽动采血器内芯达到要求血量时退出针，并用干棉球轻压片刻。

成年鸡心脏穿刺部位为胸骨嵴前端至背部下凹处连接线的1/2点。用细针头在穿刺部位与皮肤垂直刺入2～3 cm即可。

二、血液样本制备

1. 鲜血

刚从动物体采集的而没有凝固的血样，未受到任何干扰，成分不发生改变。适用于血液常规检查(红细胞计数、白细胞计数、白细胞分类计数、血小板计数、凝血时间测定等)。

2. 抗凝血

采集全血或血浆标本时，采血前应先在采样管中加入抗凝剂，制备抗凝管。如用采血器或注射器采血时，应在采血前先用抗凝剂湿润，采血完毕及时将血样振荡，而保持液体状态的血样。

3. 血浆制备

在鲜血中加入一定比例的抗凝剂，将血液加到一定量后混匀，3 000 r/min离心5～10 min，抗凝血离心沉淀后的液体成分即为血浆。将上部液体部分用吸管吸出至另一清洁容器，备用。适用于微生物学检验、治疗。吸取血浆时应贴着液面逐渐往下，不能吸起细胞成分。

4. 血清制备

采血后将试管(不加抗凝剂)斜置于25～37℃水浴箱(或温水杯)中，促进血清析出；或盛于离心管(或可以离心的器皿)中,静置或置37℃环境中促其凝固,待血液凝固后,将其平衡后离心(一般为3 000 r/min,离心5～10 min),得到的上清液即为血清,可小心将上清液吸出(注意切勿吸出细胞成分),分装备用。

三、血样保存与送检

1. 保存

不能立即检验的血样,首先应把血片涂好,并予以干燥、固定,其余血液放入冰箱冷藏保存。保存前在标本的包装上要贴上标签,标明动物种类、标本名称、采样时间及采样人姓名。血检项目与血液保存的最长时限如表2-1所示。

表2-1 血检项目与血液保存的最长时限

血检项目	白细胞计数	红细胞计数	血红蛋白测定	红细胞沉降速率	血小板计数	血细胞压积测定
保存时限/h	2～3	24	2～3	2～3	约1	24

2. 送检

根据血检要求,分抗凝血、血清或血浆。如果要做白细胞分类计数或检查血液寄生虫,就附送制好的血液涂片。血样均放在冰瓶内,下垫泡沫材料或棉花,切勿剧烈振摇,以免溶血,影响结果。血液标本的容器上需用标签标明动物种类、采样时间及采样人姓名,同时附上送检单。

▶技术提示

(1)采血方法的选择,主要决定于检验目的、所需血液量及动物种类。凡用血量较少的检验,如血细胞计数、血红蛋白测定、血液涂片以及酶活性分析,可刺破组织取毛细血管的血。当需血量较多时,可做静脉采血或心脏采血(禽及小动物)。

(2)静脉采血时若需反复多次,应自远心脏端开始,以免发生栓塞而影响整条静脉。

(3)利用末梢血管血液时,取血动作要迅速,可做多项测定,如果操作不熟练,动作缓慢往往引起血液凝固。

(4)如果是应用全血进行检验的血样,要预先在采血器中吸入规定剂量的抗凝剂。

(5)采血场所应有充足的光线,室温夏季最好保持25～28℃,冬季15～20℃。采血用具和采血部位一定要事先消毒,采血用注射器和试管必须清洁干燥。若需抗凝全血,则应在注射器或试管内预先加入抗凝剂。

▶知识链接

1. 根据检验项目的需要,决定采血的部位、方法和采血量

采血时可选用静脉采血或心脏采血。少量采血时可在耳、唇等处针刺取数滴血液;如果动物体型过小,还可采用剪尾、耳缘剪口采血等。

2. 各种动物的采血部位(表2-2)

表 2-2　各种动物的采血部位

采血部位	动物	采血部位	动物
颈静脉	马、牛、羊、犬、猫	耳静脉	猪、羊、犬、猫、实验动物
前腔静脉	猪	翅内静脉	禽
隐静脉	犬、猫、羊	脚掌	鸭、鹅
前肢皮下静脉	犬、猫	冠或肉髯	鸡
心脏	兔、家禽、豚鼠	断尾	猪、实验动物

3. 血液样本分全血、血浆和血清

全血由血细胞和血浆组成，主要用于临床血液学检查，如血细胞计数、分类和形态学检查。因受血细胞数量增减的影响，全血样本较少用于化学物质检验。血浆为全血除去血细胞部分，用于血浆生理、病理性化学成分的测定，适用于临床生化检验，特别是各类离子、酶和激素的测定。血清是血液自然凝固后析出的液体部分，除纤维蛋白原、凝血因子在凝血时消耗外，其他成分与血浆基本相同，适用于多数临床生化和免疫学检查。

4. 抗凝剂

抗凝是用物理或化学方法除去或抑制血液中的某些凝血因子的活性，阻止血液凝固。能够阻止血液凝固的物质称抗凝剂或抗凝物质。几种常用的抗凝剂的配方、用量及选用注意事项见表 2-3。

表 2-3　常用的抗凝剂及选用注意事项

抗凝剂	配方	每 1 mL 血样所需量	选用注意事项
枸橼酸钠	枸橼酸三钠 3.8 g，加蒸馏水到 100 mL	0.15 mL	作血沉测定和凝结试验用
ACD 溶液	枸橼酸三钠 2.2 g、枸橼酸 0.80 g、已糖 2.45 g，加蒸馏水到 100 mL	0.15 mL	用作血小板计数、血库的血液保存和同位素研究
乙二胺四乙酸盐	乙二胺四乙酸二钠（钾）盐 15 g，加蒸馏水到 100 mL	0.10 mL	能保持血细胞形态和特征适宜血液有形成分的检查，EDTA 盐可在 100℃下干燥，抗凝作用不变
双草酸盐	草酸铵 1.2 g、草酸钾 0.8 g，加蒸馏水到 100 mL	0.10 mL	不能用作血小板计数和非蛋白氮、尿素、血氨等含氮物质的检测
肝素	肝素钠 0.5 g，加蒸馏水到 100 mL	0.1～0.2 mL（用溶液湿润注射器壁即可）	适用于血液离子测定，常用血液 pH 及血液气体分压测定和红细胞脆性试验，不适用于血象检查，抗凝时间只有 10～12 h
氟化钠		2.5 mg	抑制血糖分解，作为血糖测定的保存剂
脱纤作用	玻璃珠（直径为 3～4 mm）	25 mL 血放入 20 颗	制备血清

技能二　红细胞沉降速率测定

技能描述

红细胞沉降速率(ESR)简称血沉，是指红细胞在一定条件下沉降的速度。加抗凝剂的血液，在垂直玻管中，其红细胞沉降速率，表示红细胞悬浮稳定性的大小。血沉越快，表示红细胞悬浮稳定性越差。同种动物间的血沉差异很小，某些疾病使血沉改变，如风湿热、结核病等患病动物，血沉增快。有些疾病引起血沉减慢，如哮喘、荨麻疹等过敏性疾病。

技能情境

现场采血(或加有抗凝剂的血样)；红细胞沉降速率测定仪(血沉仪)；魏氏血沉器(血沉管、血沉架)；计时器；干棉球，吸耳球，3.8%枸橼酸钠溶液，试管、试管架，采血器材。

技能实施

一、魏氏法

测定时先取一小试管，依要加入血量的多少按比例加抗凝剂，自动物颈静脉采血，轻轻混合，随后用魏氏血沉管吸取抗凝全血至刻度"0"处，于室温下垂直固定在血沉架上，经 15、30、45 和 60 min 分别记录红细胞下沉距离(数值)。

记录时，常用分数形式表示，即分母代表时间，分子代表沉降数值，如：30/15、70/30、95/45、115/60，通常报告结果单位用"mm/h"表示。

黄牛及羊的血沉极为缓慢，为加速测出结果，可将血沉管架倾斜 60°角放置，以使血沉加快并便于识别其微小的变化。近年来，已将魏氏血沉器制成倾斜 73°角的"魏氏斜置血沉器"使用，它的优点是不需再调整角度，并可在 15 min 时一次观察即可。

二、血沉仪法

(1)开机　接通电源，打开仪器电源开关，仪器完成初始化和自检。

(2)仪器预热　仪器启动后预热 15 min。

(3)放入血样　将血样编号并混匀后，分别注入专用沉降管(血沉管)中，使抗凝血的总高度达到血沉管上两条标志线之间(血样不能有气泡)，立即插入相应样本位中。

(4)样本检测　仪器通过红外线或激光检测红细胞和血浆界面的透光改变，得到血沉值。

(5)显示结果　仪器自动将检测温度下(15～32℃)的血沉结果校正至 18℃的血沉值在显示屏显示，并驱动智能打印系统打印出结果。

(6)关机　检测完所有标本，关闭电源开关，切断电源。

各种动物的血沉参考值如表 2-4 所示。

表 2-4　健康动物的血沉参考值

动物	血沉值/mm				测定方法	测定者
	15 min	30 min	45 min	60 min		
奶牛	0.3	0.7	0.75	1.2	魏氏法	西北农学院(倾斜 60°)
山羊	—	0.5	1.6	4.2	魏氏法	西北农业大学(倾斜 60°)
猪	1.35	8.4	20.0	30.0	魏氏法	Sturkie 和 Textol
马	29.70	70.00	95.30	115.60	魏氏法	中国农业科学院中兽医研究所
犬	0.2	0.9	1.2	4.0	魏氏法	《实验动物学》
猫	—	—	1.1	4.0	魏氏法	《实验动物学》
鸡(成年)	0.19	0.29	0.55	0.81	魏氏法	Dobsinska

▶技术提示

(1)血沉管必须垂直放置,如稍有倾斜会使血沉加快。血沉架放置要平稳,不摇动,不振动,避免阳光直射。

(2)魏氏法测时要在 20℃左右的温度下进行,外界温度过高,可使血沉加快,外界温度过低,可以减缓血沉;冷藏的血液,应先把血液温度回升到室温后再做。

(3)采血后应在 3 h 内检测完毕;采用枸橼酸钠溶液抗凝,抗凝剂与血液比例为 1∶4,要保证抗凝剂与血液充分混匀,且不能产生气泡。

(4)血沉管内的血液柱面上不应带有气泡,不能有血凝块或脂肪,否则不能得出正确结果。

(5)血沉管及所涉及的采血器、试管等均应保持清洁、干燥,以免造成溶血。

(6)血沉仪检查环境温度超出范围只能按下限或上限温度校正,如血沉大于 140 mm/h 将仪显示“>140 mm/h”。

▶知识链接

1. 魏氏血沉器

血沉管为平头、正圆柱形玻璃或塑料制品,全长 300 mm,内径为 2.55 mm,管壁表面有 0～200 的无色刻度,每 1 刻度距离为 1 mm,容量 1.0 mL 左右,附有特制的血沉架。

2. 血沉测定的原理

血液在心血管中流动时,红细胞悬浮在血浆中不易沉积,除流速较快,细胞之间常互相碰撞之外,红细胞悬浮稳定性(是指红细胞的比重虽然比血浆大,但在血浆中能保持悬浮状态而不易下沉的特性)起重要作用。采血,加抗凝剂混匀,置容器中,虽然停止了流动,但在一定时间内,红细胞仍悬浮于血浆中,随后,许多红细胞彼此的凹面相贴,重叠在一起呈串钱状,称为叠连。叠连起来的红细胞,与血浆接触的总面积减小,而单位面积上的重量增加,即逐渐下沉。决定红细胞悬浮稳定性的因素在血浆,同一个体的红细胞悬浮于不同的血浆里,其沉降率不同。国际血液学标准化学委员会(ICSH)推荐魏氏法为血沉测定标准法。

血沉仪是采用红外线或激光探测技术，利用血浆和血液透光率不同，定时扫描红细胞与血浆界面位置，动态记录血沉全过程，数据经计算机处理后得出检测结果。仪器低廉，操作简便，检测准确，省时省力，自动化程度高，能同时检测5～100管标本，有的还有恒温装置。

3. 血沉加快

多见于贫血、溶血性疾病、急性炎症、恶性肿瘤、风湿症、结核、糖尿病、急性肾炎、急性传染病、创伤、手术、烧伤、骨折以及某些毒物中毒等。

4. 血沉减慢

见于大量脱水(腹泻、呕吐、肠阻塞、大量出汗、多尿等)、肝脏疾病及心力衰竭等。

技能三　红细胞压积容量测定

技能描述

红细胞压积容量(PCV)又称红细胞压积或红细胞比容测定(HCT，简称比容，是指规定条件下压紧的红细胞在全血中所占的百分率，目前多用L/L为单位(如36%就是0.36 L/L)。将一定量的抗凝全血经规定速度和时间离心沉淀，沉下的红细胞体积与全血体积之比，即为红细胞压积。红细胞压积容量是鉴别各种贫血不可缺少的一项指标。

技能情境

现场采血(或加有抗凝剂的血样)；红细胞压积容量测定管(又名温氏管)；细长毛细滴管或带胶乳头的长针头；干棉球；水平电动离心机(转速3 000～4 000 r/min)；计时器；血细胞分析仪及相应试剂。

技能实施

一、温氏法(离心法)

温氏法也就是离心法。静脉采血2 mL于加有肝素或乙二胺四乙酸二钾(钠)等抗凝剂的试管内，充分摇匀。用细长毛细滴管吸取抗凝血，缓缓注入温氏管内至10刻度处。以3 000 r/min离心30 min，取出观察红细胞压积，记录之。再放入离心机离心5 min，如与前次记录相同，则证明红细胞已压实。

观察下沉的红细胞的体积刻度，以红细胞层所占的百分比或L/L记录，报告结果。正常抗凝血离心后分为五层，自上而下分别为：血浆层(淡黄色)、血小板层(乳白色)、白细胞层、有核红细胞层(灰红色)、还原红细胞层(紫黑色)、氧全红细胞层(鲜红色)。结果读取就以还原红细胞层为准，读取红细胞层柱调试的毫米数乘以0.1，即为测定值。

二、血细胞分析仪法

血细胞分析仪又称血液分析仪或血细胞自动计数仪(图2-1)，能完成红细胞计数器、白细胞计数及分类、血小板计数、红细胞压积以及血红蛋白测定等检测项目。本法广泛应用于宠物医院、动物疫病控制中心、动物园、动物实验中心、药物研究中心、动植物检疫等单位(机构),能满足对动物血液批量检验的更高要求。

二维码 2-1　血细胞分析仪的类型与基本结构

不同系列不同型号的血细胞分类仪的操作规程基本一致。具体操作时均须查阅对应类型仪器和生产者提供的操作手册,并按流程操作。

1. 操作前准备

(1)使用前检查稀释液瓶内稀释液是否充足,稀释液吸入管是否插入稀释液内。

(2)使用前检查废液瓶不能盛满废液,检查废液排出管是否插入废液瓶内,且硅胶管必须伸入瓶底。

(3)开机前托盘上要放 1 杯稀释液,占样杯体积的 2/3 左右。

(4)打开电源开关。依次打开仪器、电脑及打印机电源开关,仪器进入开机清洗状态,此时从定量器观察窗孔观察窗内水柱上升时是否存在气泡,如有气泡,请反复按 2～3 次"清洗"键至气泡全部排尽为止。

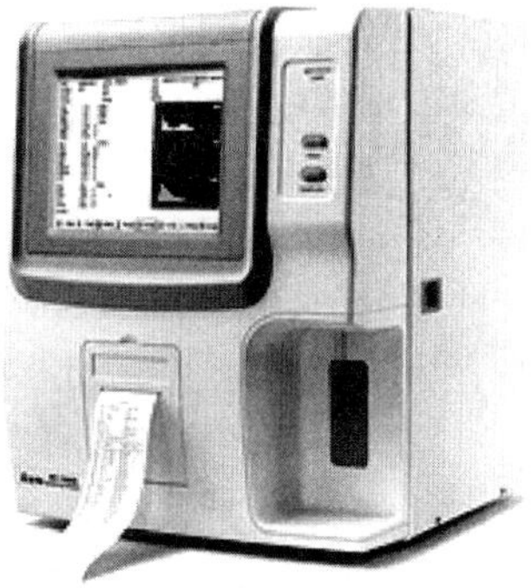

图 2-1　血细胞分析仪

(5)开机后预热 20～30 min,预热后先用稀释液进行空白测量一遍,检查一下仪器测量功能是否正常。

2. 操作

(1)参数设置　按"选择"键选择所需检测动物的种类,选择校准、质控及检测内容。

(2)装载样本　将检样进行编号或粘贴条形码、混匀、放置于测试位。

(3)样本测定　按已经设定好的参数和程序,按测试键,仪器自动检测。

(4)结果查询与传送　按已设定的参数和程序查看,以标准模式传送报告结果。

3. 关机与日常维护

(1)仪器每次使用完毕,在关机前用稀释液空白测量 2～3 次,微孔管必须保证浸泡在稀释液中,不可在空气中长时间暴露。

(2)关机,关闭电源,并在记录本上记录使用情况。检查进样槽、清洗杯,去除污物或阻塞物。

(3)若仪器长时间停止使用,最好每星期用蒸馏水开机清洗 2～3 次,然后再测量 1～2 次,使管路长期充满水,并保证微孔的清洁,微孔管一定要浸泡在蒸馏水中,这样才能使仪器性能保持良好。

(4)如打印纸用完需重新安装时,一定要确认打印机在关机状态。

各种动物红细胞压积容量的参考值如表 2-5 所示。

表 2-5　健康动物的红细胞压积容量、血红蛋白含量及红细胞数参考值

动物	PCV/(L/L)	Hb/(g/L)	RBC/($\times10^{12}$ 个/L)
乳牛	0.32～0.55	83.7±7.0	5.97±0.86
山羊	0.23～0.39	92.6±5.1	15.23±1.03
绵羊	0.29～0.39	92.0±7.0	8.42±1.00
猪	0.36～0.47	112.3±13.7	5.51±0.34
马	0.28～0.42	127.7±20.5	7.93±1.40
鸡	0.23～0.55	84.9±30.4	3.04±0.28
鸭		91.7±7.2	2.90±0.50
鹅		135.0±24.4	2.98±0.15
犬	0.38～0.58	133.6±13.5	6.57±0.34
猫	0.39～0.55	115.5±13.6	8.71±0.50
兔	0.38～0.46	92.6±9.5	5.87±0.32

技术提示

1. 红细胞压积测定的注意事项

(1)所有器材必须清洁干燥,防止溶血。

(2)抗凝血在注入温氏管前应混匀,且注入温氏管时要避免产生气泡。

(3)抗凝血在注入比容管前,一定要充分混匀,尽可能用水平式离心机。如用斜角离心机,细胞沉淀为斜面,可读取斜面中间刻度;应保证离心的速度和时间,以达到压实红细胞;血浆与红细胞之间的灰白色层,为白细胞与血小板层,不计算在内。

2. 血细胞分析仪使用的注意事项

(1)血样　由于静脉血受外界因素影响较小,成分比较稳定,检测结果准确度高、重复性好,建议取血者均应采用静脉血。如果采集末梢血时,注意避免局部过度挤压以免血液中混入大量的组织液,而且易激活凝血系统产生局部凝血,导致检测结果的误差;第 1 滴血由于细胞成分不稳定应弃掉,用第 2 滴血进行检测。

(2)抗凝　使用枸橼酸盐抗凝剂时间过长易结晶,细胞形态易发生变化,影响计数结果的准确性;草酸盐易使血小板产生凝集,并可使白细胞形态发生变化,影响计数结果及分类;而肝素抗凝过量易引起白细胞凝集和血小板减少;EDTA-2Na 较 EDTA-2K 的可溶性低,血小板凝集的可能性大。因此,国际血液学标准委员会(ICSH)1993 年发表的文件中建议使用 EDTA-2K 作为血细胞分析仪的抗凝剂,用量为 1.5～2.2 mg/mL 血。

(3)处理　采血后用塞子密闭,室温保存不超过 6 h。

(4)稀释　稀释器、吸样管要经过校准。吸血后吸样管外的血液要完全擦干净。血液稀释后要尽快测定,否则易引起“稀释性溶血”。稀释液开瓶使用后,不能长时间使用,在更换不同品种的稀释液后最好对仪器重新校验。

(5)混匀　检测前混匀很重要,如无旋转式混匀器应颠倒混匀至少 8 次。

(6)试剂　血细胞分析仪对试剂的要求非常严格,要求有严格的渗透压标准、稳定的导电率、高标准的纯净度以及对仪器管道和阀路无腐蚀作用。因此溶血剂、稀释液及清洗剂等最好选用原厂配套产品。

(7)质量控制　血液分析必须建立严格的质量控制制度,才能保证结果的可靠性。

(8)仪器对稀释液进行直接测量时的杂质颗粒要求　仪器在红细胞测量状态下,反复进行 3～5 次空白计数,显示屏上 RBC 数值的平均值不应超过 0.2;同样,在白细胞测量状态下,显示屏上 WBC 数值的平均值不应超过 0.2。

(9)仪器工作环境　环境温度设定在 18～25℃为宜,工作台要避免震动,避免与其他仪器混放在一起。

知识链接

(1)温氏红细胞压积测定管为 110 mm×3 mm 的厚壁玻璃管,管的内壁底面平坦,外壁部钝圆,容积约 1 mL,管上刻有 0～100 mm 刻度,其读数一边由下而上,供测红细胞比容用;另一边由上而下,供测血沉用。

(2)温氏法的原理是血液中加入可以保持红细胞体积大小不变的抗凝剂,混合均匀,用特制吸管取抗凝全血随即注入温氏测定管中,电动离心,使红细胞压缩到最小体积,然后读取红细胞在单位体积内所占的百分比。

(3)红细胞压积容量增高,见于各种原因引起的脱水,造成血液黏稠、红细胞相对增加的结果。如急性胃肠炎、胃扩张、肠阻塞、胃肠破裂、渗出性腹膜炎等,通常可从 PCV 增高的程度估计患病动物的脱水程度并粗略地估计输液量的多少。

(4)红细胞压积容量降低,见于各种原因引起的贫血或过多输液。

(5)血浆颜色改变有助于判断某些疾病。如颜色深黄,为血浆中直接胆红素或间接胆红素增加,见于肝脏疾病、胆道阻塞、溶血性疾病等;颜色呈淡红或暗红色,为溶血性疾病的特征。

技能四　血红蛋白含量测定

技能描述

血红蛋白(简称 HGB 或 Hb)的测定,指测定血液中各种血红蛋白的总质量浓度,用 g/L 表示。其方法较多,常规方法为氰化高铁血红蛋白法、沙利氏比色法、光电比色法、相对体积质量(密度)法、血氧法及试纸法。兽医临床上多用沙利氏比色法和血细胞分析仪进行测定。

技能情境

现场采血(或加有抗凝剂的血样);沙利氏血红蛋白计;计时器;小玻棒;干棉球;0.1 mol/L 盐酸或 1%盐酸;蒸馏水;血细胞分析仪及相应试剂。

技能实施

一、沙利氏比色法

(1)在沙利氏比色管内加入 0.1 mol/L 盐酸至刻度“2”或“20”处。

(2)用沙利氏吸血管(微量吸管)吸供检血 20 μL 刻度处,用干棉球拭去管外及管尖黏附的血液,立即将吸血管中的血液吹入比色管中的盐酸中,并轻轻吸吹混合数次,轻轻振动比色管数次,使血液与盐酸液充分混合,静置 10 min。

(3)待血液变成类咖啡色后,慢慢沿测定管壁滴加蒸馏水,并用小玻棒搅动,直到颜色与标准色柱完全相同为止。

(4)读取液体凹面所表示的刻度数,即为 100 mL 血液中血红蛋白克数或百分数。将刻度数乘以 10,则为每升血液中的血红蛋白克数(g/L)。

二维码 2-2　沙利氏血红蛋白计及测定原理

二、血细胞分析仪法

按仪器操作手册,用与仪器相配套的试剂可直接测定。

健康动物血红蛋白参考值参见表 2-5。

技术提示

(1)吸血前,要将血样振荡、混匀,尤其是采血较久的抗凝血。

(2)沙利氏吸血管吸取血液应准确;在吸血时可适当多于要求数量,待用纱布或棉球擦管外血时,可吸出少量,使血量正好至要求刻度处。

(3)吸管中的血柱不应混有气泡;酸化血红素是逐渐转化的,加盐酸后应放置一定时间,以使血红蛋白完全变为棕色的高铁血红蛋白,放置时间应在 10～30 min。

(4)比色时宜将比色架朝向光线而视检。

(5)为使测定结果更加准确,在读数后再加盐酸 1 滴,混匀比色再读数。若色不变,以后一次读数为准;变淡者,以前次读数为准。

(6)沙利氏吸管洗涤时,先用清水吸吹数次,再在蒸馏水、酒精、乙醚中按次序分别吸吹数次,干燥后备用。

(7)沙利氏法设备简单、费用低廉、简便易行;但其结果受操作人员技术水平等因素影响,其精密度和准确度相对较低,适用于少量标本的检测。血细胞分析仪法操作便捷,易于标准化,经校准后在严格规范条件下精密度和准确性高,适用于大规模标本检测。

知识链接

1. 沙利氏血红蛋白计

包括比色架、血红蛋白测定管和血红蛋白吸管(微量吸管)。血红蛋白测定管两侧各有刻度,一侧表示每 100 mL 血液内所含血红蛋白克数;另一侧则表示所含血红蛋白百分数。国产沙利氏血红蛋白计以 100 mL 血液内含血红蛋白含量 14.5 g 为 100%。沙利氏血红蛋白吸管有 10 μL 与 20 μL 2 个刻度。

二维码 2-3　氰化高铁血红蛋白测定法

2. 血细胞分析仪测定

世界卫生组织（WHO）确认氰化高铁血红蛋白测定法是比较准确和精密的方法。因此，国际血液学标准化委员会（ICSH）推荐血红蛋白仪器校正必须以氰化高铁血红蛋白测定法测定的值为准。

3. 血红蛋白增加

一般为相对性地增加，见于各种原因引起的脱水，如腹泻、大汗、肠阻塞、肠变位、胸腹腔的渗出炎症等。此外，真性红细胞增多症及继发性红细胞增多症（如肺的慢性疾病、充血性心力衰竭等）均可使血红蛋白含量增加。

4. 血红蛋白减少

血红蛋白减少比较常见，多见于出血性贫血、溶血性贫血、营养不良性贫血、梨形虫病、营养衰竭症、钩端螺旋体病、胃肠道寄生虫病、溶血性毒物中毒等。

5. 血色指数

一般可按下列公式求得。

血色指数＝被检动物血红蛋白量（%）/健康动物平均血红蛋白量（%）：被检动物红细胞数/健康动物平均红细胞数

正常时血色指数为 1 或接近于 1（0.8～1.2）；依其指数大于 1 或小于 1 而分为高色素性贫血与低色素性贫血。一般来说，出血后贫血多为低色素性贫血，而某些溶血性贫血、恶性贫血、猫传染贫血时，常呈高色素性贫血。

技能五　红细胞计数

▶技能描述

红细胞计数（RBC）是指测定单位体积血液内所含红细胞的数目，以每升血液中红细胞个数报告时单位用“$\times 10^{12}$ 个/L”表示。临床上用作诊断有无贫血和对贫血进行分类。计数方法有显微镜计数法、光电比浊法、血细胞分析仪法等。兽医临床多用血细胞分析仪进行计数，但均以显微镜计数值作为血细胞分析仪校正的标准值。

▶技能情境

现场采血（或加有抗凝剂的血样）；显微镜；拭镜纸；计数器；血细胞计数板、盖玻片、绸布；微量吸管（沙利氏血红蛋白吸管）、乳胶吸头；5 mL 移液管、吸耳球；试管、试管架；干棉球；红细胞稀释液（生理盐水）；蒸馏水；乙醇；乙醚；血细胞分析仪及相应试剂。

▶技能实施

一、显微镜计数法

1. 稀释血样

用移液管吸取红细胞稀释液 3.98（或 4.0）mL 于小试管中，再用微量吸管吸血样 10 μL，擦去管尖外壁的血液，轻轻吹入小试管中红细胞稀释液底部，再吸上层稀释液洗吸管 2～3 次，以洗净管腔内残留的血液。立即充分混匀，即得 400 倍稀释的血样混悬液。

2. 充液（充池）

将血样混悬液混匀后，用微量吸管或玻棒蘸取少许，置于计数板与盖玻片边缘处，让其自然流入计数池内，不得外溢，亦不得产生气泡。静置 2～3 min。

3. 镜检、计数

先用低倍镜在弱光下观察红细胞分布情况，把中央大方格置于视野中央，然后转用高倍镜，依次计数中央大方格内的 4 个角与正中央的 5 个中方格（共 80 个小方格）内的红细胞数（*R*）。计数时，对压线红细胞采用“计上不计下、计左不计右”的读数法则，以避免重复或漏数（图 2-2）。

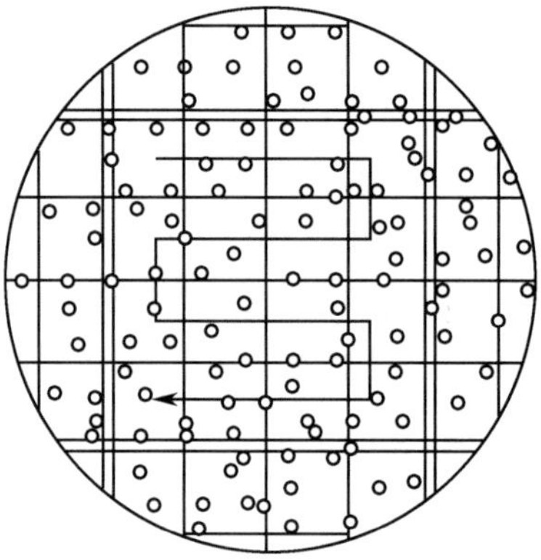

图 2-2 红细胞计数

4. 计算

红细胞数（10^4 个/μL）＝$R\times5\times10\times$稀释倍数

或：红细胞数（个/L）＝$R\times5\times10\times$稀释倍数$\times10^6$

其中，*R* 为计数得 5 个中方格（80 个小方格）内红细胞数；×5 为 25 个中方格（整个红细胞计数室，大方格）内红细胞总数；10 为计数池深度为 0.1 mm，要换算为 1 mm 时，应乘以 10；10^6 为 1 L＝1×10^6 μL。

二、血细胞分析仪法

按仪器操作手册可直接测定。

▶技术提示

（1）计数板、吸管、盖玻片应符合要求。试管、吸管应清洁干燥，稀释液要防止酸碱和细菌污染。

（2）红细胞数量明显增高时可适当加大稀释倍数；反之，则适当减少稀释倍数。稀释倍数可通过改变稀释液加样量或（和）血液加样量进行适度调节。

（3）稀释过的血样充入计数池的量不可过多或过少。过多盖玻片浮起使结果偏高；过少则不能布满计数池，而使计数结果偏低甚至无法计数。

（4）显微镜载物台要保持水平，否则计数池内的液体流向一侧而计数不准。

（5）红细胞在计数池内分布要均匀，各方格内红细胞相差不得超过均值 10%，如遇有冷凝集现象，应将标本置于 37℃恒温箱内数分钟，再摇匀计数。

(6)红细胞稀释液不破坏白细胞，红细胞计数时可将白细胞计入，其对红细胞数值的影响忽略不计，但遇有白细胞过高者，应在高倍镜下注意识别，勿将白细胞计入；白细胞体积较大，中央无凹陷，无黄绿色折光。

(7)血细胞计数板用完后用蒸馏水和 95%乙醇冲洗，再用绸布擦干或 70℃以下烘箱中烘干，待用，保存期间不能有灰尘落入。

(8)显微镜计数法设备简单、费用低廉、简便易行，可用于校准血细胞分析仪及其计数结果异常的复查；但其操作费时，且受血细胞计数板的质量、细胞分布状态以及检验人员技术水平等因素影响，其精密度和准确度相对较低，适用于少量标本的检测。血细胞分析仪法标本用量少、操作便捷，计数细胞数量多，易于标准化，经校准后在严格规范条件下精密度和准确性高，适用于大规模标本检测；不易受检测前某些人为因素或非病理因素(如抗凝不充分、血小板凝集等)干扰。

知识链接

1. 试剂与器材

(1)红细胞稀释液　常用的有 3 种，可任选 1 种。枸橼酸钠-甲醛稀释液(配方：枸橼酸钠 1.0 g，36%甲醛溶液 1.0 mL，氯化钠 0.6 g，蒸馏水加至 100 mL 混合溶解后，过滤 2 次备用，其中枸橼酸钠为抗凝剂，甲醛为防腐剂，并能使细胞固定，氯化钠是调节渗透压)、赫姆氏稀释液(配方：氯化钠 1.0 g，十水硫酸钠 5.0 g 或无水硫酸钠 2.5 g，氯化高汞 0.5 g，加蒸馏水至 200 mL，亦可加 20 g/L 伊红溶液少许，使之成淡红色以识别，其中硫酸钠可防细胞粘连，氯化高汞防腐)和生理盐水(或加入 1%甲醇)。稀释液应等渗、新鲜、无杂质(稀释液要过滤，以免杂质、微颗粒被误认为细胞)。

(2)血细胞计数板　常用改良纽鲍氏计数板。

(3)盖玻片　为血细胞计数专用玻璃盖片，应平整光洁，玻片规格为 24 mm×24 mm×0.6 mm。

二维码 2-4　血细胞计数板

2. 红细胞增多

相对性红细胞增多：指血浆量减少，血液浓缩引起的，常见于下痢、呕吐、饮水不足等。绝对性红细胞增多：是红细胞增生所致，见于充血性心力衰竭、慢性肺气肿、肺肿瘤等。

3. 红细胞减少

多见于各种类型贫血。

4. 红细胞形态异常

红细胞大小不均，中央区苍白，大的红细胞增多，见于营养不良性贫血。中央淡染区扩大，小的红细胞特别多，见于缺铁性贫血。红细胞呈梨形、星状，见于重症贫血。呈串线状，见于炎症和肿瘤性疾病。体积变小、着色暗，缺乏中央凹陷，见于自身免疫性和同族免疫性溶血性贫血。红细胞内含有蓝黑色大小不一的颗粒，是铅中毒的特征性表现。

技能六　白细胞计数

技能描述

白细胞计数(WBC)是指测定单位体积血液内所含白细胞的数目,单位用“$\times 10^9$ 个/L”表示。健康动物血液中的白细胞数比较稳定,而在炎症、感染、组织损伤和白血病等情况下,常引起白细胞数的变化。本检验与白细胞分类计数配合,有很大的临床诊断价值。白细胞计数有显微镜计数法和血细胞分析仪法两种,兽医临床上现多用血细胞分析仪进行,但均以显微镜计数值作为血细胞分析仪校正的标准值。

技能情境

现场采血(或加有抗凝剂的血样);显微镜;拭镜纸;计数器;血细胞计数板;盖玻片;微量吸管(沙利氏血红蛋白吸管)、乳胶吸头;0.5 mL 移液管、吸耳球;试管、试管架;干棉球;白细胞稀释液;蒸馏水;乙醇;乙醚;血细胞分析仪及相应试剂。

技能实施

一、显微镜计数法

用 0.5 mL 移液管吸取白细胞稀释液 0.38 mL(也可吸 0.4 mL)置于小试管中。用微量吸管吸取被检血至 20 μL 刻度处,擦去管外黏附的血液,吹入小试管内白细胞稀释液中,反复吸吹数次,以洗净管内所黏附的白细胞,充分振荡混合,再用微量吸管吸取被稀释的血液,充入已盖好盖玻片的计数池内,静置 2～3 min 后,低倍镜检。

依次对计数池四角 4 个大方格内的全部白细胞数(W)计数,注意压线白细胞“计左不计右,计上不计下”。计算:

$$白细胞数(个/\mu L)=W/4\times 10\times 20=W\times 50$$

或

$$白细胞数(个/L)=W/4\times 10\times 20\times 10^6$$

式中:W 为 4 个大方格(白细胞计数池)内白细胞总数。$W/4$ 为每个大方格内的白细胞平均数。10 表示计数池的深度为 0.1 mm 时,换算为 1 mm 时,应乘以 10。20 为血液的稀释倍数。

二、血细胞分析仪法

按仪器操作手册可直接测定。

各种健康动物白细胞数参考值如表 2-6 所示。

表 2-6　健康动物白细胞数和白细胞计数参考值

动物	WBC ×10⁹ 个/L	嗜酸性白细胞/%	嗜碱性白细胞/%	嗜中(异嗜)性白细胞/%		淋巴细胞/%	单核细胞/%
				杆状形	分叶形		
奶牛	9.41±2.13	0.83±0.12	7.8±4.72	9.52±4.62	19.64±7.95	59.24±10.37	2.96±1.89
绵羊	8.00±1.70	0.20(0～1)	2.90(0～8)	3.10(0～7)	23.80(18～50)	68.10(40～75)	1.90(0～5)
山羊	12.47±0.90	0.59±0.50	4.66±0.60	3.47±0.57	31.84±2.55	55.19±2.48	4.25±0.67
猪	14.02±0.93	0.43±0.23	3.03±1.08	3.74±0.77	31.42±2.73	58.45±2.67	2.58±0.85
水牛	8.04±0.30	0～1.00	6.50～29.90	0.30～8.40	12.00～38.00	36.70～78.50	0.30～5.40
马	9.50(5.40～13.5)	0.30	4.70	3.13	45.75	44.08	1.99
鸡	32.5	1	4.2	3.8	28.0	57.0	6.0
鸭	23.4	1.5	2.1		24.3	61.7	10.8
鹅	30.8	2.0	5.5		35.8	53.0	4.2
犬	10.93±1.29	0.46±0.28	5.16±1.32	6.25±2.06	55.59±3.38	29.41±4.72	3.31±0.69
猫	11.35±0.83	0.49±0.37	3.77±0.82	4.06±0.94	55.10±4.18	32.80±4.53	3.90±0.80
兔	9.48±1.12	0.57±0.52	1.70±0.88	3.03 ±0.64	30.36±3.16	61.09±3.80	3.30±0.81

技术提示

(1)计数池内细胞分布要均匀,每个大方格白细胞数差异不得超过10%。如发现较多的有核红细胞,就要减去有核红细胞数。计数结果过低、过高者,均应注意是否与血涂片白细胞数相符。如不符合,应复查。

(2)其他注意事项同红细胞计数。

知识链接

1. 白细胞稀释液

通常用1%～3%冰乙酸溶液,为与红细胞稀释液相区别可在每100 mL冰乙酸溶液中加入1%美蓝溶液或1%结晶紫液1～2滴。用稀乙酸破坏红细胞,但不能破坏有核红细胞。

2. 白细胞数增多

(1)感染　感染某些球菌如葡萄球菌、链球菌、肺炎双球菌、脑膜炎双球菌等,可使白细胞显著增多;某些杆菌如大肠杆菌、绿脓杆菌、炭疽杆菌的感染,也可使白细胞增多;此外,真菌感染时,白细胞数也有所增加。

(2)炎症　大叶性肺炎、小叶性肺炎、重剧性胃肠炎、腹膜炎、肾炎、创伤性心包炎、子宫炎等疾病时,白细胞数可大量增加。

(3)肿瘤、急性出血性疾病、中毒性疾病(如酸中毒、尿毒症等)以及注射异性蛋白之后,白细胞数均可增加。

(4)白血病时白细胞数极显著地增加是一个重要特征。

3. 白细胞数减少

(1)某些病毒性传染病,如猪瘟、流行性感冒等,由于造血器官受到抑制而使白细胞数下降。

(2)长期使用某些药物或一时用量过大,如磺胺类药物、氯霉素等。

(3)各种疾病的濒死期,白细胞总数会迅速下降,有时可在 1 d之内由(7.0～8.0)×10^9 个/L下降到(2.0～3.0)×10^9 个/L,表示预后不良。

(4)某些血孢子虫病、休克、营养衰竭症以及骨髓再生功能不全时,白细胞总数均可减少。

技能七　白细胞分类计数

技能描述

白细胞分类计数法(DLC)即测定外周血液中各种白细胞所占的比例,以相对数或百分数表示。外周血液中各类白细胞,各有其特定的生理机能。在病理情况下,白细胞不但会发生数量上的变化,而且还会发生质量方面的改变。白细胞分类计数能反映白细胞在质量方面的变化,结合白细胞计数,对于疾病诊断、预后判断和治疗效果观察,都有重要意义。白细胞分类计数有显微镜计数法和血细胞分析仪法两种,兽医临床上现多用血细胞分析仪进行,但均以显微镜计数值作为血细胞分析仪校正的标准值。

技能情境

载玻片;显微镜;拭镜纸;瑞氏染液;中性磷酸盐缓冲液(或中性蒸馏水);采血针;染色架或染色缸;洗瓶;吸耳球;吸水纸及特种铅笔;血细胞分析仪及相应试剂。

技能实施

一、涂片镜检法

1. 涂片

取无油脂的洁净载玻片数张,选择边缘光滑的载玻片作为推片(推片一端的两角应磨去,也可用血细胞计数板的盖片作为推片),用左手拇指及中指夹持载玻片,右手持推片,先取被检血 1 小滴,放于载玻片的右端,将推片倾斜 30°～40°角,使其一端与载玻片接触并放于血滴之前,向后拉动推片与血滴接触,待血液扩散形成一条线之后,以均等的速度轻轻向前推动推片,则血液均匀地被涂于载玻片上而形成一薄膜(图 2-3)。迅速自然风干,或在酒精灯火焰上方 50 cm 处晃动加热干燥,但不能直接接触火焰。在载玻片的一端用记号笔做编号标记,待染。

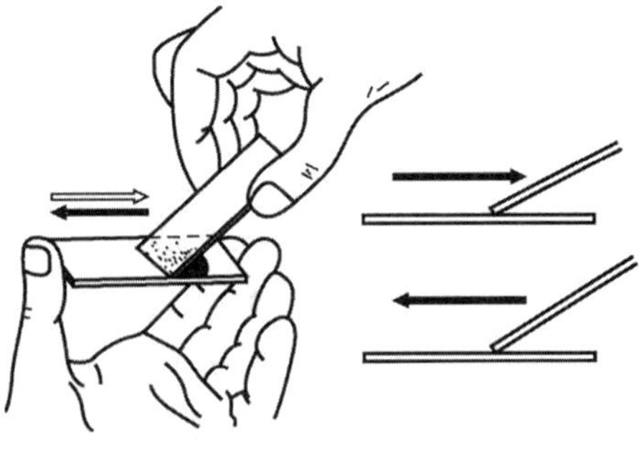

图 2-3　涂制血片的方法

良好的血涂片,血液应分布均匀,厚度适当,血膜可分为头、体、尾 3 个部分。对光观察时呈霓红色,血膜应位于玻片之中央,两端留有空隙,以便注明畜别、编号及日期(图 2-4)。

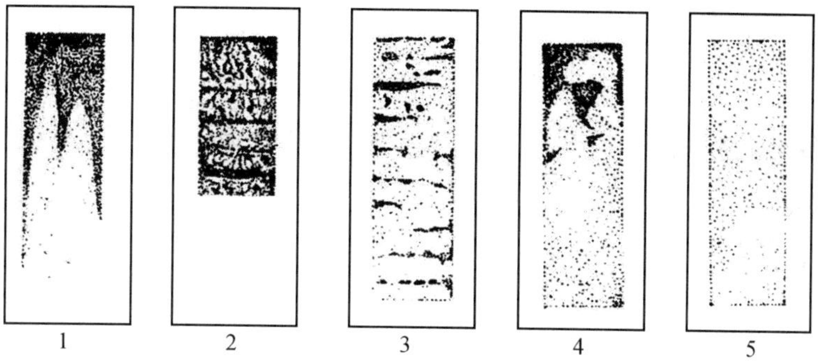

图 2-4　血液涂片

1. 血膜过短,边缘不整齐　2. 血膜太厚　3. 搓板状分布　4. 载玻片有油脂　5. 较适当的血膜

2. 固定

将干燥血涂片置甲醇中 3～5 min,取出后自然干燥,亦可用乙醚与酒精等量混合液(10 min)或纯酒精(20 min)、丙酮液(5 min)固定。用瑞氏法染色时,无须固定,因瑞氏染液中含有甲醇,在染色的同时,即起固定作用。

3. 染色

(1)瑞氏染色法　将自然干燥的血涂片用蜡笔于血膜两端各划一道横线,以防染色液外溢。置血涂片于染色架(或水平支架)上,滴瑞氏染液覆盖全部血膜,并计其滴数,固定 1～2 min 后,滴加等量缓冲液或中性蒸馏水,轻轻摇动血液涂片或用吸耳球吹动涂片上的染液,使之混匀,染色 4～10 min,用流动的蒸馏水冲去染液,自然干燥或吸水纸吸干,待检。

(2)姬姆萨氏染色法　涂片经甲醇固定后,将血涂片直立于已稀释的姬姆萨氏染液缸中,经 30～60 min 染色,取出用蒸馏水冲洗,干燥后待检。

(3)瑞氏与姬姆萨氏复合染色法　以瑞氏甲醇溶液作固定剂先染 30 s,蒸馏水冲洗,并用吸水纸吸干,再用姬姆萨氏染液复染(染色时间也可以适当缩短约 10 min),蒸馏水冲洗,并用吸水纸吸干,待检。

4. 计数方法

(1)低倍镜观察　全面观察血涂片上细胞分布的情况和染色情况。

一般颗粒白细胞和单核细胞及体积较大的细胞易集聚在涂片的边缘和尾部,淋巴细胞易集聚在头部和中心部,而血膜体部的细胞分布比例比较适当,同时血膜厚薄也比较均匀。因此,通常选定涂片体、尾交界部计数为佳。

(2)油镜观察　选择着色良好、细胞分布均匀的涂片的体尾交界区域,滴加 1 滴香柏油。油镜下逐个查数各类白细胞数。查数时可利用显微镜推进器,遵循一定方向顺序,以"城垛式"连续移动血涂片,以免视野重复和遗漏。移动视野方法很多,其目的都是为了尽量减少由于细胞分布不均所引起的误差。一般采用四区计数法、三区计数法或中央计数法(图 2-5)。

(3)分类计数　有条件者可用白细胞分类计数器,也可事先设计一表格,用画"正"字的方式记录。白细胞分类计数的数目,应根据白细胞总数的多少而定。白细胞总数小于 10×10^9 个/L 者,分类计数 100 个白细胞;$(10\sim20)\times10^9$ 个/L 者,分类计数 200 个;大于 20×10^9 个/L

者，分类计数 300 个为宜。最后，计算出各种白细胞的百分比。

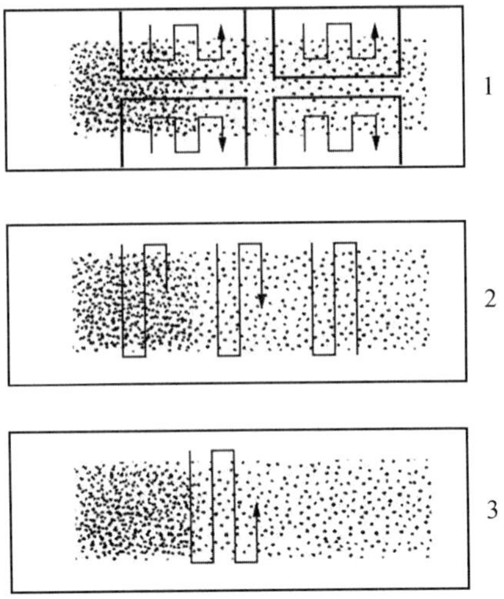
图 2-5 白细胞分类计数
1. 四区计数法 2. 三区计数法 3. 中央计数法

二、血细胞分析仪法

按血细胞分析仪操作手册可直接测定。

健康动物白细胞分类参考值参见表 2-6。

技术提示

1. 瑞氏染液保存时，切勿混入水滴，避免使用时影响着色；滴加染液勿过多或过少，防止染色不良；冲洗血涂片时应与染液一并冲洗，否则染料颗粒会沉淀于血膜上；染色时间的长短，随染料性质和室温的不同而改变，室温高时，染色时间应较短，室温低时，染色时间应适当长些，中性环境染出的血涂片效果最佳，因此，要特别注意缓冲液和冲洗血涂片用水的酸碱度。染色过浅，可按原步骤复染，如染色太深，可重新滴加缓冲液脱色，或用甲醇脱色后，重新复染。

2. 显微镜法分类较为准确，能及时发现各种细胞形态的病理变化，但费时，受血涂片和检验人员经验等影响，精密度较差，不适合大量标本检测。血细胞分析仪法检测速度快，分析细胞多，重复性好，准确性高，易于标准化，但不能准确识别细胞类别和病理变化，可作批量标本检测。必须明确，迄今为止，世界上无论多先进的血细胞分析仪，进行的白细胞分类都只是一种过筛手段，并不能完全取代人工镜检分类。要坚决纠正有些单位用了血细胞分析仪就丢掉镜检的错误观念。

知识链接

一、染色液

1. *瑞氏染液*

瑞氏染料 1 g、甲醇(分析纯)600 mL。准确称取瑞氏染料 1 g 于洁净研钵中，加少许甲醇研磨，将已溶有染料的上部甲醇，通过加有滤纸的漏斗倾入棕色瓶中，再加甲醇研磨，如此继续操作，直至全部染料溶解后，以甲醇冲洗研钵数次，全部滤入瓶中。滤纸上的残渣可用剩余的甲醇，将其冲洗入另一瓶中。加塞在室温中放置 1 周，放置期间需振荡 3 次/d，最后将含残渣的染液滤过，两瓶染液混合一起，即可应用。

2. *姬姆萨氏染液*

姬姆萨氏染粉 0.5 g、纯甘油 33.0 mL、纯甲醇 33.0 mL。先将染粉置于研钵中，加入少量甘油充分研磨，然后加入其余的甘油，水浴加温(60℃)1～2 h，经常用玻璃棒搅拌使染色粉溶解，最后加入甲醇混合，装棕色瓶中保存 1 周后过滤即成原液。临用时取原液 1 mL，加 pH 6.8 的缓冲液或新鲜蒸馏水 9 mL，即成应用液。

3. 磷酸盐缓冲液(pH 6.8)

1%磷酸二氢钾 30.0 mL、1%磷酸氢二钠 30.0 mL、蒸馏水加至 1 000 mL。所有染料对氢离子浓度均较敏感，染色时由于酸碱度的改变，蛋白质与染料所形成的化合物可重新离解，故染色时染液的 pH 能够影响染色的效果。染色的适宜酸碱度为 pH 6.8。当染液偏于碱性时，可与缓冲液中酸基中和，染液偏酸性时，可与缓冲液中碱基中和，维持染色时的一定酸碱度，以获得满意的染色效果。

二、染色法

瑞氏染是血细胞染色最经典、最常用的方法，尤其对细胞质成分、中性颗粒等可获得很好的染色效果，但对细胞核的着色能力略差。单纯姬姆萨氏染色，因系多色性美蓝的天青配制，在细胞核上确实增加了不少光彩，但细胞浆与中性颗粒着色较淡；而瑞氏染液往往偏酸性，对胞浆染色较好。故用复合染色法兼取二者之长处，所染的血涂片常较单一的染色法为佳。而目前市场有瑞氏-姬姆萨氏复合染色液，可以参照瑞氏染色法操作，同样获得较理想的染色效果。

三、各种白细胞的形态和染色特征

为准确进行分类计数，在识别各种白细胞时，应特别注意细胞的大小、形态，胞浆中染色颗粒的有无，染色及形态特征；核的染色、形态等特点。

根据细胞浆中有无染色颗粒，而将白细胞区分为颗粒细胞和非颗粒细胞，前者又根据其细胞浆中染色颗粒的着色特征分为嗜碱性、嗜酸性及嗜中性白细胞；后者则包括淋巴细胞及单核细胞。各种白细胞的形态特征如表 2-7 和表 2-8 所示，不同动物白细胞形态如图 2-6 至图 2-10 所示。

二维码 2-5　不同动物血涂片各类白细胞模式图

表 2-7　各种白细胞的形态特征(瑞氏染色法)

白细胞种类	细胞核					细胞浆			
	位置	形状	颜色	核染色质	细胞核膜	多少	颜色	透明带	颗粒
嗜中性幼年型	偏心性	椭圆	红紫色	细致	不清楚	中等	蓝粉色红色	无	红色或蓝色、细致或粗糙
嗜中性杆状核	中心或偏心性	马蹄形或腊肠形	浅紫蓝色	细致	存在	多	粉红色	无	嗜中、嗜酸或嗜碱
嗜中性分叶核	中心或偏心性	2～3 叶者居多	深紫蓝色	粗糙	存在	多	浅粉红色	无	粉红色或紫红色
嗜酸性白细胞	中心或偏心性	叶状核不太清楚	较淡紫蓝色	粗糙	存在	多	蓝粉红色	无	深红色，分布均匀
嗜碱性白细胞	中心性	圆形或微凹入	较淡紫蓝色	粗糙	存在	多	浅粉红色	无	蓝黑色，分布不均，多在细胞边缘

续表 2-7

白细胞种类	细胞核					细胞浆			
	位置	形状	颜色	核染色质	细胞核膜	多少	颜色	透明带	颗粒
淋巴细胞	偏心性		深紫色	大块或中等块或致密	浓密	少	天蓝深蓝或淡红色	如胞浆深染时存在	无或有少数嗜亚尼林的蓝色颗粒
单核细胞	偏心或中心性	豆形、山字形或椭圆形	蓝色、淡蓝紫色	细致网状边缘不齐	存在	很多	灰蓝或云蓝色	无	很多，非常细小，淡紫色

表 2-8 家禽细胞染色的特征

细胞	细胞形状	胞浆	胞核形状	核染色质
异嗜性白细胞	略呈圆形	黄色至红褐色	2～5 节段	淡紫色
淋巴细胞	略呈圆形	蓝色颗粒	圆形或豆形	紫红色
单核细胞	略呈圆形	淡蓝色颗粒	常偏于一侧	紫色
嗜酸性白细胞	略呈圆形	黄色至粉红色	核大	
嗜碱性白细胞	略呈圆形	深紫色颗粒	圆形	
红细胞	椭圆形	黄色至粉红色	大而圆	紫色
凝血细胞		灰蓝色	圆形，位于中央	紫色

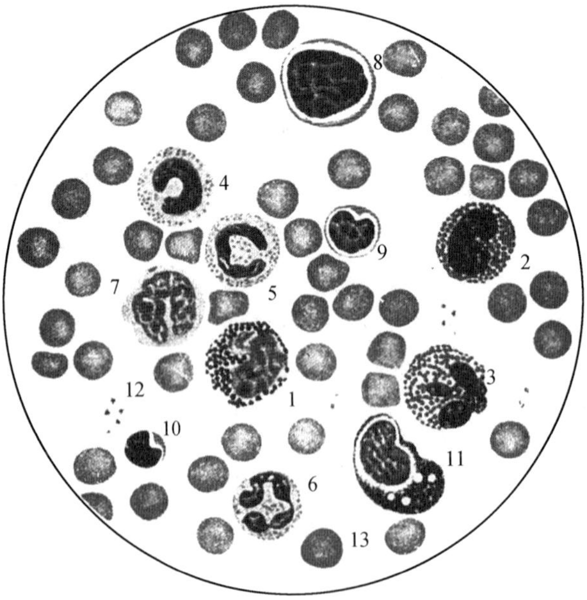

图 2-6 猪血涂片

1. 嗜碱性白细胞 2. 晚幼型嗜酸性白细胞 3. 分叶形嗜酸性白细胞 4. 晚幼型嗜中性白细胞 5. 杆状核嗜中性白细胞 6. 分叶形嗜中性白细胞 7. 单核细胞 8. 大淋巴细胞 9. 中淋巴细胞 10. 小淋巴细胞 11. 浆细胞 12. 血小板 13. 红细胞

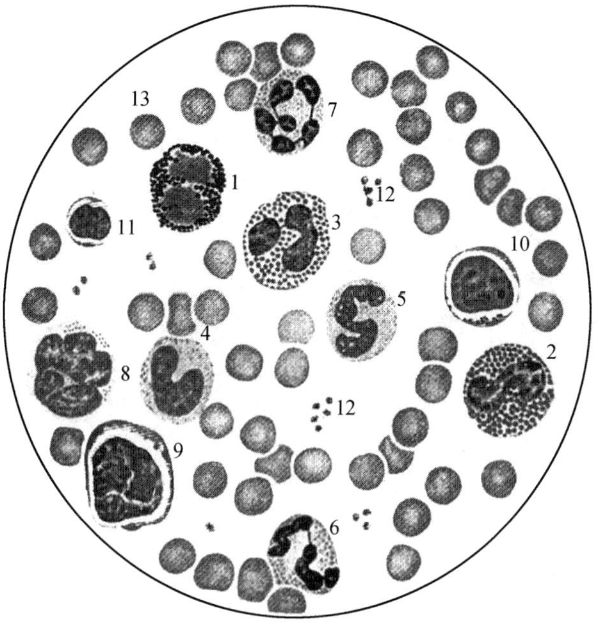

图 2-7　牛血涂片

1. 分叶形嗜碱性白细胞　2. 杆状核形嗜酸性白细胞　3. 分叶形嗜酸性白细胞　4. 晚幼型嗜中性白细胞　5. 杆状核嗜中性白细胞　6、7. 分叶形嗜中性白细胞　8. 单核细胞　9. 大淋巴细胞　10. 中淋巴细胞　11. 小淋巴细胞　12. 血小板　13. 红细胞

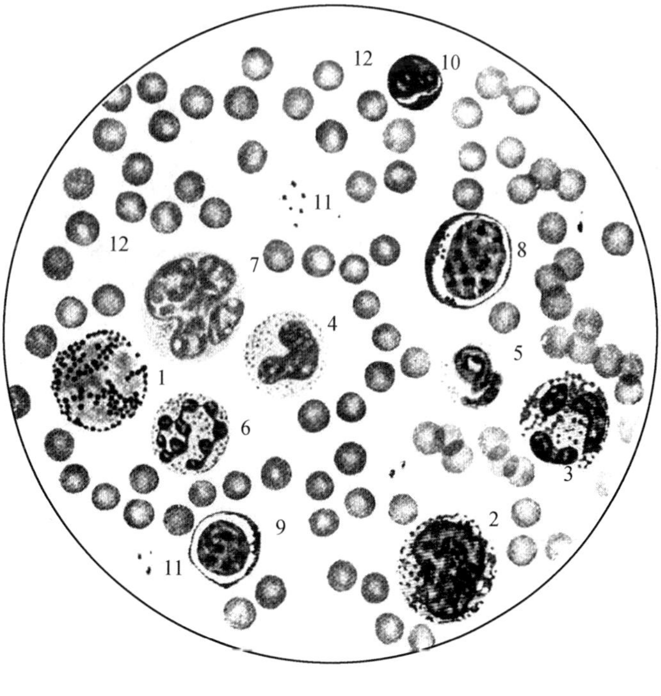

图 2-8　绵羊血涂片

1. 嗜碱性白细胞　2. 杆状核形嗜酸性白细胞　3. 分叶形嗜酸性白细胞　4. 晚幼型嗜中性白细胞　5. 杆状核嗜中性白细胞　6. 分叶形嗜中性白细胞　7. 单核细胞　8. 大淋巴细胞　9. 中淋巴细胞　10. 小淋巴细胞　11. 血小板　12. 红细胞

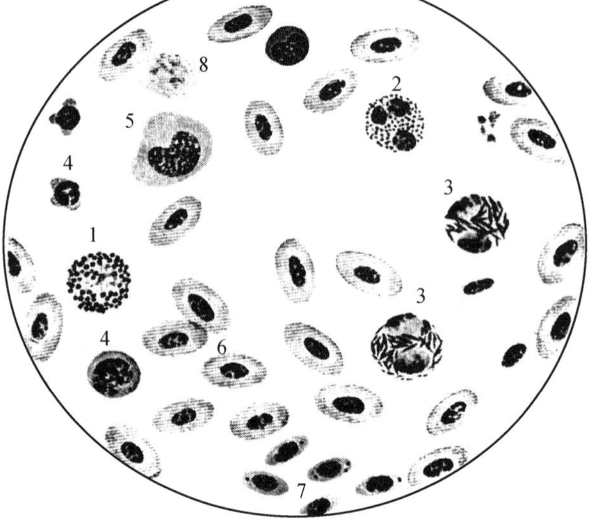

图 2-9 鸡血涂片

1. 嗜碱性白细胞 2. 嗜酸性白细胞 3. 嗜中性白细胞 4. 淋巴细胞 5. 单核细胞 6. 红细胞 7. 血小板 8. 核的残余

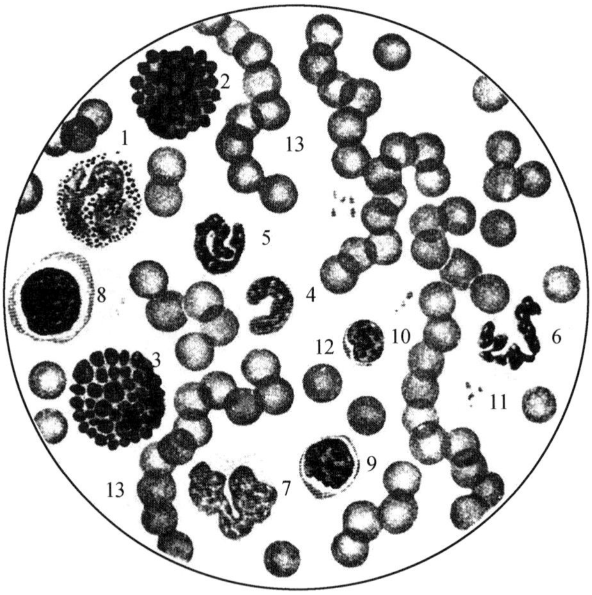

图 2-10 马血涂片

1. 嗜碱性白细胞 2、3. 嗜酸性白细胞 4. 晚幼型嗜中性白细胞 5. 杆状核嗜中性白细胞 6. 分叶形嗜中性白细胞 7. 单核细胞 8. 大淋巴细胞 9. 中淋巴细胞 10. 小淋巴细胞 11. 血小板 12. 单独红细胞 13. 串状红细胞

四、各种白细胞改变的诊断价值

1. 白细胞绝对值

各种白细胞的百分比，只反映其相对比值，不能说明其绝对值。例如，在白细胞总数增加的情况下，若中性白细胞百分比增加，淋巴细胞的百分比可相对减少，但这不等于淋巴细胞的绝对值减少。为了准确地分析各种白细胞的增减，应计算其绝对值。

白细胞绝对值计算：某种白细胞绝对值＝白细胞总数×该种白细胞的百分数

如白细胞总数为 8.0×10^9 个/L，淋巴细胞占 50%，则淋巴细胞绝对值 $=8.0\times10^9\times50\%=4.0\times10^9$ 个/L。

2. 核指数

未完全成熟的嗜中性白细胞与完全成熟的嗜中性白细胞之比。根据核指数可以判断核的左移和右移，以及白细胞的再生性和变质性变化。

核指数表示为：核指数＝(髓细胞＋幼年型白细胞＋杆状形白细胞)/分叶形中性白细胞

血液中年轻的或衰老的白细胞增加时，核指数即将发生变化。核指数增大，表示未成熟的嗜中性白细胞比例增多称为核左移。反之，核指数减小，则表示成熟的嗜中性白细胞比例增多称为核右移。核指数一般为 0.1 左右。

3. 嗜中性白细胞的增减及核像变化

嗜中性白细胞增多，见于某些急性传染病(如炭疽、出血性败血病、猪丹毒等)、某些化脓性疾病(化脓性胸膜炎、腹膜炎、创伤性心包炎、肺脓肿等)、某些急性炎症(胃肠炎、肺炎、子宫炎、乳房炎等)，某些慢性传染病(结核)、大手术后(1 周之内)、外伤、烫伤、酸中毒的前期等。嗜中性白细胞减少，通常表示机体反应性降低，常见于疾病的垂危期及某些病毒性疾病，严重全身感染及再生障碍性贫血等。

在分析中性白细胞数量变化的同时，应注意其核像的变化。

如白细胞总数增多的同时核左移，表示骨髓造血机能加强，机体处于积极防御阶段；而白细胞总数减少时见有核左移，则标志着骨髓造血机能减退，机体的抗病力降低。

分叶核的百分比增大或核的分叶增多(细胞核分为 4～5 叶甚至多叶者)称为核右移，可见于重度贫血或严重的化脓性疾病。

4. 嗜酸性白细胞的增减变化

嗜酸性白细胞增多，见于某些内寄生虫病(如肝片吸虫、球虫、旋毛虫等)、某些过敏性疾病(荨麻疹、注射血清之后)、湿疹、疥癣等皮肤病。嗜酸性白细胞减少，见于毒血症、尿毒症、严重创伤、中毒、饥饿及过劳等。

大手术 5～8 h 以后，嗜酸性白细胞常消失，2～4 d 后，又常常急剧增多，临床症状也见好转。

5. 嗜碱性白细胞的增减变化

嗜碱性白细胞数量很少，在一般白细胞分类计数中很难见到。嗜碱白细胞胞质中含有的嗜碱性颗粒中含有肝素和组织胺，当抗原与 IgE 在其表面产生复合物时，可使其释放颗粒。肝素可抗血凝和使血脂分散，而组织胺则可以改变毛细血管的通透性，并使平滑肌收缩，特别是使支气管的平滑肌收缩而引起哮喘。近年来，已经证实嗜碱性白细胞参与特殊的免疫反应即第三型变态反应。

嗜碱性白细胞增多，常与高脂血症同时发生。在伴有 IgE 长期刺激的疾病，可见于慢性白细胞白血病、变态反应、慢性恶丝虫病及甲状腺功能减退等。嗜碱性白细胞增多常与嗜酸性白细胞增多同时存在。嗜碱性白细胞减少可见于过敏性休克、甲状腺机能亢进、严重感染或出血等。

6. 淋巴细胞的增减变化

淋巴细胞增多，见于某些慢性传染病(如结核、布氏杆菌病等)、急性传染病的恢复期，某些病毒性疾病(如猪瘟、流行性感冒等)及淋巴细胞性白血病等。淋巴细胞减少，多为相对性，常见于急性感染或炎性疾病的初期，以及淋巴组织受损害和严重营养不良等。

7. 单核细胞的增减变化

单核细胞具有强大的吞噬能力，其数量的明显增多通常表示单核巨噬细胞系统机能活跃，常见于某些急性传染病、血孢子虫病、败血性疾病、单核细胞性白血病。单核细胞减少见于急性传染病的初期及各种疾病的垂危期。

白细胞分类计数对观察疾病的发展过程和判定预后也有重要的临床参考意义和价值。

患病动物出现白细胞总数与嗜中性白细胞的百分比显著升高，或白细胞总数未能随着病情的发展而适时增加、嗜中性幼年型及杆状型显著增多，或嗜酸性白细胞完全消失等白细胞像时，表示预后不良。

患病动物出现白细胞总数与嗜中性白细胞百分比随着病情的好转而逐渐下降，或嗜中性幼年型与杆状型渐次减少而分叶形渐次相应恢复，或单核细胞暂时增多、嗜酸性白细胞重新出现或暂时增多，或淋巴细胞的百分比渐次恢复等白细胞像时，表示病情好转。

操作训练

利用课余时间参与门诊化验室工作，进行血常规检验训练。

任务二　血液化学检验

任务分析

血液化学检验是利用动物血浆或血清为检查材料，对其组成进行分析，以判定动物机体的生理成分、代谢状况、重要器官的功能状态及营养等。各种动物血液的化学成分都保持着相对恒定，如在适当范围内发生改变，机体则能加以调节而恢复正常，若因某种病理情况而引起代谢紊乱时，常会导致血液某些成分的浓度发生改变。兽医临床血液化学检验的内容主要包括糖、脂肪、蛋白质及其代谢产物的检验，血液和体液中电解质和微量元素的检验、血气和酸碱平衡的检验和临床酶学检验等。

任务目标

1. 能应用血液生化分析仪进行血糖、血清脂质和脂蛋白的测定，会对检验报告单进行分析判断；

2. 能应用生化分析仪进行血清电解质的测定，并会对检验结果正确分析判断；

3. 能应用生化分析仪进行蛋白质、胆红素、胆汁酸、血清酶等肝功能检查，会正确分析检验结果；

4. 能应用生化分析仪进行尿素氮、肌酐、尿酸等肾功能检查,会对检查结果正确分析。

技能一　血糖、血清脂质和脂蛋白测定

▶技能描述

血糖指血液中的葡萄糖,正常情况下糖的分解代谢与合成代谢保持动态平衡,血糖的浓度相对稳定,许多疾病都会出现糖代谢紊乱,导致血糖浓度异常。胆固醇(CH,TC)是脂质的组成部分,既可以被消化吸收,也可在体内合成,过多的胆固醇主要经胆汁随粪便排出。甘油三酯(TG)又称中性脂肪,是体内能量的主要来源。甘油三酯处于脂蛋白的核心,在血中以脂蛋白形式运输。其合成速度可以受激素的影响而改变,如胰岛素可促进糖转变为甘油三酯。此外,胰、肾上腺皮质激素等也影响甘油三酯的合成。

▶技能情境

全自动生化分析仪;测定血糖、胆固醇及甘油三酯的试剂(试剂盒);动物血样;生化分析仪操作手册等。

▶技能实施

一、全自动生化分析仪的使用

自动生化分析仪是一种由电脑控制,将生化分析中的取样、加试剂、去干扰、混合、恒温、反应、检测、结果处理、显示和打印,以及清洗等过程中的部分或全部步骤进行自动化操作的仪器。它完全模仿并代替了手工操作,实现了临床生化检验中的主要操作机械化、自动化。兽医临床上常用的生化分析仪型号品牌繁多,但一般都可检测肝功能(白蛋白、总蛋白、总胆红素、总胆汁酸、直接胆红素、谷草转氨酶、谷丙转氨酶、r-谷氨酰转移酶、胆碱酯酶、碱性磷酸酶)、肾功能(尿素氮、肌酐、尿酸)、血糖血脂(葡萄糖、甘油三酯、酮体、胆固醇、果酸胺、高密度脂蛋白胆固醇、低密度脂蛋白胆固醇)、电解质(钠、氯、碳酸氢盐、镁、无机磷、钙)、淀粉酶、肌酸激酶等,完全能满足临床生化测试的所有需求。

(一)构造

自动生化分析仪的结构分为分析部分和操作部分,二者可分为 2 个独立单元,也可组合为一体机。分析部分主要由检测系统、标本和试剂处理系统、反应和检测系统、清洗系统等组成;操作部分就是计算机系统,贮存所有的系统软件,控制仪器的运行和操作,并进行数据处理。目前兽医临床使用的生化分析仪可分为全自动和半自动。现以动物专用全自动生化分析仪(图 2-11)简要介绍。

1. 检测系统

检测系统(光度计)由光学系统和信号检测系统组成,是分析部分的核心。它的功能是将化学反应的光学变化转变成电信号。

(1)光学系统　光学系统由光源、光路系统、分光器等组成。作用是提供足够强度的光

束、单色光及比色的光路。

(2)信号检测器　信号检测器的功能是接收由光学系统产生的光信号，并将其转换成电信号并放大，再把它们传送至数据处理单元。信号接收器一般为硅(矩阵)二极管，信号传送方式有光电信号传送和光导纤维传送2种，光导纤维传送技术更先进，可消除电磁波对信号的干扰，传送速度更快。

图2-11　动物专用全自动生化分析仪

2. 标本、试剂处理系统

该系统包括放置标本和试剂的场所、识别装置、机械臂和加液器。功能是模仿人工操作识别标本和试剂，并把它们加到反应器中。

(1)标本架(盘)　标本架是放置标本管的试管架，试管架为分散式，通过轨道运输，有单通路轨道和双通路轨道2种，后者可与标本前处理系统连接，实现实验室的全自动化。标本盘是圆形的，可以放置标本管或标本杯，通过圆周的机械运动传送标本。标本箱供放置标本盘用，一般为室温。有些大型仪器已设计了具有冷藏功能的放置标准物的圆形标本盘，以供随时进行标准和质控的测定。

(2)试剂盘和试剂箱(室)　试剂盘用于放置实验项目所用的试剂。试剂箱供放置试剂盘用，可有1～2个，并多有冷藏装置(4～15℃)。

(3)识别装置　识别标本和试剂的一种方法是根据标本的编号及在标本架或盘上所处位置来识别；另一种则是条形码识别装置。条形码识读器是通过条形码对标本和试剂进行识别。

(4)取样装置　是控制加液器的移动的机械臂，根据仪器的指令携带加液器运动至指定位置。自动生化分析仪可有2～4个机械臂，它们分别是标本臂和试剂臂。

(5)加液器　加液器由吸量注射器和加样针组成。吸量注射器是用特殊的硬质玻璃或塑料制成，包括阀门注射器和阀门。

(6)混匀搅拌装置　由电机和搅拌棒组成，电机运转带动搅拌棒转动，速度可达每分钟数万转，使反应液被充分混匀。搅拌棒的下端是一个扁金属杆，表面涂有一层不黏性材料(如特力伦)，也有采用特殊的防黏清洗剂，其作用是减少携带率，从而使交叉污染率降至最低水平。

3. 反应和检测系统

反应系统由反应盘和恒温箱2部分组成。反应盘是生化反应的场所，有些兼作比色杯，置于恒温箱中，可按设定的间隔时间连续测定各反应的吸光度值。

4. 清洗系统

清洗装置一般由吸液针、吐液针和擦拭块组成，可有5～9段清洗不等(段即冲洗的步骤)。清洗的工作流程为吸出反应液→吐入清洗剂→吸干→吐入去离子水→吸干→擦干。

清洗剂可有碱性和酸性2种；吐入的去离子水在一些大型仪器上可以加热成温水，并且可反复清洗2～3次，有些还可以风干。这些功能有效地提高了洗涤效果，减少了交叉污染的程度以及测定的精密度和准确度。

5. 数据处理系统

每个项目的检测结果暂时储存在随机存储器中，待某个样本所需的项目全部检测完毕，由微机汇总打印出综合报告单。

（二）操作规程

1. 开机前的检查与开机

(1)开机前检查冲洗用水装置是否正常，各项试剂是否充足、各项清洗剂是否充足，并清空废液桶。

(2)开机前检查废液管路和蒸馏水管路连接是否可靠，有无弯曲。

(3)检查仪器电源插头是否安全接入电源插座，打开仪器电源开关，预热30 min。

2. 仪器维护

(1)保养前检查反应杯是否放置好，所有杯子上表面要水平；检查标本针和试剂针是否被污染或弯曲，并处于初始位置。

(2)进入导航条"仪器运行"状态中的"仪器维护"，点击"仪器复位"后，进入"管路清洗"4～5次，再点"针清洗"4～5次，最后进行"清洗所有反应杯"3～4次。有的仪器上有一键维护功能，亦可使用"一键维护"完成以上动作。

3. 检测杯空白

(1)检测前15 min，进入"仪器运行"中的"杯空白检测"，点击"注水"，再点"检测"3～5次，每次均点"保存"。

(2)将杯选偏移量置于0.02后，点"筛选杯"，如果3次各杯空白吸光度小于等于0.02时，说明仪器状态良好，杯间差很小，可以正常工作，否则重新清洗，再测或直接更换至符合要求。

4. 添加标本

(1)在容器项应正确选择血清杯或试管，并依要求准备好试剂、水、质控品和标准物。

(2)在"检测任务"中点击"添加标本"，再选择输入检测项目，同时输入标本编号或动物资料。另外，还可以点"添加标准"和"添加质控"。

5. 检测

进入"仪器运行"中"仪器维护"状态下，进行"针清洗"3～4次后，再点"启动测量"。

6. 打印结果

进入"结果查询"中的"标本结果查询"，并点击"打印"，所检测项目结果即被打印出来。

7. 仪器保养

进入导航条"仪器运行"状态中的"仪器维护"，点击"仪器复位"后，进入"管路清洗"3～4次，再点"针清洗"3～4次，再点"清洗所有反应杯"3～4次，最后点击"反应杯注水"。有的仪器上有一键维护功能，亦可使用"一键维护"完成以上动作。

8. 关机

收藏好试剂、质控、标准、标本，关闭仪器电源开关，拔掉电源。

二、血糖、血清胆固醇、血清甘油三酯测定

传统的测定方法多用比色、酶法及电泳等方法进行，其操作烦琐、费时、误差大。现在兽医临床多用动物专用血液生化分析仪进行测定。根据自动生化分析仪操作手册，应用相应的试剂（试剂盒）进行操作。

健康动物血糖、血清胆固醇及甘油三酯参考值见表 2-9。

表 2-9　健康动物血糖、血清胆固醇及甘油三酯参考值　　mmol/L

动物	血糖	血清胆固醇	血清甘油三酯
牛	2.22～4.44	2.0～3.1	—
山羊	2.77～4.17	2.0～3.4	—
绵羊	2.77～4.44	1.3～2.0	0.15～0.45
猪	4.27～8.33	0.9～1.4	0.48～0.70
马	3.33～5.56	1.9～3.9	—
犬	3.94～6.39	3.4～7.0	0.12～0.84
猫	2.94～6.67	2.4～3.4	0.4

技术提示

（1）操作过程中要戴手套。注意仪器上的各种标志，严格按照仪器操作手册进行操作。

（2）尽量保持工作环境室温恒定，空调的风不要吹向仪器表面。

（3）试剂从冷藏箱取出后，就放置至室温后才能使用。

（4）全自动生化分析仪均为开放式设计，可以任意选择合格的生化试剂，操作者在更换试剂时，注意生化项目参数的设置。如改变试剂的种类或者更换了批号，必须选择合适（配套）的校准品进行校准（也称标定）。

（5）试剂瓶应该每周清洗 1 次，避免产生结晶。

（6）清洗剂是用于生化分析仪的日常清洁和维护，以分解并清除探针、管路及反应杯中的有机污渍。清洗剂的浸泡时间为 5～10 min，漏光结束后立即用蒸馏水清洗干净。

知识链接

1. 血糖异常

（1）血糖升高　生理性或一时性升高，如单胃动物饲喂后 2～4 h、精神紧张、兴奋、对动物的强制保定、疼痛以及注射可的松类药物等；病理性升高，主要发生于剧烈运动、严重的或急性应激、糖皮质激素的活动增加等，可见于糖尿病（犬、猫）、胰腺炎、酸中毒、癫痫、抽搐、脑内损伤、肾上腺皮质功能亢进、甲状腺功能亢进及濒死期等。

(2)血糖降低　通常多发生于胰岛素诱导的低血糖症或禁食后的低血糖，临床可见于胰岛素分泌增多、肾上腺皮质功能不全、甲状腺机能减退、坏死性肝炎、饥饿、衰竭症、慢性贫血、牛酮血症、母羊妊娠病、仔猪低血糖症、功能性低血糖症及毒物中毒等。

2. 血清胆固醇异常

(1)血清胆固醇升高(高胆固醇血症)　见于各种原因引起的肝内或肝外胆汁郁积和潴留、胆结石(尤其胆固醇结石)、脂肪肝、糖尿病及肾病综合征等，也可见于甲状腺机能减退。

(2)血清胆固醇降低　见于严重贫血、营养不良、感染及甲状腺功能亢进等。

3. 血清甘油三酯异常

(1)血清甘油三酯增高　见于原发性高脂血症、肥胖症、糖尿病、肾病综合征、犬急性胰腺炎、犬肝脏疾病、长期饥饿或高脂饮食等。

(2)血清甘油三酯降低　见于甲状腺机能减退、肾上腺皮质功能降低及严重的肝功能不良等。

技能二　血液中电解质和酸碱平衡测定

▶技能描述

机体内电解质在不同部分的体液中呈不同的分布，细胞内和细胞外电解质分布的差异很大，但两者所含阴阳离子的总和相等，总渗透压相等。目前尚无实用的方法检测细胞内电解质浓度，而是检测血浆(或血清)中电解质浓度，来反映机体电解质和酸碱平衡，为疾病诊断、预后和治疗提供依据。血液中电解质传统检测方法多用滴定或比浊等进行，目前兽医临床上多用生化分析仪进行测定，也有用电解质分析仪进行测定。血气和酸碱平衡则是用血气酸碱分析仪，同时测出氧分压(P_{O_2})、二氧化碳分压(P_{CO_2})和 pH 三项指标，由此计算出气体及酸碱平衡的诊断指标，也有用电解质与血气分析仪进行测定。

▶技能情境

动物血样；全自动血液生化分析仪及相应的试剂(试剂盒)；血气酸碱分析仪(或电解质与血气分析仪)及相应的试剂(试剂盒)；生化分析仪操作手册和血气酸碱分析仪操作手册等。

▶技能实施

一、血清钾、钠、氯、钙、磷测定

测定方法依据动物专用生化分析仪操作手册，应用相应的试剂(试剂盒)进行操作。

健康动物血液中各元素参考值见表 2-10。

表 2-10 健康动物血液中各元素参考值 mmol/L

动物	钾	钠	钙	氯	磷
牛	3.9～5.8	132～152	2.35～3.05	97～111	0.74～3.10
绵羊	3.9～5.4	139～152	2.88～3.20	95～103	1.61～2.35
山羊	3.5～6.7	142～155	2.23～2.93	99～110	1.22～5.68
猪	4.4～6.7	135～150	1.78～2.90	94～106	1.71～3.10
马	3.0～4.7	132～146	2.25～3.25	108～120	0.96～2.26
犬	3.6～5.6	141～155	2.45～3.0	96～122	0.8～1.61
猫	3.2～5.3	143～158	2.15～2.70	108～128	1.29～2.26

二、血气及酸碱平衡

动物机体的代谢活动是在适宜的酸碱度的体液内环境中进行的，体液酸碱度的相对恒定，是维持内环境的重要组成部分之一。健康动物体液的酸碱度依靠血液的缓冲系统与肺脏、肾脏和组织细胞的协调作用，维持机体内的酸碱平衡。

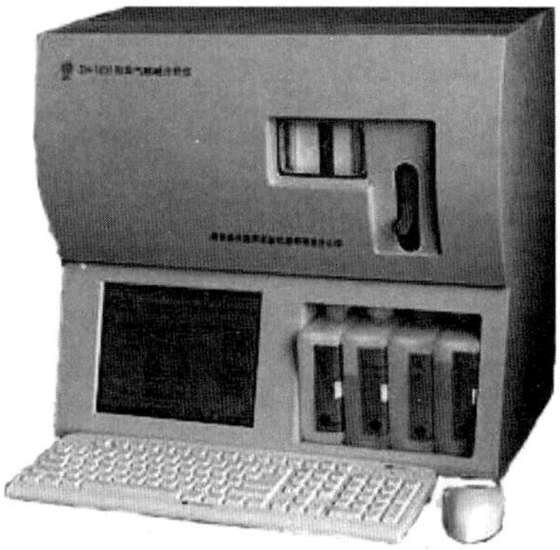

图 2-12 血气酸碱分析仪

血气酸碱分析仪（图 2-12）是用于血液检测的医学设备，具有检测快捷、方便、范围广泛等优点。不仅能在几分钟内检测出患病动物血液中的氧气、二氧化碳等气体的含量和血液酸碱度及相关指标的变化，还能快速反应血液中钾、钠、钙的含量，为危重病动物抢救中快速、准确的检测提供了有力的保障。

血气及酸碱平衡的测定，现多用血气酸碱分析仪，同时测出P_{O_2}、P_{CO_2}和 pH 三项指标，由此计算出血气及酸碱平衡诊断指标。

（一）血标本采集

（1）动脉血　股动脉、前臂动脉以及其他任何部位的动脉都可以进行采血 1～2 mL 全血即可。拔针后，采血器不能回吸，只能稍外推，使血液充满针尖空隙，并排出第 1 滴血弃之，让空气排尽，用针帽或橡皮泥封住针头，隔绝空气，再把采血器来回搓滚，混匀抗凝血，立即送检。或者采用微量取样器采集血标本。

（2）动脉化毛细血管血　所谓动脉化的毛细血管血就是指局部组织末梢经 45℃温水热敷，使循环加速，血管扩张，局部毛细血管血液中P_{O_2}和P_{CO_2}值与毛细血管动脉端血液中的数值相近，此过程称为毛细血管动脉化。采血部位以指（趾）端、耳垂或尾端为宜。用 45℃热水敷局部，5～15 min 后或直至皮肤发红，而后穿刺，穿刺要深，使血液快速自动流出，弃去第 1 滴血。不能挤压，挤出的血液的测定结果不可信。未充分动脉化的毛细血管血的P_{O_2}测定值偏低，对 pH、P_{CO_2}和 HCO_3^- 的测定结果影响不明显。

（3）静脉血　静脉血所测结果不适用于了解体内 O_2 的运输状态，故P_{O_2}及有关推算数据仅供参考，对 pH 及 P_{CO_2} 等酸碱平衡指标是适用的。采静脉血尽可能不使用止血带。

(二)仪器操作

目前，使用的血气分析仪生产厂家多，型号各异，但性能和操作大同小异。现以 AVL995 血气酸碱分析仪为例，简要介绍该仪器的使用方法。

AVL945、995 装有 P_{O_2}、P_{CO_2} 和 pH 电极，直接测定全血，实际上是测定血浆 P_{O_2}、P_{CO_2} 和 pH，因为这些电极直接接触的标本是血浆，而未能伸入红细胞内。测出这 3 个指标后，再通过仪器运算出其他指标。

1. *启动*

按仪器要求分别接通主机和空气压缩机电源，使空气压缩机压力到达额定的要求。再开启 CO_2 气瓶，使 CO_2 气流量达到额定要求。分别检查洗涤液、参比液、标准缓冲液 1 和 2 等液体是否按要求装备。

2. *定标*

该机定标分 2 种形式，即两点定标和一点定标，与其他型号仪器一样可进行总两点自动定标。总两点定标是先用 2 种缓冲液对 pH 电极系统进行定标，再用混合后的 2 种不同含量的气体对 P_{CO_2} 和 P_{O_2} 电极进行定标。两点定标是让仪器建立合适的工作曲线；一点定标是每隔一定的时间检查一下电极偏离工作曲线的情况。开机后，两点定标自动进行是必须做的工作，并且不能中断。进行过两点定标后，仪器每隔 12 h 左右再自动进行下一次两点定标，必要时可根据情况任意选用定标程序再定标。两点定标后，每隔 0.5～3 h，仪器用缓冲液 1 对 pH 电极系统进行一点定标。仪器还进行气体定标，先用气体 2(CO_2)对 P_{CO_2} 电极进行定标，最后用气体 1(混合气)对 P_{CO_2} 和 P_{O_2} 电极进行定标。

3. *测量*

两点定标完成后，仪器屏幕上显示“READY”，即已准备好，此时可进行测量。一般测量用采血器进样或毛细管进样 2 种方式进行。

(1)采血器进样　按“Syring”键，转换盘转到进样位置，去除采血器上的针头，并将采血器口插入进样口，进入进样模式，直到仪器屏幕显示“Measure”(测量)，按“START”键。蠕动泵开始转动，将血样吸入测量室。当血样到达 pH 参比电极时，蠕动泵停转，血样停留在测量室中，仪器自动进行测量和计算。与此同时，输入动物 Hb 量及体温数、测出的 pH、P_{O_2} 值及其计算值在屏幕显示，并打印结果(由于有的血气酸碱分析仪能自动测出动物血红蛋白值，这类型号的仪器就可不必另输 Hb 值，仅输入体温值即可)。

测量一结束，仪器自动进行冲洗将血样冲掉，干燥后，进行一点定标，然后返回“READY”状态，又可接着进行第 2 个标本的测量。

(2)毛细管进样　在仪器处于“RDADY”状态时，按“Capillary”键，转换盘转到进样位置。在进样口插入装有血样的毛细管，仪器便自动把血样吸入测量室，并停留在测量室自动进行检测，以下各种步骤与采血器进样法相同。

(3)微量标本测量法　当采集的血量不足 40 μL 而又多于 25 μL 时，仪器自动进行微量标本测量。进样后，仪器屏幕显示“微量标本”，下行显示“只测 pH 按 1，其余按 2”；如果还测 pH、P_{CO_2} 和 P_{O_2} 3 个参数，需按“2”键。根据测量室血样进入的位置交替按“START”键和“1”键,直至 pH 测量完。仪器经运算后,即可打印结果。进行微量标本检测时,一定要按血样流动顺序进行,认真操作,其所测值与全量血样检测结果基本一致。

(4)维护和保养　按仪器操作手册要求,对仪器要定期保养和维护。特别是对电极的定期保养极为重要。仪器一旦开机后,应该 24 h 连续开机使用,充分发挥仪器的效用,做到物尽其用。

(三)结果分析

(1)判定 pH。正常值为 7.4±0.05。pH≤7.35 为酸中毒,pH≥7.45 为碱中毒。

(2)判定 pH 和P_{CO_2} 改变的方向。同向改变(P_{CO_2} 增加,pH 也升高,反之亦然)为代谢性,异向改变为呼吸性。

(3)如果是呼吸性的,再看 pH 和P_{CO_2} 改变的比例。正常P_{CO_2} 为(5.315±0.665)kPa,单纯呼吸性酸/碱中毒,P_{CO_2} 每改变 1.33 kPa,则 pH 反方向改变 0.08±0.02。例如,如果 P_{CO_2} 是 3.99 kPa(降低 1.33 kPa),那么 pH 应该是 7.48(增加 0.08);如果 P_{CO_2} 为 7.98 kPa(增加 2.66 kPa),则 pH 应为 7.24(降低 2×0.08)。如果不符合这一比例,表明还存在第二种因素,即代谢因素。这时,就应比较理论 pH(按改变比例计数值)与实际 pH(测定值),如果实际 pH 低于理论 pH,说明同时存在有代谢性酸中毒,反之,如果实际 pH 高于理论 pH,则说明同时有代谢性碱中毒。需注意,根据公式推算出来的 pH,可以有±0.02 的波动。

技术提示

(1)采血时要尽可能让动物处于安定舒适状态,且休息 5 min 后采血。

(2)血抗凝剂选择应注意避免对测定项目的影响,尤其是血清离子测定更为突出。抗凝剂以肝素锂抗凝比肝素钠好,可排除了同一样本测定钠时出现错误的危险,特别是将血气与电解质测定配套进行,即 1 份全血既测定血气又测定钠、钾、氯等电解质。对于同时作血气、血钙或血锂的标本,则不能用肝素锂抗凝,因为肝素可与部分钙结合造成误差,此时就要用钙缓冲液肝素试剂抗凝。使用液体肝素抗凝剂浓度为 500～1 000 IU/mL 为宜,含量过低,抗凝剂体积过大,易造成稀释误差;若含量过高也易引起误差。最好使肝素锂以均匀分布于采血器周边壁上为宜,对标本既无稀释作用又有利于标本的抗凝。

(3)注意防止血样与空气接触,应处于隔绝空气的状态。因为空气中 P_{O_2}(21.17 kPa)高于血液,P_{CO_2}(0.040 kPa)低于血液,一旦血液与空气接触,大气中 O_2 会从高压的空气中进入血液,造成血液 P_{O_2} 高的误差;CO_2 又会从高压的血液弥散到大气中,使血液 P_{CO_2} 测出结果偏低。标本的空气气泡会明显影响 P_{O_2} 值,而且血样与空气接触,易造成空气污染血标本。

(4)采出的全血中有活性红细胞,其代谢仍在继续进行,O_2 不断地被消耗,CO_2 不断地产生。采取的血标本应在 30 min 内检测完毕,如 30 min 后不能检测,应将标本置于冰水中保存,最多不超过 2 h。

(5)血气标本以采动脉血或动脉化毛细血管血为主,静脉血也可供作血气测定。只有动脉血才能真实反映体内代谢氧化作用和酸碱平衡的状况,对 O_2 检测的有关指标必须采集进入细胞之前的动脉血,也就是血液中从肺部运氧到组织细胞之间的动脉血,才能真正反映体内氧的运输状态。动脉血液的气体含量几乎无部位差异,从主动脉到末梢循环都是均一的。

(6)测量时应观察血样是否处于密闭状态、有无气泡、是否有凝固,询问采血时间长短等，确定血样正常后才能进行测量。

知识链接

一、血清离子

1. 血清钾

动物体内绝大部分钾存在于细胞内，是维持细胞活动的主要阳离子。细胞外液中一定浓度的钾盐含量，是维持肌肉神经功能所必需的。钾盐由肠道吸收，约 90% 由尿液排出体外。某些疾病可因钾摄取量过少或排出量过多，或排泄障碍使钾盐潴积，或在体内分布失常而形成钾增高或减低。

(1)血清钾降低　主要见于给予利尿剂(尿钾排出增多)；肾上腺皮质机能亢进或长期使用较大剂量的肾上腺皮质激素，同时未能及时补钾；大量反复地输入不含钾盐的生理盐水等体液；严重腹泻、呕吐或大量出汗；脱水之后，大量饮水。

(2)血清钾增高　主要见于肾上腺皮质功能减退；临床上补钾超量；肾脏疾病(排钾能力下降)；组织遭受损害；酸中毒；休克；循环障碍；输血不当(引起血管内溶血，红细胞内的钾进入血液)；大量输注高渗盐水或甘露醇；脱水。

2. 血清钠

动物体内的钠离子是细胞外液中最主要的阳离子。钠的主要功能在于保持细胞外液的容量、维持渗透压及酸碱平衡，并具有维持肌肉、神经正常应激性的作用。钠几乎全由小肠吸收，约 95% 由尿液排出体外。

(1)血清钠增高　主要见于输入过量的高渗盐水；食盐中毒；严重脱水；长期使用肾上腺皮质激素药物；排尿过多，如尿崩症、过量使用利尿剂；某些慢性疾病，如充血性心力衰竭、肝硬化及肾病等，常同时伴有水肿。

(2)血清钠降低　主要见于持续性腹泻、呕吐(胃液丢失，失钠大于失水)；肾脏疾病；大出汗；胸、腹腔大量产生渗出液(反复穿刺放液，钠盐从渗出液中大量丢失)；使用利尿剂；给动物补液时，单纯使用 5% 葡萄糖而忽视了对钠的补充或补充不足等。

3. 血清氯

机体内氯是细胞外液中的主要阴离子，细胞内含量仅为细胞外的一半，能维持体内电解质平衡、酸碱平衡和渗透压，以及与其配对的钠离子发挥相同的作用，并参与胃液中胃酸的生成。

(1)血清氯增高　主要见于代谢性酸中毒；摄入食盐过多；肾脏疾病；咽炎、食道梗塞(饮水障碍，血液浓稠，氯化物相对性升高)；肾上腺皮质机能亢进；循环障碍(肾血流量减少，氯化物自尿中排出量下降)或排尿障碍等。

(2)血清氯降低　主要见于严重的腹泻、呕吐；代谢性碱中毒；大出汗；长期摄入量不足；胃肠道大手术之后(胃肠液大量损失)；肾上腺皮质机能减退；长期使用利尿剂、肾功能衰竭或严重的糖尿病等。

4. 血清钙

钙是构成骨骼和牙齿的主要成分，动物体内的钙约 99% 存在于骨骼中，同时作为钙库调节细胞外液钙离子浓度的恒定，维持动态平衡。血液含钙虽然不到体内的1%，但几乎全部存在于血清中，主要维持神经-肌肉的正常兴奋性，降低细胞膜的通透性，参与凝血过程，调节一些酶的活性。血中钙约一半是游离的钙离子；另一半与蛋白质结合在一起，无活性。

(1)血清钙增高　假性甲状旁腺机能亢进(见于淋巴肉瘤)；维生素D过多；骨内肿瘤转移；少见于原发性甲状腺机能亢进和肾原性衰竭等。

(2)血清钙降低　兽医临床比较多见于甲状旁腺机能降低；骨软症；牛、羊青草搐搦症；佝偻病；马纤维性骨营养不良；产后瘫痪和产后搐搦；胃肠吸收不良及维生素D缺乏等。

5. 血清无机磷

机体内85%以上的磷构成骨髓和牙齿的基本矿物质成分，其余以有机磷酸酯和无机磷酸盐形式存在于软组织和细胞内，是构成生命重要物质(如核酸、磷脂、磷蛋白等)的组分，参与核心反应，调控生物大分子的活性，参与酸碱平衡的调节。

(1)血清无机磷增高　主要见于小动物的慢性肾脏疾病；牛骨质疏松症；过量补给维生素D；肾功能不全或衰竭；骨折愈合期；纤维性骨营养不良；肠道阻塞及胃肠道疾病所致的酸中毒；甲状旁腺机能减退。

(2)血清无机磷降低　主要见于饲料低磷性骨软症；饲料低磷性佝偻病；肾小管变性的病变；长期腹泻、消化不良等胃肠道疾病；原发性甲状旁腺机能亢进及维生素D不足等。

二、血气与酸碱平衡

1. 酸碱度(pH)

血液中存在碳酸氢根与碳酸一对缓冲体系，当它们的量发生变化时，血液pH也就发生变化。健康动物血液pH为7.35～7.45，低于7.35为酸血症，而高于7.45为碱血症。极端值为低于6.8和高于7.8。当碳酸氢根浓度降低，而碳酸浓度增高时，则pH降低，产生酸中毒；当碳酸氢根浓度增高，而碳酸浓度降低时，则pH增高，产生碱中毒。血液的pH只决定是否有酸血症或碱血症，而pH正常并不能排除酸碱平衡失调，且单凭pH不能区别是代谢性还是呼吸性酸碱平衡失调。

2. 二氧化碳分压

二氧化碳分压(P_{CO_2})指物理溶解在血浆中的CO_2张力。健康动物P_{CO_2}参考值为4.65～5.98 kPa；低于4.65 kPa为低碳酸血症，高于5.98 kPa为高碳酸血症。极端值为低于1.33 kPa和高于17.29 kPa。P_{CO_2}增高提示存在肺泡吸气不足，体内CO_2滞留。P_{CO_2}降低提示通气过度，体内CO_2排出过多。

3. 氧分压

氧分压(P_{O_2})指血浆中物理溶解O_2的张力。动脉血P_{O_2}健康动物参考值为10.64～13.3 kPa，低于7.31 kPa即为呼吸衰竭。

4. 二氧化碳含量改变

二氧化碳含量的测定，就是测定与钠结合的碳酸氢根内所含有的二氧化碳容量。通过测定二氧化碳含量来计算机体内碱的储备量，以推断酸碱平衡的情况，从而为治疗提供依据。在兽医临诊上，血浆二氧化碳含量可发生如下变化：

(1)二氧化碳含量增加　代谢性碱中毒(由于碳酸氢钠过多所致),如胃酸分泌过多、小肠阻塞、呕吐、摄入碱过多等;或呼吸性酸中毒(由于二氧化碳过多所致。当呼吸发生障碍时,二氧化碳不能自由呼出,血液中碳酸浓度增加),见于肺气肿、肺炎、心力衰竭等。

(2)二氧化碳含量降低　代谢性酸中毒(由于碳酸氢钠不足所致),见于长期饥饿、肾炎后期、严重腹泻、服用氯化铵过多等;或呼吸性碱中毒(由于二氧化碳不足所致,如换气过度呼出二氧化碳过多),见于发热性疾病、脑炎等。

技能三　肝功能检验

技能描述

肝功能检验可以反映肝细胞损伤、肝脏排泄功能及肝脏贮备功能,是判断肝脏是否有肝细胞坏死或炎症存在的重要依据。与肝功能有关的蛋白质检查有血清总蛋白、白蛋白与球蛋白之比等;与肝病有关的血清酶类有谷丙转氨酶、谷草转氨酶、碱性磷酸酶及乳酸脱氢酶等;与胆色素代谢有关的检验有胆红素定量试验等。

技能情境

动物医院化验室或实训室,全自动血液生化分析仪及相应的试剂(试剂盒);动物血样;生化分析仪操作手册等。

技能实施

一、血清总蛋白、白蛋白及球蛋白的测定

血清总蛋白传统的测定方法是用双缩脲法,血清白蛋白用溴甲酚绿比色法测定,然后用血清总蛋白减去白蛋白即为球蛋白。

目前临床上多用血液生化分析仪,用商品试剂盒依照操作手册进行测定。

血清总蛋白(TP)主要由白蛋白(A)和球蛋白(G)组成,血浆中蛋白 90%～95%由肝脏合成。各种健康动物血清蛋白质参考值见表 2-11。

表 2-11　健康动物血清蛋白质参考值　g/L

动物	总蛋白	白蛋白	球蛋白	A/G
牛	67～75	25～35	30～35	0.8～0.9
马	50～79	25～35	26～40	0.6～1.5
猪	79～89	18～33	53～64	0.4～0.5
绵羊	60～79	24～33	35～57	0.4～0.8
山羊	64～70	27～39	27～41	0.6～1.3
犬	53～78	23～43	27～44	0.6～1.1
猫	58～78	19～38	26～51	0.5～1.2

二、血清胆红素测定

胆红素是血液循环中衰老红细胞在肝脏、脾脏及骨髓的单核—巨噬细胞系统中分解和破坏的产物。胆红素包括间接胆红素和直接胆红素（又称结合胆红素）。间接胆红素通过血液运至肝脏，通过肝细胞的作用，生成直接胆红素。直接胆红素与间接胆红素二者之和为总胆红素。总胆红素值和直接胆红素值之差即为间接胆红素值。

测定方法通常是用重氮试剂法，测定血清总胆红素和间接胆红素，现多用血液生化分析仪进行检测。血液生化分析仪可参照操作手册，选择相应的试剂盒进行操作。

健康动物血清胆红素参考值见表 2-12 所列。

表 2-12　健康动物血清胆红素参考值　　μmol/L

动物	直接胆红素	总胆红素
牛	0.2～7.5	0.7～17.1
绵羊	0～4.6	1.7～7.2
山羊	0～1.7	0～1.7
马	0～6.8	3.4～85.5
猪	0～5.1	0～10.3
犬	1.0～2.1	1.7～10.3
猫	2.6～3.4	2.6～5.1

三、血清酶活力测定

血清酶活力测定，主要是检查血清丙氨酸氨基转移酶（ALT，简称丙氨酸转氨酶，曾称为谷氨酸丙酮酸转移酶，简称谷-丙转氨酶，GPT）、天冬氨酸氨基转移酶（AST，简称天冬氨酸转氨酶，曾称为谷氨酸草酰乙酸转移酶，简称谷-草转氨酶，GOT）、碱性磷酸酶（ALP）、乳酸脱氢酶（LDH）和肌酸激酶（又称肌酸磷酸盐激酶，CK）。

目前，临床上多使用血液生化分析仪进行检测，根据检测项目要求应用相应商品试剂盒进行测定。

健康动物血清酶活性参考值见表 2-13 所列。

表 2-13　健康动物血清酶活性参考值　　IU/L

动物	谷-丙转氨酶	谷-草转氨酶	碱性磷酸酶	乳酸脱氢酶	肌酸激酶
牛	6.9～35.3	45～110	18～153	692～1445	4.8～12.1
绵羊	14.8～43.8	49～123	27～156	238～440	8.1～12.9
山羊	15.3～52.3	66～230	61～283	123～392	0.8～8.9
马	2.7～20.5	116～287	70～226	162～412	2.4～23.4
猪	21.7～46.5	15.3～55.3	41～176	380～635	2.4～22.5
犬	8.2～57.3	8.9～48.5	11～100	45～233	1.15～28.4
猫	8.3～52.5	9.2～39.5	12～65	63～273	7.2～28.2

技术提示

(1)目前临床上肝功能检验多用全自动血液生化分析仪进行测定,也有单位采用半自动或手工的方法进行检查。血液生化分析仪操作方便,价格较贵;手工方法操作烦琐,受操作者经验影响较大。

(2)由于肝脏拥有极大的储备能力,即使有部分肝组织受到损害,肝功能试验也不一定有较明显的异常变化,所以测定肝脏功能必须结合临床检查和其他有关的检验,进行全面的综合分析,方能得出比较客观的诊断。

(3)肝功能检验最好在早晨空腹抽取血样为好,空腹时间一般为8～12 h为宜。

(4)肝功能检验前禁服某些药物,因为服用药物可能会影响肝功能检验的准确性。

知识链接

1. 血清蛋白含量改变

(1)血清蛋白增多　主要见于浓血症,如脱水(腹泻、出汗、呕吐和多尿)、水的摄入减少、休克、淋巴肉瘤、肾上腺皮质功能减退等;球蛋白生成亢进或增加;溶血和脂血症,多出现于动物采食后采血。

(2)血清蛋白减少　幼年和年青动物、血液稀薄、营养差、输液;蛋白生成减少,见于低白蛋白血症(见白蛋白部分)、低球蛋白症(见球蛋白部分);蛋白丢失和分解代谢增加,见于低白蛋白血症、低白蛋白和低球蛋白血症。

2. 血清白蛋白含量改变

血清白蛋白主要功能是维持血浆渗透压,运输激素、离子和药物等,半衰期为12～18 d。

(1)白蛋白增多　浓血症(同血清蛋白增多)和脂血症,多见于动物采食后。

(2)白蛋白减少

①生成减少。见于食物中缺少蛋白、蛋白消化不良、吸收不良、慢性腹泻、营养不良、进行性肝病、慢性肝病、肝硬化(肝病时白蛋白减少,而球蛋白往往增多)、分解代谢增加(妊娠、泌乳、恶性肿瘤)、多发性或延长性心脏代偿失调、贫血和高球蛋白血症。

②丢失和分解代谢增加。蛋白丢失性肾病、肾小球肾炎和肾淀粉样变性;发热、感染、恶病质、急性或慢性出血、蛋白丢失性肠病、寄生虫病、甲状腺机能亢进和恶性肿瘤;严重血清丢失;严重渗出性皮肤病、腹水、胸水和水肿、烧伤和外伤等。

3. 血清球蛋白含量改变

(1)血清球蛋白增多　多见于浓血症(见血清白蛋白增多)以及泛发性肝纤维化、急性或慢性肝炎、某些肿瘤、急性或慢性细菌感染、抗原刺激、网状内皮系统疾病和异常免疫球蛋白的合成等。

①α-球蛋白增多。见于炎症、肝脏疾病、热症、外伤、感染、新生瘤、肾淀粉样变、寄生虫和妊娠。

②β-球蛋白增多。见于肾病综合征、急性肾炎、新生瘤、骨折、急性肝炎、肝硬化、化脓性皮肤炎、严重寄生虫寄生(如蠕形螨病)、多克隆丁-球蛋白病、淋巴肉瘤和多发性骨髓瘤。

③γ-球蛋白增多。多克隆γ-球蛋白(IgG、IgM、IgA和IgE)增多，见于慢性炎症性疾病、慢性抗原刺激、免疫介导性疾病和一些淋巴肿瘤，如细菌、病毒、寄生虫感染、慢性皮炎、急性或慢性肝炎、肝硬化、肝脓肿、肾病综合征、蛋白丢失性肠病等。免疫介导性疾病有自体免疫性溶血、系统性红斑狼疮、免疫介导血小板减少症及淋巴肉瘤等；单克隆γ-免疫球蛋白增多，见于网状内皮系统肿瘤、淋巴肉瘤、多发性骨髓瘤、犬球蛋白血症和貂阿留申病。也见于白塞特犬和威迪玛犬的免疫缺乏症。

(2)血清球蛋白减少　幼龄动物一般呈生理性减少。

①生成减少。见于肝脏等血液蛋白生成器官的疾病。

②球蛋白和白蛋白增加丢失和分解代谢。见于急性或慢性出血、溶血性贫血；蛋白丢失性肠病和肾病；严重血清丢失，见于烧伤和严重渗出性皮炎。

4. 胆红素含量改变

根据检测结果，判断有无黄疸，根据血清胆红素分类，判断黄疸类型。血清总胆红素和以间接血清总胆红素增多为主的是溶血性黄疸，可见于溶血性贫血、严重大面积烧伤等；血清总胆红素和以直接胆红素增高为主者是梗阻性黄疸，例如胆石症；血清总胆红素、直接胆红素及间接胆红素皆增高为肝细胞性黄疸，如肝炎等。

5. 血清酶活性改变

(1)丙氨酸氨基转移酶　主要存在于机体肝、心肌、脑、骨骼肌、肾及胰腺等组织细胞内，但以肝细胞及心肌细胞含量较多。丙氨酸氨基转移酶活性显著增高，见于各种肝炎急性期及药物中毒性肝细胞坏死；中等程度增高，见于肝硬化、慢性肝炎及心肌梗死；轻度增高，见于阻塞性黄疸及胆道炎等。

(2)天冬氨酸氨基转移酶　主要分布于心肌，其次在肝脏、骨骼肌及肾脏等组织中。天冬氨酸氨基转移酶活性显著增高，见于各种急性肝炎、手术之后及药物中毒性肝细胞坏死；中等程度增高，见于肝硬化、慢性肝炎、心肌炎等；轻度增高，见于肌炎、胸膜炎、肾炎及肺炎等。

(3)碱性磷酸酶　主要来自肝脏(经胆道排出)和骨骼，正常情况下，幼畜血清中含量较高，随年龄的增长逐次下降。母畜在妊娠期也有轻度增高。病理性的升高，可见于肝脏阻塞性黄疸、肝实质性损害及骨骼疾病(如纤维素性骨炎、骨瘤、佝偻病、骨软症、骨折等)。病理性活性下降：贫血，恶病质，还可出现于低镁血症抽搐时。

(4)乳酸脱氢酶　主要存在于肝、心肌、骨骼肌、肾脏等部位。当肝脏实质损伤、肾脏疾患、骨骼肌变性、损伤及营养不良等疾患时升高。在急性肝炎和心肌损伤时明显升高；溶血性疾病、维生素E和硒缺乏、胆道疾患时也有升高。

(5)肌酸激酶　肌酸激酶主要含在心肌和骨骼肌内。正常时血清中含量很少，犊牛、绵羊羔、仔猪都在100 IU/L以内。当心肌和骨骼肌损伤时，血清中此酶的含量急剧上升，因而在诊断上是有特异性的。可见于维生素E和硒缺乏所引起的营养性肌肉营养不良、母牛卧地不起综合征、马肌红蛋白尿症及动物剧烈运动、手术。另外，肌内注射氯丙嗪和抗菌素等也能引起肌酸激酶活性升高。但此酶的生物半衰期很短，仅4～6 h。如无进一步损伤，在血清中的含量可在3～4 d内恢复正常。反之，在持续发生损伤时则呈稳定性升高，因而对此酶的连续测定对预后也有重要价值。如对此酶和天冬氨酸氨基转移酶一并测定，尽管天冬氨酸氨基转移酶在血清中的含量升高对原发性肌肉组织的损伤并非一个可信指标，但它的生物半衰期较长，肌肉损害时在 7 d 以内仍可保持升高；如果血清中肌酸激酶含量很快下降，天冬氨酸氨基转移酶含量缓慢下降，则提示肌肉没有进一步的损害发生。

技能四　肾功能检查

技能描述

肾功能是指肾脏排泄体内代谢废物，维持机体钠、钾、钙等电解质的稳定及酸碱平衡的功能。肾功能检查包括血肌酐、血尿素氮、血及尿 β_2-微球蛋白、尿白蛋白、尿免疫球蛋白 G、尿分泌型免疫球蛋白 A 等。兽医临床上肾功能检查主要包括血清尿素氮、血清肌酐及血清尿酸等的测定。

技能情境

动物医院化验室或实训室，全自动血液生化分析仪及相应的试剂（试剂盒）；动物血样；生化分析仪操作手册等。

技能实施

一、血清尿素氮测定

血清尿素氮（BUN）的测定是肾功能检查的主要指标之一。尿素氮是动物蛋白的主要终产物，它主要是经肾小球滤过，并随尿液排出体外，血液中尿素氮的含量是肾功能变化的一项重要指标。当肾实质受损害时，肾小球滤过率降低，血液中血清尿的浓度就会增加。通过测定尿素氮，可以了解肾小球的滤过功能。肾轻度受损时，尿素氮检测值可以无变化。当此值高于正常时，说明有效肾的 60％～70％已受到损害。因此，尿素氮测定不能作为肾早期功能测定的指标，但对肾功能衰竭，尤其是尿素症的诊断有特殊的价值。检测值增高的程度与病情的严重程度成正比，所以对判断肾病和疾病的发展趋向有重要的意义。

测定血清中尿素氮的方法有二乙酰一肟显色法、脲酶法及血液生化分析仪法，兽医临床目前多用血液生化分析仪，并选择相应的试剂盒进行检测。

健康动物血清尿素氮参考值见表 2-14。

表 2-14　健康动物血清尿素氮、肌酐、尿酸参考值

项目	牛	绵羊	山羊	猪	犬	猫
尿素氮(mmol/L)	7.1～14.2	5.7～14.2	7.1～14.2	7.1～21.3	3.6～20.0	10.0～23.0
肌酐(μmol/L)	56～162	76～174	60～135	70～208	44～138	49～165
尿酸(mmol/L)	0～119	0～113	18～60	—	0～119	0～60

二、血清肌酐测定

血清肌酐(Cr)准确名称是血肌酐,血肌酐一般认为是内生血肌酐,内生肌酐是动物肌肉代谢的产物。在肌肉中,肌酸主要通过不可逆的非酶脱水反应缓缓地形成肌酐,再释放到血液中,随尿排泄。因此,血肌酐与体内肌肉总量关系密切,不易受饮食影响。肌酐是小分子物质,可通过肾小球滤过,在肾内很少吸收,每日体内产生的肌酐,几乎全部随尿排出,一般不受尿量影响。临床上检测血肌酐是常用的了解肾功能的主要方法之一,是肾脏功能检查的重要指标,血清肌酐升高意味着肾功能的损害。

血清肌酐测定的方法主要有化学法(碱性苦味酸法)、酶法、高效液相层析法、毛细管电泳法和血液生化分析仪法等。临床上多用血液生化分析仪,选用相应的试剂盒进行检测。

健康动物血清肌酐参考值见表 2-14。

三、血清尿酸测定

尿酸(UA)是体内嘌呤分解代谢的最终产物,大部分经肾脏排出。以肾功能受损时,尿酸易潴留于血中而导致血中含量升高。在肾脏病变早期,血中尿酸浓度常首先升高。所以此项指标有助于较早期的诊断肾脏的病变。

测定血清尿酸的方法有磷酸还原法、尿酸酶法、色谱法及血液生化分析仪法。兽医临床上多用血液生化分析仪法,并选择相应的试剂盒进行检测。

健康动物血清尿酸参考值见表 2-14。

▶技术提示

(1)当心衰或脱水时尿素氮变化比肌酐快;在肾脏疾病初期,肌酐升高得比尿素氮明显,而好转时也降得快。

(2)肌酐在血浆标本中会变质,必须在当天进行分析,从陈旧标本中得到的结果可能不准。

(3)有些物质容易干扰肌酐的检测,如胆红素可明显地降低肌酐的浓度,头孢菌素可明显地增加肌酐的浓度。

(4)在禽类粪便中的尿酸盐会污染趾和蹼部,由趾和蹼采集血样会造成尿酸水平的假性升高。

▶知识链接

1. 尿素氮

哺乳动物蛋白质经肝脏代谢所产生的含氮产物主要成分是尿素,尿素在血浆中被运送到肾脏而被排泄入尿。临床检验中常有血清尿素氮和血清尿素 2 种表示方法,两者在同一血样血清中的含量不相同,但诊断意义相同。随着测定方法的改进,直接测定标本中尿素的方法已经成熟,因此血清尿素测定应用也比较多。在测定时就注意血清尿素与血清尿素氮的区别,尿素分子中含有 2 个氮原子,1 mmol/L 尿素=2 mmol/L 尿素氮。

（1）尿素氮升高

①肾前性疾病。肾血流量减少，如充血性心力衰竭、休克（血压下降，肾供血不足）；肾小球滤过压下降：见于低血压，休克，肾上腺皮质机能不全，心力衰竭，蛋白质渗透压升高，严重脱水，饲料中蛋白质含量过高（一时性增高）。

②肾脏疾病。因肾脏疾病导致的尿素氮升高，提示将近70%肾单位失去功能。

③肾后性尿毒症。如泌尿系统阻塞、泌尿系统穿孔、膀胱破裂等。

（2）尿素氮降低　缺乏蛋白质的营养不良；肝脏功能不全，肝细胞损伤，失去合成尿素的能力。

2. 肌酐

肌酐是肌肉肌酸和磷酸肌酸的代谢物，它的数值不受食物中蛋白质含量、蛋白质代谢以及年龄、性别或运动的影响，经肾小球滤出后，直接从尿中排出，因此可作为检查肾小球滤过率是否正常的一种初步诊断指标。因肌酐容易自肾脏排出，故对肾脏损伤的早期诊断，不及尿素氮的指标灵敏。血液肌酐增高，可见于肾脏损伤，肾小球滤过率下降，如急性肾炎；肾前性的肾脏供血障碍；肾后性的泌尿系统阻塞；肾功能衰竭，肌酐指标明显升高，提示预后不良。血液肌酐降低，无临床诊断意义。

3. 尿酸

尿酸是氮代谢的副产物，在人和其他灵长类动物中尿酸是嘌呤代谢的最终产物，随尿排出体外，而马、牛、绵羊、山羊等动物，体内含有尿酸酶，能使尿酸分解为尿囊素。尿酸是禽类氮代谢的主要终产物，尿中排泄的尿酸占总尿氮排泄量的60%～80%，血浆或血清尿酸的水平是评价禽类肾功能的指标。

血清尿酸含量增高，见于肾功能减退、严重肾损害、家禽痛风、四氯化碳及铅中毒等。

操作训练

利用课余时间参与门诊化验室工作，进行血生化检验训练。

任务三　尿液检验

任务分析

尿液是动物利用肾脏自身的过滤、吸收作用，最终成为终尿，并经过尿道、膀胱和输尿管而排出体外。尿液是维持机体内环境稳定、平衡的最终代谢产物，同时能够为尿液检验和临床检查提供准确客观的信息。尿液检验，也叫作尿液分析，主要包括尿液理化检验及尿沉渣镜检，以辅助诊断肾脏和尿路疾病、糖尿病等，同时可以鉴别多种炎症、结石与肿瘤，并可促进中毒的治疗与药物护理监护，还可用于药物残留检测。检验方法主要是使用尿液化学分析仪、尿沉渣分析仪、试剂盒或试条检验。

任务目标

1. 会正确进行尿液的标本采集,并进行物理性状检查,并对结果进行分析判定;

2. 会进行尿液的酸碱度测定和尿蛋白、尿潜血检验,并对结果进行分析判定;

3. 会应用尿液化学分析仪对尿样进行尿糖、尿酮体等项目的检验,并对结果进行分析判定;

4. 能用显微镜或尿沉渣分析仪进行尿沉渣检查,并对结果进行分析判定。

任务情境

1. 实训室或动物医院化验室;动物(牛、羊、猪、兔、犬、猫等)。

2. 尿液接取器具;烧杯、量筒、载玻片与盖玻片、滴管、试管、试管架、试管夹、酒精灯;尿比密计、比密筒(可用量筒代替);pH 计、温度计;显微镜,尿液化学分析仪,尿沉渣分析仪,离心机及与分析仪相应的试剂或试带、pH 试纸及标准比色板、拭镜纸等。

3. 10%乙酸溶液、10%硝酸溶液、20%磺基水杨酸溶液、联苯胺(化学纯)、3%过氧化氢溶液、冰乙酸溶液;5%亚硝基铁氢化钠溶液(应新配制,贮存于棕色瓶保存 1 周);10%氢氧化钠溶液;20%乙酸溶液;尿酮检测试纸及与尿液化学分析仪配套的试带等。

任务实施

一、尿液的采集、保存

1. 尿液采集

用清洁的容器,在清晨趁动物自然排尿时直接接取;亦可用导尿管插入膀胱以采集尿液。亦可通过直肠内按摩膀胱或用温水灌注直肠引起排尿;母畜可以用洗净的手指按摩外阴下部引起排尿;公羊可以用手指密封尿道口 2 min 即可引起排尿;还可以通过膀胱穿刺取得尿样。

2. 尿液标本的保存

尿液从排出到检验应控制在 30 min 内,如果不能及时检验,应贮存于冰箱(4℃条件下可保存 6~8 h)或加防腐剂保存。常用的防腐剂有下列几种可供选用:硼酸(每升尿中加入硼酸 2.5 g)、麝香草酚(每升尿中加入 1 g)、福尔马林(每升尿中加入 1~2 mL)或甲苯(每升尿中加入 5 mL)等。

二、尿液化学分析仪的使用

尿液化学分析仪,又可以叫作尿机(图 2-13),是测定尿液中某些化学成分的自动化仪器,它是临床检验室尿液自动化检查的重要工具,具有操作简单、快速等优点。尿液化学分析仪测定项目一般包括酸碱度、亚硝酸盐、尿蛋白、尿比密(比重)、红细胞、血红蛋白、葡萄糖、胆红素、尿胆原、酮体、白细胞、维生素 C 等。

1. 构造

（1）机械系统　主要功能是将有待检的试带和待检标本传送到检测区，分析检测后包括传送装置、采样装置、加样装置、测量测试装置。

（2）光学系统　主要是光源、单色处理、光电转换。光线照射到反应区表面产生反射光，反射光的强度与各个项目的反应颜色成正比。不同强度的反射光再经光电转换器件转换为电信号进行处理。

图 2-13　全自动尿液化学分析仪

（3）电路系统　提供仪器工作所需的直流恒定电流，采集电信号并将转换后的电信号放大，经模数转换后送 CPU 处理计算出最终检测结果，然后将结果输出到屏幕显示，并送打印机打印。由仪器电源、光电转换系统、I/V 转换器（电流/电压转换器）、CPU（中央处理器）等部件构成。

（4）输入输出系统　用于操作者输入标本信息、观察仪器工作状态、打印报告单等功能。由显示器、面板、打印机等部件组成。

（5）试带　试带上有数个含有各种试剂的试剂垫，各自与尿中的相应成分进行独立反应后可呈现不同颜色，颜色的深浅与尿中待测成分呈比例关系。不同类型的尿液化学分析仪开发有适合各自使用的配套试带。

2. 工作原理

尿液化学分析仪通常是用微电脑控制，实际上就是一台检查尿试带上干化学反应的反射式光度计。试带上有数个含各种试剂的试剂垫，分别与尿液中相应成分进行独立反应，从而显示出不同的颜色，颜色的深浅与尿液中某种成分成相应的比例关系，试带中还有另一个“补偿垫”，作为尿液本底颜色，从而可以对有色尿液以及尿液化学分析仪仪器本身产生的误差进行补偿。将吸附有尿液的试带放在仪器比色槽内，试带上已产生化学反应的各种试剂垫，在微电脑控制下，光学系统对其进行研究扫描，仪器根据与标准带的比较自动判断结果。

3. 操作规程

（1）系统开机自检　打开电源开关，预热数分钟，系统进入自检状态。仪器自动检测外界光强、机械单位、控制单位、光敏探头。自检正常，屏幕进入主屏幕，显示时间、日期等信息。此时按菜单键，进入主菜单，根据需要对仪器进行设置；按开始键，载物台移出，仪器处于待机状态，再按一次开始键，开始测试。

（2）检查载物台　在开始测试前应先检查载物台放置是否正确及载物台和白色校准片是否干净。

（3）试带测试　听到提示音后将试带的试剂区完全浸入尿样中，浸入时间按试带说明书执行。取出时将试带的侧边沿尿样容器的管壁除去多余的尿液；如果仪器正在测试，先将试纸平放在干净的滤纸上，等测试完成后将试带放在载物台上。放试纸的操作方法是：将试带平放在载物台的中央槽内，向前推动直至触及载物台顶端为止。

(4)常规检验　进入工作画面后，按[START]开始测试过程。蜂鸣器鸣 3 短声，操作者应在 5 s 内完成将试纸浸入尿液(2 s)、取出沥干等动作。20 s 后，蜂鸣器鸣 1 长声，操作者应在 10 s 内将试纸放置在载物台上的凹槽内。

(5)关机程序　分析结束后，按[ESC]逐层返回系统主菜单；在系统待机画面下按下[FUN]显示弹出式菜单；选择“收回载物台”按[START]，载物台移入机箱内；将仪器后面板上的电源开关拨到位置“O”，切断电源。

4. 注意事项

(1)尿液化学分析仪使用前必须仔细阅读仪器操作手册，详细了解仪器的工作原理、操作规程、注意事项、校正方法以及仪器保养要求。

(2)仪器应安装在一个远离电磁干扰源、热源、防止阳光照射、防潮、通风好的实验台上，室内温度应在 15～25℃，相对湿度应<80%。

(3)开机后用校正带进行测定，当校正带检测结果与校正带要求完全一致后才能进行质控物或尿标本的检测。

(4)对正常和异常 2 种质控尿液进行检测，如果“正常” 质控物结果变为异常，或者“异常”质控物结果变为正常均为失控。

(5)尿质控物检测在允许范围时，可以进行尿标本检验，检验时要求尿液标本要新鲜，从排出到检测最长不能超过 2 h。如确实不能及时送检时，应将标本置 4℃下冷藏保存并不得超过 6 h。检验时尿标本从冰箱取出后应使其温度平衡到室温后再混匀进行检测。

(6)尿试带应在厂家推荐的条件下保存和使用，不应将试带放在直射光下照射或暴露在潮湿环境中。一次只取所需量的试带，并应立即将瓶盖盖好。多余试带不得放回原容器中，更不能将各瓶剩余的试带合并。不同类型的尿液化学分析仪使用不同的尿试带，操作中切勿触摸试带上的反应检测模块。

(7)尿液化学分析仪测定结果与手工法结果有一定的差异，并且影响因素也不完全一样。如尿分析仪主要对白蛋白起反应，对球蛋白反应不敏感。

(8)尿液化学分析仪只能作为一个尿液检查的过筛手段。因为尿分析仪只能做些一般的化学检查，对尿液中的许多有形成分如管型、精子、上皮细胞、癌细胞、结晶等成分不能检查，因此当对尿液结果有怀疑时，应结合显微镜检查报告结果。

(9)测试时不要将分析仪放置在阳光直射的地方，以免影响测试精度，载物台前端移出部位不要放置物品，以免载物台移出时发生碰撞。

(10)经常用柔软干布清洁尿液化学分析仪，保持仪器整洁。严禁使用酒精、汽油、苯化合物的有机溶剂清洗，这些试剂会使仪器变形、掉漆，影响仪器性能或外观；液晶显示屏禁止用水擦洗，只需用软布或软纸轻轻擦干净。

(11)必须保持载物台清洁，测试过程中残留尿液及时用吸水纸擦拭，以免交叉污染影响测试结果的准确性。每日用清水清洗载物台。

三、尿液物理性质的检查

1. 尿液的感官检查

主要进行尿色、透明度、黏稠度和气味的检查，该 4 项内容的检查方法参阅项目一中尿液的感官检查内容。

2. 尿比密测定

尿比密（又称尿比重、尿密度）是用刻度为 1.000～1.070 的密度计作为尿比密计进行测定，以“1.XXX”表示。测定时，将尿加于适当大小的垂直放置于水平工作台上的比密筒内，然后将尿比密计（浮标）轻轻放入尿比密筒内，并加以捻转，使其垂直悬浮于尿液中，经 1～2 min 待比密计稳定后（勿接触筒壁或筒底），读取尿液凹面与尿比密计相切的刻度，即为尿的比密。如尿量不足时，可用蒸馏水将尿稀释数倍，然后将测得尿比密小数后面数字乘以稀释倍数，再加 1 即得原尿的比密。目前临床上多用尿液化学分析仪法。

健康动物正常尿的比密以溶解于其中的固体物质的量而变化。尿比密的大小，与排尿量的多少成反比，但糖尿病为例外，在糖尿病时，尿量多，比密也高。健康动物尿比密与 pH 的参考值如表 2-15 所示。

表 2-15　健康动物尿比密与 pH 的参考值

项目	牛	山羊	马	猪	犬	猫
尿比密	1.015～1.050	1.015～1.070	1.025～1.055	1.018～1.022	1.020～1.050	1.015～1.065
尿 pH	7.7～8.7	8.0～8.5	7.2～7.8	6.5～7.8	5.0～7.0	5.0～7.0

四、尿液化学成分检验

（一）尿液酸碱反应的测定

取一条广泛 pH 试纸浸于尿中 0.5 s 后取出，与标准颜色板比色，与此相同的颜色就是该尿液的 pH。另一简便的方法是用石蕊试纸法。用镊子夹取小块试纸浸于被检尿中，取出观察其颜色变化。红色试纸变蓝乃碱性反应，蓝色试纸变红乃酸性反应。

另外可应用 pH 计法、尿液化学分析仪法，可参照相应说明书进行操作。

健康动物尿液 pH 的参考值如表 2-15 所示。

（二）尿中蛋白质的检验

1. 尿样处理

作尿蛋白检验的尿液必须澄清透明，对碱性尿样须酸化（即于尿样中加入约 1/10 的 10%乙酸溶液，使尿样呈中性或弱酸性），对酸性及中性尿不用酸化；不透明的尿液须经过滤或离心使之透明。

2. 煮沸加酸法

取一支中试管，先加处理后的尿样 5～10 mL，将试管内尿样的上部在酒精灯上缓慢加热至沸。如上部被煮沸的尿液出现白色浑浊或絮状沉淀（可将试管内尿样的上下部进行比较），待冷却后再加入 10%硝酸（原为碱性尿样）或 10%乙酸（原为酸性或中性尿样）数滴，若浑浊不消失，则说明为尿蛋白阳性。浑浊程度越高，表示蛋白质含量越多。按含量的多少，常用“＋”表示白色浑浊；“＋＋”表示少许絮状物；“＋＋＋”表示多量絮状物甚至沉淀。

3. 磺基水杨酸法

取处理过的尿样 2～5 mL 置于小试管中，滴加 20%磺基水杨酸液数滴，1 min 内如产生白色浑浊或沉淀，加热煮沸后沉淀仍不消失者，为有蛋白质存在，此法观察极为方便，其灵敏性很高，约为 0.005%。

4. 尿液化学分析仪法

按照尿液化学分析仪操作手册，用相配套的试带进行检测。

健康动物的尿中，仅含有微量的蛋白质，用一般方法难以检出，当喂饲大量蛋白质饲料给怀孕以及新生幼畜等，可呈现一时性的蛋白尿。

(三)尿中潜血的检验

1. 联苯胺法

(1)取供检尿液 2～3 mL 于小试管加热到沸，冷却待用。

(2)取联苯胺少许(约 0.5 mg)，溶解在 1～2 mL 冰乙酸中，加过氧化氢(又称双氧水)2～3 mL，混合。

(3)沿联苯胺冰乙酸过氧化氢混合液的试管壁，加入经煮沸过的检尿，使两液相叠而不混合，如两液体接触处出现绿色或蓝色环，为阳性，表示尿中有血红蛋白存在。

(4)判定。根据显色的快慢和深浅，表示反应强弱。若立即出现黑蓝色为“＋＋＋＋”，立即显现深蓝色为“＋＋＋”，1 min 内出现蓝绿色为“＋＋”，3 min 内出现绿色为“＋”，3 min 后仍不显色为“－”。

2. 尿液化学分析仪法

按照尿液化学分析仪操作说明，选用相应配套的试带进行检测。

(四)尿糖的检验

尿糖一般指尿中含有的葡萄糖。动物正常尿中含葡萄糖极微量，一般方法不能检出。糖尿有生理性糖尿和病理性糖尿 2 种。动物采食含糖量高的饲料或因恐惧而高度兴奋，血糖水平超出肾阈值时，尿中就可能出现葡萄糖，属于生理性糖尿，是暂时性的。病理性糖尿见于糖尿病、狂犬病、神经型犬瘟热、长期痉挛、脑膜脑炎出血等。

1. 试纸法

尿糖单项试纸附有标准色板(0～20 g/L，分为 5 种色度)，可供尿糖定性及半定量用。试纸为桃红色，应保存在棕色瓶中。

(1)将试纸带侵入尿液中(中段尿液最佳)，湿透(1～2 s)后取出。

(2)顺容器边缘取出试纸以除去多余尿液。

(3)在 30～60 s 内观察试纸带颜色并与比色板对照，测得结果。

(4)结果判断。试纸由浅蓝到棕红色变化来表示检测结果。浅蓝色表示尿中无糖，用“—”表示；棕红色表示有糖尿病，越深“＋”号越多，糖尿病越严重。试纸呈现出深浅度不同的颜色变化，呈绿色，为 1 个加号(＋)，说明尿中含糖 0.3%～0.5%；呈黄绿色，为 2 个加号(＋＋)，说明尿中含糖 0.5%～1.0%；呈橘黄色，为 3 个加号(＋＋＋)，尿中含糖 1%～2%；

呈砖红色，为4个加号(＋＋＋＋)或以上，尿中含糖2%以上。

2. 尿液化学分析仪法

按照尿液化学分析仪操作说明，选用相应配套的试带进行检测。

(五)尿酮体检测

1. 亚硝基铁氰化钠法

(1)操作方法　取被检尿5 mL于试管中，加入5%亚硝基铁氰化钠溶液和10%氢氧化钠溶液各0.5 mL(约10滴)，振荡，充分混合，观察颜色变化，再加入20%乙酸溶液1 mL(20滴)，充分混合，观察结果。

(2)结果判定　试管内尿样呈现红色为阳性反应；加入20%乙酸溶液后红色若消失者为阴性。根据颜色深浅的不同可大体估算酮体的含量，结果见表2-16所列。

表2-16　亚硝基铁氰化钠法检测尿酮体含量

符号	反应颜色	酮体含量(mg/100 mL)
＋	浅红色	3～5
＋＋	红色	10～15
＋＋＋	深红色	20～30
＋＋＋＋	黑红色	40～60

2. 试纸法

用市售的商品酮体检查试纸(单联或多联)，浸入尿中约1 s后取出，除去试纸上多余尿液，2 min后与标准比色板比较判定结果。结果判断：呈淡黄色，表示尿中无酮体；呈深黄色为1个加号(＋)，尿中含酮体1～15 mg/100 mL；呈淡紫色，为2个加号(＋＋)，内含酮体量15～40 mg/100 mL；呈紫色，为3个加号(＋＋＋)，内含酮体量40～80 mg/100 mL；呈深紫色为4个加号(＋＋＋＋)，内含酮体80～100 mg/100 mL或以上。

3. 尿液化学分析仪法

按照尿液化学分析仪操作说明，选用相应配套的试带进行检测。

五、尿沉渣检查

尿沉渣检查是用显微镜或尿沉渣分析仪对尿沉淀物进行检查，识别尿液中细胞、管型、结晶、细菌、寄生虫等各种成分，是辅助对泌尿系统疾病做出诊断及预后判断的重要措施。

1. 显微镜检查法

(1)尿沉渣标本的制备　将供检尿样混匀后，取10 mL于离心管中，以低速(1 000 r/min)离心5～10 min，去除上清液，用吸管吸取沉渣1滴，置于洁净的载玻片上，用牙签或玻棒轻轻涂布使其分散开来。再在载玻片上滴加0.1%碘溶液1滴(能使上皮细胞呈浅黄色、白细胞或脓细胞呈棕黄色，不加也可)，加盖玻片。

(2)镜检方法　镜检时，宜将视野亮度调暗，先用低倍镜检视，然后换高倍镜仔细辨认。报告结果时，一般细胞成分按各个高倍镜视野内最少到最多的数值报告，如白细胞4～8个/高倍；

管型及其他结晶成分，则按偶见（个别视野中能见）、少量（每个视野中见到几个）、中等量（每个视野见到数十个）及多量（每个视野中存在多量，甚至布满视野）等方式报告。

2. 尿沉渣分析仪法

尿沉渣分析仪一般可检测尿中红细胞、白细胞、上皮细胞、管型、细菌、结晶及黏液线等有形成分。

二维码 2-6　尿沉渣分析仪类型与检测原理

（1）仪器组成　主机（对标本进行分析）、进样器（进样装置）、信息处理装置（IPU，对主机传送的数据进行处理）、打印机和试剂（与仪器配套的专用鞘液、稀释液、染色液）。

（2）操作流程

①打开外围设置电源。打开电源，启动信息处理装置（IPU），打开启动开关。

②仪器自检。按启动键，仪器进入自检可根据状态栏上图标和信息确认。温度自检（预热）、测试本底（当仪器内部的温度稳定后，系统将显示自动清洗、空白检查对话框。在本底值达到容许值为止，主机将执行 3 次自动清洗和本底分析。本底分析结果将自动显示在自动清洗和空白检查对话框内。如数值低于容许值，则对话框将关闭，且主机将进入就绪状态（处于待机状态）。

③执行质控分析。打开手动模式分析对话框，激活质控分析模式，进行质控分析，接收质控结果。

④标本分析。尿沉渣分析仪有手动进样模式和自动进样模式两种。

手动进样模式：当仪器处于就绪状态时，操作人员点击 IPU 分析菜单，输入标本信息，人工搅拌样本，并将尿样试管放置于分析位置，按主机启动按钮，分析标本。

自动进样模式：当仪器处于就绪状态时，点出 IPU 进样器分析菜单，输入标本号、试管架号及试管位置，系统自动搅拌、抽吸并分析样本。自动进样模式一次最多可装载并自动分析 5 个样本架（50 个样本）。

⑤显示并输出分析结果。启动数据浏览器，查看分析数据，输出分析结果，打印报告单。

⑥关机。点击 IPU 关机菜单，选择自动关闭电源、按下主机手动启动按钮，等待仪器自动关闭电源，关闭打印机电源，关闭 IPU 电源。当执行关机操作时，检测器和稀释管线将被清洗。如果仪器处于连续运行状态，必须在分析结束后或者至少 24 h 或每测 500 个样本执行一次关机操作。

技术提示

（1）采集尿液的容器应清洁、干燥，需进行化学、显微镜、微生物学检查的尿样应收集于洁净无杂质的或灭菌的容器中。容器上应贴有检验标签。

（2）要注意避免异物混入尿样中。

（3）尿液采集后应及时送验，以免细菌繁殖及细胞溶解，不能在强光或阳光下照射，避免某些化学物质（如尿胆原等）因光分解或氧化。

（4）测定时应在 15℃ 的室温中进行，因为尿比密计上的刻度是以尿温为 15℃ 时而制定的，故当尿温高于15℃时，则每高3℃应于测定的数值中加0.001；每低3℃，则于测定的数值中减去0.001。如尿比密计标明是以20℃时制定的，亦应用同法修正测定的结果。

(5)尿糖试纸测定时，如动物服用大量抗坏血酸和汞利尿剂等药物后，可呈假阴性反应，因该试纸起主要作用的是葡萄糖氧化酶和过氧化酶，而抗坏血酸和汞利尿剂可抑制这些酶的作用；试纸在阴暗干燥处保存，不能暴露在阳光下，试纸变黄表示失效，应弃之不用。

(6)尿沉渣检验一般在采尿后30 min内完成，暂时不能检验时，尿液放入冰箱保存或加防腐剂。

知识链接

1. 尿比密改变

(1)尿比密增高 动物饮水过少，使役繁重和气温高而出汗多时，尿量减少，比密增高，此乃生理现象。在病理情况下，凡是伴有少尿的疾病，如发热性疾病、便秘以及一切使机体失水的疾病(如严重胃肠炎、急性液胀性胃扩张、中暑等)，则尿量少而浓稠，比密也增高。此外，渗出性胸膜炎及腹膜炎、急性肾炎时，尿比密亦可增加。

(2)尿比密降低 动物大量采食多汁饲料和青饲料、饮入大量水后，尿量增多，尿比密降低，也属正常现象。在病理情况下，肾机能不全，不能将原尿浓缩而发生多尿时，尿比密降低(糖尿病例外)。在间质性肾炎、肾盂肾炎、非糖性多尿症及神经性多尿症、牛醋酮血病时，尿比密亦可降低。

2. 尿液酸碱度改变

正常尿液的酸碱反应，与食物性质有关。草料中含钾、钠等碱元素较多，所以草食动物的尿液是偏碱性的；精料中含磷、硫等酸元素较多，所以肉食动物的尿液是偏酸性的，杂食动物因混食肉类及谷物饲料，所以它的尿液常常近于中性。草食动物的尿液变为酸性，见于某些热性病、长期食欲不振、长期营养不良、某些原因引起的采食困难(如咽炎)、某些营养代谢疾病(如骨软病、乳牛酮血病)等。肉食动物的尿液变为碱性，见于泌尿系统的炎性疾病(如膀胱炎)。杂食动物的尿液显著的偏酸或偏碱都是不正常的，其临床意义与草食动物或肉食动物的病理情况相同。

3. 蛋白尿阳性

蛋白尿阳性，主要见于急性及慢性肾炎。此外，膀胱、尿道的炎症时，亦可出现轻微的蛋白尿。多数的急性热性传染病(如猪瘟、猪丹毒、流感、血孢子虫病等)、某些饲料中毒、某些毒物及药物中毒等亦可出现蛋白尿。尿中蛋白含量达到5 g/L且持续不下降者，表示病情严重，病的结局多属愈后不良。

4. 尿潜血

尿液中不能用肉眼直接观察出来的红细胞或血红蛋白叫作潜血(或叫隐血)。健康动物的尿液不含有红细胞或血红蛋白。尿液通常用联苯胺法加以检查，其原理是尿液中的血红蛋白或红细胞被酸破坏所产生的血红蛋白，有过氧化氢酶的作用(但并非为酶，因为被煮沸后仍有触媒作用)，它可以分解过氧化氢而产生新生态的氧，使联苯胺氧化呈蓝色的联苯胺蓝。

尿液中血红蛋白阳性或出现红细胞，多见于泌尿系统各部位的出血，如急性肾小球肾炎、肾盂肾炎、膀胱炎、尿结石以及某些地方性血尿病等。此外，出血性败血病、出血性紫斑、出血性钩端螺旋体病、炭疽、心衰伴发淤血症状者，尿中也会呈潜血阳性反应。某些溶血性疾病如新生仔畜的溶血性黄疸、血孢子虫病、中毒等，尿中均可呈潜血阳性反应。

5. 尿糖阳性

多数动物血糖高于 1.80 g/L，牛高于 1.0 g/L 时，就出现糖尿。可见于糖尿病、急性胰腺坏死或炎症、肾上腺皮质功能亢进、垂体前叶机能亢进或丘脑下部损伤、脑内压增加、甲状腺功能亢进、慢性肝脏疾病、肾脏疾病等。有时也会出现暂时性糖尿，又称生理性糖尿，见于恐惧、兴奋等引起机体肾上腺素分泌增多及肾小管对葡萄糖的重吸收机能暂时性降低，也见于大量饲喂含糖饲料或静脉注射葡萄糖等。

6. 尿酮体阳性

尿中出现酮体，主要是机体碳水化合物和脂肪代谢障碍，见于奶牛酮病、奶羊妊娠毒血症、仔猪低血糖等。也见于动物长期饥饿和犬、猫的糖尿病。

7. 上皮细胞的形态与诊断意义

(1)扁平上皮细胞(鳞状上皮细胞)　个体最大的细胞，轮廓不规则像薄盘，单独或几个连在一起出现。含有 1 个圆而小的核，是尿道前段和阴道上皮细胞，发情时尿液中数量增多。有时可以看到成堆类似移行上皮细胞样的癌细胞和横纹肌肉瘤细胞，注意鉴别。

(2)尿路上皮细胞(移行上皮细胞)　由于来源不同，它们有圆形、卵圆形、纺锤形和带尾形细胞。细胞大小介于鳞状上皮细胞和肾小管上皮细胞之间，胞浆常有颗粒结构，有 1 个小的核，是尿道、膀胱、输尿管和肾盂的上皮细胞。

(3)肾小管上皮细胞(小圆上皮细胞)　小而圆，具有 1 个较大圆形核的细胞，胞浆内有颗粒，比白细胞稍大。在新鲜尿中，也常因细胞变性，细胞结构不够清楚。它们是肾小管上皮细胞。

(4)尿中一定数量的上皮细胞是正常现象，尿沉渣中各种细胞形态见图 2-14。鳞状上皮细胞可能大量在尿中出现，尤其是母畜的导尿标本，有时移行上皮细胞在尿液中也正常存在。病理情况下，急性肾间质肾炎时，尿液中存在大量肾小管上皮细胞，但是常常难以辨认；膀胱炎、肾盂肾炎、导尿损伤和尿石症时，移行上皮细胞在尿液中大量存在；阴道炎和膀胱炎时，鳞状上皮细胞可能在尿中大量存在；泌尿器官有肿瘤时，尿沉渣中有大量泌尿器官上皮肿瘤细胞存在。

8. 红细胞

(1)形态　尿中红细胞呈淡黄色到橘黄色，一般呈圆形，在浓稠高渗尿中可能皱缩，表面带刺，颜色较深。在稀释低渗尿中，可能只剩下 1 个无色环，称为影细胞或红细胞淡影。在碱性尿中，红细胞和管型，甚至白细胞容易溶解。正常尿中红细胞不超过 4 个/高倍镜视野(HPF)。

(2)临床诊断价值　如果尿中有红细胞存在，表示泌尿生殖道某处出血，必须注意区别导尿时引起的出血，详见“尿红细胞、血红蛋白和肌红蛋白”项。

9. 白细胞或脓细胞

(1)形态　尿中白细胞多是中性白细胞，也可见到少数淋巴细胞和单核细胞。白细胞比红细胞大，比上皮细胞小。注意区别它们的核，白细胞核一般为多分叶核，但常由于变性而

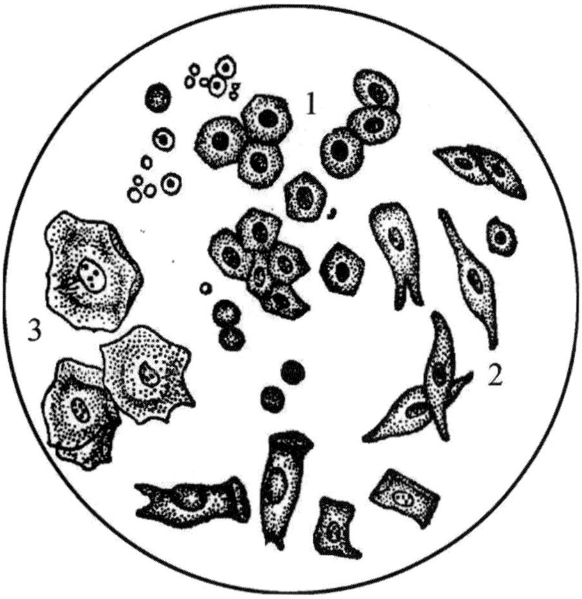

图 2-14 尿中的上皮细胞

1. 肾上皮细胞 2. 肾盂及尿路上皮细胞 3. 膀胱上皮细胞

不清楚。

(2)临床诊断价值 正常尿中存在一些白细胞,一般不超过 5 个/HPF。脓尿说明泌尿生殖道某处有感染或龟头炎、子宫炎。

10. 管型

管型是蛋白质在肾小管发生凝固而形成的圆柱状物质,又称尿圆柱。

管型一般形成在肾的髓袢、远曲肾小管和集合管。通常为圆柱状,有时为圆形、方形、无规则形或逐渐变细形。尿中的各种管型如图 2-15 所示。

(1)透明管型 透明管型由血浆蛋白和或肾小管黏蛋白组成。无色、均质、半透明、两边平行和两端圆形的柱样结构。在碱性或比密小于 1.003 的中性尿中易溶解,所以不常见。高速离心尿液,有时也能破坏管型。透明管型多与肾受到中等程度刺激或损伤、热症、麻醉后、强行训练以后、循环紊乱等有关,犬、猫正常尿中也有存在。

(2)颗粒管型 颗粒管型是在透明管型表面含有细的或粗大的颗粒,这些颗粒是白细胞或肾小管上皮细胞破碎后的产物。大量的颗粒管型出现,表示更严重的肾脏疾病,甚至有肾小管坏死,常见于任何原因的慢性肾炎、肾盂肾炎、细菌性心内膜炎。

(3)肾小管上皮细胞管型 是透明管型表面含有肾小管脱落的上皮细胞形成,常呈两列上皮细胞出现。由脱落的尚没有破碎的肾小管上皮细胞形成。见于急性或慢性肾炎、急性肾小管上皮细胞坏死、间质性肾炎、肾淀粉样变性、肾病综合征、肾盂肾炎、金属(汞、镉、铋等)及其他化学物质中毒。

(4)蜡样管型 蜡样管型呈黄色或灰色,比透明管型宽,高度折光,常发现折断端呈方形。见于慢性肾脏疾病,如进行性严重的肾炎和肾变性、肾淀粉样变性。

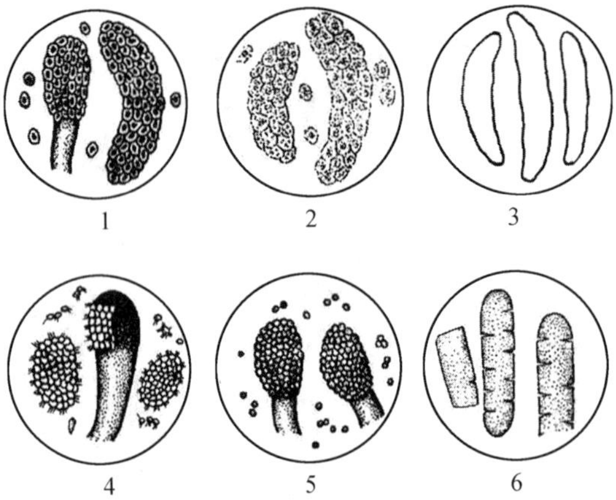

图 2-15 尿中的各种管型

1. 上皮管型 2. 颗粒管型 3. 透明管型 4. 脂肪管型
5. 红细胞管型 6. 蜡样管型

(5)脂肪管型 脂肪管型是透明管型表面含有无数反光的脂肪球。呈五色,用苏丹Ⅲ可染成橘黄色到红色。见于变性肾小管病、中毒性肾病和肾病综合征,犬糖尿病时,偶尔可看到此管型。

(6)血液和红细胞管型 血液管型,柱状均质,呈深黄色或橘色。红细胞透明管型呈深黄色到橘色,可以看到在管型中的红细胞。见于肾小球疾病,如急性肾小球炎、急性进行性肾炎、慢性肾炎急性发作。红细胞透明管型,见肾单位出血。

(7)白细胞管型 白细胞粘在透明管型上。见于肾小管炎、肾化脓、间质性肾炎、肾盂肾炎、肾脓肿。

11. 黏液和黏液线

黏液线是长而细、弯曲而缠绕的细线。在暗视野才能看到,尤其黏液线粘到其他物体上时,比较容易看到。黏液线是尿道受到刺激,或生殖道分泌物污染尿样所致。

12. 微生物

(1)细菌 在高倍镜下才能看到。注意区别细菌表现的真运动或其他碎物表现的布朗运动。可以看到细菌的形态,通过染色可以看得更清楚。

正常尿中无细菌,如果为导的尿、接的中期尿或穿刺得的尿含有大量杆状或球状细菌,说明泌尿道有细菌感染,尤其是尿中含有异常白细胞和红细胞时,见膀胱炎和肾盂肾炎。

非离心的尿标本,在显微镜下可以看到细菌,说明每毫升尿中含细菌在 100 个以上;生殖道感染时,也可以看到尿沉渣中的细菌,如子宫炎、阴道炎和前列腺炎等。

(2)酵母菌 显微镜下无色,圆形到椭圆形,呈布丁样,大小不一。对动物有危害的有白色念珠菌和马拉色菌。酵母菌比细菌大,比白细胞小,和红细胞大小差不多。一般由污染引起的尿道感染酵母菌很少见,有时可见白色念珠菌尿道感染。

(3)真菌 真菌最大特点是有菌丝、分节,可能有色。有时可见芽生菌和组织胞浆菌引起的全身多系统(包括尿道)感染。

13. 盐类结晶体

尿中结晶体的形成与尿 pH、晶质的溶解性和浓度、温度、胶质和用药等有关。检验应在采尿后立即进行。尿沉渣中各种微生物和结晶体的形态(图 2-16)。正常酸性尿中含有无定形的尿酸盐和尿酸,有时可看到草酸钙和马尿酸;正常碱性尿含有三价磷酸盐、无定形磷酸盐和碳酸钙,有时可看到尿酸铵结晶;尿中发现大量结晶体时,可能有尿结石存在。但有时发现动物有尿结石,尿中却无结晶体;尿酸盐结晶形成结石后,用 X 线拍片,因可透过 X 线,很难显示出来。

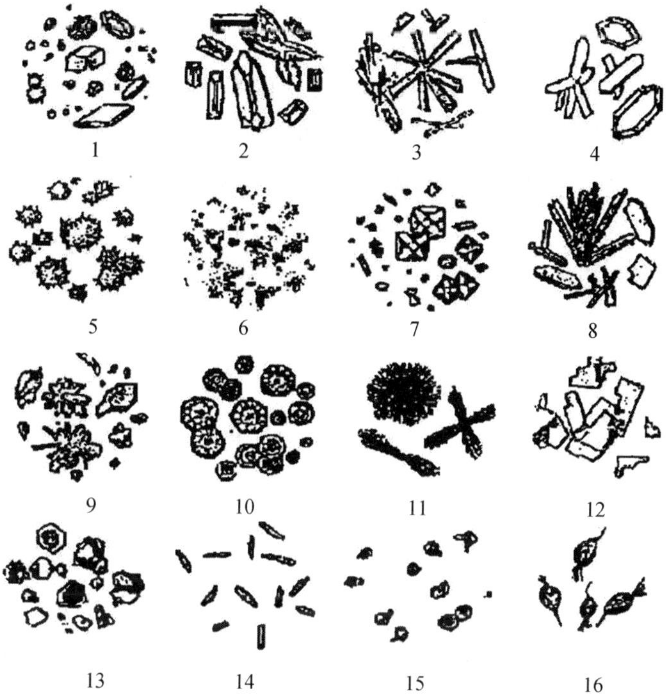

图 2-16　尿沉渣中结晶体和微生物

1. 碳酸钙结晶　2. 磷酸氨镁结晶　3. 磷酸钙结晶　4. 马尿酸结晶　5. 尿酸铵结晶　6. 尿酸盐结晶　7. 草酸钙结晶　8. 硫酸钙结晶　9. 尿酸结晶　10. 亮氨酸结晶　11. 酪氨酸结晶　12. 胆固醇结晶　13. 胱氨酸结晶　14. 细菌　15. 酵母菌　16. 真菌

亮氨酸和酪氨酸结晶,见于肝坏死、肝硬化、急性磷中毒;胱氨酸结晶,见于先天性胱氨酸病,另外有结石可能;胆固醇结晶,见于肾盂肾炎、膀胱炎、肾淀粉样变性、脓尿等;胆红素结晶,见于阻塞性黄疸、急性肝坏死、肝硬化、肝癌、急性磷中毒,但有时公犬尿中出现胆红素结晶时,也可能是正常的;尿酸铵结晶,见于门腔静脉分流、其他肝脏疾病、尿石病,此结晶多见于大麦町犬和英国斗牛犬;磷酸氨镁结晶,见于正常碱性尿和伴有尿结石尿中;草酸盐结晶,见于乙二醇和某些植物中毒,在酸性尿中存在多量时,可能是尿结石;马尿酸结石,见于乙二醇中毒;磺胺结晶,见于应用磺胺药物的治疗时。

操作训练

利用课余时间参与门诊化验室工作，进行尿液常规检验训练。

任务四 粪便检验

任务分析

粪便检验是兽医临床上了解消化系统病理变化的一种辅助方法。除了在消化系统检查中所介绍的粪便的感官检查之外，还需进行粪便的化学检验及显微镜检查。其检查目的在于了解消化道及与消化道相通的肝、胆、胰等器官有无炎症、出血、寄生虫感染等，了解胰腺和肝胆系统的消化与吸收功能状况。临床上粪便的一般性状检查只能粗略推断病因；潜血检验对消化道出血性疾病是必不可少的内容；用显微镜检查粪便，对分析腹泻的原因和肠道寄生虫病的诊断具有重要价值。

任务目标

1. 会正确进行粪便的标本采集，进行粪便外观检查，并判定是否正常；
2. 会进行粪便的酸碱度测定和粪潜血检验；
3. 能用显微镜对粪便混杂物及粪中寄生虫虫卵的观察。

任务情境

实训室或动物医院化验室；广泛 pH 试纸；酸度计；蒸馏水；0.04%溴麝香草酚蓝；1%联苯胺冰乙酸液；30%过氧化氢溶液；饱和食盐水；载玻片；盖玻片；牙签；小烧杯；60 目金属铜筛；玻棒；镊子；酒精灯；小试管；试管架；显微镜；拭镜纸等。

任务实施

一、粪便标本的采集

(1)应采集新鲜粪便，盛于洁净、干燥无吸水性的有盖容器内，不得混有尿液、水或其他物质，以免破坏有形成分，使病原菌死亡和污染腐生性原虫、真菌孢子、植物种子等。

(2)用干净竹签选取含有黏液、脓血等病变成分的粪便送检。

(3)外形无异常的粪便从表面深处及粪便多处取样，其总量 5～10 g。

(4)标本采集后一般情况应于 1 h 内检查完毕，否则可能因 pH 及消化酶等导致有形成分破坏。如不能及时检验，应将标本放在阴凉处或冰箱内，但不能加防腐剂。

二、粪便的化学检查

(一)粪便的酸碱度测定

1. pH 试纸法

用广泛 pH 试纸(或精密 pH 试纸)测定粪便的 pH。取 pH 试纸一条,用蒸馏水浸湿(若粪便稀软则不必浸湿),贴于粪便表面数秒钟,取下纸条与 pH 标准色板进行比较,即可得粪便的 pH。

2. 溴麝香草酚蓝法

取粪便 2～3 g,置于试管内,加 4～5 倍中性蒸馏水,混匀,加入 0.04%溴麝香草酚蓝 1～2 滴,1 min 后观察结果。如呈绿色者为中性;呈黄色者为酸性;呈蓝色者为碱性。

3. 酸度计法

可用酸度计,将电极直接与粪便接触,读出 pH。

粪便酸碱度与饲料成分及肠内容物的发酵或腐败过程有关。草食动物的正常粪便呈弱碱性;当肠管内糖类发酵过程旺盛时,粪便的酸度增加;当蛋白质腐败分解过程旺盛时,粪便的碱度增加。

(二)粪便潜血检验

1. 操作方法

用干净的竹制镊子在粪便不同部分选取绿豆大小的粪块,于干净载玻片上涂成直径约 1 cm 的范围(干粪可加少量蒸馏水调和涂布)。然后将玻片在酒精灯上缓慢通过数次(破坏粪中的酶类),待玻片冷却后,滴加联苯胺冰乙酸约 1 mL 及现配 3%过氧化氢溶液 1 mL,用牙签搅动混合。将玻片放在白纸上观察。

2. 结果判定

正常无潜血的粪便不呈现颜色反应;呈现蓝色反应的为阳性,蓝色出现越早,表明粪便里的潜血越多(表 2-17)。

表 2-17　粪便潜血检验判定　　s

符号	蓝色开始出现的时间	符号	蓝色开始出现的时间
±	60	++	15
+	30	+++	3

三、粪便的显微镜观察

(一)粪便中混杂物的观察

1. 粪便涂片方法

在粪便不同部分采取少许块,置载玻片上,加少量生理盐水,用牙签搅拌混合并涂成薄片,以能透过书迹为宜,加盖玻片,用低倍镜观察整个涂片,必要时可用高倍镜进行鉴别检查。

2. 显微镜观察

(1)红细胞　为小而圆、无细胞核的发亮物,常散在或与白细胞同时出现。

(2)白细胞　为圆形、有核、结构清晰的细胞,常分散存在。

(3)脓细胞　结构模糊不清,核隐约可见,常常聚集在一起甚至成堆存在。

(4)上皮细胞　柱状上皮细胞呈卵圆形或短柱形,两端圆钝,来自肠黏膜;扁平上皮细胞来自肛门附近。

(5)脂肪小滴　无色、大小不一、圆形、折光性强,经苏丹Ⅲ染色呈橘红色或淡黄色。

(6)淀粉颗粒　为大小不等的圆形或椭圆形,呈轮状结构的颗粒,滴加碘液后未被消化的淀粉颗粒染成蓝色,消化不完全的淀粉颗粒则染成红褐色。

(二)寄生虫及虫卵的观察

1. 直接涂片法

在清洁的载玻片上滴加生理盐水或清水 1~2 滴,用牙签挑取少许粪便加入,并加以搅拌,去掉较大的或过多的硬固粪渣,使玻片上留有一层均匀薄层粪液,然后盖上盖玻片,置显微镜下观察,一般每份标本应 3 张。

2. 饱和盐水漂浮法

在 50 mL 烧杯内,用竹签挑取不同部位的粪便 2~5 g,加 10 倍量的饱和盐水,充分搅拌后用铜筛过滤,将滤液分装于试管中并使液面稍凸出于试管口,覆以载玻片。静置 15~30 min,小心翻转载玻片,加盖玻片,置于显微镜下镜检。

3. 沉淀法

取粪便约 5 g,加 50 mL 水搅拌均匀,用 60 目金属铜筛过滤残渣,将滤液静置沉淀 20~40 min,倾去上清液,保留沉渣,再加水混匀,再沉淀,如此反复操作直到上层液体透明后,或将滤液离心 1~3 min,吸取沉渣涂片镜检。

4. 直接检查寄生虫虫体

取粪便数克于小烧杯中,加 10 倍量的生理盐水,搅拌均匀,静置 20 min,弃去上清液。再于沉淀物中重新加入生理盐水,搅匀,静置后弃去上清液;如此反复 2~3 次,最后取少量沉淀物,用放大镜寻找虫体。

寄生虫卵大小不一致,观察时注意形状、大小、卵壳及卵盖、卵细胞等,按照寄生虫图谱进行辨认。

技术提示

(1)青草中含有过氧化氢酶,因此,草食动物的粪便潜血检查前,应对标本进行加热,以破坏酶的活性。肉食动物应禁食 3 d 肉类食物。

(2)所用的玻片、试管应经洗液浸泡,以防器材上所黏附的血液而产生阳性使判断失误。

(3)制备涂片不可太厚,以能透视书报字迹为宜。

(4)粪便显微镜检查时,先以低倍镜观察,按上下、左右方向逐次移动,以检查全片,必要时转换高倍镜观察。

知识链接

(1)粪便中不能用肉眼直接观察出来的血液叫作潜血或隐血。整个消化系统不论哪一部分出血,都可使粪便含有潜血。其检验原理同尿潜血的检验。

(2)潜血检验结果阳性,见于出血性胃肠炎、牛创伤性网胃炎、真胃溃疡、犬钩虫病以及其他能引起胃肠道出血的疾病。

(3)密度较小的线虫卵、绦虫卵及球虫卵囊等,可悬浮在饱和盐水中;密度较大的吸虫卵,可离心沉淀,用这些方法处理粪便,可收集较多的虫卵,以便于在载玻片上观察。

操作训练

利用课余时间参与门诊化验室工作,进行粪便常规检验训练。

项目测试

A 型题

1. 关于嗜中性白细胞减少的叙述,以下错误的是( )
   A. 再生障碍性贫血常见嗜中性白细胞减少
   B. 病毒感染常引起嗜中性白细胞减少
   C. 急性化脓性感染引起嗜中性白细胞减少
   D. 恶性组织细胞病常出现嗜中性白细胞减少
   E. 严重的缺铁性贫血可出现嗜中性白细胞减少

2. 对于血液标本采集错误的是( )
   A. 临床免疫学检查采用血清标本
   B. 血细胞计数应采用全血标本
   C. 潜血检验标本要加抗凝剂
   D. 临床生化检查采用血清标本
   E. 严禁在输液过程中从静脉输液管中采取血液标本

3. 血清总胆固醇增高见于( )
   A. 肝硬化 B. 肾病综合征
   C. 再生障碍性贫血 D. 严重营养不良
   E. 溶血性贫血

4. 正常粪便中不应有( )
   A. 红细胞 B. 白细胞
   C. 淀粉颗粒 D. 脂肪颗粒
   E. 植物纤维

5. 关于以下各种离子在动物体内情况，不正确的是（　　）
   A. 钾是维持细胞生理活动的主要阳离子
   B. 钠是维持细胞外液中含量最多的阳离子
   C. 氯化物是血浆主要阴离子
   D. 钙是参与凝血过程的必需物质
   E. 磷——血清磷降低则血清钙随之下降
6. 与钙离子协同时对神经肌肉的兴奋性有抑制作用的离子是（　　）
   A. 钾离子　B. 镁离子
   C. 铁离子　D. 无机磷
   E. 铜离子
7. 下列疾病除（　　）外只有血清尿素氮增高而血清肌酐正常。
   A. 慢性肾功能衰竭尿毒症　B. 急性传染病
   C. 上消化道出血　D. 大面积烧伤
   E. 甲状腺功能亢进
8. 关于血清钠离子描述不正确的是（　　）
   A. 机体内的钠主要来源于食物中钠盐　B. 主要存在于细胞内液
   C. 维持渗透压　D. 血清钠多以氯化钠形式存在
   E. 维持血液酸碱平衡

X 型题

9. 关于嗜中性白细胞核左移，以下叙述正确的有（　　）
   A. 核左移是指分叶形嗜中性白细胞比例增加
   B. 嗜中性白细胞核左移可见于急性出血
   C. 化脓菌急性感染可引起嗜中性白细胞核左移
   D. 嗜中性白细胞核左移可见于急性溶血
   E. 白细胞总数不增多而有显著核左移，表示病情不严重
10. 关于红细胞计数描述正确的是（　　）
   A. 红细胞计数可以用未加抗凝剂的新鲜血液进行
   B. 试管稀释法可作 200 或 400 倍稀释
   C. RBC 可选择任意 5 个中方格中红细胞进行计数
   D. 表示红细胞总数所用单位是“$\times 10^9$ 个/L”
   E. 显微镜计数法计数红细胞常将白细胞亦计在其中
11. 关于白细胞计数的叙述，以下正确的是（　　）
   A. 白细胞计数应破坏红细胞
   B. 白细胞计数应采用全血标本
   C. 用显微镜计数时光线要控制在较强的状态
   D. 受病毒感染后白细胞总数减少
   E. 白细胞计数血样标本应 24 h 内完成

12. 粪便潜血检验阳性可见于(　　)
A. 消化道溃疡　　B. 消化道损伤
C. 出血性贫血　　D. 溶血性贫血
E. 尿结石
13. 关于沙利氏法测定血红蛋白描述正确的是(　　)
A. 沙利氏吸管洗涤时,先用清水吸吹数次,再在蒸馏水、酒精、乙醚中按次序分别吸吹数次,干燥后备用
B. 国产沙利氏血红蛋白计以 100 mL 血液内含血红蛋白含量 14.5 g 为 100%
C. 测定所用试剂是 1%盐酸或 2%冰乙酸
D. 动物患溶血性疾病时血红蛋白下降
E. 动物患溶血性疾病时血红蛋白值变化不明显

B 型题

(14～17 题备选答案)
A. 高低镜暗视野　　B. 低倍镜暗视野
C. 油镜暗视野　　D. 油镜明亮视野
E. 高倍镜明亮视野
14. 红细胞计数(　　)
15. 白细胞计数(　　)
16. 白细胞分类计数(　　)
17. 尿沉渣中管型的检查(　　)

(18～20 题备选答案)
A. 血清总胆红素和以间接血清总胆红素增多为主
B. 血清总胆红素和以直接胆红素增高为主
C. 血清总胆红素、直接胆红素及间接胆红素皆增高
D. 乳酸脱氢酶明显升高
E. 尿素氮升高
18. 急性肝炎和心肌损伤(　　)
19. 溶血性贫血和严重大面积烧伤(　　)
20. 心力衰竭和严重脱水(　　)

项目三
特殊检查

项目引言

对患病动物进行基础物理学检查、实验室检验之后，如还不能明确疾病的本质、疾病侵害的主要器官变化，则需要进一步的特殊检查。特殊检查技术能够克服动物被毛和体壁的障碍，对体腔器官的静态解剖形态和动态生理功能、病理变化进行观察，可以有效地对患畜的病程经过和防治效果进行追踪检测，并做判断。兽医临床上，特殊检查主要包括心电图检查、内腔镜检查、X线检查、超声检查、CT、MRI及其他影像诊断技术。

学习目标

1. 会心电图、内腔镜的操作，能对检查结果进行判断；
2. 能进行X线机与B超机操作，并对临床病例进行分析应用；
3. 熟悉CT和MRI在兽医临床上的应用
4. 发扬勇于创新、不断进取的精神，树立科学严谨的工作态度。

任务一　心电图检查

任务分析

心肌细胞在兴奋过程中可产生微小的生物电流即心电，这种电流通过动物组织传到体表，用心电描记仪将其放大，描记下来，形成一个心肌电流的时间连续曲线，称为心电图(ECG)。描记心电图的方法称为心电描记法。心电图检查就是将电极放在动物体表指定位置所记录到的心脏电活动的图形，通过心电图描记仪和心电图记录纸可能记录心脏电流的方向大小不一以及心脏收缩的频率。根据心电图变化，对临床上心律失常、心脏肥大、心肌梗死和电解质紊乱的动物进行诊断。

任务目标

1. 能依据说明书操作心电图仪；

2. 能看懂机体正常心电图波形，对常见疾病心电图的异常波形进行正确的分析。

任务情境

动物医院门诊室或诊疗实训室；动物（羊、兔、犬或猫等），心电图描记仪，电推剪或剪毛剪，酒精棉球，10%氯化钠溶液（导电溶液），棉花，纱布，剪刀，动物的病理心电图，分规，放大镜，动物保定台或保定用具。

任务实施

一、心电图描记操作

1. 动物准备

将被检动物绝缘，站立或仰卧保定于检查台上，并使动物安静。置放电极部位剪毛并以酒精棉球充分擦拭脱脂，然后将浸透导电溶液的纱布垫于电极板下，用棉布带捆紧，固定好电极极板。

2. 心电图描记仪准备

连接电源、地线，打开电源开关，预热机件，检查机器性能，校正标准电压。

3. 电极连接

将肢导线的总插头连在心电图描记仪上，肢导线按规定连接对应电极，即红色（R）连接右前肢电极、黄色（L）连接左前肢电极、蓝色或绿色（LF）连接左后肢电极、黑色（RF）连接右后肢电极、白色（C）连接胸导联。导联是心电图描记仪的正、负极导线与动物体表相连而构成描记心电图的电路。动物中常用的导联有标准肢体导联和加压单极导联。

（1）标准肢体导联　标准肢体导联，又称双极肢导联，由 3 个导联组成，分别用罗马数字“Ⅰ、Ⅱ和Ⅲ”表示，其导联的电极放置位置和连接方法分别如下：Ⅰ导联即将心电图描记仪的正极置于左前肢内侧与胸廓交界处，负极置于右前肢内侧与胸廓交界处（左、右前肢间，左正右负）；Ⅱ导联即将心电图描记仪的正极置于左后肢膝内侧上方，相当于股内侧下方，负极置于右前肢内侧与胸廓交界处（右前肢，左后肢，左正右负）；Ⅲ导联即将心电图描记仪的正极置于右后肢膝内侧上方，负极置于左前肢内侧与胸廓交界处（左前左后，前负后正）；3 个导联的接地线电极均置于右后肢膝内侧上方。

（2）加压单极导联式　左前肢（L）、右前肢（R）及左后肢（F）3 个肢体导联上各串联 1 个 5 kΩ 的电阻，共接于中心站。置于左前肢、右前肢和左后肢的电极分别用“aVL”“aVR”和“aVF”表示。

在具体操作时，只要按上述颜色的导线连在四肢的电极板上，将心电图描记仪上的导联选择开关拨到相应的导联处，即描出该导联的心电图。

4. 确定走纸速度

一般为 25 mm/s。但某些动物（如兔、鼠、鸡等）心率过快，可将走纸变速开关调到 50 mm/s。

5. 定标

重复按下 1 mV 定标电压按钮，基线稳定，无干扰，使描记笔下移 10 mm 即可描记标准电压曲线。

6. 记录心电图

按下或转动导程选择器，依次Ⅰ、Ⅱ、Ⅲ，或 aVR、aVL、aVF 导联的心电图，基线稳定而无干扰时即可描记，每个导程描记 4～6 个心动周期。描记时每一导程应打一个标准电压，作为分析心电图时计算电压的依据。

7. 撤除导联

描记完毕，关闭电源开关，旋回导程选择器，切断电源，卸下肢导线及地线，解除保定，并在心电图纸上注明动物号及描记时间。

二、心电图波形观察与识别

观察心电图波形时，要注意各导联心电图的波形、时间，并对心电图进行测量和分析，准确认识心电图各波的名称和各间期及段的名称。

1. 心电图各波的名称

(1)P 波　P 波代表心房肌除极过程的电位变化，也称心房除极波。代表两个心房传导的时间。P 波形小而圆钝，随各导联而稍有不同，P 波的宽度一般不超过 0.04 s，电压(高度)不超过 0.05 mV。

(2)QRS 波群　QRS 波群代表心室肌除极过程的电位变化，也称心室除极波。这一波群是由几个部分组成的，每个部分的命名通常采用下列规定。

Q 波：第 1 个负向波，它前面无正向波。

R 波：第 1 个正向波，它前面可有可无负向波。

S 波：R 波后的负向波。

R′波：S 波后的正向波。

S′波：R′波后又出现的负向波。

QS 波：波群仅有的负向波。

R 波粗钝或有切迹，R 波上出现负向的小波，或折转，或呈双峰(但峰间距较短)，达不到等电线。

QRS 波群有多种不同的形态，通常以英文大、小写的字母分别表示大小。波形不超过波群中最大波的一半者称为小波，用小 g、r、s 表示(图 3-1)。

(3)T 波　T 波反映心室肌复极过程的电位变化，也称心室复极波。

2. 心电图各间期及段的名称

(1)P-R 间期　自 P 波开始至 Q 波开始时间，代表自心房开始除极到心室开始除极的时间，即兴奋从心房传到心室所需时间。

(2)P-R 段　自 P 波终了到 Q 波开始的时间，代表激动通过房室结及房室束的时间。

(3)QRS 间期　自 Q 波开始到 S 波终了的时间，代表两侧心室肌(包括心室间隔肌)的电激动过程，即代表心室肌兴奋扩布所需时间。

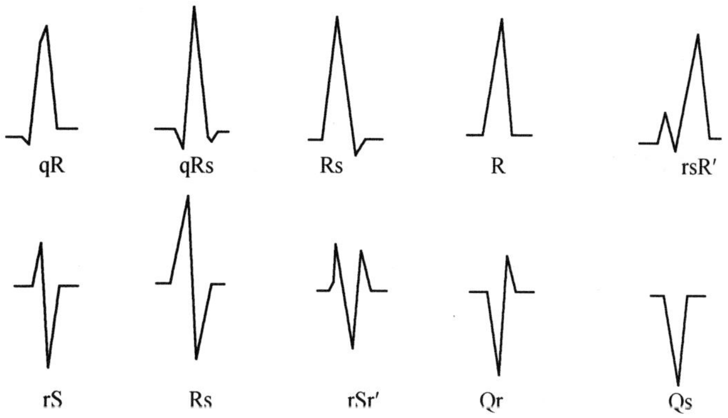

图 3-1　QRS 波群的不同波形

(4)S-T 段　自 S 波终了至 T 波开始的线段，较为平坦，反映心室除极结束以后到心室复极开始前的一段时间，表示各部分心肌细胞均处于动作电位的平台期。

(5)J 点(结合点)　S 波终了与 S-T 段衔接处。

(6)Q-T 间期　自 Q 波开始至 T 波终了的时间，代表在一次心动周期中，心室除极和复极过程所需的全部时间，即心室开始兴奋到静息状态的时间(图 3-2)。

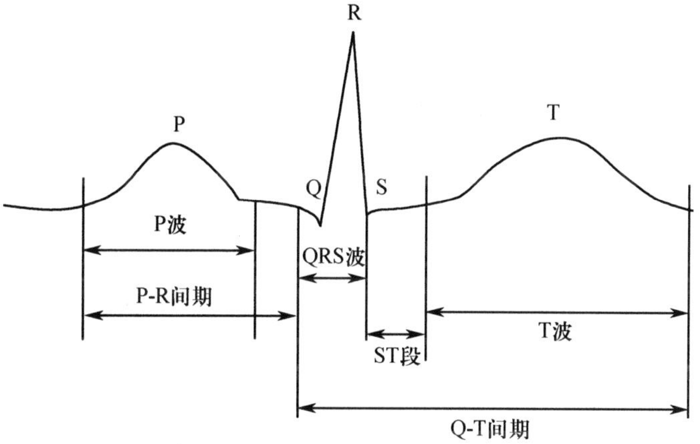

图 3-2　心电图各波、间期及段的名称

3. 心电图记录纸

心电图记录纸有粗细 2 种纵线和横线。横线代表时间，纵线代表电压。细线的间距为 1 mm，粗线的间距为 5 mm，纵横交错组成许多大小方格。通常记录纸的走纸速度为 25 mm/s，故每 1 小格代表 0.04 s，每 1 大格(5 小格)代表 0.20 s。一般采用的定标电压，输入 1 mV 电压时，描记笔上下摆动 10 mm(10 小格)，故每 1 小格代表 0.1 mV。如 1 mV 标准电压，使描记笔摆动 8 mm，则每 1 mm 的电压就等于 0.125 mV；特殊需要时纸速可调至每秒 50、100 或 200 mm。

三、心电图的诊断

根据异常心电每个棘波波形的变化、间隔及持续时间等的延长或减少，可推测出心动过速等疾病。

1. 心电图的测定与分析

在分析心电图时,应准备 1 个分规和 1 个放大镜。观察微细的波形变化并准确地测定各波的时间、电压和间期等,通常可采取下列步骤依次测量分析。

(1)将各导联心电图剪好,按Ⅰ、Ⅱ、Ⅲ、aVR、aVL、aVF……的顺序贴好,注意各导联的 P 波要上下对齐。检查心电图导联的标志是否准确,导联有无错误,定标电压是否准确,有无干扰波。

(2)找出 P 波,确定心律,尤其要注意 aVR 和 aVF 导联。窦性心律时,aVR 为阴性 P 波,aVF 为阳性 P 波。同时观察有无额外节律,如期前收缩等。仔细观察 QRS 或 T 波中有无微小隆起或凹陷,以发现隐没于其中的 P 波。利用双脚规精确测定 P-P 间距以确定 P 波的位置,以及 P 波与 QRS 波群之间的关系。

(3)测量 P-P 或 R-R 间距以计算心率。

心率(次/min)=60÷R-R(或 P-P)间期时限

一般要测 5 个以上间距求平均数(s),如有心房纤颤等心律失常时,应连续测量 10 个 P-P 间距,取其平均值以计算心室搏动率。有的带电脑的心电图描记仪的心电图上已经打印出心率的数值,不需再计算。

(4)测量 P-R 间期、Q-T 间期、QRS 间期及 P 波和 T 波振幅等。

(5)观察各导联中 P、QRS 波的形态、时间及电压,注意各波之间的关系和比例。

(6)注意 S-T 段有无移位,移位的程度及形态。T 波的形态及电压。

2. 心电图报告

心电图报告是对所描记的心电图的分析意见和结论。一般可按上述的分析内容或心电图报告单的项目逐项填写。在心电图诊断栏内要写明心律类别、心电图是否正常等。在进行心电图诊断时,必须结合临床检查和血液检查等结果综合分析。

技术提示

(1)检查时要使动物安静,因肌肉活动都会产生生物电,挣扎、嚎叫时,均会影响心电图的结果。一般在扎紧导线待动物安静(20 min 左右)进行记录,必要时可先给动物使用镇静药物,以防止因其他肌肉活动而引起的干扰。

(2)针形电极与导线应紧密连接,防止松动而产生干扰波。

(3)在每次变换时必须先切断输入开关,然后再开启。每换一次导联,均须观察基线是否平稳及有无干扰,如有干扰,须调整或排除后再做记录。

(4)避免药物影响有些药物直接或间接地影响心电图的结果,例如洋地黄、奎尼西等。由于药物影响心肌的代谢,从而影响心电图的图形。

(5)心电图诊断必须密切结合临床资料,特别是有的心电图本身无特异性者需要结合临床资料。此外,药物与电解质紊乱对心肌的损害也必须结合临床资料加以判断。

(6)心电图是否正常,可分为 3 种情况,即正常心电图(心电图的波形、间期等在正常范围内)、大致正常心电图(如个别导联中,有 S-T 段轻微下降,或个别的期前收缩等,而无其他明显改变的,可定为大致正常心电图)和不正常心电图(如多数导联的心电图发生改变,能综合判定为某种心电图诊断,或形成某种特异心律的,都属于不正常心电图)。

知识链接

1. 心电图各波、间期的常见变化

(1)P 波改变　P 波电压增高可见于交感神经兴奋、心房肥大和房室瓣口狭窄等。P 波增高但时间正常,波形呈高尖形,是右心房肥大的特征,多见于肺源性心脏病,故称为"肺型 P 波"。P 波增高且时间延长时,波形有明显切迹呈双峰型,是左心房肥大的特征,多见于二尖瓣狭窄,故称"二尖瓣 P 波"。P 波消失表示心脏节律上的失常。心房颤动时 P 波消失,代之以许多颤动的小波(F 波)。P 波倒置是在 P 波本身应为阳性波的 aVF 导联中变为阴性波,表示有异位兴奋灶存在,如激动来自左心房或房室结附近,因激动在心房中的传导方向自上而下,故形成阴性波。P 波低平可属正常,但电压过低则属异常。

(2)P-R 间期　P-R 间期延长,见于房室传导障碍,迷走神经紧张度增高。P-R 间期缩短,见于交感神经紧张,预激综合征。预激综合征是指房室间激动的传导,除经正常的传导途径外,同时经由另一附加的房室传导径,此附加的传导路径,由于绕过房室结,故传导速度明显快于正常房室传导系统的速度,使一部分心室肌预先受激。心电图除 P-R 间期缩短外,还有 QRS 波群时间增宽,而且形态有改变,其开始部分多呈明显粗钝,P-R 间期或加 QRS 波群时间的总时间正常,仍在 0.26 s 以内。预激综合征多见于非器质性心脏病,一般预后较良好。

(3)QRS 波群　QRS 间期增宽,波形模糊、分裂,见于心肌泛发性损伤并有房室束传导障碍。QRS 波群电压增高主要见于心室肥大、扩张、心脏与胸腔距离缩短。电压降低,在标准导联和加压单极肢导联中,每个导联的 R 及 S 波电压绝对值之和均在 5 mm 以下时,称为 QRS 低电压。见于心肌损害、心肌退行性病变和心包积液时。Q 波增大或加深,多见Ⅱ、Ⅲ或 aVL 导联,与心肌梗死有关。

(4)S-T 段　S-T 段的移位在心电图诊断中,常具有重要的参考价值。在 S-T 段偏移的同时,多伴有 T 波改变,二者都说明心肌的异常变化。S-T 段上移,见于心肌梗死。S-T 段下移,见于冠状动脉供血不足、心肌炎和严重贫血。

(5)T 波　T 波是心室复极波。它与传导组织没有密切关系,但与心肌代谢有密切关系。一切可以影响心肌代谢的因素,都可能在不同程度上影响 T 波。T 波的正常形态是由基线慢慢上升达顶点,随即迅速下降,故上下两支不对称。T 波形态变化常是病理性的,如高血钾症时,T 波不仅高尖且升支与降支对称,急性心肌缺血常呈现深尖的倒置 T 波。T 波减低或显著增高多属异常变化,尤其是在同时伴有 S-T 段偏移时更具有诊断意义。

(6)Q-T 间期　Q-T 间期延长可见于心肌损害、低血钾、低血钙时。Q-T 间期缩短见于洋地黄作用、高血钾、高血钙时。

2. 常见疾病的心电图变化

(1)左心室肥厚　主要变化反映在Ⅱ、Ⅲ和 aVF 导联中,QRS 波群时间延长,超 0.129 s 甚至 0.16 s,电压增高。有时还可见 S-T 段低垂,T 波倒置的变化。有人把仅有电压增高,而没有 S-T 段和 T 波改变者，称为“左室肥厚”；仅有 S-T 段和 T 波改变，而没有电压增高者，称为“左室劳损”；同时具有两者改变者，称为“左室肥厚劳损”。

(2)右心室肥厚　主要变化在 aVR 导联中，心电图 QRS 时限增宽，可超过 0.11 s，波形呈 R 或 RS 形，电压增高至 0.14 mV 以上；aVR 导联中 R 波电压增高，超过 0.41 mV。

(3)心肌梗死　心电图的变化对心肌梗死的诊断具有重要意义。表现在心电图上的主要特征是出现异常 Q 波，S-T 段升高及 T 波倒置。

①异常 Q 波。正常时整个心室由内层向外层除极，心肌中形成一系列的除极向量由内向外如同星状四处放射。但在心肌梗死时，由于坏死区缺乏兴奋能力，形成一个缺口，该区没有除极向量和其他各方面的向量相抗衡，因而在该区形成了一个离开该区指向对侧的病理向量，即 Q 向量。该向量与覆盖梗死部位的导联轴方向相反，故得一负波，即 Q 波。如果在梗死区对侧放置导联进行记录时，由于该向量的方向正与对侧导联轴的方向一致，可得到一个正波，使该导联 R 波反而增高。

②S-T 段变化。在心肌梗死急性期有明显的 S-T 段升高与起始时为直立的 T 波相连，呈一向上的拱形曲线。随后 S-T 段逐渐回到等电线上，T 波由直立转为倒置，并逐渐加深形成两侧对称的“冠状 T 波”。随着病情的好转，T 波倒置减浅或恢复直立，并趋于稳定。最后遗留永久性的异常 Q 波，称为陈旧性心肌梗死。心肌梗死绝大多数是由于冠状动脉闭塞引起的，但闭塞的时间长短不同，上述的异常 Q 波、S-T 段上升和 T 波倒置的心电图改变情况，亦不尽相同，从犬的冠状动脉钳压试验中，可看出上述 3 种改变与闭塞时间的关系。即冠状动脉钳压后几分钟以内，心电图就出现 T 波倒置。这时如果立即停止钳压，恢复心肌的血液供应，则倒置的 T 波又能恢复直立。这种心电图改变称为“缺血型”改变。如果钳压时间延长，则心电图继 T 波倒置之后，出现 S-T 段逐渐升高，倒置的 T 波逐渐减小，直至 S-T 段和 T 波融合起来，形成一条向上的拱形曲线。此时如果立即停止钳压，则心电图还能逐渐恢复正常。这种心电图改变，称为“损伤型”改变。如果心电图上出现拱形曲线后，仍然继续钳压，则心电图可进一步引起 QRS 波群的改变，原来的 R 波变为负向的 Q 波(QRS 波群为 QS 型)，此后即使停止钳压，心电图也不再恢复原状。这种改变称为“坏死型”改变。

操作训练

利用课余时间或假日参与动物医院心电图检查室工作，练习心电图检查技术。

任务二　内腔镜检查

任务分析

内窥镜检查是将特制的内窥镜插入天然孔道或体腔内观察某些组织、器官病变的一种临床特殊检查方法。兽医临床上，可用于食管、气管、胃、肠、膀胱及子宫等体内的器官检查，也可用于生殖系统、泌尿系统、疝等外科手术的治疗。近年来，在小动物疾病诊疗方面应用较为广泛。

任务目标

1. 会操作使用内窥镜并掌握其注意事项；
2. 能利用内窥镜观察组织、器官，并识别异常现象。

任务情境

动物医院门诊室或诊疗实训室；动物（羊、犬等）；保定用具；食管镜，喉、气管及支气管镜，胃镜，腹腔镜，结肠镜等；酒精棉球；电推剪；润滑剂；2%利多卡因溶液；全身麻醉药。

任务实施

一、食管镜检查

动物确实保定，大动物取食道表面麻醉，小动物全身麻醉左侧卧保定，用开口器打开口腔，经口插入食管镜，进入咽腔后，沿咽峡后壁正中到达食管入口，观察管腔走向，调节插入方向，边送气边插入，同时进行观察。

颈部食管正常是塌陷的，黏膜光滑、湿润，呈粉红色，有纵行皱襞。胸段食管随呼吸运动而扩张或塌陷，食管与胃的结合部通常关闭。急性食管炎时，黏膜肿胀，呈深红色鹅绒状。慢性食管炎时，黏膜弥漫性潮红、水肿，附有淡白色渗出物，亦可见糜烂、溃疡或肉芽肿。若食管壁长有息肉，可见黏膜向腔内呈局限性隆起，注气后不消失。同时注意观察食管是否狭窄，有无静脉瘤、静脉曲张等病变。

用食管镜检查主要是对食管肿瘤等食管疾病进行诊断，也可协助钳取食管异物、扩张食管狭窄治疗。

二、喉、气管及支气管镜检查

1. 喉镜检查

动物横卧保定（温顺动物也可站立保定），牢固固定头部。鼻、咽及喉部采用喷雾表面麻醉，再将温水中加热过的器械涂以润滑剂，然后经鼻道插至咽喉部，并用拇指紧紧将其固定于鼻翼上。打开电源开关使前端照明装置将检查部照亮，即可借反射镜作用而通过镜管窥视咽喉内情况，如黏膜变化、异物等。

2. 支气管镜检查

检查前 30 min 进行全身麻醉。取 2%利多卡因 1 mL 于鼻内或咽部喷雾表面麻醉。取腹卧姿势，头部尽量向前上方伸展，经鼻或经口腔插入内窥镜（经口腔插入时需装置开口器）。根据个体大小选择不同型号的可屈式光导纤维支气管镜，镜体以直径 3～10 mm、长 25～60 cm 为宜。插入时，先缓慢将镜端插入喉腔，并对声带及其附近的组织进行观察，然后送入气管内。此时边插入边对气管黏膜进行观察。对中、大型犬，镜端可达肺边缘的支气管。对病变部位可用细胞刷或活检钳采取病料，进行组织学检查，还可吸取支气管分泌物或冲洗物进行细胞学检查。

三、胃镜检查

动物全身麻醉，确实保定，单胃动物取左侧卧保定，常规插镜，缓慢进镜，镜头过贲门后停止插入，对胃腔进行大体观察。

正常胃黏膜湿润、光滑，暗红色，皱襞呈索状隆起。上下移动镜头，可观察到胃体部大部分，依据大弯部的切迹可将体部与窦部区分开，将镜头上弯并沿大弯推进，便可进入窦部。检查贲门部时，将镜头反曲为“J”字形进行观察。观察胃内异物、胃炎、胃内息肉、胃溃疡及胃出血等。

四、腹腔镜检查

根据窥视器官不同，可以选择不同部位进行切口。局部按常规剃毛消毒，将腹部先以无菌手术切开小口，通过切口插进腹腔镜，打开光源，即可进行检查。

二维码 3-1 腹腔镜的应用技术

观察腹腔脏器的位置、大小、颜色、表面性状以及有无粘连。

应用腹腔镜实施检查，具有对术部创伤小、脏器功能干扰轻，对患病动物痛苦少及术后恢复快的突出优点。用腹腔镜对动物腹腔探查（结肠、膀胱、十二指肠、脾、肾、肝、膈、卵巢、子宫、腹股沟环、胃等）、隐睾摘除、卵巢切除、腹股沟阴囊疝修复、膀胱破裂修复、胃固定术、结肠固定术、胚胎移植等的诊断及治疗。

五、结肠镜检查

被检动物前 2 d 采食流质食物，而后禁食 24 h（反刍动物禁食 48 h），饮水正常供应。检查前 1～2 h 用温水灌肠，以排空直肠和结肠后部的蓄粪。动物全身麻醉，左侧卧保定。经肛门插入结肠镜，边插边送入空气，当镜头通过直肠时，顺着肠管自然走向深入，将镜头略向上方弯曲，便可进入降结肠。

结肠镜可用于结肠下段、直肠、肛门等部位的检查，诊断肉芽肿性结肠炎、异物、肿瘤、黏膜异常等后段肠管的病变。

六、膀胱镜检查

动物站立保定，行荐腰硬膜外腔麻醉（小动物全身麻醉）。先用导尿管插入膀胱并向膀胱内打气，而后取出导尿管，通过阴门、尿道插入内窥镜探头。借助膀胱镜可以窥视膀胱的黏膜，正常时膀胱黏膜富有光泽、湿润，血管隆凸，呈深红色，输尿管口不断有尿滴形成。发生慢性膀胱炎时，黏膜增厚，形如山峡或类似肿瘤样增生。

膀胱镜主要用于母畜（公畜须先行尿道切开术，故只有在严重适应症时方许施行）膀胱内肿瘤、结石或膀胱颈阻塞的诊断。

技术提示

(1)拿取腔镜时要轻拿轻放，手持物镜处，防止镜子弯曲、落地。

(2)精细的镜子不能与其他器械放在一起,更不能在镜子上面摆放任何物品,以防止镜子被压弯、扭曲而不能插入鞘内而损坏。

(3)内镜存放要有专盒,有专人保管,存放在专用的柜子内。存放前应仔细观察镜子的清晰度,以保证下次使用。

(4)镜头不慎摔地后,应立即连接光缆,并通过目镜观察物体,检查是否造成损坏,如果出现损坏,应立即送有关部门检修。

(5)在使用前消化道内镜时,动物发生严重的心肺疾病、休克或昏迷、神志不清、精神失常、前消化道穿孔急性期、严重的咽喉部疾病、巨大食管憩室、主动脉瘤以及严重颈胸脊柱畸形、急性传染性肝炎或胃肠道传染病等,禁止使用前消化道内窥镜。

(6)如果动物肛门和直肠严重狭窄、急性重度结肠炎性病变、急性弥漫性腹腔炎及腹腔脏器穿孔、妊娠、严重的心肺功能不全、神经样发作及昏迷等,应禁止使用后消化道内镜。

知识链接

1. 内窥镜

内窥镜或内腔镜,简称内镜或窥镜,是通过一根管道把手术器械送达到机体深部腔道,借助影像学技术,完成病灶的封闭或切割等诊疗过程。内窥镜是一种光学仪器,是由冷光源镜头、纤维光导线、图像传输系统、屏幕显示系统等组成,它能扩大手术视野。使用内窥镜的突出特点是手术切口小,切口瘢痕不明显,术后反应轻,出血、青紫和肿胀时间可大大减少,恢复也较传统手术快,非常符合美容外科美丽不留痕的要求。借助于内窥镜,可以直视体内许多组织器官系统的形态,可以在损伤性很小的情况下完成一些传统手术,还可方便地从活体组织器官上,获取少量组织进行疾病的诊断。

内窥镜按结构分为金属硬管式、纤维光导式、电子摄像式 3 类。电子摄像式用微电子技术摄像、显像。其外形与纤维光导式内窥镜相同。将各种内窥镜的接目镜与微型摄像头的连接器相连接,即可将影像显示在电视屏幕上进行观察,效果与电子内窥镜相似。

2. 内窥镜术

应用可送入动物腔道内的窥镜在直观下进行检查和治疗的技术称内窥镜术,分为无创伤性和创伤性 2 种。前者指直接插入内窥镜,用来检查与外界相通的腔道(如消化道、呼吸道、泌尿道等);后者是通过切口送入内窥镜,用来检查密闭的体腔(如胸腔、腹腔、关节腔等)。

电子摄像式显微技术摄像、显像。其外形与纤维光导式内窥镜相同。将各种内窥镜的接目镜与微型摄像头的连接器相连接,即可将影像显示在电视屏幕上进行观察,效果与电子内窥镜相似。内窥镜按用途分为消化道、泌尿生殖道、呼吸道、体腔和头部器官窥镜等。

操作训练

利用课余时间或假日参与动物医院内腔镜检查室工作,练习内腔镜检查技术。

任务三　X 线检查及暗室技术

任务分析

X 线检查，是一种特殊视诊，能克服被毛和体壁的障碍，看到机体内部组织器官的状态和变化，不仅看到其静止的解剖形态，也可观察其运动和功能变化。常用的 X 线检查技术包括透视检查和摄影检查。X 线图像质量的好坏依赖于暗室技术。通过对 X 线图像的分析，辨别拍摄部位的异常变化，并对异常的变化进行研究分析，结合临床资料和病史、症状及化验结果等，得出诊断意见。

任务目标

1. 会使用 X 线机，能熟练进行透视检查，并对荧光影像进行正确分析；
2. 会操作 X 线机进行摄影、造影检查，并会冲洗胶片；
3. 能对 X 线照片、图像进行分析。

技能一　透视检查与摄影检查

技能描述

了解 X 线机操作程序和方法；X 线检查包括透视检查和摄影检查。采用暗室技术冲洗出胶片，并对 X 线照片、图像进行分析。

技能情境

动物医院 X 线检查室或 X 线检查实训室；动物（猪、犬、猫等）；保定用具；X 线机；铅橡皮手套、铅围裙及铅玻璃眼镜等防护设备。

技能实施

一、X 线机的操作

各种类型的 X 线机都有一定的性能规格与构造特点，使用之前必须先了解清楚，切勿超性能使用，不同型号机器形式虽有差别，但操作程序大致相同。一般应按下列规程操作。

二维码 3-2　X 线机的类型与 X 线影像形成的原理

(1)检查控制台面上各种仪表、调节器、开关等是否处于零位。

(2)接通电源，按下机器电源按钮，调电源电压于标准位，预热机器。特别要注意在冬季室温较低时，如不经预热，突然大容量曝光，易损坏 X 线管。

(3)根据工作需要，进行技术选择，如焦点及摄影方式、透视或摄影的条件选择。在选择摄影条件时,首先选毫安值,然后选千伏值,切不可先选择千伏值后定毫安值。

(4)曝光时操纵脚闸或手开关的动作要迅速,用力要均衡适当。严格禁止超容量使用,并尽量避免不必要的曝光。摄影曝光过程中,不得调节任何调节旋钮。曝光过程中应注意观察控制台面上的各种指示仪表的工作情况,倾听各电器部件的工作声音,以便及时发现故障。

(5)机器使用完毕,各调节器置最低位,关闭机器电源,最后断开电源闸。

二、透视检查

透视检查法是X线透过动物体后再照射在荧光屏上显现荧光影像,通过观察荧光影像来进行诊断。

1. 透视前的准备

透视者应有充分的暗适应,如透视前需在暗室中适应10～15 min。戴上红色眼镜或暗色眼镜同样的时间,亦可以达到适应,但在强阳光下需要更长的时间才能适应,而阴天或夜间则能较快适应。

做好被检动物的保定工作,除去体表被检部位的砂泥污物及敷料油膏,尤其要避免沾染含有碘、铋类药物,皮毛尽量刷净擦干。若在X线室内透视,尚需准备盛接粪尿的用具,并注意避免引起动物惊扰。

调节好透视照射野,使其小于荧光屏的范围。检查者穿戴好防护的铅橡皮圈裙与手套。并要考虑人、动物和设备的安全措施。

2. 透视方法

(1)透视检查的条件　管电流通常使用2～3 mA,最高时亦不能超过5 mA。管电压按被检动物种类及被检部位厚度而定,小动物由50～70 kV,大动物由65～85 kV不等。距离可根据具体情况考虑,一般在50～100 cm。曝光时间由脚踏开关控制,通常踏下脚踏开关持续曝光3～5 s,再放松脚踏间歇2～3 s,断续地进行。

(2)透视检查的程序　透视前先了解透视目的及临床初步意见,在被检查动物已切实保定后,把荧光屏贴近动物体,对准被检部位,并与X线中心垂直,然后开始透视检查。先适当开大光门,对被检部位做全面观察,同时留意器官的形态和运动功能情况,注意有无异常发现,再缩小光门,分区进行观察,一旦发现有可疑病变时,再缩小光门做重点深入观察。最后把光门开大复核一次,并与对称部位比较,记录检查结果,如认为需要配合摄影检查,则根据透视结果,确定摄影的部位和投照方法。

三、摄影检查

X线透过动物体后照射到胶片上,使胶片感光成像,经过暗室冲洗获得照片,通过观察照片影像进行诊断的方法就是X线摄影检查法。X线摄影检查的器材设备有X线胶片、增感屏、片盒(暗盒)、聚光筒、测厚尺、滤线器、铅号码、摄影架等。

(1)对摄影检查的部位,要清洁干燥,去除附着的药物和绷带,并确定投照的方向位置(如前后或后前位、背腹或腹背位、左或右侧位、斜位或切线位等)。

(2)进行胶片的准备、X线编号登记、被检部测厚。

(3)然后选择管电压(kV)、管电流(mA)、曝光时间(s)、遮光筒的大小及焦点胶片距等。

(4)再放置暗盒,摆好位置,对准X线中心线,最后进行曝光。

四、CR和DR技术

1. 计算机X线摄影(CR)

传统的X线成像是经X线透照被检查物件,将影像信息记录在胶片上,经显定影处理后,影像才能在照片上显示。计算机X线摄影(Computed Radiography,CR)是一种模拟数字照相成像系统,将透过物体的X线影像信息记录在由辉尽性荧光物质制成的存储荧光板(简称SPP)上,这种存储荧光板又称影像板或成像板(简称IP),即用IP板取代传统的X线胶片来接受X线照射,IP板感光后在荧光物质中形成潜影,将带有潜影的IP板置入读出器中用激光束进行精细扫描读取,再由计算机处理得到数字化图像,经数字/模拟转换器转换,在监视器荧光屏上显示出灰阶图像。因此,CR的成像要经过影像信息的记录、读取、处理和显示等步骤。

CR的装置包括影像采集部分(IP板)、影像扫描部分(读出器)及影像后处理和记录部分(计算机、打印机和其他存储介质)。CR成像和胶片摄像技术比较见表3-1。

表3-1 CR摄像与X线摄像胶片基本操作过程比较

方法	CR摄像	胶片摄像
拍摄操作	与胶片方法基本相同,但采用可反复使用的IP板代替胶片	胶片置入暗盒、遮光袋中,用射线机进行X线照射,胶片不可重复使用
显影(可视化)	在明亮的环境下通过专用的读出装置进行光学处理(干式)	在暗室环境中通过显定影等对胶片进行化学处理(湿式)
检查操作	通过高分辨率的显示器进行检查,可实现更易看清的图像处理	使用高亮度观片灯对经过显定影加工的胶片(底片)进行检查
保管和数据利用	数字化的图像被记录于大容量的DVD-RAM,可被更有效与充分利用,储存方便,可靠和时间长	把底片作为证据物保管,如要使用于电脑等,必须经过扫描方式变换为数字信息图像

2. 数字化X线摄影(DR)

数字化X线摄影(Digital Radiography,DR)是计算机数字图像处理技术与X线放射技术相结合而形成的一种先进的X线摄影技术。DR是在原有的诊断X线机直接胶片成像的基础上,利用电子技术将X线信息的其他载体转变为电子载体,X线照射动物后不直接作用于胶片,被探测器接收并转换为数字化信号,获得X线衰减值的数字矩阵,经计算机处理,重建成图像。数字图像数据可利用计算机进行实时图像数字处理、显示、传输和存储,进而使图像实现了数字化,得到分辨率比普通X线照片高的图像。DR实现无限制地自由定位、自动跟踪、自动对中的智能化操作模式,不但降低了劳动强度,提高了工作效率,同时充分满足了不同

二维码3-3 CR与DR比较

体位X线摄影的需求，使X线检查技术应用更为便捷，提升了对于各种病症诊断、常规健康检查的准确性。因此，DR检测系统的组成可以简单地表述为：射线源-检测对象-射线成像探测器-图像数字化系统-数字图像处理系统。

技术提示

1. 透视注意事项

(1)透视检查前必须经过眼睛的暗适应，透视者在眼睛未充分适应前，不应开始透视。

(2)透视者必须穿戴铅橡皮围裙及手套。

(3)透视者必须养成全面系统检查的习惯，以免遗漏。

(4)光门不要开得太大，照射野应小于荧光屏，切勿超过荧光屏范围。

(5)在达到准确诊断的基础上，透视时间越短越好，不做无谓的不必要的曝光观察。

(6)如需做大批透视普查或透视时间过长，要注意检查机头或管头温度，避免过热。

(7)透视过程中要确保人员、设备及动物的安全。

2. X线摄影的注意事项

(1)胶片的大小要与被检部大小一致，小的胶片装在大的暗盒时，要在盒面标记胶片的大小位置。X线编号与暗盒上的铅号码要核对无误。

(2)被检部的厚径不均匀时，可取其平均值或中间的厚度为准，X线管的阳极端应位于厚度较薄的一端。投照条件的选择，应使焦点胶片距保持不变，只根据不同的厚径改变千伏值。

(3)投照活动的器官可选择高毫安值和短时间，投照骨关节等相对静止的组织器官，可以用较低的毫安值和较长的时间；但携带式X线机毫安输出小，可尽量用较高千伏挡补救。

(4)暗盒的放置要正确，选择的遮光筒或可调的缩光器要使照射野与暗盒大小一致，X线中心线束要对准胶片中心。

(5)由于阳极效应的关系，X线量的分布在阴极端较密集而阳极端较稀少，为使胶片曝光均匀，投照狭长的部位，X线管长轴应与胶片长轴垂直，但投照长而宽的部位，X线管的长轴应与胶片长轴平行。

(6)曝光时应在动物呼吸间歇或安静的瞬间进行，以免发生移动。

3. X线检查中的防护措施

(1)时间防护　操作X线机的工作人员，所照射的X线量和接触的时间成正比。为了减少不必要的X线照射，工作人员就必须操作熟练，动作敏捷，如在透视检查前，工作人员应做到眼睛暗适应良好，按常规方法熟练操作，减少重拍率，这样可以缩短照射时间，减少X线照射剂量。

(2)距离防护　X线像光源一样，它的照射强度与距离平方成反比，距离照射源越远，其照射量就越小。拍片时，工作人员应尽量远离X线球管，且其球管窗口不应朝向工作人员曝光。

(3)屏蔽防护　在X线检查工作中，单靠时间和距离来防护还是不够的，还必须在X线球管与工作人员之间隔上一层高密度的屏蔽物进行防护，充分利用含铅的橡皮围裙，铅橡皮手套和铅防护椅等。此外，在建筑X线检查室时，其房屋四壁、天棚和楼板均要考虑到屏蔽防护的要求。

知识链接

一、X线影像的密度、对比度与清晰度

一张好的X线照片，其影像应有适当的密度、良好的对比度和较高的清晰度。

1. 密度

密度，即照片黑色的深浅度，也即光线能透过X线照片的程度，这由被检部物质的密度决定。物质的密度取决于构成该物质的原子序数和单位体积中的原子数目，此二者又构成物质的比重，所以物质的密度与比重是一致的。如在动物体中骨骼的密度大于肌肉。此外，照片的密度又与曝光的程度有密切关系。

2. 对比度

对比度，即不同密度的组织在其所形成的X线照片影像中显现出的密度差异，如骨骼和肌肉在照片上就会表现出应有的密度差异。良好的对比度应是黑白分明、境界清楚。

3. 清晰度

清晰度，即被检部组织在照片上微细结构与外形轮廓的清晰程度。清晰度良好的照片，应能显现精细的骨小梁和锐利的边缘轮廓。

二、天然对比与人工对比

1. 天然对比

动物体各种组织器官，彼此的密度与比重不同，吸收X线的程度有差异，所透过的X线在荧光屏上形成的影像，有明暗之分，在X线照片上有黑白之别，形成不同的对比(图3-3)。这种差异是动物体本身天然具有的，故称天然对比。动物体中按其组织结构的密度不同，可以大致分为骨骼、软组织(包括体液)、脂肪和气体4类，骨骼在动物体中是致密度最高，密度最大，吸收X线最多，故在X线照片上感光最少，显示为白色阴影，而在光屏上则产生荧光最弱，显示为黑暗的阴影。软组织及体液软组织包括皮肤、肌肉、结缔组织与软骨、腺体与脏器等。它们彼此之间的密度差异很小，对X线的吸收率大致相似，故它们之间不存在明显的对比，但与脂肪组织有一定的对比，对骨骼与气体则呈明显对比，在X线照片上呈灰白色，在荧光屏上呈暗灰色。脂肪组织虽然也属软组织，但其密度较小，故与其他软组织和体液之间仍呈现一定的对比，在对比度好的X线照片上显现密度稍低的灰黑色阴影。存在于呼吸器官和胃肠道内的气体密度最低，吸收X线最少，与其他组织对比明显，故其阴影恰与骨骼相反，在照片上阴影最黑，在荧光屏上最为明亮。此外，物体的厚度也影响X线的吸收而与对比度有关，如很厚的软组织表现的阴影密度也可以大于很薄的骨组织。

2. 人工对比

动物体组织器官虽然具有一定的天然对比，如胸部的胸廓、心、肺之间或四肢的骨骼与肌肉之间最为明显，但其他部位的软组织和器官之间则缺乏天然对比，若使这些组织结构和

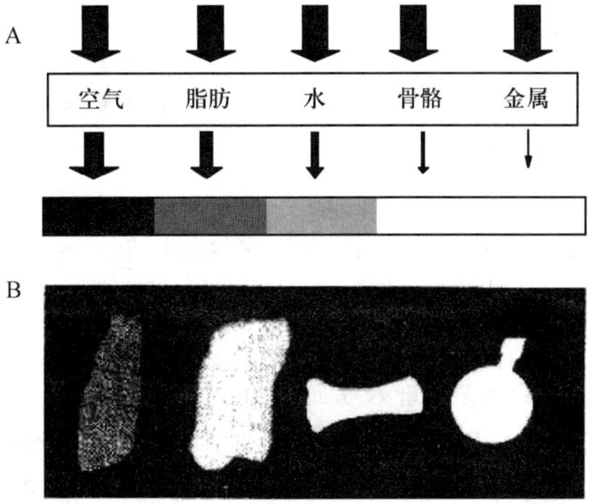

图 3-3　各种物质对 X 线的不透过性示意图(A)
及不同实物 X 线摄片表现(B)
自左向右依次为脂肪、软组织、骨骼和金属，四周为空气

器官显现出来，就必须用人工方法，在管腔内或器官的周围注入造影剂造成人工的对比差异，故此种方法称为人工对比。造影物质应该无毒无副作用且性质稳定，常用造影剂有气体(空气、氧气、二氧化碳)、碘剂和钡剂。

(1)消化道造影　大动物主要用于食管检查，能显示食管内腔病变及外壁的占位性病变，为食管疾病的诊断提供有价值的根据。动物无须特殊准备，在保定栏站立保定，于其左侧作透视检查。一般用 40%左右硫酸钡悬浮液 300～500 mL，如同水剂投药法，经鼻孔插管后灌注造影剂。检查颈段食管时，插管不宜过深，约超过咽后 15 cm 即可，在透视下可以看见胶管的位置。然后接上灌药器把钡剂徐徐灌入，边灌边透视，可以看见颈段和胸段食管情况，如发现异常变化，可拍摄局部食管的 X 线照片。在检查过程中，要把导管固定好，避免因动物摇头摆动而使导管倒退，致药液误入气管。亦需注意避免药液溅出，沾着被检部的被毛和皮肤。

小动物的消化道造影，除应用于食管检查外，还可用于胃肠检查和钡剂灌肠。食管检查的动物无须特殊准备，插管灌入钡剂通常用站立侧位或直立位透视检查。但犬的食管检查以自然吞食钡剂为佳，做站立侧位透视检查。用含钡 80%的浓钡浆约 20 mL(可调入适量砂糖或炼乳)用汤匙喂给。钡浆通过食管较慢，有时可显示黏膜情形。小动物的胃肠造影，使用约 40%的钡悬浮液，可以显示胃、肠的内腔及其蠕动排空情况，用以检查 X 线可透性异物、肿块所引起的消化道狭窄或阻塞，消化道的痉挛和扩张，管壁上的肿瘤或溃疡以及胃肠的移位等。检查时胃、肠应空虚，故须禁饲 24 h，检查前禁水 12 h。随动物的大小不同，需给予钡悬浮液 100～300 mL，可在站立侧位或正、侧卧位透视观察，并对腹部加以推压检查。小动物钡剂灌肠比口服钡剂能更清楚地显现大肠的状态，此法主要诊断回、结肠的肠套叠，大肠的狭窄、肿瘤或外在的占位性肿块和先天性畸形等。灌钡前先用肥皂水洗肠，将内容物排尽，但肠阻塞可疑病例不应洗肠。通常用 25%的钡悬浮液约 500 mL，并禁用油质作插管润滑剂。

(2)泌尿道造影　泌尿道造影仅限于对小动物应用，包括肾盂、输尿管及膀胱造影。可作膀胱肿瘤、可透性结石、前列腺炎、先天性畸形、肾盂积水、输尿管阻塞、肾囊肿、肾肿瘤的诊断及肾功能的检查。造影前先作普通平片检查。膀胱造影通常是按导尿方式插管，将尿液排尽后向膀胱内灌注无菌空气 50～100 mL，或灌注 10%碘化钠液 50～100 mL。插管困难者可作静注造影。静脉注射排泄性肾盂造影，被检动物应停喂 24 h，使胃肠空虚，造影前 12 h 禁止饮水。静脉注射前动物仰卧保定，在后腹处加压迫带和气垫压迫输尿管下段，阻止造影剂进入膀胱而使肾盂充盈良好。缓慢静脉注射 50%泛影酸钠，剂量按每千克体重 2 mL 计算。注毕后 5～15 min 拍摄腹背位的腹部照片，即行冲洗，如肾盂肾盏已显现清楚(否则需要重拍)，可解除压迫带，使造影剂进入膀胱而拍摄膀胱照片。

(3)瘘管造影　瘘管造影可以了解瘘管盲端的方向位置、瘘管分布范围及与邻近组织器官或骨骼是否相通，以辅助手术治疗。根据实际情况，可选用前述的 10%～12.5%碘化钠液、碘油或钡剂等，用玻璃注射器连接细胶管或粗针头，插入瘘管内，加压注入造影剂使其充满瘘管腔。注毕轻轻拔出胶管或针头，以棉花填塞瘘管口，以防造影剂溢出，并把周围沾有造影剂的皮肤被毛用棉花小心揩净。尽可能从 2 个方向或角度透视和拍片，以了解病变的全貌。

(4)气腹造影　气腹造影在兽医临床上有一定价值，大小动物都可应用。小动物的应用范围更广，可以显示膈后的腹腔各器官，如膈、肝、脾、胃、肾、子宫、卵巢和膀胱等脏器，对观察其外形轮廓及彼此关系、有无其他病变存在都有较大作用。小动物可以随意改变体位，达到较充分的检查。注入的空气应先通到盛有液体的玻瓶过滤，以防止带入细菌。可按一般腹腔穿刺方法程序刺穿腹壁，针头由胶管与玻璃注射器连接。如有三通接头(一叉接注射针头，一叉接空气过滤瓶，一叉接玻璃注射器)最为便利可以连续注射。注射量因动物种类和大小不同而异，小动物 1～8 L、大动物 3～15 L 不等。如发现动物出现呼吸困难或不安，立即停止注射。如欲检查前腹器官，则应使前躯高位；检查后腹脏器，要使后躯处于高位。检查完毕，宜再穿刺腹腔，将游离气体尽量吸出，残余空气数天后可逐渐吸收。

(5)四肢关节充气造影　四肢关节充气造影，可用于大动物，以了解关节间隙、关节软骨和关节腔室等情况。前肢通常由肘关节以下，后肢由膝关节以下至系关节都可以进行。穿刺方法同外科关节穿刺术，注气操作与气腹造影相同。但应注意如果随便反复穿刺，以致造成关节囊气体漏出于邻近组织中，造成气肿而发生干扰。穿刺时如发现出血，不能注入气体，以防止形成气栓。各关节的充气量不尽相同，据在牛体的试验报告得出，腕间关节可注入 40～80 mL，系关节 90～100 mL，肩、肘、附关节 90～150 mL 不等。膝关节充气量最大，可达 400～600 mL。为充分显现背侧和掌侧的关节囊腔室，各关节应拍摄其侧位照片，但检查膝关节半月状板时，应拍摄其后前位照片。腱鞘及体液囊造影可参照上述关节造影。造影完毕，关节囊内气体应尽量吸出，残余气体数天后可逐渐吸收。

三、摄影位置的名词术语

1. 摄影时动物的姿势

摄影过程中动物可能发生骚动或移位，一般需要做保定，使动物保持正常的或摄影时需要的姿势。

(1)站立位　动物采取自然站立姿势,可作站立侧位或背腹位摄影。

(2)卧位　又分为侧卧或横卧、伏卧、仰卧位,侧卧又可分左侧卧与右侧卧,这些位置必须配合人工保定,甚至配合镇静或麻醉。卧位可广泛应用于小动物。

(3)直立位　又分为直立左侧位或右侧位,直立背腹位或腹背位,需在人工或辅助工具配合下进行,优点是胸部检查时可除去肩胛骨阴影的重叠等。

此外,还可根据检查需要,伸展或屈曲头、颈和四肢,并注意防止头、耳或尾在某部位摄影时可能发生遮住中心线与照射野。

2. 摄影方位的命名

X线摄影时要用解剖学上的一些通用名词(或英文首位字母)来表示摆片的位置和射线的方向,如背腹位、前后位等。背腹位的第1个"背"字表示射线从背侧进入,第2个"腹"字表示射线从腹侧穿出,因此摆位时X线机的发射窗口要对准动物某一部位的背侧,而X线胶片则要放在该部位的腹侧。

用于表示X线摄影的方位名称有:

左(Le)-右(Rt),用于头颈、躯干及尾;

背(D)-腹(V),用于头颈、躯干及尾;

头(Cr)-尾(Cd),用于颈、躯干、尾及四肢的腕和跗关节以上;

内(M)-外(L),用于四肢;

背(D)-掌(Pa),用于前肢腕关节以下;

侧位(L),用于头颈、躯干及尾,配合左右方位使用;

斜位(O),用于各个部位,配合其他方位使用。

四、X线对操作人员及周围的辐射影响

X线穿透人体将产生一定的生物效应,如所用X线超过允许曝射量就可能产生放射反应,甚至产生一定程度的放射损害;但曝射量在容许范围内一般影响较小。因此,必须了解防护的意义和方法,消除不必要的顾虑,尽可能避免不必要的X线曝射,保护受检动物和工作人员的健康,安全合理地使用X线检查。

微量照射可引起人体组织细胞的轻度损伤,大量照射则细胞的机能受到抑制,甚至遭到破坏。人体不同的组织器官对射线的敏感性有差异,造血系统、生殖腺与眼球晶状体较为敏感,皮肤、肌肉、骨髓、结缔组织较为迟钝。机体受过量照射或微量长期累积达一定数量后,可引起体内慢性反应,出现白细胞与淋巴细胞减少,血小板降低甚至发生出血性症候群,生殖功能障碍、不孕,晶状体浑浊、白内障,皮肤干硬、红斑、脱毛,严重者皮肤溃疡或癌变,全身性反应表现为倦怠、睡眠不佳、头痛、健忘、食欲不振或呕吐。

技能二　X线图像分析与诊断

技能描述

X线成像需要暗室技术,通过显影、洗影、定影、冲影及干燥等几个步骤,完成胶片的冲

洗过程。为保证X线图像质量，要严格遵守暗室操作要求；对于图像质量不佳的胶片，能够分析其产生的原因。临床上，应用X线诊断技术时，还应结合临床资料、病史、症状及化验结果等，提高诊断率。

技能情境

动物医院X线暗室或X线检查实训室；X线读片灯；装有拍摄好的胶片的暗盒；暗室设备。

技能实施

一、暗室技术

1. 暗室设备

(1)安全红灯　安全红灯是装卸胶片及冲洗过程中唯一的照明光源，用一条未曝光的X线胶片，以黑纸盖着一半在红灯下经5 min照射，冲洗后不变黑，两段无黑白差异而胶片也不引起灰雾朦胧者为安全。

(2)裁刀　裁刀为裁切X线胶片用，其规格以355.6 mm者较适宜。

(3)洗片夹　洗片夹，也称洗片架，为不锈钢制成，其规格与X线胶片或暗盒相同，由127 mm×177.8 mm至279.4 mm×355.6 mm或355.6 mm×431.8 mm等，系夹持胶片进行冲洗和晾干之用。

(4)洗片箱　洗片箱，也称洗片筒(桶)，2个或3个为一套，较小的2个为显影箱和定影箱，大的1个为洗影箱。在摄影工作量不大的兽医基层单位可用普通脸盆或方盘进行胶片的冲洗。

(5)冲片池　冲片池为照片定影完毕后用流动清水进行冲洗的水池。

(6)定时钟　定时钟，即定时闹钟，为计算显影时间作报时之用，时间可随意设定。

(7)温度计　温度计为测量药液温度之用，除普通温度计外，最好有显影温度计(50℃)。

(8)升温恒温器　可使药液升温并保持一定温度，是冬、春低温季节冲洗时使用的设备。

(9)观片灯　在暗室内供初步观察照片之用。

(10)其他用品设备　暗室尚需有天平、漏斗、量杯、量筒、玻璃瓶、搅拌棒、锅、盆、剪刀等用品设备。

2. 显影剂与定影剂

胶片经过X线曝光照射后，其中已感光的溴化银形成潜影，经过显影剂的还原作用，使银离子还原为黑色的金属银，成为可见的影像。

(1)显影剂　包括还原剂(有米吐尔，化学名是对甲氨基酚；海得或坚安，化学名是对苯二酚；菲尼酮，化学名是1-苯基-3-吡唑烷酮，这是最新的显影剂)、保护剂(无水亚硫酸钠)、促进剂(无水碳酸钠)和防灰剂(溴化钾，苯骈三氮唑)。

目前市售的X线胶片显影剂和定影剂为通用处方，是已配好的成品，按说明加水溶解配制即可。但各厂出品的胶片都附有其本身的配方，最好按其胶片厂牌的处方配制(上海牌X

线胶片显影剂配方如下：50℃温水 800 mL、无水碳酸钠 40 g、对甲基氨基酚 3.5 g、溴化钾 5 g、无水亚硫酸钠 60 g、对苯二酚 9 g，加水至 1 000 mL）。配制时需按处方顺序，待一种药物溶解后再加入下一种药物。在 20℃的显影液中，显影时间 4～6 min，每 1 000 mL 药液可显影 279.4 mm×355.6 mm 胶片 5 张，或用至显影能力衰老为止。

标准显影温度为 20℃，但在夏暑高温季节因室温过高，不利于显影过程。无降温设备者可在上述显影配方中最后添加硫酸钠 100 g，这种显影液在较高室温中仍可正常显影。为使显影均匀起见，胶片可先浸入清水中，随即取出，滴去水滴后再放入显影剂中显影。

（2）定影剂　定影是将已经显影的 X 线影像固定下来，它是通过化学作用，将其中未感光的溴化银溶解移去，使胶片变为透明。定影剂的配方如下：50℃温水 600 mL、硼酸 7.5 g、硫代硫酸钠 240 g、钾矾 5 g、无水亚硫酸钠 15 g 、28%醋酸 48 mL，加水至 1 000 mL（起溶解溴化银作用的药物为硫代硫酸钠，是定影剂中的主药。定影剂的组成包括定影剂：硫代硫酸钠，通称海波；保护剂：亚硫酸钠，此外，醋酸及硼酸也有其保护作用；酸化停影剂：醋酸；坚膜剂：钾矾）。

定影 10～15 min，每 1 000 mL 药液约可定影 279.4 mm×355.6 mm 胶片 5 张，或用至药液衰老为止。

3. 胶片的装卸操作

拍摄照片前应先准备好暗盒和胶片。胶片的装卸操作，应在暗室内进行。将暗盒平放桌面，盒底向上并将暗盒底盖打开。从胶片盒中连同保护纸取出一张胶片，把胶片底页护纸掀起后正确地放胶片于暗盒内的增感屏上，另一手隔着面页护纸检查胶片已放置正确后，随后取出护纸，关闭暗盒。若只需较小的胶片，则按要求的尺寸连护纸裁切好胶片后，再装盒。已投照完毕的暗盒，则可在暗室内开盒卸片，在桌上打开暗盒底盖，把暗盒倒向底侧，以右手中指与食指接住胶片的一角后，用拇指捏住缓慢地把胶片取出；若胶片不能随暗盒倒转而脱出者，可以用指甲轻轻将胶片角撬起，握住片角把胶片缓慢取出，并盖好暗盒。以上操作过程中，应避免用手触摸增感屏和胶片，并防止摩擦胶片。

在高温高湿气候的地区，胶片装盒时间不宜过长，应及早卸片，以防黏结。取出已曝光的胶片，即装于洗片架上，稳妥地将四角夹住，准备进行显影。

4. 冲洗操作

胶片的冲洗操作过程，包括显影、洗影、定影、冲影及干燥 5 个步骤，前 3 个步骤须在暗室内进行。

（1）显影　先测量显影液温度（应为 18～20℃）并估计显影时间。一手持已夹好胶片的洗片夹，另一手打开显影箱的盖子，把胶片浸入显影液中，上、下往返移动数次，随之把盖子盖好，并即拨好定时钟预定的显影时间（通常为 5 min）。待听到定时钟的闹铃声响，显影时间已到，拿起洗片夹，把多余的药液滴回箱内，随即进行洗影。在显影时间内不应把胶片取出在红灯下观看，但对投照技术缺乏把握者，可在显影 3 min 后取出观察 1 次，或到预定显影时间结束时再观看 1 次，以便对曝光过度或曝光不足的胶片及时调整显影时间以图补救。

（2）洗影　即在清水中洗去胶片上的显影剂。把显影完毕的胶片放入盛满清水的洗影箱内漂洗片刻（10～20 s）后拿起，滴去片上的水滴即行定影。

(3)定影　即把洗影后的胶片放入定影箱内的定影液中，定影的标准温度为 20～25℃，定影的时间不像显影时严格，一般 10～15 min，但不应超过 30 min，定影箱上应加盖。

(4)冲影　定影完毕后的胶片放入流动的清水池中冲洗 0.5～1 h，把胶片上的药液彻底冲净，无流动清水，则需延长浸洗的时间。

(5)干燥　冲影完毕的胶片可放入电热干片箱中快速干燥。没有此设备时，则把洗片架悬挂于木架上，置于通风处把胶片晾干。

在摄影工作量不大的单位，为节约药物，冲洗操作过程可以采用盆冲法，即用普通搪瓷方盆或塑料冲盆平冲，以代替上述冲片箱的立冲，无须洗片夹显影时全片要迅速与药液接触并来回摆动数次，避免胶片下覆盖着任何气泡。冲洗药液平时贮存于磨口玻瓶中，用时倒出，用毕装回瓶内。胶片定影完毕再夹于洗片架上进行冲影和晾干。

5. X 线胶片的自动冲洗技术

曝光后的胶片在自动冲洗机上冲洗，可在短时间内迅速完成显影、洗影、定影、冲影和干燥的全过程。各种类型的自动冲洗机对不同大小的胶片均可适用，处理胶片的速度约 90 s 不等，连续工作生产量约 75 张/h。在暗室内取出胶片放入进片盒。机器即开始自动冲洗片。

二、X 线诊断的程序

1. 全面系统观察，寻找发现病变

对 X 线照片进行全面系统观察，以寻找和发现一切病变，这是 X 线诊断的第 1 个步骤。当阅片时应先对全片作一概括性观察，要明了照片的部位和位置，照片技术质量是否符合要求；是否有明显的病变存在，并注意勿将由技术质量造成的阴影误认为病变阴影。经过大致浏览之后，对照片正常与否应有初步的印象。

在概括性观察所得的初步印象基础上，再进一步有系统地细阅照片，按习惯不同，可从上到下或从左到右或由外至内，有次序地细看每个区域范围，注意避免遗漏，也可按解剖系统逐项观察，如对小动物的腹部检查，应包括软组织(皮肤、皮下结缔组织、肌肉和脂肪)、骨骼(脊椎、肋骨、骨盆)，并注意两侧比较，然后检查内脏器官，如消化系统的小肠、大肠、肝、脾，泌尿系统的肾、膀胱、生殖系统的卵巢、子宫、雄性的前列腺等。要注意其外形、大小、位置、结构和能见度。若检查动物的四肢骨骼，可分为骨骼、关节、周围软组织等部分进行观察，而对骨骼本身又可分别对骨膜、骨皮、髓腔、松质骨等进行详细观察。务求对一切异乎正常的病变都能通过有系统地寻找而不遗漏地发现出来。

2. 深入分析病变、鉴别其病理性质

发现异常病变后，应对其 X 线影像进行深入分析，以了解其病理性质，尽可能求得 X 线诊断初步意见，这是 X 线诊断的第 2 个步骤。分析病变阴影时应注意以下要点。

(1)病变的位置与分布　病变的位置和分布与病变的性质常有密切关系，如同样性质的病变阴影，由于所在的位置与分布不同，就可能代表不同的疾病。例如，分布于猪的肺野中央区域和心脏外围的渗出性阴影，常为猪气喘病的征象，但同样性质的阴影，若位于肺的膈叶并分布于其后缘者，则可能是猪肺线虫病的表现。

(2)病变的大小和范围　病变的大小和范围，直接与病情的程度有关，病变大、范围广常表示病情严重。此外，大小和范围与病的性质也有关系，例如肺野中的小片状渗出性阴影，范围虽广，多为小叶性肺炎的表现，但广泛而大片的渗出性密影有可能是大叶性肺炎的表现。

(3)病变的形状与数目　病变的形状和数目常可反映出病变的性质，例如肺内表现的圆形块状阴影，则可能是肿瘤或囊肿；三角形的阴影有可能是肺不张或血管梗塞；形状不规则的阴影，则可能是炎性的病变。只有单独一个病灶，则可表示为单发或原发，若病变数目较多，则表明为多发性或转移性病灶。

(4)病变的边缘轮廓　边缘和轮廓是表示病变与周围组织的分界状况，凡边缘明锐、光滑而轮廓清楚的病变，则是慢性和良性的表示；反之，边缘模糊、轮廓不清者，常是急性、恶性或病情进展的表示。若原来的病变边缘模糊不清，但后来转变为清楚明锐者，常为病变好转、愈合的表现。

(5)病变的密度与均匀性　不同密度的病变阴影，则可表示不同性质的病理变化。如骨骼密度增高，则表示骨质的增生硬化，骨的密度降低，表示骨质破坏或疏松。骨髓炎的急性期以骨质疏松破坏为主，慢性骨髓炎骨质明显硬化而兼有破坏。在肺内高度致密的病变阴影，即系钙化的表示；密度降低乃是肺气肿或肺空洞。大叶性肺炎、肺肿瘤或胸积液，密度普遍均匀；结核瘤或小叶性肺炎，其密度常不均匀。

(6)病变的周围组织与结构　某些组织器官的病变不仅使其本身发生变化，相邻的周围组织和结构也能引起变化，故注意周围的情况，对确定病变本身的诊断常有重要意义。例如，一例胸部发生广泛性密度增高如阴影，但此阴影的病理性质如何，往往需要注意附近的周围组织结构，若发生患侧胸廓扩大、膈肌后移、纵隔向健侧移位，则应考虑为胸积液。相反，如纵隔向患侧移位、胸廓下陷、肋间变窄等，则是一侧性肺不张或胸膜增厚、粘连收缩的表现。

(7)功能与动态情况　除了形态结构方面的变化以外，尚需注意器官的功能与病变的动态变化。如心包积液时，可表现为搏动的减弱或消失；胸膜炎时膈的运动可能减弱；肾排泄功能障碍时，肾盂静脉造影不能显现。对不明显的 X 线表现或不能区别的病变，可以跟踪复查，观察其动态变化，以期得到诊断。如对发现有猪气喘病可疑的患猪，于短期内复查，X 线检查常可有助于确诊。对病原性质不明的肺渗出性病变，可短期治疗后进行复查，如为结核，用一般的消炎药物治疗，则多无明显改变；若系一般肺炎可能已痊愈或明显好转。

3. 结合临床资料、最后做出诊断

X 线诊断的最后步骤，是与临床资料结合并做出诊断。在经过以上的发现病变和分析病变之后，对具特殊 X 线征的疾病，已可做出诊断。但具有特殊 X 线征的疾病仍属少数，在通常情况下，某种异常阴影，可能是几种疾病的共同表现。故不应片面孤立地研究 X 线所见，而必须与临床资料相结合，进行综合分析、推理判断，才能较真实地反映客观情况，提出较准确的诊断意见。故 X 线诊断必须考虑病史、临床症状、化验材料、治疗经过与效果等，并结合病畜的畜种、品种、年龄、性别、用途、产地等全面考虑，根据疾病的知识，最后做出结论。为避免先入之见，也可先按 X 线所见提出初步诊断，然后与临床资料结合。若与临床符合，能满意解释 X 线所见临床表现，常表示诊断正确。如 X 线诊断意见与临床意见不符，则须进行讨论或重新复查照片。当然，有时 X 线的结论也可能与临床意见不同，这不必强求统一，应实事求是，提出其他可能的诊断，供临床参考，或进一步建议采取其他的检查方法，以求确诊。总之，X 线诊断可以是肯定性诊断，也可以是否定性诊断，或只是提示某种可能性的诊断。

技术提示

1. 暗室工作应养成清洁、整齐的良好习惯，显影液或定影液不允许沾染到工作台或其他设备和器具上。胶片的裁切和装卸过程，操作者的手要清洁、干燥。

2. 暗室内要保证完全黑暗，工作过程不能有任何可见光线漏入室内。但工作完毕后则应打开门窗，保持室内空气流通和干燥。

3. 在显影箱内勿同时放入过多的胶片，以致互相拥挤摩擦，各胶片之间要保持一定距离，勿相互粘连。用盆洗法平冲时，要使全片同时浸入药液中，勿使部分露出液面；也不应使胶片完全沉于盆底，致使紧贴底壁的胶片显影不充分；也不宜几张胶片同时显影，致使彼此重叠相连，造成局部显影不充分。

4. 显影液和定影液平时要加盖保存，以防氧化。药液使用有一定限度，已超过其限度而性能衰老者则应更换新药液。如显影液已变成深棕色而显影能力明显减弱，定影液变成浑浊，虽延长时间也不能满意使胶片定影透明者，则可弃去。

知识链接

对照片中出现的不应有的阴影和缺陷，应能找出其原因进而加以克服，日常所见缺陷主要如下。

(1)照片灰翳　原因可能为显影剂过期、显影剂温度过高或过低、显影时间过长、胶片过期、胶片曾受 X 线照射、曝光后的胶片漏光和红灯过亮等。

(2)照片发黄　可因显影时间过长、显影液衰老、定影不足、定影液衰老和冲影不足等而引起。

(3)树枝状黑影　因装卸胶片过程中发生摩擦产生静电感光。

(4)灰黑斑影　胶片与增感屏或保护纸因受潮湿黏着，进行剥离时引起感光。

(5)新月状黑影　手指持片不慎使胶片屈折所致。

(6)黑或白色指纹影　在显影前手指沾有显影液触摸胶片，呈现黑色指纹；沾有定影液呈白色指纹。

(7)圆形白点　显影时胶片表面附有气泡或显影前有定影液溅在胶片上。盆洗法显影时如胶片下覆盖有大的气泡，可形成大的白圆区。

(8)大片白色区或白条　显影时胶片表面互相粘贴或与显影箱壁粘贴；盆洗法显影时胶片摆动不均匀，与冲盆底壁的条状凸起长时间粘贴，以上两者都使粘贴部显影不充分而造成白的阴影。

(9)白色不规则、阴影或方角形白影　增感屏面上有斑点、霉点或胶片与增感纸之间夹入纸片和异物。

(10)胶片周边黑色　暗盒周边处漏光。

(11)灰黑色条状阴影　多位于对角线附近,因投照曝光过度或显影液温度过高,拿起胶片把多余药液滴加箱内时,显影液流过之处加强了局部经路的显影。

(12)胶片药膜皱缩或脱落　因显影温度过高,或定影液过于陈旧衰老。

(13)胶片清晰度与对比度降低　胶片与增感纸接触不紧密、曝光时动物移动、显影或曝光不足、显影温度过低。

操作训练

利用课余时间或假日参与动物医院X线检查室工作,练习X线检查技术。

任务四　超声检查

任务分析

超声诊断是将超声检测技术应用于动物体,通过测量了解生理或组织结构的数据和形态,发现疾病的一种诊断方法。超声诊断是一种成像快,诊断及时,无痛苦与危险,属于非损伤性的检查手段。B超是利用超声声束扫描动物机体,通过对反射信号的接收、处理,以获得体内器官的图像。B超与X线、CT、磁共振成像并称为4大医学影像技术。超声检查广泛应用于动物妊娠检查、腹腔器官检查、心脏检查以及动物背膘和眼肌测定,成为宠物医学常规诊断。

任务目标

1. 会用超声仪对腹腔器官进行扫查,
2. 能辨别不同腹腔器官正常超声图像,识别常见病变。

任务情境

动物医院B超室或B超检查实训室;动物(羊、犬及猫等);保定用具;B超仪;耦合剂;电推剪;消毒用品。

任务实施

一、认识B超仪的基本构造

B超仪一般包括探头、主机、信号显示器、编辑及记录系统组成。

1. 探头

探头是用来发射和接收超声,进行信号转换的部件,也叫换能器。将主机送出的电信号转变为高频震荡的超声信号,又将从组织脏器反射回来的超声信号转变为电信号而显示于主机的显示器上。探头是B超诊断仪的主要部件，在使用中也是最容易损坏的部分，因此，使用时首先应注意保护探头，以防损坏。

2. 主机

超声诊断仪的主体结构由电路系统组成。电路系统主要包括主控电路、高频发射电路、高频信号放大电路、视频信号放大器和扫描发生器等组成。

3. 显示及记录系统

显示系统主要由显示器、显示电路和有关电源组成。超声信号可以通过记录器记录并存贮下来。B超诊断仪还可以配带照相机、录像机、影像打印仪、鼠标、键盘。甚至还可以连接计算机，装入专门的软件，可以将超声图像作彩色显示、图像处理、存储、检索放大及自动分析等，还可以计算图像的周长、面积等。

二、兽医B超操作

1. B超诊断仪的准备

检查B超诊断仪连接，连接主机、探头及其他部件（如照相机、影像打印机等）；将各部件与电源相连接；将各部件的电源开关打开；输入操作日期、病例号等其他一些数据。选择合适的探头，调节辉度及聚集。

2. 动物保定

大家畜在诊疗栏内保定。中、小动物取站立位或卧位保定，必要时可进行全身麻醉。

3. 被毛处理

一般要求在探查部位清除污物，剪毛或用新配制的7%硫化钠溶液脱毛。但对珍贵动物、稀有动物或被毛稀薄的动物也可不剪毛或脱毛，可将毛分开，涂以多量接触剂进行探查。

4. 接触剂使用

接触剂，又称耦合剂或导声剂。这是为了使探头与被检查部位的皮肤紧密接触，不使有空气夹层，如果有0.1 mm的空隙时就会产生气体全反射，超声就不能进入机体，达不到探查目的。兽医临床上以石蜡油-凡士林糊剂为最佳（配方：石蜡油100.0 mL、凡士林100.0 g、阿拉伯胶粉2.0 g，加热，搅拌混合，待冷却备用。在寒冷季节，石蜡油剂量增倍）。

5. 探查方法

（1）定点探查法　大动物体表被毛多，体躯庞大又不便转动体位，而某些脏器（如肺界测定、肝脏投影测定）面积较大，可根据体表投影大体部位进行定点探查。然后将各探查点顺势连接起来即代表脏器的体表投影部位。

（2）滑行探查法　在探查线路涂大量接触剂，探头借助接触剂的润滑作用，移动检查，特别对体内包块大小，与周围组织的关系及脏器边缘的确定等常用。

（3）加压探查法　对小动物腹部探查时，探头需用一定压力，以排除肠腔气体的影响。

（4）扇形探查法　将探头固定于一点，做各种方向的扇面形倾斜探查，以了解较小组织或病变的全貌。

（5）混合探查法　将滑行、加压等探查方法互相结合起来综合探查。

（6）对比探查法　对于对称性器官（如眼、乳房、肾脏等），为了证实是否异常，用同样手法在对称部位进行探查，以资比较。

(7)体表投影探查法　了解器官的体表投影位置，获得正常生理指标或病理变化情况。

(8)体腔内探查法　用长柄直形或弯形探头伸入直肠或阴道内，或指环形探头戴在手指上伸入以上腔体，探查妊娠及腹腔病变等。

6. 确定检查器官状态

探查到典型的病变，可以用冻结键冻结图像，然后利用主机上的其他键进行测量及标示，以及进行照相、存储、打印、输出等处理。

7. 关机与断电

检查完毕，关闭各部件开关，切断电源，用蘸有肥皂水的软湿布轻擦探头。

B超诊断仪可用于牛、羊、猪、兔的早孕诊断和胚胎发育监测；牛、熊胆囊定位、牛黄普查和人工牛黄的成形、牛肝脾监测；难产时胎儿死活鉴定；假孕、子宫及腹腔积液、腹腔肿瘤的诊断；胃内容物、肠套叠等的辅助诊断。尤其对小动物，是妊娠和疾病诊断的重要手段。

三、B超检查的声像图及回声描述

1. 动物体组织结构和病灶的声学类型

超声图像是由许多大小不同、灰度不一的像素组成的，这些像素的大小反映了回声界面的大小，灰度高低反映了回声的强弱。图像上从亮到暗(从白到灰再到黑)的变化程度称为灰度，不同的灰度登记称为灰阶。动物体复杂的结构因其声阻抗不同而具有不同的声学特征，疾病下的病灶又使得其声学特征发生改变，这些声学特征在声像图上表现为大小和灰度的不同。按声学特征，动物组织器官及病灶可分为以下几种声学类型。

(1)无回声型　动物体内液体是最均一的声学介质，内部无明显的声阻抗差异，不存在声学界面。超声波通过液体时因无声学界面而无回声，在图像上表现为无回声暗区，又称液性暗区或液性无回声。动物体内常见的液体如尿液、胆汁、血液就是典型的液性暗区，一些病理性积液如胸腔积液、腹腔积液、脑积水、淋巴外渗、血肿(无凝血)、脓肿等也表现为液性暗区，但脓肿和有凝血的血肿在液性暗区内会有细小的弱回声。

(2)弱回声型　一些实质器官如肾脏、淋巴结、肾上腺等，因其结构均一而具有较好的透声性能，在声像图上表现为暗区，这种暗区称为弱回声或实质性暗区。实质性暗区是相对的暗区，加大增益后仍然有弱回声出现。

(3)低回声型　一些组织如肾皮质，因结构不十分均一而具有少量弱回声界面，在声像图上表现为灰暗的回声，称为低回声。

(4)等回声型　正常肝脏、脾脏、子宫、心肌等实质性器官因实质与间质并存而形成中等的声学界面，声像图上表现为中等灰阶的回声，称为等回声。

(5)高回声型　肾窦、纤维组织、乳腺以及结构复杂、排列无一规律的实质性病变如肝硬化、肝癌等组织内存在声阻抗值大于20%的声学界面，其回声明亮但后方不存在声影，称为高回声。

(6)强回声型　结石、钙化灶、骨骼等与周围软组织声阻抗值大于50%，在声像图上灰度明亮，后方常伴有声影的回声，称为强回声。

(7)含气型　气体与周边软组织声抗阻值相差 3 000 倍以上，超声不能透射而几乎全部被反射，并且会出现多次回声，声像图上回声界面灰度特高，后方组织不能显示，又称特强回声。

2. 超声检查回声形态描述

回声形态指声像图上光点形状，常见的有以下几种：

(1)光点或光斑　细而圆的点状回声。

(2)光团　回声光点以团块状出现。

(3)光条或光带　回声呈条状带。

(4)光环　回声呈环状，光环中间较暗或为暗区，如胎儿头部回声。有些器官或病灶内部出现回声，称为内部回声，光环是周边回声的表现。

(5)光晕　光团周围形成暗区，如癌症结节周边回声。

(6)网状回声　多个环状回声聚集在一起构成筛状网，如脑包虫、犬的子宫脓肿、腹腔脓肿等的回声。

(7)云雾状回声　多见于声学造影。

(8)声影　由于声能在声学界面衰减、反射、折射等而丧失，声能不能达到的区域(暗区)，即特强回声下方的无回声区，称为声影。有些脏器或肿块底边无回声，称底边缺如；若侧边无回声，称为侧边失落。

(9)声尾　或称蝌蚪尾征，指强回声后方的类似彗星尾样回声，如脓肿后方的声尾。在特强声学界面上，超声波在肺泡壁上反复反射，声能很快衰减，称为多次重复回声(3 次以上)或多次回声。

(10)靶环征　以强回声为中心形成圆环状低回声带，如肝脏病灶组织的回声。

技术提示

(1)仪器应放置平稳，防潮、防尘、防震；开机和关机前仪器各操纵键要复位。

(2)仪器持续使用 2 h 后应休息 15 min，一般不应持续作用 4 h 以上，夏天应有适当的降温措施。

(3)导线不应折曲、损伤，探头应轻取轻放，不可撞击；连接或取下探头必须是在关闭电源的情况下进行，绝对不能把探头浸于水中，其他部件的连接或取下也应先关闭电源。

(4)不可反复开关电源(间隔时间应在 5 s 以上)，使用频率低的要经常开机，防止仪器因长时间不使用而出现内部短路，出现击穿以致烧毁。

(5)很多疾病的波形或声像图都没有特异性，且波形或光点密度、亮度和大小往往与所选择的仪器的灵敏度有关。因此，使用超声仪检查时，必须校正仪器灵敏度，并结合临床资料综合分析，提高诊断的准确率。

知识链接

1. 超声诊断仪的类型

兽医超声诊断仪可分为 A 型(超声示波法)、B 型(超声断层显像法)、D 型(超声多普勒法)、M 型(超声光点扫描)4 种。其中,A 型是最原始的一种,现已基本不用;D 型即妊娠诊断仪,是根据多普勒效应制成的超声诊断仪,又称多普勒超声诊断仪,在临床上主要用于心脏、血管、血流和胎儿心率的检查;M 型超声诊断又称光点扫描法或时间-运动型超声诊断法,能测量运动器官,主要用于心血管各部分大小、厚度和心脏瓣膜运动状况的测量等。有的还具有心电图、心音图功能,可用于研究心脏搏动和脉搏之间的相互关系。

B 型超声诊断俗称 B 超,又称超声断层显像法,B 型超声波检查是通过灰阶成像,采用多声束连续扫描,能显示脏器的活动状态(实时显像)、脏器的外形及毗邻关系,以及软组织的内部回声、内部结构、血管及其他管道的分布情况等。其原理是将超声回声信号以光点明暗,由点到面构成一幅被扫描部位或组织的二维断层图像。根据被检动物的超声图像与正常组织的超声图像的差异,可以用来测定实质脏器的体积、形态及物理状态;判断囊性器官的大小、形态、走向;检测心血管的结构、功能与血液流动速度;检测脏器内占位性病灶的物理性质;检测是否有体腔积液;引导穿刺、活检或导管植入等辅助诊断。

2. 超声的发生与接收

1880 年,法国物理学家居里兄弟发现了压电效应。压电效应可简单理解为机械压力和电能通过超声波的介导而相互发生能量转换。压力效应的发生必须借助具有良好压电性质的晶体物质,即压电晶片,如石英、钛酸钡、锆钛酸铅、硫酸锂等,最常见的是锆钛酸铅。

(1)超声波的发生　超声的发生和接受是根据压电效应的原理,由超声诊断仪的换能器或探头来完成。探头就是超声仪的波源。压电晶片置于探头中,由主机发生变频交变电场,并使电场方向与压电晶体电轴方向一致,压电晶体就会在交变电场中沿一定方向发生强烈的拉伸和压缩,即机械振动(电振荡所产生的效果),于是产生了超声。在这一过程中,电能通过电振荡转变为机械能,继而转变为声能。因此把这一过程称为负压电效应。如果振动频率大于 20 kHz,所产生的声波超过人耳的听阈,即为超声波简称超声。

(2)超声波的接收　超声在介质中传播,遇到声阻抗相差较大的界面时即发生反射,反射波被超声探头接收后,就会作用于探头内的压电晶片,使压电晶片发生压缩和拉伸,于是改变了压电晶片两端表面电荷,即声能转变为电能,超声转变为电信号,这就是正压电效应。主机将这种高频变化的微弱电信号进行处理、放大,以波形、光点、声音等形式表示出来,产生影像。

3. 超声的传播和衰减

同其他物理波一样,超声波在介质中传播时亦发生透射、反射、绕射、散射、干涉和衰减等现象。

(1)透射　超声穿过某一介质或通过 2 种介质的界面而进入第 2 种介质内称为超声的透射。除介质外,决定超声透射能力的主要因素是超声的频率和波长。超声频率越大,波长越小,透射能力越弱,探测的深度越浅;超声频率越小,波长越长,穿透力越强,探测的深度越深。

(2)反射与折射　超声在传播过程中,如遇到 2 种不同声阻抗介质所构成的声学界面时,一部分超声波会返回到前一种介质中,这一现象称为反射;超声波在进入第 2 种介质时发生传播方向的改变,称为折射。

超声波发生的强弱主要取决于形成声学界面的2种介质的声阻抗差值，声阻抗差值越大，反射强度越大，反之越小。当2种介质的声阻抗差值达到0.1%，即2种物质的密度差值只要达到0.1%，超声就可在其界面上形成反射，反射回来的超声称为回声。反射强度通常以反射系数表示：

反射系数＝反射的超声能量/入射的超声能量

空气的声阻抗值为0.000 428，软组织的声阻抗值为1.5，二者声阻抗值相差约4 000倍，故其界面反射能力特别强。临床上在进行超声探测时，探头与动物体表之间一定不要留有空隙，以防声能在动物体表大量反射而没有足够的声能达到被探测的部位。这就是超声诊断必须使用耦合剂的原因。

(3)绕射　超声遇到小于其波长一半的物体时，会绕过障碍物的边缘继续向前传播，称为绕射或衍射。实际上，当障碍物与超声的波长相等时，超声即可发生绕射，只是不很明显。根据超声绕射规律，在临床检查时，应根据被探查目标的大小选择适当频率的探头，使超声波的波长比探查目标小得多，以便超声波在探查目标时不发生绕射，把比较小的病灶也检查出来，提高分辨力和显现力。

(4)散射与衰减　超声在传播过程中除了透射、反射、折射和绕射外，还会发生散射。散射是超声遇到物体或界面时沿不规则方向反射(非90°)或折射(非声抗阻差异所造成的)。超声在介质内传播时，会随着传播距离的增加而减弱，这种现象称为超声衰减。引起超声衰减的主要原因包括：超声束在不同声阻抗界面上发生的反射、折射及散射等，使主声束方向上的声能减弱；超声在传播介质中，由于介质的黏滞性(内摩擦力)、导热系数和温度等影响，使部分声能被吸收，从而使声能降低。

声能的衰减与超声频率和传播距离有关。超声频率越高或传播距离越远，声能的衰减，特别是声能的吸收衰减越大；反之，声能衰减越小。动物体内血液对声能的吸收最小，其次是肌肉组织、纤维组织、软骨和骨骼。

(5)多普勒效应　多普勒(Christion Johann Doppler)发现声源与反射物体之间出现相对运动时，反射物体所接收到的频率与声源所发出的频率不一致。当声源与反射物体相向运动时，声音频率升高，反之降低，此种频率发生改变(频移)的现象称为多普勒效应。

频移的大小取决于声源与反射物体间的相对运动速度，速度越大，频移越大。相向运动时频移为正，声音增强；反向运动时，频移为负，声音减弱。D型超声诊断仪就是利用超声的多普勒效应把超声频移转变为不同的声响以检查动物体内或其组织器官，包括妊娠检查。

(6)超声的方向性　超声波与一般声波不同，由于其频率极高，波长又短，远远小于探头的直径，在传播时集中于一个方向，类似平面波，声场分布呈狭窄的圆柱状，声场宽度与探头的压电晶片大小相接近，因而有明显的方向性，故而又称为超声的束射性或定向性。

操作训练

利用课余时间或假日参与动物医院B超检查室工作，练习B超检查与诊断技术。

任务五 现代影像诊断技术

任务分析

影像诊断技术是兽医临床诊断领域中的一种特殊诊断方法，除了X线检查、超声检查、内窥镜检查等常用的影像诊断外，X线计算机体层成像(CT)、磁共振成像(MRI)和核素成像等现代影像诊断技术已经在动物医学逐渐使用,尤其在宠物诊疗中更为广泛。

任务目标

1. 能依据说明书操作CT机,并对结果进行分析判断;
2. 能依据说明书操作磁共振仪,并对结果进行分析判断。

任务情境

动物医院CT室或CT检查实训室;磁共振检查实训室;CT机;磁共振仪。动物(羊、犬及猫等);保定用具。

一、X线计算机体层成像(CT)

X线计算机体层成像(Computed Tomography,CT)是将X射线束透过机体体层扫描后的衰减系数,通过计算机处理重建图像的一种现代医学成像技术。CT是X线检查技术与计算机技术相结合的产物,克服了传统X线平片影像重叠,相邻器官组织密度差异不大而不能形成对比图像,软组织构成器官不能显影或显影不佳等缺点。和超声图像相比,CT图像清晰,解剖关系明确,病变显示好,病变的检查率和诊断准确率高。CT可获得各种正常组织与病变组织的X线吸收系数(或衰减系数),以进行定量分析,即不仅显示出不同密度的器官、组织或病变的影像,且直接得到各自对X线吸收多少的数值即吸收系数。

1. 认识CT机的结构

CT的基本设备包括X射线球管、准直器、探测器、模/数转换器、高压发生器、扫描机架与检查床和计算机系统。

(1)X线球管　可分为固定阳极球管和旋转阳极球管。目前使用较多的是旋转阳极球管。

(2)准直器　位于球管X线出口端。

(3)探测器　用于探测透过动物体的X线信号,并将其转化为电信号。

(4)模/数转换器　将探测器收集的电信号转换成数字信号,供计算机重建图像。

(5)高压发生器　为X线球管提供高压,保证X线球管发射能量稳定的X线。

(6)扫描机架与检查床　扫描机架上装有X线球管、准直器、探测器、旋转机械和控制电路等;检查床可上下、前后移动,将动物体送入扫描孔。

(7)电子计算机系统　CT有主计算机和阵列处理器，主计算机控制机架与检查床的移动、X线的产生、数据的产生与收集、各部件间的信息交换等整个系统的运行。阵列处理器作图像重建。

工作时，X线经准直器形成狭窄线束，做动物体层面扫描。X线束被机体吸收而衰减；位于对侧的灵敏高效探测器，收集衰减后的X线信号，并借模/数转换器转换成数字信号，送入计算机；计算机将输入的原始数据处理，得出扫描断层面各点处的X线吸收值，并将各点的数值排列成数字矩阵。数字矩阵经数/模转换器转换成不同灰暗度的光点，形成由荧光屏显示的断层图像。CT图像可以胶片记录，或存储在磁盘、光盘、医学影像存档与通信系统中。

2. CT成像检查操作

(1)CT开关机流程　按下主机柜按钮，旋转把手打开，按下UPS(不间断电源)按钮，按下主机开关键，等待电脑启动，操作盒移床按键亮后按下，床回到原位。

(2)动物保定　将动物仰卧保定于检查床，必要时可进行麻醉后依据检查要求进行保定。

(3)扫描流程　选择扫描部位，选好层面厚度与扫描范围，确认动物当前体位及扫描参数后，听到提示音后按下控制盒上扫描按钮，并使扫描部位移入扫描架的孔内，扫描定位片，移动、缩放扫描框，确定扫描范围。听到提示音后，即可进行扫描。大都用横断面扫描，层厚用5 mm或10 mm，特殊需要薄层可选择2 mm。

(4)图像浏览

①浏览全部序列。在列表里单击选中动物，进入“图像浏览”。

②浏览部分序列。在列表里单击选中动物→选中序列，按下Ctrl键同时选中下一个序列→“图像浏览”。

③序列联动。选中第一个序列，按下Ctrl键同时选中第二个序列→联动按钮。

(5)打印编辑　可选择打印全部或部分图像。打印全部序列即在列表里选中动物→胶片打印→排版→打印按键。打印部分序列即在列表里选中动物→选中序列，按下Ctrl键同时选中下一个序列→胶片打印→排版→打印按键

(6)关机/重启　选择关闭按键，确认关闭系统。回到Windows桌面，选择“重启/关机”，按下主机开关按键，关闭UPS。

(7)电源分配柜开关机　旋转至ON开启，旋转至OFF关闭。

二、磁共振成像(MRI)

磁共振成像(Magnetic Resonance Imaging，MRI)是根据有磁矩的原子核在磁场作用下，所释放的能量在物质内部不同结构环境中不同的衰减，通过外加梯度磁场检测所发射出的电磁波，即可得知构成这一物体原子核的位置和种类，据此可以绘制成物体内部的结构图像，而采用的一项新检查技术。原子核在外磁场作用下，能对特定频率的电磁波发生共振吸收的现象。利用磁共振可以测定有机物的结构，可以通过磁共振成像技术进行脑部疾病、心血管疾病、肿瘤等的检查和诊断。MRI是通过体外高频磁场作用，由体内物质向周围环境

辐射能量产生信号实现的，成像过程与图像重建和CT相近，只是MRI既不靠外界的辐射、吸收与反射，也不靠放射性物质在体内的γ辐射，而是利用外磁场和物体的相互作用来成像，高能磁场对机体无害。

1. 识别磁共振仪的结构

MRI装置主要由磁体、磁共振波谱仪、计算机重建系统和图像显示系统组成。

(1)磁体　磁体是磁共振发生和产生信号的主体部分，主要有主磁体(产生强大的静磁场)、补偿线圈(校正线圈)、射频线圈和梯度线圈组成。主磁体是产生磁场的磁体，MRI对磁场的强度、均匀度和稳定性有严格的要求。磁场梯度系统包括梯度线圈和梯度放大器。梯度线圈可产生梯度磁场，该磁场与主磁体的静磁场叠加在扫描野内产生稳定的磁场梯度，使扫描野内任意2点的磁场强度略有不同，这样被扫描的生物体内的质子在不同的空间位置上具有不同的频率或相位，从而获得成像区域不同位置的信息。梯度磁场用于扫描层面的选择和磁共振信号的空间定位。射频线圈产生的射频场与主磁场垂直，用来发射频脉冲，以激发体内的氢原子核，产生磁共振信号，同时接收磁共振信号。

(2)磁共振波谱仪　主要包括射频发射部分和一套磁共振信号的接收系统。主要由梯度场发生和控制系统、信号接收和控制系统等组成。谱仪系统在整个成像装置中起着承上启下的关键作用，它所采集的信号，通过适当接口传送给计算机处理。

(3)数据处理和图像重建系统　磁共振信号首先通过变换器变为数字量，并存入暂存器。图像处理机按所需方法处理原始数据，获得磁共振的不同参数图像，并存入图像存储器。这种图像可根据需要进行一系列的后置处理。该系统要求配备大容量计算机和高分辨率的模/数转换器，以保证在最短时间内完成数据采集、累加、傅立叶变换、数据处理和图像重建。经重建后的图像依次送入高分辨率的显示装置，也可存入磁盘和通过多幅照相机制成硬拷贝。

(4)图像显示系统　目前常用的工作站的彩色显示器可根据需要分别对三维重建、三维透射重建和仿真内镜进行器官、相同结构或区域的彩色显示；但对常规MRI图像多采用黑白灰阶图像显示。

整个系统由主计算机控制。系统工作时，主计算机同时控制各个单片机系统工作。

2. 磁共振仪操作

(1)启动操作系统　按下操作间内的电源开关盒启动按钮；按下操作间主控计算机开关按钮，启动主控计算机；主控计算机登录到电脑系统后，用户等待，直至系统自检完毕；启动应用软件。如需手动启动该软件，双击主控计算机桌面应用软件图标；在登录窗口输入用户名和密码，点击[确定] 按钮，进入系统初始界面。

(2)动物准备

①麻醉待查动物，必要时还需要进行呼吸麻醉。

②动物摆位。将动物移至检查床上，使用缚带和衬垫固定暴露待检查区域，避免造成运动伪影，而且可以使动物更舒适。将线圈与磁体下部连接面板上的线圈连接器相连。动物摆位完成后，操作者离开磁体间时记得关紧门，然后开始扫描。

③动物登记　进入动物登记界面，输入患宠信息、检查信息和扫描序列。录入完成后，点击按钮进入扫描控制模式。

(3)扫描过程

①系统校准　由于被扫描动物的不同,对每个检查扫描前进行中心频率校准操作。

②获得定位片　默认同时获得横断、矢状和冠状定位图像。3 组切片方向始终为正交方向。根据检查需要,可以多次定位来获得期望的层面位置和扫描角度。

③定位和扫描　打开定位图像并进入定位控制界面。图像区域分别显示横断位、矢状位和冠状位定位图像,并在定位图像区域画定位线/块,可以及通过旋转定位线/块来改变扫描层位的角度,拖动定位线/块来改变扫描层的位置。定位完成后,在参数设置区里修改/设置扫描参数,进行自动扫描;或者在其他扫描结束后手动进行扫描。

④移出动物　成像完成并满足检查需要后,要将动物从磁体腔中移出,顺序如下:拔下连接器上的线圈插头,从磁体腔中拉出检查床,打开接收线圈的按扣,分开线圈,把动物从磁体腔移出。

(4)图像查看与后处理

①图片查看　扫描结束后,进入图像查看和后处理界面,可在该界面下对已扫描完的图像进行窗宽窗位调整、测量病灶、图像滤波、投影播放或编辑操作。

②胶片打印　点击[胶片打印] 按钮,进入胶片打印界面,在该界面中可对图像进行界面布局、删除图像、添加删除打印机等操作。

(5)关闭系统

在操作软件系统菜单中点击[文件]下的[退出] 菜单项,系统弹出关机选项,默认选项为[退出软件],待操作间主控计算机关闭后,然后再按下系统电源开关盒的停止按钮,关闭系统电源。

三、放射性核素成像

放射性核素成像又称核医学成像系统是利用发射型核素或其标记物在体内各器官分布的特殊规律,用闪烁扫描仪或照相机,从体外显示出内脏器官或病变组织的形态、位置、大小和结构变化以及放射性分布,从而得到显像的一种成像技术。

核素成像是将合适的发射性核素标记物(锝-99、碘-131、碘-123 或镓-67 等),经静脉注射等方法引入体内后,这些发射性核素标记物可以聚集在特定的组织、脏器或病变部位,并且发出具有穿透能力的 γ 光子。用探测器在体表探测正常或病变组织中的发射核素分布,清除、浓聚程度及分布变化,经过光电转换,可以在显示屏上显示出正常或病变组织与脏器的影像。

目前,临床上使用的核素成像设备是 γ 照相机,γ 照相机可以摄下所感兴趣的区域中放射性药物浓度的分布图,并且形成一幅完整的图像不到 1 s。如果在一定时间间隔中摄取一系列的药物分布图,就可以对脏器的功能进行动态分析。γ 照相机由准直器、闪烁晶体、光电倍增管阵列、位置计算电路、脉冲高度分析器与相应的显示装置构成。

现代医学将放射性核素与 CT 相结合成放射 CT(ECT)装置,ECT 装置分为两种:一种是利用 γ 射线放出核子的单光子发射 CT 装置,即单光子发射计算机辅助断层扫描装置(SPECT),γ 照相机可以说是 SPECT 的前期形式。另一种是利用超短半衰期的正电子放出正光子的正电子发射 CT 装置,即正电子发射计算机辅助断层扫描装置(PET)。

SPECT 装置具有 γ 照相机的全部功能，还增添了断层成像功能，所以明显地提高了诊断病变的定位能力。目前 SPECT 装置有单探头、双探头、三探头和四探头 4 种。单探头的 SPECT 装置不做断层扫描时，即是 γ 照相机。三探头 SPECT 装置可提高能量分辨力，能同时获取双同位素的分布数据。四探头 SPECT 装置采用计算机控制框架移动和探测器，有四组相对称的准直器，两种探测器头为旋转方式(角步进和连续扫描)；其灵敏度、快速扫描时间和图像质量都较单探头装置更高、更快。但临床最受欢迎的是双探头 SPECT 装置，因为它通过一次自头到脚的扫描，就能采集到全部图像数据，最适于做部分 SPECT 成像和全身扫描。

PET 是将某种物质，一般是生物生命代谢中必需的物质，如葡萄糖、蛋白质、核酸、脂肪酸，标记上短寿命的放射性核素(如氟-18，碳-11 等)，注入机体后，通过对于该物质在代谢中的聚集，来反映生命代谢活动的情况，从而通过显像达到诊断的目的。PET 能够鉴别恶性肿瘤与良性肿瘤及正常组织，同时也可对复发的肿瘤与周围坏死及瘢痕组织加以区分，现多用于肺癌、乳腺癌、大肠癌、卵巢癌、淋巴瘤等的检查，其诊断准确率在 90%以上。这种检查对于恶性肿瘤病是否发生了转移，以及转移的部位一目了然，这对肿瘤诊断的分期，是否需要手术和手术切除的范围起到重要的指导作用。临床上将 PET 与 CT 或 MRI 技术加以结合，即正电子发射断层成像-X 线计算机断层成像装置(PET-CT)或正电子发射断层成像-磁共振成像装置(PET-MRI)，使其在临床上应用更为广泛。

核医学成像与其他影像学成像具有本质的区别，其影像取决于脏器或组织的血流、细胞功能、细胞数量、代谢活性和排泄引流情况等因素，而不是组织的密度变化。它是一种功能性影像，影像的清晰度主要取决于脏器或组织的功能状态。由于病变过程中功能代谢的变化往往发生在形态学改变之前，故核医学成像是最具有早期诊断价值的检查手段之一。

技术提示

(1)避免被检动物被毛卡于床板。

(2)扫描范围内避免有金属物。

(3)被检动物肢体尽量避免接触扫描孔壁，被检动物要不动，胸、腹部扫描要尽量避免因呼吸活动造成伪影。

(4)除检查头、颈、四肢外，其余部位要求被检动物前肢向上或前方转位。

(5)被检动物平卧后，打开激光定位灯(打开激光灯前，给动物蒙上双眼)。

(6)确认定位后，熄灭激光定位灯。

(7)在检查室内禁止使用易燃气体，磁体腔及周围不能有金属物件。

(8)可以给正常体型的动物使用厚床垫，体型较大的动物使用薄床垫。

知识链接

1. CT 成像原理

CT 是用 X 线束对动物机体的某一部分按一定厚度的层面进行扫描，当 X 线射向机体组织时，部分射线被组织吸收，部分射线穿过机体被检测器接收，产生信号。因为动物机体各种组织的疏密程度不同，X 线的穿透能力不同，所以检测器接收到的射线就有了差异。将所接收的这种有差异的射线信号，转变为数字信息后由计算机进行处理，输出到显示的荧光屏上显示出图像，这种图像被称为横断面图像。CT 的特点是操作简便，对被检查动物来说无痛苦，其密度、分辨率高，可以观察到动物体内非常小的病变，直接显示 X 线平片无法显示的器官和病变，它在发现病变、确定病变的相对空间位置、大小、数目方面非常敏感而可靠，具有特殊的价值，但是在疾病病理性质的诊断上则存在一定的限制。

CT 图像是层面图像，常用的是横断面。为了显示整个器官，需要多个连续的层面图像。通过 CT 设备上图像的重建程序的使用，还可重建冠状面和矢状面的层面图像。

CT 检查分平扫、造影增强扫描和造影扫描。

平扫是指不用造影增强或造影的普通扫描。一般都是先作平扫。

造影增强扫描是经静脉注入水溶性有机碘剂，如 60%～76%泛影葡胺后再行扫描的方法。血内碘浓度增高后，器官与病变内碘的浓度可产生差别，形成密度差，可能使病变显影更为清楚。方法分团注法、静滴法和静注与静滴法几种。

造影扫描是先作器官或结构的造影，然后再进行扫描的方法。例如，向脑池内注入碘曲仑行脑池造影再行扫描，称之为脑池造影 CT 扫描，可清楚显示脑池及其中的小肿瘤。

2. 磁共振成像原理

原子核带有正电，许多元素的原子核进行自旋运动。通常情况下，原子核自旋轴的排列是无规律的，但将其置于外加磁场中时，核自旋空间取向从无序向有序过渡。自旋的核同时也以自旋轴和外加磁场的向量方向的夹角绕外加磁场向量旋进，这种旋进叫作拉莫尔旋进，就像旋转的陀螺在地球的重力下转动。自旋系统的磁化矢量由零逐渐增长，当系统达到平衡时，磁化强度达到稳定值。如果此时核自旋系统受到外界作用，如一定频率的射频激发原子核即可引起共振效应。这样，自旋核还要在射频方向上旋进，这种叠加的旋进状态叫作章动。在射频脉冲停止后，自旋系统已激化的原子核，不能维持这种状态，将回复到磁场中原来的排列状态，同时释放出微弱的能量，成为射电信号，把这些信号检出，并使之能进行空间分辨，就得到运动中原子核分布图像。原子核从激化的状态回复到平衡排列状态的过程叫弛豫过程。它所需的时间叫弛豫时间。弛豫时间有两种即 T_1 和 T_2，T_1 为自旋-点阵或纵向弛豫时间，T_2 为自旋-自旋或横向弛豫时间。

操作训练

利用课余时间或假日参观 CT、MRI 检查室或实训室，练习检查操作和图像分析。

项目测试

A 型题

1. 心电图中 T 波反映了(　　)

A. 心房肌去极化　　B. 心房肌复极化　　C. 心室肌去极化

D. 心室肌复极化　　E. 窦房结激动

2. 犬心电图检查见 QRS 综合波和 T 波完全消失，代之以形状、大小、间隔各异的扑动波。最可能的心律失常心电图诊断是（　　）

A. 心室扑动　　B. 室性逸搏　　C. 心房扑动

D. 窦性心动过速　　E. 阵发性心动过速

3. 北京犬，8 岁，不愿运动，呼吸困难，黏膜发绀。心电图Ⅱ导联显示：P 波 0.08 s，P 波呈双峰或有切迹。心电图诊断提示（　　）

A. 左心房肥大　　B. 右心房肥大　　C. 左心室肥大

D. 右心室肥大　　E. 左右心室肥大

4. 心电图中的 P 波反映（　　）

A. 房室结激动　　B. 心房肌去极化　　C. 心房肌复极化

D. 心室肌去极化　　E. 心室肌复极化

5. 给动物做消化道电子胃镜术之前，动物至少禁食、禁水（　　）

A. 2 h　　B. 4 h　　C. 8 h

D. 12 h　　E. 24 h

6. 对动物大肠内病变诊断最有效、最安全和最可靠的检查方法是（　　）

A. 普通内镜检查　　B. 色素内镜检查　　C. 纤维结肠镜检查

D. 超声内镜检查　　E. 胶囊内镜检查

7. 后消化道内镜检查的主要适应症不包括（　　）

A. 结肠癌肿的术前诊断

B. 有便血、腹痛等症状但病因不明病例

C. 急性中毒结肠炎性病变

D. 肠道炎性疾病的诊断与跟踪观察

E. 钡灌肠或结肠异常的病例

8. 不属于后消化道内镜检查禁忌症的是（　　）

A. 急性弥漫性腹腔炎　　B. 急性传染性肝炎

C. 急性重度结肠炎性病变　　D. 严重心、肺功能不全

E. 神经样发作及昏迷病例

9. 给动物做纤维支气管镜检查之前，动物应禁食、禁水至少（　　）

A. 2 h　　B. 4 h　　C. 8 h

D. 12 h　　E. 24 h

10. 对动物肝脏 B 超声检查时，出现局限性液性暗区，其中有散在的光点或小光团，提示（　　）

A. 肝结节　　B. 肝硬化　　C. 肝肿瘤

D. 肝脓肿　　E. 肝坏死

11. B 超检查健康动物的脾脏，扫查位置应在（　　）

A. 左侧第 8～10 肋间　　B. 左侧第 10～12 肋间　　C. 左侧第 12～14 肋间

D. 右侧第 8～10 肋间　　E. 右侧第 10～12 肋间

12. 以波幅变化反映回波情况的超声诊断类型属于(　　)
A. A 型　　B. B 型　　C. D 型
D. F 型　　E. M 型
13. 犬肝胆超声检查的部位在(　　)
A. 左侧第 8～9 肋间　　B. 右侧第 10～12 肋间　　C. 左侧第 10～12 肋间
D. 右侧第 12～13 肋间　　E. 左侧第 12～13 肋间
14. 给动物骨骼做 X 线检查,其反映在 X 线照片上的颜色呈现为(　　)
A. 透明无色　　B. 深灰色　　C. 灰黑色
D. 黑色　　E. 浅灰色
15. 通过腹背位 X 线检查心脏,通常以时钟表面定位心脏,其中在 11:00 至下午 1:00 时处为(　　)
A. 左心室　　B. 右心室　　C. 左心房
D. 右心房　　E. 主动脉弓
16. X 线检查犬消化道呈特征性的多发性半圆形或拱形透明气鞕,在其下部有致密的液平面,可提示为(　　)
A. 胃内有异物　　B. 胃扩张　　C. 胃扭转
D. 肠梗阻　　E. 肠变位
17. 支气管肺炎 X 线影征为(　　)
A. 黑色阴影　　B. 密度均匀的阴影
C. 大小不一的云絮状阴影　　D. 边缘整齐的大块状阴影
E. 整个肺野出现高密度阴影
18. 犬发生小叶性肺炎时,胸部 X 线摄影检查可见(　　)
A. 肺纹理增粗
B. 整个肺区异常透明
C. 肺野阴影一致加重
D. 肺野有大面积均匀的致密影
E. 肺野局部斑片状或斑点状密影

项目四

病历记录与建立诊断

项目引言

在对患畜进行系统检查之后，即可根据临床收集的症状进行综合分析，建立初步诊断。同时能对疾病的发生、发展做出预后判断。准确建立临床诊断，需要兽医师长期经验的积累、扎实的理论基础，以及敏锐、细腻的观察，同时借助实验室及特殊检查等手段对患畜深入检查，减少临床误诊概率。在进行临床诊断时，应实时填写病历记录，规范填写内容及格式，在诊疗结束后完善保存好病历记录。

学习目标

1. 会规范填写病历记录内容；
2. 能正确建立初步诊断；
3. 能对临床症状资料进行综合分析；
4. 会对疾病的发生、发展做出预后判断；
5. 培养应用辩证唯物主义的观点探索和认识动物疾病的发生、发展及转归规律的能力，提升公共卫生安全意识。

任务一 病 历 记 录

任务分析

病历是兽医根据问诊、体格检查、实验室检验和其他检查获得的资料以及治疗资料，经过归纳、分析和整理而写成的疾病文书，它反映了疾病发生、发展、病情演变、转归和治疗情况，不仅是研究临床疾病的基础资料和重要依据，同时具有法律效应，是重要的法律文书。

任务目标

1. 会设计病历记录规范格式；

2. 能实时填写病历记录。

任务情境

动物医院门诊室或临床诊疗实训室；临床病例或实训动物；体温计；酒精棉球；每生一份病畜登记表和病历记录表。

任务实施

1. 病历填写的原则

(1)真实而详细　必须客观、真实地记录病情或诊疗经过，不能臆想和虚构。应详尽地记录问诊、临床检查及某些辅助(特殊)检查所见与结果，对某些检查的阴性结果也应记入，因其可作为排除诊断的依据。

(2)系统而科学　为了记录的系统性便于归纳整理，所有记录内容应按系统有序地记载，所见的各种症状应以通用的规范汉语、汉字和兽医学术语书写病历。

(3)具体而确切　各种征候、表现应尽可能地具体和确切，避免用可能、好像、似乎等不确定的词句(当然，如果不能确切肯定某种变化时，可在所见的后面加上问号，以便通过进一步的观察和检查再行确定)。字迹要清晰，不可潦草，避免涂改。

(4)通俗易懂　语句应通顺，比喻和形象的描绘应简要明了，便于理解。

2. 病历记录的内容

(1)病畜登记　其中分别列举病畜登记的项目，可按病历表的格式或要求进行填写。

(2)主诉及问诊材料　包括病史、详细的发病情况或流行病学调查的结果、饲养管理情况、就诊前的经过及处理方式等。

(3)临床检查所见　这是病历组成的主要内容，初诊病历记录得更详细。

记录体温、脉搏及呼吸数；整体状态的检查记录；各器官系统的检查所见，依次记录心血管系统、呼吸系统、消化系统、泌尿生殖系统、神经系统等症状变化。

(4)辅助检查(特殊检查)的结果　一般以附件的形式记录之，如实验室检验(血、尿、粪便)结果、心电图、X线及超声检查所见等。

(5)病历日志

①记载每日体温、脉搏、呼吸数(一般可绘制曲线表以表示之)。

②记录各器官、系统的新变化(一般重点记录与前日不同的所见)。

③各种辅助检查的结果。

④会诊的意见及决定等。

⑤所采取的治疗措施、方法、处方及饲养管理上的改进等。

(6)病历的总结　当治疗结束时以总结方式，对诊断及治疗结果加以评定，并指出今后在饲养、管理上应注意的事项。如以死亡为转归时，应进行剖检并将其剖检所见加以记录，最后应总结全部诊疗过程中的经验及教训。

附：病历记录（病志）格式表

病历记录（病志）表（正页）

病历号：　　　　　　　　　　　　　　　　　　　　　　　　　　　　　　　　　　第　页

<table>
<tr><td>畜主姓名</td><td colspan="3"></td><td>住　　址</td><td colspan="3"></td></tr>
<tr><td>电　　话</td><td colspan="3"></td><td>E-mail</td><td colspan="3"></td></tr>
<tr><td>畜　　别</td><td></td><td>年　　龄</td><td></td><td>性　　别</td><td></td><td>特　　征</td><td></td></tr>
<tr><td>体　　重</td><td></td><td>毛　　色</td><td></td><td>用　　途</td><td></td><td>过敏的药物</td><td></td></tr>
<tr><td rowspan="2">诊　　断</td><td>月　　日</td><td colspan="3"></td><td>入院日期</td><td colspan="2">年　　月　　日</td></tr>
<tr><td>月　　日</td><td colspan="3"></td><td>出院日期</td><td colspan="2">年　　月　　日</td></tr>
<tr><td colspan="8">主诉及病史：</td></tr>
<tr><td colspan="8">临床检查：　　体温（℃）　　脉搏（次/min）　　呼吸（次/min）</td></tr>
<tr><td colspan="8"></td></tr>
</table>

执业兽医师（签章）＿＿＿＿＿＿

病历记录表（副页）

（第　页）

日　期	临床检查及处置（治疗）	执业兽医师签章

技术提示

(1)病历是临床诊疗工作过程的全面记录，是兽医根据问诊和病史调查、临床检查所见、实验室检验和特殊检查获得的资料经归纳、分析整理而成的诊断和治疗等方面的客观书面记载。病历能反映疾病的发生、发展、转归和诊疗情况，有时病历也是涉及医疗纠纷及饲料、兽药质量或人为中毒事件认定的重要依据。完整的病历既是医疗统计的基础数据，又是科学研究的原始资料。对科学资料的积累、实际经验的总结，都具有重要意义。因此，对临床检查的所有结果，都应详细地记录于病历(病志)中。

(2)病历应妥善保存，同时附上该病历的附件(如体温曲线表、临床检验和特殊卡片等)。

(3)格式规范、内容完整。病历格式具有特定的规范格式。目前，使用较多的是表格病历，其格式简化、内容规范、项目完整，可以较好地反映患畜基本情况。

(4)内容真实、书写工整。病历是患畜病情及临床诊治的真实记录，不可臆想、虚构，更不能随意涂改。书写病历时，字迹要工整、清晰，便于他人阅读。如记录需要更改，则应由兽医师注明修改时间并签名以示负责。

(5)描述规范、语句简洁。使用医学专用名词和术语，避免口语化描述；避免使用“可能”“也许”“大概”等模糊化语言；对于主诉内容应简洁记录，概括其主要内容，略去主观臆想或猜测。

(6)实时记录、签名清晰。病历的填写应与诊断同步，不可诊断之后凭回忆来填写补充。检查中所有的诊断书、处方必须有兽医师或检验师等的签名方可生效。兽医师、药剂师以及检验师的签名必须清晰无误，以示负责。

知识链接

《动物诊疗机构管理办法》第三章第十八条规定，动物诊疗机构应当使用规范的病历、处方笺。病历、处方笺应当印有动物诊疗机构名称。病历档案应当保存 3 年以上。第三十二条第四款规定，使用不规范的病历、处方笺的。由动物卫生监督机构给予警告，责令限期改正；拒不改正或者再次出现同类违法行为的，处以 1 000 元以下罚款。

《执业兽医管理办法》第四章第二十二条规定，执业兽医师可以从事动物疾病的预防、诊断、治疗和开具处方、填写诊断书、出具有关证明文件等活动；第二十七条要求执业兽医师应当使用规范的处方笺、病历，并在处方笺、病历上签名。未经亲自诊断、治疗，不得开具处方药、填写诊断书、出具有关证明文件。执业兽医师不得伪造诊断结果，出具虚假证明文件。第三十五条规定执业兽医师在动物诊疗活动中不使用病历，或者应当开具处方而未开具处方的；使用不规范的处方笺、病历，或者未在处方笺、病历上签名的；未经亲自诊断、治疗，开具处方药、填写诊断书、出具有关证明文件的；伪造诊断结果，出具虚假证明文件的。由动物卫生监督机构给予警告，责令限期改正；拒不改正或者再次出现同类违法行为的，处以 1 000 元以下罚款。

操作训练

利用课余时间或节假日参与门诊工作，练习患病动物登记和病历记录表的填写。

任务二 建立诊断

任务分析

在临床上对患病动物应用适当的检查方法，收集症状资料，通过分析对疾病的本质做出正确判断，并对所患的疾病提出病名的过程就是建立诊断。

任务目标

1. 熟悉建立诊断的步骤；
2. 培养临床诊断辩证思维；
3. 能分析判断疾病，并对疾病做预后判断。

任务情境

动物医院门诊室；动物（牛、羊、犬及猫等）；临床检查的病历资料等。

任务实施

一个完整的诊断应该做到指出疾病的部位，表明患病器官病理变化的性质，判断出机能损伤的程度及发现引起疾病的原因。有时候对一个疾病的诊断可能比较容易，但也可能很困难。如果症状典型，用一种检查方法就可能做出诊断；反之如果疾病症状不典型，或病情复杂，则可能需要数种检查方法配合使用，并且对动物进行动态观察，方可做出诊断；在特殊情况下，甚至要进行病理及一系列实验室检验才能做出最后诊断。随着科学技术的不断发展，目前已有若干种特殊诊断技术应用到临床领域，来补充临床诊断的不足。

在疾病诊疗过程中，通常分3个步骤来建立正确的诊断：首先，通过各种方法进行调查、观察和检查，尽可能地收集较完整而又合乎实际的症状、资料；其次，对所收集的症状、资料加以综合分析，经过推理判断，初步确定病变的部位、疾病的性质、致病的原因及发病的机理，建立初步诊断；最后，依据初步诊断，实施防治，根据防治效果来验证诊断，对诊断给予补充和修改，并对疾病做出确切的最后诊断。

一、收集症状和资料

正确的诊断来源于周密的调查研究。首先要得到完整的病史资料，应全面、认真的调查现症病史、既往病史、生活史和外界环境因素等，在调查过程中要特别注意防止主观片面性，以免造成诊断上的失误。例如，在临床上患创伤性网胃腹膜炎的奶牛假如仅凭畜主反映，该牛反刍不正常，经常排稀粪，产奶量下降，而未提到病牛的行动和姿势的异常，站立时多取前高后低姿势，不愿卧地或上坡时无异常，下坡时常发出呻吟声，就可能把注意力吸引到一般消化不良性的前胃弛缓上去，而忽略了对创伤性网胃腹膜炎的考虑。

按照一定的方案和程序对患病动物进行细致检查，对全面收集症状资料十分重要。临床工作者要正确而熟练地掌握各种检查方法，采用一定的措施和方法，才能获得完善而准确的结果，并能保证人、畜安全。同时要对动物机体正常的结构和机能状态熟悉掌握，才能识别和发现各种病理现象。收集症状，不但要全面系统、防止遗漏，而且要依据疾病进程，随时观察和补充。因为每一次对患病动物的检查，都只能观察到疾病全过程中的某个阶段的变化，而往往要综合各个阶段的变化，才能获得对疾病较完整的认识。在收集症状的过程中，还要善于及时归纳，不断地做大体上的分析，以便发现线索，一步步地提出要检查的项目。

二、分析症状

1. 主要症状与次要症状

主要症状指对建立正确诊断有重要意义的症状。如肺区啰音是支气管炎及肺部疾病的主要症状。次要症状是指对疾病诊断意义不大的症状，如精神沉郁、食欲减退等。建立诊断时就是要收集主要症状，根据主要症状进行分析、推理和判断。次要症状虽然对疾病的诊断意义不大，但对于了解病情及判定疾病的预后有一定的提示。一般来说，先出现的症状大多是原发病的症状，常常是分析症状、认识疾病的向导；明显的和重剧的症状，往往就是这个疾病的主要症状，是建立诊断的主要依据。

2. 固有症状与偶然症状

固有症状是指在某种疾病中经常出现的症状。如咳嗽在喉炎、气管炎及支气管炎中经常出现，即为这些疾病的固有症状。偶然症状是指在某种疾病过程中偶尔出现的症状。

3. 典型症状与示病症状

典型症状指能反映疾病临床特征的症状，但这些症状不能确定疾病的性质。如大叶性肺炎时，叩诊肺部呈现的片形浊音区。某一疾病所特有的，能表明疾病确定疾病性质的症状，这种特殊症状称为示病症状。例如，颈静脉阳性搏动是三尖瓣关闭不全的示病症状；流铁锈色鼻液是大叶性肺炎及胸膜肺炎的示病症状。示病症状往往只在某一疾病中出现，而在其他疾病中则不出现，所以根据它的存在可以直接做出诊断。

4. 局部症状与全身症状

患病动物常在其主要患病器官或组织表现明显的局部性反应，称之为局部症状。任何疾病都可能表现出整个机体的不协调，这种全身的失调现象，称之为全身症状或一般症状。例如：倦怠、沉郁、鼻盘（镜）干燥、食欲不振、体温升高等。局部症状直接与发病部位有关，根据局部症状常可推断一定的组织、器官发病。虽然根据全身症状一般不易确诊为具体疾病，但对于病势轻重、预后的良否等各方面的判断，都可提供参考。

5. 综合症候群

在许多疾病过程中，某些症状互相联系而又同时或相继出现，这一系列的症状称综合症候群或综合征。如呼吸系统疾病时，所表现的综合征为流鼻液、咳嗽、呼吸困难和肺部啰音。

各种综合征，在提示某一器官、系统疾病或明确疾病的性质上有很大意义。临床上很多疾病没有示病症状，而某些局部症状又多非某一疾病所特有，所以，在收集症状和全部资料后，加以归纳，组成综合症候群，对提示诊断或鉴别诊断常有很大价值。

三、建立初步诊断

建立初步诊断就是对所收集到的临床症状和有关资料进行归纳和整理，对病畜所患的疾病提出病名。最好能用一个主要疾病的诊断来解释病畜的全部临床表现。

1. 建立初步诊断的要求

形成一个完整的诊断，要求逐步做到以下几点。

(1)确定主要病理变化的部位；

(2)指出组织、器官病理变化的性质；

(3)阐明致病的原因；

(4)判断机能障碍的程度和形式。

2. 建立诊断的方法

(1)论证诊断法　论证诊断是指患畜临床检查得到的症状资料分清主次后，依主要症状提出一个具体的疾病，然后将这些症状与所提出的疾病理论上应具有的症状进行对照印证。如果提出的疾病能解释出现的主要症状，且与次要症状不相矛盾，便可建立诊断。此法适用于临床症状明显且单一不复杂的疾病，以及有示病症状或一些局部症状典型的疾病。

论证诊断以丰富而确切的病史、症状资料为基础，但同一疾病的不同类型、不同程度和时期，所表现的症状不尽相同；病畜的种属、品种、年龄、性别及个体的营养条件和反应能力不一，会使其呈现的症状发生差异。所以，论证诊断时不能机械对照书本，或只凭经验去主观臆断，应对具体情况具体分析。

(2)鉴别诊断法　在疾病的早期，对复杂的或不典型的病例，可根据某一或某几个主要症状，提出一组可能的、相似的而有待区别的疾病，通过深入分析、比较，逐渐地排除可能性较小的疾病，缩小考虑的范围，最后留下1个(或1个以上)可能性较大的疾病。这就是鉴别诊断法或称类症鉴别。

在进行鉴别诊断时，首先将所有相关的疾病都考虑在内，避免造成漏诊或错误诊断；在此基础上进行鉴别诊断，认真分析各个相关疾病的个性(特殊性)，先从大类上排除，具体到某一类型疾病时，根据需要再行实验室检验或特殊检查。

论证诊断法与鉴别诊断法两者并不矛盾，实际上是相互补充、相辅相成的。一般当提出某一种疾病的可能性诊断时，主要通过论证方法，并适当与近似的疾病加以区别而肯定或否定；但当提出有几种疾病的可能性诊断时，则首先应进行比较、鉴别，经一一排除，再对留下的可能性疾病，加以论证。先行鉴别还是先行论证，应依据具体病情及当时所收集的症状、资料不同而定。

四、验证或修正诊断

在建立初步诊断以后，还要拟定和实施防治计划，并观察这些防治措施的效果，以验证初步诊断的正确性。一般来说，防治措施显效的，证明初步诊断是正确的；防治措施无效的，证明初步诊断并不完全正确，则有必要重新认识，对诊断做出修正或补充。

因为从事临床工作的人员，不但常常受着科学技术水平的限制，而且也受着疾病过程发展及其表现程度的限制。所以要求在初诊时不管客观条件怎样，都能做出正确无误的诊断，并拟定出一成不变或始终如一的防治计划，实际上是很困难的。对于病情比较复杂的病畜，在做出初步诊断以后，要随时观察，密切注视病势的转化或演变，不断分析研究，一旦发现新的情况或症状与初步诊断不符时，应及时做出补充或更正，使诊断更符合客观实际，直至最后确定诊断。即使人们对一个具体病例的认识可能是完成了，但对纷繁复杂的疾病现象的认识却永远没有止境。临床工作者必须通过反复实践，在技术上精益求精，不断积累经验，不断提高对疾病的认识能力和诊断能力，才能有所前进，有所创造，出色地完成自己所肩负的任务。

如上所述，从调查病史、收集资料，到分析症状、做出初步诊断，直至实施防治、验证诊断，是认识疾病的3个过程，这三者互相联系，相辅相成，缺一不可。其中调查病史、收集症状是认识疾病的基础；分析症状是揭露疾病本质、制订防治措施的关键；实施防治、观察效果是验证诊断、纠正错误诊断和发展正确诊断的唯一途径。

五、预后判断

在做出疾病诊断之后，对疾病的持续时间、可能的转归和动物的生产性能、使用价值等做出判断，称为预后判断。预后不仅是判断病畜的生死，同时也要推断患病动物的生产能力，以及是否要废役或淘汰等问题。诊断越完善，越个体化，则预后判断越准确。

临床上，一般把疾病的预后分为：预后良好、预后不良、预后慎重、预后可疑4种。

1. 预后良好

预后良好是指患病动物病情轻，个体情况良好，不仅能恢复健康，而且不影响其生产性能和经济价值。如感冒、支气管炎、口炎等。

2. 预后不良

预后不良是指由于病情危重，目前尚无有效的治疗方法，或病情发展很快，难以控制，患病动物可能死亡；或虽能控制不致很快死亡，但可影响其生产性能和经济价值；或某些传染病，虽不一定全部死亡，但因可成为疫源，故均多列为预后不良。如胃肠破裂、恶性肿瘤、慢性肺气肿、乳牛化脓性乳房炎、鸡新城疫或禽流感等。

3. 预后慎重

预后慎重是指预后的好坏依病情的轻重、诊断和治疗是否得当及个体条件和环境因素的变化而有明显不同的结局。如急性重症瘤胃臌气、中暑、有机磷中毒等，可能于短时间内很快治愈，也可能因治疗不当而很快死亡，这类疾病的预后判断，应该谨慎。

4. 预后可疑

由于资料不全，或疾病正在发展变化之中，结局尚难推断，只能做出可疑的预后。如额窦炎，可以治愈而预后良好，也可进一步波及脑膜继发脑膜炎而预后不良。

可靠的预后判断，必须建立在正确诊断的基础之上，这不仅要求具有丰富的临床经验和一定的专业理论水平，而且还要充分考虑具体病例的个体条件（如体质、膘情、年龄、品种、神经类型等）和有无并发病等。并且随时注意疾病发展过程中出现的新变化，对重症病例应注意心脏、呼吸、体温、血象等变化。如神志不清、步态踉跄、大汗淋漓、呼吸高度困难、体温降低、末梢厥冷、心功能不全、心率过快、脉搏不感于手、口色青紫无光、舌体如绵等，均提示预后不良。

判定疾病的预后，要实事求是，严肃认真，既不能夸大，又不能缩小病情。预后良好时不要盲目乐观，预后不良时也不应轻易放弃诊断和治疗，要如实向畜主说明情况，取得合作和支持。

技术提示

1. 收集症状要全面

只有按照详尽的步骤，经过系统周密的检查，才能使所收集的资料尽可能详细、完整和圆满，而不疏忽遗漏主要症状。决不能因时间仓促、病情急重、设备条件限制等客观原因，来不及全面了解、做细致周密的检查，单凭问诊或几个症状，而不进行系统地有计划的顺序检查。例如，某一病犬只发现食欲废绝、沉郁，体温升高，呼吸脉搏加快，根据这些症状，很难判断为哪一系统哪一器官发病。但经全面系统地按计划进行检查，充分掌握资料后，就有可能对某些症状做出评价，进而对疾病做出初步诊断。

2. 收集症状要客观

建立诊断所依靠的材料，必须合乎实际。如果仅根据个别现象，即先入为主，心中设想出了某一“疾病”的框框，然后为自己的设想去搜寻证据，容易注意符合自己设想的某一“疾病”的症状，而不留心甚至排斥与自己设想的某一“疾病”相抵触的症状，这种削足适履，凭主观想象去收集症状，必然导致误诊。所以，拟定临床检查方案，按计划有条理地收集症状，可以减少遗漏重要症状的可能性，从而增加症状的客观性，并使各种症状之间互相印证，互相弥补，开阔思路，丰富证据，有利于确诊。

3. 开阔视野发现继发症和并发症

任何疾病都是不断发展变化的，疾病过程千变万化，错综复杂，各器官系统的机能障碍常常紧密联系，以不同形式表现出来，所以用发展的观点，扩展视野，综合多个阶段的表现，获得疾病的全貌，得到全面的资料，才能从中发现继发症、并发症，防止顾此失彼，达到正确估计每个阶段会出现的现象、症状，阐明疾病的本质，获得预期的效果。

4. 提高临床工作者的工作能力和素质

通过实践养成有条不紊、持之以恒的工作作风，对熟练基本功、提高工作能力和效率、积累经验、完善职业道德都是有利的。

知识链接

1. 临床诊断类型

(1)症状诊断　仅以症状或一般机能障碍所做的诊断。如发热、咳嗽、腹痛、跛行等，因为同一症状可见于不同的疾病，并不能提示疾病的本质和病因，因此对诊断价值并不大。

(2)病理形态学诊断　根据患病器官及其形态学变化做出的诊断。如溃疡性口炎、渗出性胸膜炎等,这种诊断虽能表明疾病发生的部位及性质,但不能表述病因;临床上可作为治疗方案提供依据。

(3)病因诊断　可以表明疾病发生的原因。如缺铁性贫血、牛放线菌病、结核病等。

(4)机能诊断　表明某一器官机能状态的诊断,如前胃弛缓、心功能不全等。

(5)发病学诊断　可以阐明发病原理、病因及疾病的发生、发展和趋向。如营养性继发性甲状旁腺机能亢进症、过敏性休克等。

(6)并发症诊断　指原发病的发展,导致机体、脏器进一步损害的疾病,虽与主要疾病性质不一,但在发病机制上有密切联系。如犬糖尿病并发白内障。

(7)待诊　临床上有些疾病一时难以确诊,可以其突出症状或体征为主题来待诊处理。

临床上应用不同的方法对动物进行调查和检查所得到的资料,往往比较零乱和缺乏系统性,就必须将获得的资料进行归纳、整理,可按时间先后顺序排列,也可按系统进行归纳,这样便于对收集的症状进行分析评价。

2. 临床思维基本原则

临床思维方法是兽医临床工作者认识、判断疾病和治疗疾病所用的一种逻辑推理方法。疾病诊断过程中的临床思维就是将疾病的一般规律应用到判断特定个体所患疾病的思维过程。

(1)首先要考虑常见病、多发病。

(2)考虑当地流行和发生的传染病和地方病。

(3)"一元论",即尽量用一个疾病去解释各种临床表现,而非使用很多病名。

(4)先考虑器质性疾病然后考虑功能性疾病,以免错失良机,延误诊断。

(5)先考虑可以治疗的疾病。

(6)实事求是,努力寻找建立诊断和排除诊断的依据,避免片面、牵强附会地下诊断结论。

(7)简化思维程序,对于急病重症患畜,应先抓住重点、关键的临床现象,保证对患畜进行及时恰当的治疗。

3. 临床症状分析的方法与原则

(1)认清疾病的现象与本质　病史资料,一定的临床表现(症状、实验室检验结果等),都具有它们所代表的实际意义。这就是现象与本质的关系。例如,听到了牛的心包摩擦音,这是一个病理现象,它的本质是心包腔或心外膜上出现纤维素性渗出物,一般是由创伤性心包炎引起的。疾病的现象与本质,是辩证统一的两个方面,二者互相联系,但不是彼此等同。有些症状比较明显地反映了疾病本质的某些方面;有些则可能是假象,需要我们去识别。在兽医临床上,辨别真假,是一个比较复杂的问题。如1头牛有发热、咳嗽、流鼻液等一系列症状,这是很多呼吸系统疾病都可能具有的,只有通过对热型、咳嗽和鼻液的性质,伴随的体征(如胸部听诊、叩诊发现的体征)进行综合分析,才能抓住它们的实质,上述病牛如果是突发高热,以后呈现稽留热型,流出铁锈色鼻液,同时在胸部发现大片浊音区和支气管呼吸音,就可以推论其所患疾病的本质是大叶性肺炎。

(2)处理好共性与个性的关系　许多不同的疾病可以呈现相同的症状，例如水肿，可见于心脏病、肝脏病、肾脏病和贫血病等，水肿是这些疾病的共同症状(共性)，但水肿在这些疾病中的表现却各有特点(个性)。心病性水肿因受重力影响，多出现于胸腹下部和四肢下端并与体位改变有关;肾病性水肿首先出现于皮下疏松组织多的部位，如眼睑等处。另外，就疾病与动物的关系而言，疾病具有共性，病畜具有个性的表现形式。由于病因复杂，疾病类型繁多，发展的阶段不同，个体的差异性又很大，故同一种疾病在不同的动物身上，表现各有差异，有的出现典型症状，有的不出现典型症状;有的以这一些症状为主要表现，有的以另一些症状为主要表现。例如白细胞增多是许多化脓感染性疾病的普遍现象，而在某些机体反应能力减弱的动物，可能不呈现白细胞增多，甚至呈现白细胞减少，这就是个体的特殊性。而且，同一种疾病，即使在同一动物身上，由于疾病的发展阶段不同，各方面的特点暴露的程度不够充分，在不同病程时的症状自然存在差别。所以，在临床实践中，要善于从一般现象中发现特殊规律，又能在特殊规律指导下去认识一般事物。

(3)区分好主要矛盾与次要矛盾　一种疾病，可能出现多种症状，即所谓“同病异症”;同一个症状，又可以由不同的原因所引起，即所谓“同症异病”。因此，对待多种症状，不能同等看待，必须把它们区分为主要和次要 2 类，着重抓住主要的症状。一般说来，先出现的症状大多是原发病的症状，常常是分析症状、认识疾病的向导;明显的和重剧的症状，往往就是这个疾病的主要症状，是建立诊断的主要依据。例如，1 匹役用病马，开始时，畜主发现吃草减少，使役时气喘、易出汗，1 周前在灌药过程中引起了咳嗽，这是怀疑马患心脏血管系统疾病或呼吸器官疾病的主要线索。进一步检查，发现有静脉淤血，可视黏膜发绀，四肢下端水肿，心动过速，机能性杂音，证明存在心力衰竭这一主要矛盾。在使役中病马易出汗、气喘、疲劳，正是心、肺机能减退的反映。吃草减少是由于胃肠道淤血造成的，灌药中发生咳嗽不过是偶然现象，这些都属于次要矛盾。

(4)把握好局部与整体的关系　许多局部病变可以影响全身，如局部脓肿可引起发热的全身反应。另一方面，整体的病理过程又可以局部症状为突出的表现，如骨软病是钙、磷代谢障碍的一种全身性疾病，但可以表现出头骨变形，四肢关节疼痛而呈间歇性跛行。所以，必须把局部和整体结合起来，全盘考虑，才能引出正确的结论。

(5)处理好阶段性与发展变化的关系　任何疾病过程都处于不断的发展变化之中，在每次检查时，只能看到疾病全过程中的某个阶段的表现，因此只有综合各个阶段的表现，才能获得较完整的面貌。既要正确估计疾病每个阶段所出现的症状的意义，又要用发展的观点看待疾病，不能只根据某个阶段的症状一成不变地做出诊断。

4. 临床误诊的原因分析

临床上产生误诊、漏诊的原因多种多样，综合起来有以下几个方面:

(1)由于病史资料不全面而产生　没有充分占有关于病畜的第一手资料，病史不真实，介绍得简单，对建立诊断的参考价值极为有限。例如，病史不是由饲养管理人员提供的，或者是为了推脱责任而做了不真实的回答，或者以其主观看法代替真实情况，对诊疗经过、用药情况及预防注射等叙述的不具体，导致不能真正掌握第一手资料，造成误诊、漏诊。

(2)由于条件不完备而产生　由于时间紧迫,器械设备不全,检查场地不适宜,动物过于骚动不安,或卧地不起难以进行周密的检查,从而引起诊断不完善,甚至造成误诊。

(3)由于疾病复杂而产生　动物所患疾病比较复杂,症状不明显,病例不典型,而又忙于做出诊治处理,此时建立正确的诊断更为困难,尤其对于罕见的疾病和本地从未发生过的疾病,初次接诊易发生误诊。

(4)由于业务不熟练而产生　缺乏临床经验,检测方法不够熟练,检查不充分,辨证能力有限,不善于利用实验室检验结果分析病情,诊断思路不开阔,从而导致误诊、漏诊。

总之,造成误诊漏诊的原因很多,但不是完全不可避免的。只要针对以上原因,全面考虑,综合分析,逐步完善,通过学习,刻苦钻研业务,反复操作,提高自己对疾病的诊断水平。

操作训练

利用课余时间或节假日参与门诊工作,练习病畜登记和病历记录表的填写。

练习设计

门诊有 1 头 6 月龄的病猪,主诉昨天午后猪群发病,病猪表现精神萎靡,食欲不振,离群卧于垫草内不起,有腹泻,遂来求诊。且昨天下午同圈猪只已有 10 头发病,全是体型较大膘情较好的,病后不久死亡 6 头,剩下 4 头也已奄奄一息。近来喂的精料是麸皮、青稞,粗饲料是谷糠;自前天起,粗饲料改用白菜叶,饲喂前 1 d 将菜叶煮熟后放置于饲料缸内,次日与精料拌和饲喂。这群猪 2 个月前都进行了猪瘟、猪丹毒、猪肺疫的预防接种。临床检查病猪昏迷嗜睡,体温 37℃,心率 80 次/min,呼吸频率 30 次/min。口流白沫,呼吸时腹部起伏动作明显,末梢器官冰凉,鼻盘及口唇发紫,腹围略大,后躯被稀粪污染。扶起后,四肢软弱,行走无力,间有转圈运动。

依据上述资料,试建立诊断。

项目测试

A 型题

1. 主要症状特点的描述不正确的是(　　)
   A. 主要症状出现的部位
   B. 主要症状的性质
   C. 主要症状出现的程度及持续时间
   D. 主要症状的诱因、缓解及伴随症状
   E. 主要症状应包括一般情况
2. 常见的误诊、漏诊的原因不包括下面哪种(　　)
   A. 病史资料不完整、不确切
   B. 观察不细致或检验结果误差
   C. 先入为主、主观臆断
   D. 医学知识不足、缺乏经验
   E. 多元论

3. 下列哪项不是病历书写的意义(　　)

A. 病历是医疗质量的反应

B. 为医疗、教学、科研提供宝贵的基本资料

C. 医疗纠纷与诉讼的重要依据

D. 书写病历要高度负责，实事求是

E. 考核临床实际工作能力的重要内容

X 型题

4. 完整的临床诊断书写是(　　)

A. 病因诊断
B. 病理解剖诊断
C. 病理生理诊断
D. 疾病分型分期
E. 并发症或伴发症

5. 诊断疾病的步骤为(　　)

A. 收集资料
B. 科学思维
C. 临床实践
D. 分析综合资料、形成印象
E. 验证或修正诊断

项目五
给药技术

项目引言

给药即给动物投入药物，是兽医临床最常用的治疗手段，其作用是预防疾病，缓解症状，治疗疾病，协助诊断及维持正常生理功能。兽医临床上常用的给药方法有投药法、注射法、补液及输血疗法等。

学习目标

1. 能给不同动物采用不同投药方法进行投药；
2. 能给不同动物通过不同注射途径进行注射给药；
3. 会给不同动物进行补液；
4. 能正确选择给药方法，科学用药，减少药物残留，巩固绿色发展理念。

任务一 投药技术

任务分析

投药技术是动物疾病防治过程中的常用技术，根据动物种类的不同，方法有所差异；根据药物剂型不同，临床上投药方法也有所不同。

任务目标

1. 能对不同动物通过直接灌药方法进行投药；
2. 能对不同动物通过混饲、混水的方法进行投药；
3. 能对不同动物实施胃管投药。

技能一　经口投药技术

技能描述

经口投药是将药物直接经动物口腔投服，或混入饲料、或溶于饮水中，任动物自由摄取的给药方法。此法简单，是兽医临床治疗动物疾病较为常用的技术之一。具体内容包括口腔投药、混饲给药、饮水给药。

技能情境

动物医院或诊疗实训室（亦可在动物养殖场）；相应的动物（牛、羊、犬、猫等）；保定绳、牛鼻钳、宠物用保定包等保定用具；开口器、胃管、灌角、竹筒、橡皮瓶或长颈酒瓶、药盆、竹片或光滑小木板、镊子或犬（猫）投药器、天平、量筒、饲料若干、乳胶手套等。

技能实施

一、口腔投药法

口腔投药就是直接经口腔投入或灌入药物。主要用于少量的水剂、糊剂，中药及其煎剂、片剂、丸剂、舔剂等剂型药物。尤其对苦味、芳香性或辣味健胃药，常用面粉、糠麸等赋形药剂成糊剂或舔剂，经口投服以刺激口腔味觉，促进唾液分泌而发挥健胃的作用。所有动物均可采用。

1. 牛口腔投药法

牛口腔投药时，可采用站立保定，助手紧握鼻环或用手、鼻钳等夹住鼻中隔使牛头抬起。术者左手从牛的一侧口角处伸入打开口腔，并用手轻压舌体，右手持盛满药液的投药瓶或灌角从对侧插入口腔并送向舌的背部。此时术者可抬高药瓶或灌角底部并轻轻振动，使药液能流到牛的咽部，待其吞咽后继续灌服，直至灌完所有药液。

如为片剂、丸剂或舔剂，则将药片、药丸或用竹片刮取舔剂从口角送入病牛舌背部，亦可用草团包裹药物，徒手开口后投入病牛口中，待牛自然闭合口腔，将药物咽下。若药物不易吞咽，也可在投药后给其灌饮少量水，以帮助吞咽。

2. 羊口腔投药法

助手骑在羊的鬐甲部使之确实保定，并用双手从羊的两侧口角伸入，打开口腔并固定头部。术者将盛满药液的橡皮瓶送向羊舌背部，轻轻挤压瓶壁使药液流出，待其吞咽后继续灌服，直至灌完所有药液。

对于个体较小的羊，由于口张不大，故可将药物做成指头大小的团块，用镊子或食指及拇指夹住送至舌根；也可将羊头抬高并打开口腔，对准舌根部投入使其咽下，舔剂一般可用光滑的竹片送服。

3. 猪口腔投药法

用开口器或木棒撬开猪口腔。术者用镊子夹持药品投送于猪口内近舌根部，使其咽下；

如为粉状药物，将其用水和少量饲料混合，调制成糊状或膏状，用竹片刮取涂于猪舌根部，让其自行咽下。

体格较小的猪(如哺乳仔猪)灌服少量药液时可用汤匙或注射器(不接针头)。灌药时，助手抓住猪的两耳将猪头稍微向上抬起使猪的口角与眼角连线接近水平位置，同时要用腿夹紧猪的背腰部。术者用左手持木棒塞入猪口并将其撬开，右手用汤匙或其他灌药器，从舌侧面靠颊部倒入药液，待其咽下后，再接着灌，直至灌完。如果有的猪口中含药不咽，术者可摇动木棒，以刺激其吞咽。

4. 犬、猫口腔投药法

给犬、猫口服片剂或丸剂，畜主协助保定，术者左手握其下颚，使动物颊部皮肉置于上下臼齿之间，即可徒手打开口腔。右手用镊子或喂药器(图 5-1)夹住药物送入舌根部，并迅速退出，闭口并按摩咽部促使动物咽下药物(图 5-2)。

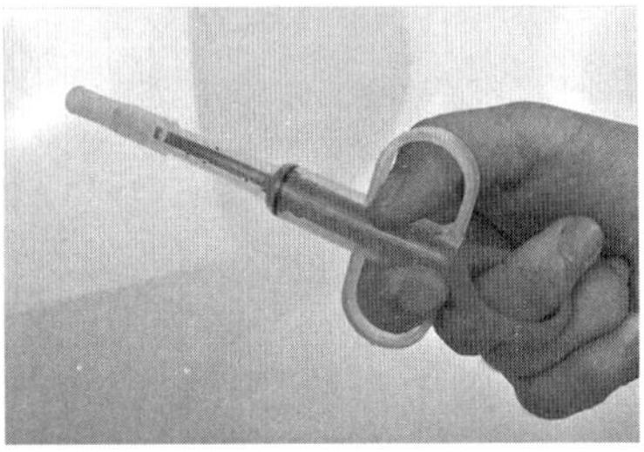

图 5-1 犬、猫喂药器

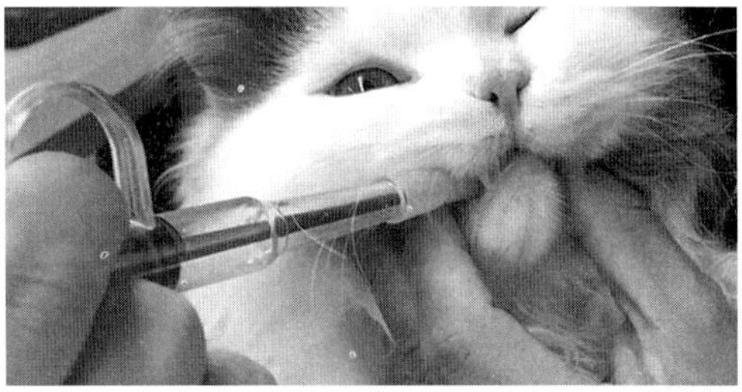

图 5-2 猫喂药器灌药法

如投服药物为液体，可用注射器将液体抽入针筒中，去掉针头，按照上述方法打开口腔，将药液注到舌两侧和舌下方，让其自行咽下。

二、混饲给药法

混饲给药是指将药物均匀拌入饲料中，让动物采食的同时摄入药物，是动物群体给药最常用的一种给药措施。

混饲给药多用递加稀释法，又称分级混合法，即先将一定剂量的药物加入少量饲料中混合均匀，再与 2 倍量饲料混合，依此类推，直至均匀混合到全部饲料当中供动物自由采食。首先根据动物个体或群体体重和药物剂量计算出每天所需药物量，与动物个体或群体每天采食饲料(精料)进行混合，然后根据正常饲养制度进行饲喂。大型养殖场可用饲料搅拌机进行混合。

混饲给药简便易行、节省人力、减少应激、切实可靠，适用于长期投药，对于不溶于水或适口性差的药物更为恰当。通常抗球虫病药物、促生长剂及控制某些传染病的抗菌药物常用此法。缺点是动物个体差异较大，采食量不同，治疗效果不均一，特别是瘦弱或有疾病的动物由于采食量少，很难获得足够剂量的治疗药物。由于有些药物苦味较重或有特殊气味，拌入饲料中会使患病动物拒绝采食或采食下降，应用时需加以注意。

三、饮水给药法

饮水给药就是将药物溶解于水中，让药物在动物饮水过程中摄入体内。此法常用于预防和治疗动物群发性疾病，所用药物应该是易溶于水的药物，尤其适用于因病不能正常采食，但能正常饮水的动物。

用药时先将规定剂量易溶于水的药物加入少量饮水中溶解、混匀，再加入 2 倍量饮水搅拌混合，依此类推，直至药物全部溶解，然后再投放到特定的容器中，加水到动物个体或群每天正常饮水量，然后让动物自由饮服。

技术提示

(1)口腔投药时，头部应举起或吊起的高度以口角与眼角的连接线呈水平线为宜。当动物咀嚼、吞咽时，如有药液流出，应以药盆接取之，以免流失。

(2)每次经口腔灌入药量不宜太多，不能过急。药液的温度不要太高或太低(以接近动物体温为宜)。灌药过程中如动物发生强烈咳嗽，应暂停灌服并使其头部低下，使药液咳出，待安静后再灌服。

(3)给仔猪灌药时，第一匙的药物不要太多，否则容易因药物的异味使仔猪产生呕吐反射，灌第二匙时，仔猪的呕吐反应就会大大减少。

(4)如果仔猪不咽药，将药物含在口中，伺机吐出，则可用小匙按压仔猪舌体的后半部，或用手刺激咽喉的外部皮肤，促其产生吞咽反射，咽下药物。

(5)在口腔投药过程中，切不可采用捏动物鼻子而阻断呼吸的办法令其咽下，否则易导致药物呛入动物气管，造成窒息。

(6)对于重病后期或体质极度衰弱的动物，不宜采用灌药的方法给药，因为此时动物呼吸急迫短促而无力，药物极易呛入动物气管和肺内，造成窒息死亡。

(7)混饲给药时，要准确计算所用药物剂量。如果按采食量给药，应详细准确了解动物日平均采食量，再计算所需药量；如果按动物体重给药，则必须抽样测得动物平均体重，算出全群(场)体重数，再计算所需药量。药物与饲料必须搅拌均匀，尤其是一些安全范围较小的药物和用量较小的药物。注意不能将药片直接加入颗粒料中，否则药物会沉积到料槽(桶)底部，造成混合不均，以致引起动物个体采食药量不均衡，采食药量少的达不到预定药效，而摄入药量过大会引起中毒。

(8)混饲和饮水给药时，要保证动物充足的采食位置和采食时间，保证在药物有效期内，所有动物个体可食完预定的饲料、摄入预定量的药物。

(9)注意饲料添加剂与药物的配伍禁忌，如长时间应用磺胺类药物时应补给维生素 B_1 和维生素 K；应用氨丙啉时则应增加维生素 B_1 的用量。此外，在饲料中添加金霉素或土霉素时，这些抗生素会与饲料中的金属离子，尤其是钙离子结合而不能被肠道吸收利用，这时可在每千克饲料中添加 13 g 硫酸铜，使饲料中的钙离子与硫酸根结合成不溶性的硫酸钙。

(10)注意避免药物间的拮抗作用。如泰妙菌素与盐霉素、甲基盐霉素等有拮抗作用；诺氟沙星(氟哌酸)不可与利福平、呋喃坦丁合用,因利福平可拮抗氟哌酸的作用,呋喃坦丁可对抗氟哌酸在尿道中的抗菌作用;鞣酸蛋白不宜与胰酶、胃蛋白酶、乳酶生同服,因这些蛋白质与鞣酸结合即失去活性,鞣酸可使硫酸亚铁、氨基比林、洋地黄类药物发生沉淀,而妨碍吸收,影响疗效;硫酸亚铁等铁剂与四环素类药物可形成络合物,互相妨碍吸收。

(11)在动物混饮给药前,可适当切断水源以使其产生渴感,这样在投给药水时动物能很快地将药水饮完。

(12)要了解动物在不同日龄、不同季节、不同温度时的饮水量,这样在饮水给药时才能比较准确,若配制过多,会造成不必要的浪费;配制过少,又容易使动物用药不均。

(13)要明确混料与混水的区别,一般药物混料浓度为混水浓度的 2 倍。

▶知识链接

1. 口腔投药法适用于多数病情危重的、饮食欲废绝的动物,以及食欲尚可但不愿自行采食药物的动物,此法适用于液体性药物或将药物用水溶解或调成稀粥样,以及中草药的煎剂,灌服的药物一般应无强的刺激性或异味。

2. 由于牛和鸡的口腔黏膜的味觉乳头不发达,所以一些有特殊气味的药物也可以混入饲料中给药,这样可以增加应用范围,减少局限性。该方法简便易行,省时省力,尤其适于群体的长期给药。

3. 采用饮水给药法应了解药物的溶解度和稳定性。

①了解药物的溶解度。易溶于水的药物,其水溶液能够迅速达到规定的浓度,可放心使用;微溶于水的部分药物如果添加助溶剂后,其溶解度大增,也可混水;而难溶于水的药物,不可以饮水给药。如果错误的将制霉菌素等难溶于水或极难溶于水的药物饮水给药,就会使药物沉积于饮水器的底部而达不到预期的目的。

②了解不同药物水溶液的稳定性。只有那些稳定性好的药物才可以让动物自由饮水;对于部分稳定性差的药物,一定要在药物有效期内让动物将药水饮完。

技能二　胃管投药法

▶技能描述

胃管投药法就是将胃导管从动物鼻腔或口腔经食道插入胃内,并通过胃管将药液投入胃内的给药方法。适用于牛、羊、猪及犬(猫)大量水剂或可溶于水的药液的投服,可作为营养补充途径,也可用于急性胃扩张、肠阻塞、瘤胃臌气、瘤胃积食、瘤胃酸中毒、饲料或药物中毒、严重消化不良等疾病的治疗措施。

▶技能情境

动物医院或诊疗实训室(亦可在动物养殖场);相应的动物(猪、牛、羊或犬等);保定绳、牛鼻钳、宠物用保定包等保定用具;开口器、胃导管、药盆、漏斗、量杯及乳胶手套等。

技能实施

1. 牛胃管投药法

将牛确实保定好，胃管可从口腔或鼻腔经咽部插入食道或胃内。经口插入时，应该先固定好头部，给牛戴上横木开口器，将涂布润滑油的胃管自开口器的孔内送入咽喉部；或持胃管经鼻腔送至咽喉部。当胃管尖端到达咽部时，会感触到明显阻力，术者可轻微抽动胃管，促使牛吞咽，随牛的吞咽动作顺势将胃管插入食道而达到胃内。确认胃管在食道或胃内后，再在胃管外端接上漏斗，灌入药液，待药液全部灌入后，用少量清水冲净漏斗和胃管内药液，在胃或鼻外将胃管折转，然后徐徐抽出肖管(图 5-3)。

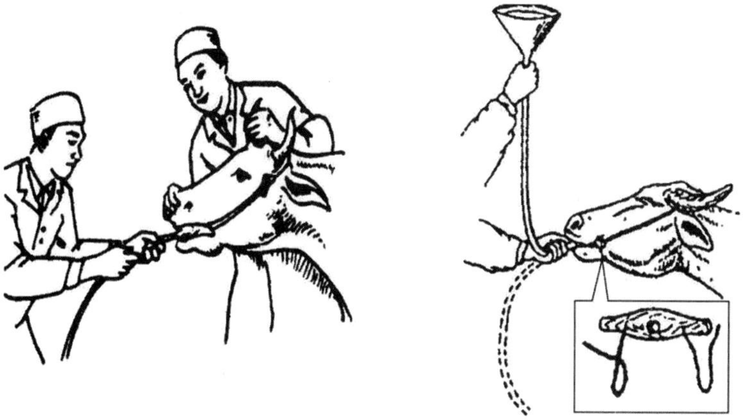

图 5-3　牛胃管投药法

2. 羊胃导管灌药法

一人抓住羊的两耳(角)，固定头部并稍抬高。而后装上横木开口器，系在两角根后部。胃导管从开口器中间孔插入，前端抵达咽部时，轻轻抽动，刺激羊吞咽，随咽下动作将胃导管插入食道。确定胃导管确定在食道后，再将胃导管前端推送食道下部或胃内。然后连接漏斗，先灌入少量清水，证明插入无误后，即可投药。投药结束后，再用少量清水冲洗漏斗，拔出胃导管。

3. 猪胃导管灌药法

中小猪可提耳保定，即一人抓住猪的两耳根部，将猪夹于两腿之间，另助手要抓住两前肢，并用开口器将口打开。术者取胃管从开口器中间空隙从咽部送入食道，检查确定胃导管进入胃内后，即可接上漏斗，灌入药液。灌完后再向管内灌入少量清水，使胃导管内药物排空，然后拔出胃导管。大猪可用捕猪器进行站立保定(图 5-4)。

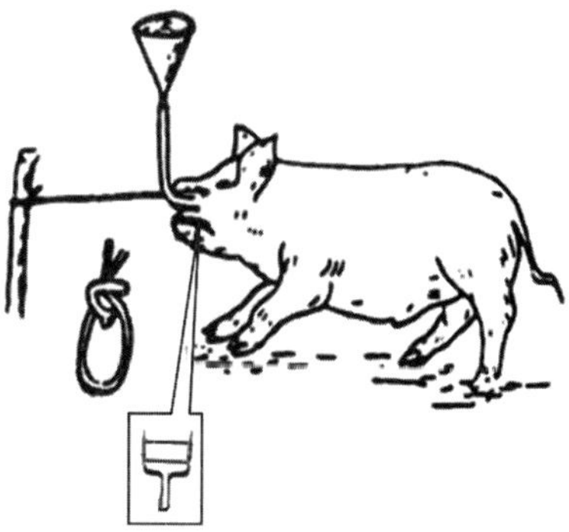

图 5-4　猪胃管投药法

4. 犬、猫胃导管灌药法

插胃管时，首先将犬、猫的口腔打开，在打开的口腔内插入开口器(中央带孔),并令其咬合固定,从中央孔将导管经咽腔插入食道,并插入至第八肋骨处,然后用漏斗或注射器将药液注入。胃管尺寸的选择,对于幼龄犬、猫应选择直径 4mm 的柔软的导管,成年犬、猫可以根据体格的大小选择直径 5～12 mm 的导管。为使插管顺利,可以在插管的前端涂上凡士林软膏或液体石蜡以润滑。

技术提示

(1)胃导管一般选用软硬适宜的橡皮管或塑料管,使用时应根据动物个体的大小选用相应的口径及长度。胃管使用前要清洗干净,置于 0.1%高锰酸钾溶液中浸泡消毒,使用时在其插入食道端外壁涂布润滑油(石蜡油)。

(2)保定患畜,经口腔或鼻腔插入导管,操作时动作要轻柔,注意人、畜的安全。有明显呼吸困难的病畜不宜从鼻腔插入;而患咽炎的病畜则禁止安插胃管。

(3)开口器打开口腔,缓缓插入胃管,如果病畜出现剧烈咳嗽、不安挣扎,则证明插入气管,应立即停止灌药,将胃管拉出,待动物安定后再重新投送。

(4)一定确定胃导管插入食道而不是气管后,才可以灌药。判断胃管是否插入食道或胃内的方法有以下几种(表 5-1)。

①通过导管外端是否有与呼吸节律相同的气流存在,或用嘴从导管外端吸气,并用舌抵住管端,看能否吸住,如果无气流存在,并且能够吸住并持续一次呼吸以上,则表明是在食管或胃内,可以进行投药。

②用压瘪的胶皮球连接在胃导管的外口上,如球仍保持原状而不鼓起,或用胶皮球向胃导管内打气畅通无阻,即证明胃导管已进入食道或胃内。

③将胃导管外口浸在水中,如随呼气喷出气泡,则是插入了气管,如无气泡发生,则是插入食管。

④如胃导管插入气管,则动物不叫或叫声低弱,如胃导管插入食道内,则叫声不变。

表 5-1 判断胃管插入食道或气管的鉴别要点

鉴别方法	插入食管	插入气管
感觉胃管插入时的阻力	稍感阻力	无阻力
观察动物的反应	有吞咽动作、咀嚼、动物安静	剧烈咳嗽,动物不安
颈沟触诊	食道内有一坚硬探管	无
胃管外端听诊	可听到不规则的呼噜声	有较强的气流冲耳
胃管外端嗅诊	有胃内容物的酸臭味	无味道
从胃管外端吹入气体	随气流吹入,颈沟部可见明显波动	无波动
胃管外端浸入水中	无气泡	伴随呼吸可见气泡
捏扁的橡皮球接胃管外端	橡皮球不鼓起	迅速鼓起

(5)寒冷季节,灌入药物最好提前加温,使药液温度接近体温,以防出现胃肠痉挛。

操作训练

利用课余时间或节假日参与门诊工作,进行患病动物的投药技术练习。

任务二 注 射 法

任务分析

注射法是使用注射器或输液器将无菌药液直接注入动物体组织、体腔或血管内的给药方法。具有药物吸收快，血药浓度迅速上升，剂量准确等优点。主要用于需要迅速发生药效、或各种原因不能口服药物、或药物易受消化液影响、或不能经胃肠黏膜吸收的药物的给药。动物的注射法主要包括肌内、皮下、皮内、静脉、胸腔、腹腔、气管、乳房、瓣胃、皱胃注射等。

任务目标

能对动物熟练正确进行肌内、皮下、皮内、静脉、胸腔、腹腔、气管、乳房、瓣胃、皱胃注射操作，并了解掌握操作注意事项。

技能一 肌内注射法

技能描述

肌内注射简称肌注，是将药物直接注射于肌肉中的一种注射方法。肌肉内血管丰富，注射药液后吸收较皮下注射快，仅次于静脉注射；又因感觉神经较少，故疼痛较轻，凡肌肉丰满的部位，均可以进行肌内注射。一些刺激性较强、较难吸收的药物和许多疫苗均可进行肌内注射。

技能情境

动物医院或诊疗实训室（亦可在动物养殖场）及相应的动物；保定绳、保定器、牛鼻钳、宠物用口笼、伊丽莎白项圈、保定包等保定用具；剪毛剪、镊子；酒精棉球、碘酊棉球；金属注射器或塑钢注射器（10 mL、20 mL、50 mL）、兽用针头（7×15、9×15、12×15、12×25、16×25、16×38）、一次性使用注射器（1 mL、2.5 mL、5 mL、10 mL、20 mL）、连续注射器等。

技能实施

1. 注射部位的选择

肌内注射一般选择在动物肌肉发达、厚实，并可避开大血管及神经干的部位进行。牛在臀部或颈侧；猪、羊多在耳后颈侧（图 5-5）或臀部；犬在前肢部臂三头肌（图 5-6）、后肢股四头肌（图 5-7）或腰背部；猫常在腰部、大腿部以及臀部；禽类在胸肌或大腿肌、翅膀根部肌肉。

图 5-5 猪肌内注射部位

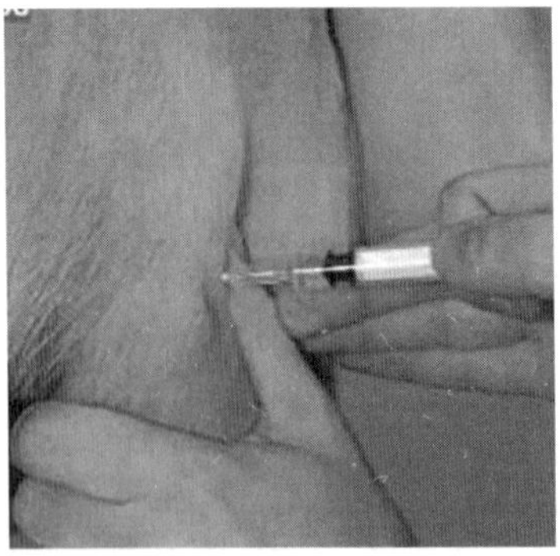

图 5-6 犬前肢臂三头肌注射部位

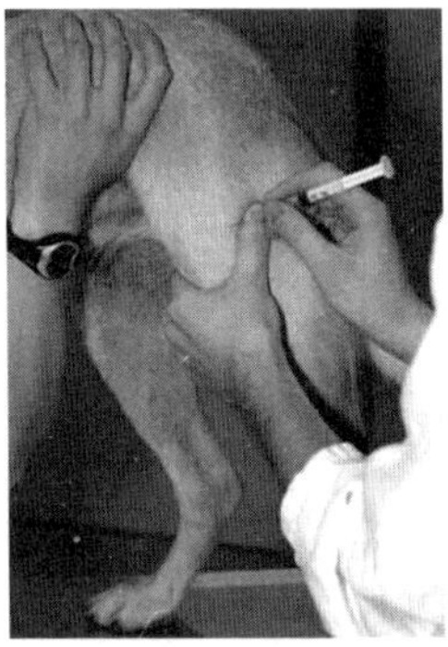

图 5-7 犬后肢股四头肌注射部位

2. 注射方法

助手适当保定动物，注射部位剪毛消毒。对大动物，先以右手拇指与食指捏住针头基部，用腕力将针头垂直皮肤迅速刺入肌肉 2～3 cm，左手固定针头，右手持注射器与针头连接，再回抽活塞，如无回血，表明刺入正确，随即推动活塞，注入药液。如有回血，则需拔出少许(可退出重新进针)，并回抽，确定无回血再行注射药液。对中、小动物，可直接手持连有针头的注射器进行注射。注射完毕，用左手持酒精棉球压迫针孔部，迅速拔出针头。

▶技术提示

(1)由于动物的骚动或操作不熟练，注射针头或注射器(玻璃或塑料注射器)的接合头易折断。针头刺入深度一般只刺入针体的 2/3，切勿把针梗全部刺入。

(2)强刺激性药物，如水合氯醛、钙制剂、浓盐水等，不宜肌内注射。

(3)每注射 1 头/只动物，同一注射器再次注射其他动物时需要更换针头。

(4)万一针体折断，保持局部和肢体不动，迅速用止血钳夹住断端拔出。如不能拔出时，先将动物保定好，防止骚动，进行局部麻醉后迅速切开注射部位，用小镊子、持针钳或止血钳拔出折断的针体。

(5)长期进行肌内注射的动物，注射部位应交替更换，以减少硬结的发生。

(6)2 种以上药液同时注射时，要注意药物的配伍禁忌，必要时在不同部位分别注射。

(7)根据药液的量、黏稠度和刺激性的强弱，选择适当的注射器和针头。

(8)避免在瘢痕、硬结、发炎、皮肤病及有针眼的部位注射。淤血及血肿部位不宜进行注射。

▶知识链接

一、金属注射器

金属注射器是一种将水剂或油乳剂等液体兽药(或疫苗)注入动物机体内的专用装置。

1. 金属注射器结构

金属注射器主要由金属套筒、玻璃管、橡皮活塞、容量调节螺丝等组件组成，见图 5-8，最大装量有 10 mL、20 mL、30 mL、50 mL 4 种规格，特点是轻便、耐用、装量大，适用于猪、牛、羊等中、大型动物注射。

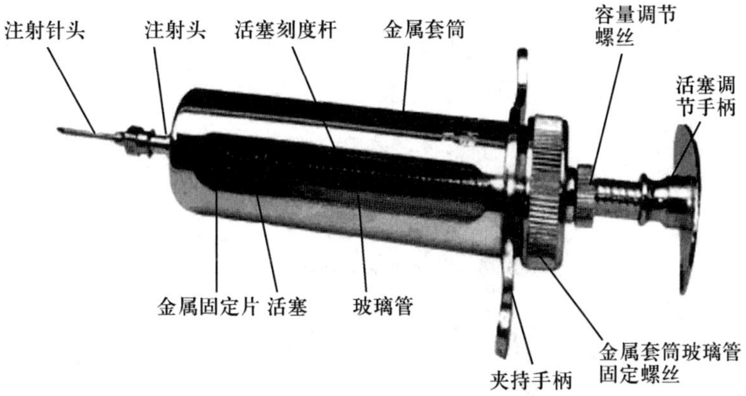

图 5-8　金属注射器结构

2. 金属注射器安装与使用

(1)装配金属注射器　先将玻璃管置金属套管内，并检查玻璃管两端橡胶垫圈，插入活塞，拧紧金属套筒玻璃管固定螺丝，旋转活塞调节手柄至适当松紧度。

(2)检查是否漏水　抽取清洁水数次；以左手食指轻压注射器注射头出口处(如为已经消毒过的注射器，食指不能与注射头直接接触)，拇指及其余三指协助固定金属套管，右手轻拉手柄至一定距离(感觉到有一定阻力)，松开手柄后活塞可自动回复原位时，表明各处接合紧密，不会漏水，即可使用。若拉动手柄无阻力，松开手柄，活塞不能回原位，表明接合不良，应检查固定螺丝是否上正拧紧，或活塞是否过紧或过松，经调整后，再行抽试，直至符合要求为止。

(3)针头的安装　消毒后的针头，用医用镊子夹取针头座，套上注射器针座，顺时针旋转半圈并略施向下压力，针头装上，反之，逆时针旋转半圈并略施向外拉力，针头卸下。

(4)吸取药剂　利用真空把药剂从药物容器中吸入玻璃管内，装药剂时应注意先把适量空气注进容器中，避免容器内产生负压而吸不出药剂。装量一般掌握在最大装量的 50%左右，吸药剂完毕，针头朝上顶端用灭菌棉球包裹，排完管内空气，最后按需要剂量调整容量调节螺丝至所需刻度，每注射一头动物调整一次。

3. 金属注射器使用注意事项

(1)用毕后须放松盖头和手柄以保持活塞弹性，洗涤清洁以延长活塞寿命。

(2)金属注射器不宜用高压蒸汽灭菌法或干热灭菌法，因其中的橡皮圈及垫圈易于老化。一般使用煮沸消毒法灭菌。

(3)每打一头动物都应调整容量调节螺丝，并调换注射针头。

二、连续注射器

连续注射器构成主要由支架、玻璃管、金属活塞及单向导流阀等组件组成。作用原理：单向导流阀在吸液阀、释液阀分别设有自动止返活塞，当金属活塞推进时，释液阀内止返活塞打开而释液阀内止返活塞关闭，药液由释液口射出；当活塞后退时，释液阀内止返活塞关闭阻止空气进入玻璃管而吸液阀止返活塞打开，药液由吸液口吸入玻璃管。

1. 连续注射器结构

连续注射器主要组件见图 5-9，最大装量有 1 mL、2 mL、5 mL 等几种规格，并可随意调整控制注射剂量，特点是轻便、耐用，适用于猪、羊、禽等大群动物注射。

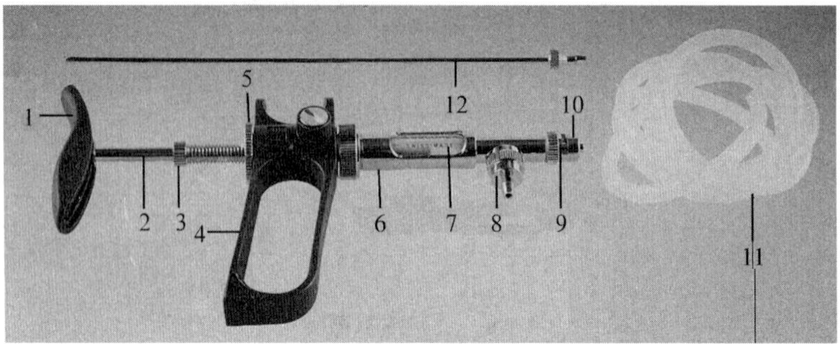

图 5-9 可调连续注射器结构

1. 推柄 2. 容量调节螺丝 3. 容量锁定螺丝 4. 握持手柄 5. 支架 6. 玻璃管 7. 活塞 8. 吸液阀 9. 释液阀 10. 注射头(针头保护罩) 11. 连接管(导管) 12. 吸液针

2. 连续注射器安装与使用

在支架内放入玻璃管，并注意检查玻璃管两端橡胶垫圈，再插入活塞，调节容量调节螺丝至需要注射剂量刻度，拧紧容量锁定螺丝，将连接管一端连接于吸液阀，另一段连接吸液针，并将吸液针插入药液瓶，在注射头上安装适宜的针头，并使针头朝上，连续推动推柄数次，排出注射器内空气，直至药液充满玻璃管，即可开始注射。

3. 连续注射器使用注意事项

(1)注射时不能给推柄施压防止药液被挤出，不能注射过快，以防规定剂量药液未完全吸入玻璃管，造成注射剂量不准确。

(2)注射时药液瓶中可插入进气针，药瓶正立时，进气针应短于吸液针，而药液瓶倒置时，进气针应长于吸液针。

(3)注射器用完后要及时清洗、消毒，一般以煮沸灭菌法为宜，不宜用高压蒸汽灭菌法或干热灭菌法，因其中的橡皮圈及垫圈易老化。

三、注射原则

(1)严格遵守无菌操作原则，防止感染。对被毛浓厚的动物，应先对注射部位剪毛，然后用碘酊棉球以注射点为中心向外螺旋涂擦消毒，待碘酊干后再用 70% 乙醇棉球以同法脱碘，待干后再行注射。

(2)注射时严格执行"三查七对"制度。"三查"即操作前查、操作中查和操作后查；"七对"即核对畜主信息、动物种类、药名、剂量、浓度、时间和用法。

(3)检查药物质量，如药物出现变色、浑浊、沉淀，或已过有效期，或安瓿瓶有破裂，均不能使用。

(4)根据药液量、黏稠度、刺激性及动物种类、注射方法选择适宜的注射器和针头。注射器须经过消毒，且完好无损。针头应锐利、无钩、无弯曲，且能与注射器衔接紧密。

(5)多种药物混合注射时需注意配伍禁忌，并按药物规定时间现配现用。

(6)注射前须排尽注射器内空气，排空气还须防止药物浪费。

(7)注射时要求进针快和拔针快，推注药液慢(对骚动不安的动物应尽快注射完毕)。先注射无刺激性或刺激性弱的药物后注射刺激性强的药物。

技能二　皮下注射法

技能描述

皮下注射法是将药物注射于皮下结缔组织内，经毛细血管、淋巴管的吸收而进入血液循环的一种注射方法。皮下注射法适合于各种刺激性较小的注射药液及疫(菌)苗、血清等的注射。

技能情境

动物医院或诊疗实训室(亦可在动物养殖场)及相应的动物；保定绳、保定器、牛鼻钳、宠物用口笼、伊丽莎白项圈、保定包等保定用具；剪毛剪、镊子、酒精棉球、碘酊棉球；金属注射器或塑钢注射器(10 mL、20 mL)、兽用针头(7×15、9×15、12×15、12×25、16×25)、一次性使用注射器(1 mL、2.5 mL、5 mL、10 mL、20 mL)、镊子及连续注射器等。

技能实施

1. 注射部位的选择

选择皮肤较薄而皮下疏松的部位。猪通常在耳根或股内侧；牛在颈侧或肩胛后方的胸侧；羊、犬、猫在颈侧、背侧或股内侧；禽类在翼下。

2. 注射方法

动物保定好，局部剪毛、消毒后，术者用左手的拇指与中指捏起皮肤，食指压皱褶的顶点，使其呈陷窝。右手持连接针头的注射器，与皮肤呈 30°～40°(图 5-10)，迅速刺入陷窝处皮下约 2 cm。此时，感觉针头无抵抗，可自由摆动，左手按住针头结合部，右手抽动注射器活塞未见回血时，可推动活塞注入药液(图 5-11)。如果需要注入的药量较多时，要分点注射，不能在一个注射点注入过多的药液。注射完毕，以酒精棉压迫针孔，拔出注射针头，最后用 5%碘酊消毒。

技术提示

(1)刺激性强的药品不能做皮下注射，特别是对局部刺激较强的钙制剂、砷制剂、水合氯醛及高渗溶液等，易诱发炎症，甚至组织坏死。

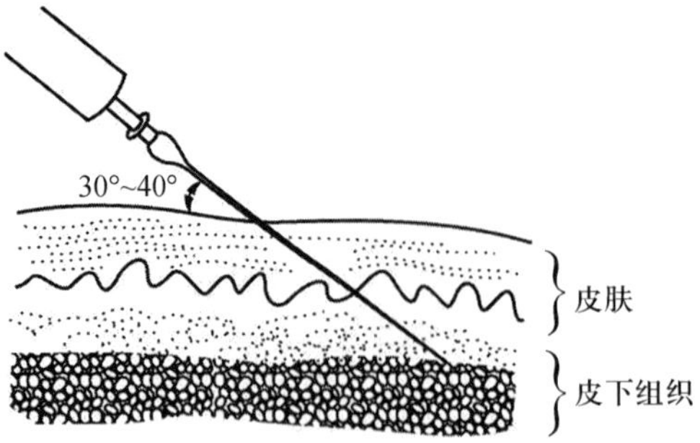

图 5-10 皮下注射的进针角度

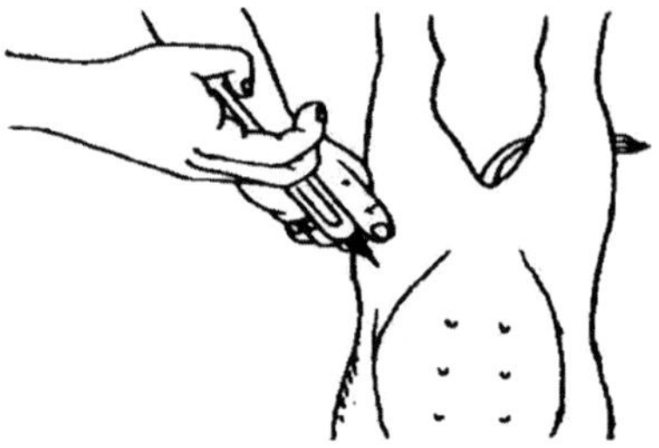

图 5-11 猪的皮下注射方法

(2)大量注射补液时，需将药液加温后分点注射。注射后应轻轻按摩或进行温敷，以促进吸收。长期注射者应经常更换注射部位，建立轮流交替注射计划，达到在有限的注射部位吸收最大药量的效果。

知识链接

(1)皮下注射的药液，可由皮下结缔组织分布广泛的毛细血管吸收而进入血液。

(2)药物的吸收比经口给药和直肠给药快，药效确实。

(3)与血管内注射比较，没有危险性，操作容易，大量药液也可注射，而且药效作用持续时间较长。

(4)皮下注射时，根据药物的种类，有时可引起注射局部的肿胀和疼痛。

(5)皮下有脂肪层，吸收较慢，一般经 5～10 min，才能呈现药效。

技能三 皮内注射法

技能描述

皮内注射法是将药液注射于皮肤的表皮与真皮之间。与其他注射方法相比，其药量注入少，一般仅在皮内注射药液或菌(疫)苗 0.1～0.5 mL，因此一般不用作治疗，主要适用于预防接种(绵羊痘苗)、药物过敏试验及某些变态反应的诊断(如牛结核、副结核)等。

技能情境

动物医院或诊疗实训室(亦可在动物养殖场)及相应的动物；保定绳、保定器、牛鼻钳、宠物用口笼、伊丽莎白项圈、保定包等保定用具；酒精棉球、碘酊棉球；一次性使用注射器(1 mL、2.5 mL)、连续注射器或特制小容量注射器和短针头；剪毛剪、镊子等。

技能实施

1. 注射部位的选择

通常猪在耳根部；牛在颈侧中部或尾根部；犬、猫在颈侧或肩胛部；鸡在肉髯部位的皮肤。

2. 注射方法

按常规局部剪毛、消毒，排尽注射器内空气，以左手拇指、食指将皮肤捏成皱襞，右手持注射器，针头斜面向上，与皮肤呈5°左右刺入皮内(图5-12)，缓缓地注入药液(药液注入皮内的标志是：在推进药液时，感觉到阻力很大且注入药液后局部呈现一个丘疹状隆起，如误入皮下则无此现象)。注射完毕，拔出针头，术部轻轻消毒，但应避免压挤局部。

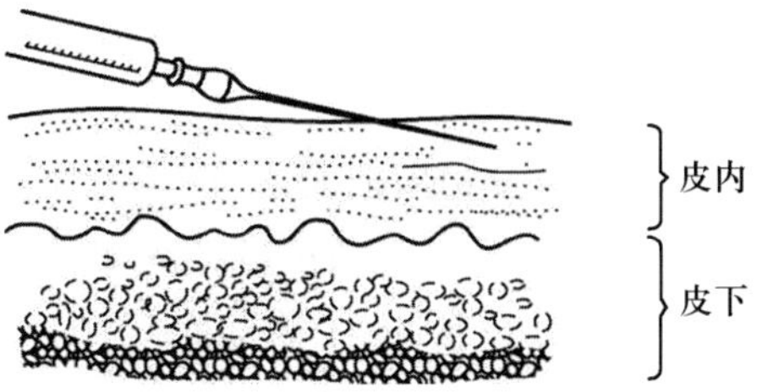

图5-12　皮内注射的进针角度

▶技术提示

注射部位要认真判断，准确无误；进针不可过深，以免刺入皮下，影响诊断与预防接种的效果；拔出针头后注射部位不可用棉球按压揉擦。

技能四　静脉注射法

▶技能描述

静脉注射法系将药液直接注入静脉内，药液随着血液很快分布到全身，不会受消化道及其他脏器的影响而发生变化或失去作用，药效迅速，作用强，注射部位疼痛反应较轻，但其代谢也快。它适用于大量的补液、输血和对局部刺激性大的药液(如水合氯醛、氯化钙)以及急需奏效的药物(如急救强心等)。

▶技能情境

动物医院或诊疗实训室(亦可在动物养殖场)及相应的动物；保定绳、保定器、牛鼻钳、宠物用口笼、伊丽莎白项圈、保定包等保定用具；酒精棉球、碘酊棉球；一次性使用输液器(针头规格：5.5号、6号、7号、9号)、留置针(18G、20G、22G、24G)；止血带、橡皮膏、剪毛剪、镊子等。

▶技能实施

一、猪的静脉注射法

(一)耳静脉注射法

1. 注射部位

猪耳背侧静脉(耳缘静脉)。

2. 注射方法

将猪站立或侧卧保定，耳静脉局部消毒。助手用手指按压耳根部静脉管处或用胶带在耳根部扎紧，使静脉血回流受阻，静脉管充盈、怒张。术者用左手把持猪耳，将其托平并使注射部位稍有隆起，右手持连接针头的注射器，沿静脉管方向使针头与皮肤呈 30°～45°，刺入皮肤和血管内，轻轻回抽活塞如可见回血即为已刺入血管，然后将针管放平并沿血管稍向前刺入（图 5-13）。此时，可以撤去压迫脉管的手指或解除结扎的胶带。术者用左手拇指压住注射针头，右手徐徐推进药液，直至药液注完。如果大量输液时，可用输液器、输液瓶替代注射器，控制输液速度。注药完毕，左手拿灭菌棉紧压针孔，迅速拔出针头。为了防止血肿，继续紧压局部片刻，最后涂布碘酊消毒。

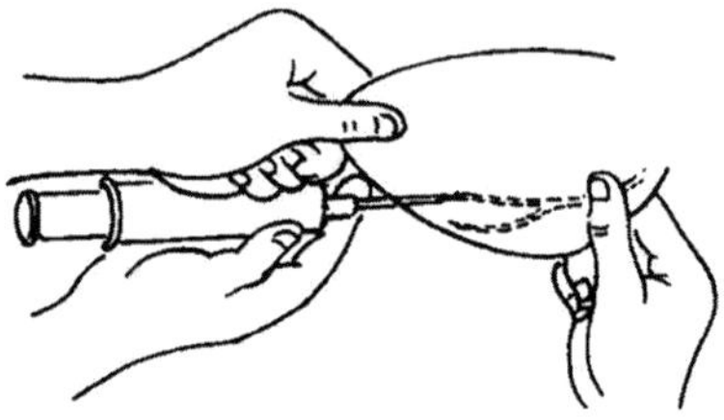

图 5-13　猪耳背侧静脉注射

（二）前腔静脉注射法

1. 注射部位

前腔静脉为左、右两侧的颈静脉与腋静脉至第 1 对肋骨间的胸腔入口处于气管腹侧面汇合而成。注射部位在第 1 肋骨与胸骨柄结合处的正前方，由于左侧靠近膈神经，易损伤，故多于右侧进行注射（图 5-14）。用于急救或采血。

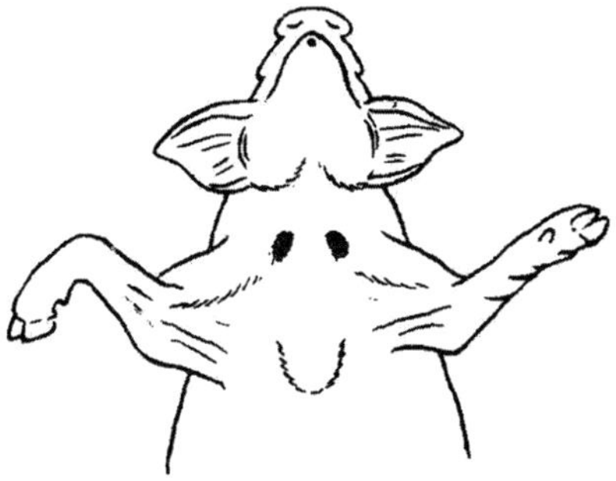

图 5-14　猪前腔静脉注射部位

2. 注射方法

对猪采取站立保定或仰卧保定。站立保定时，在右侧耳根至胸骨柄的连线上，距胸骨端 1～3 cm 处刺入针头，进针时稍微斜向中央并刺向第 1 肋骨间胸腔入口处，针头刺入方向呈近似垂直并稍向中央及胸腔方向，刺入深度依据猪体大小而定，一般为 2～6 cm。边刺边回抽活塞，观察是否有回血，如果见到有回血即表明针头已刺入前腔静脉，可注入药液。猪取仰卧保定时，固定好其前肢及头部。局部消毒后，术者持连有针头的注射器，由右侧沿第 1 肋骨与胸骨结合部前侧方的凹陷处刺入，并且稍微斜刺向中央及胸腔方向，一边刺入一边回抽，当见到回血后即表明针头已刺入，即可徐徐注入药液。注射完毕，左手持酒精棉球紧压针孔，右手拔出针头，局部消毒。

二、牛、羊的静脉注射法

1. 注射部位

牛、羊多在颈静脉的上 1/3 与中 1/3 交界处注射，奶牛少量注射时也可在尾静脉进行，偶尔也可利用耳静脉注射，也可在胸外静脉及母牛的乳房静脉进行。

2. 注射方法

（1）颈静脉注射　动物保定，使其头部稍向前伸，术部进行剪毛、消毒。术者用左手压迫颈静脉的下方近心端，或者用绳索勒紧颈下部，使静脉回流受阻而怒张。右手持针头用力迅速地垂直刺入皮肤（因牛的皮肤很厚，不易穿透，最好借助腕力奋力刺入方可成功）及血管，若见到有血液流出，表明已将针头刺入颈静脉中，再沿颈静脉走向稍微向近心端推送，连接注射器或输液器，即可注入药液。注射完毕，左手持酒精棉球紧压针孔，右手拔出针头，局部消毒。

(2)尾静脉注射　在近尾根的腹中线处距肛门 10～20 cm 消毒。术者一手或由助手将牛尾举起,使它与背中线垂直,另一只手持注射器在尾腹侧中线,垂直于尾纵轴进针至针头稍微触及尾骨。然后试着抽吸,若有回血表明在静脉内,若无回血,可将针稍微退出 1～5 mm,再次回抽,确认在静脉内即可注射药液。注射完毕,用酒精棉球紧压针孔,右手拔出针头,局部消毒。

羊的静脉注射法多用颈静脉注射,其操作方法参照牛的颈静脉注射。可将连接注射器的针头直接刺入静脉并回抽确定是否在静脉内,再行注射。

三、犬、猫的静脉注射法

1. 注射部位

犬多在前肢皮下静脉(又称桡侧皮下静脉)或后肢外侧小隐静脉进行注射,特殊情况下(如犬的血液循环障碍,较小的静脉不易找到)也可在颈静脉注射。前肢皮下静脉位于前肢腕关节正上方稍内侧浅表皮下,后肢外侧小隐静脉位于后肢胫部下 1/3 的外侧浅表皮下。

2. 注射方法

(1)前臂皮下静脉注射　犬可侧卧、伏卧或站立,助手或畜主从犬的后侧固定头部,握住注射肢的肘部,局部剪毛、消毒。助手使腕部皮肤向上牵引使静脉怒张(也可用止血带结扎使静脉怒张)。术者位于犬的前方,左手握住注射肢的腕关节,在腕关节的稍上方将注射针向近心端刺入静脉,当确认针头在血管内(针头连接处见到回血)后,再将针头顺着血管进针少许,松开止血带,即可注入药液(图 5-15)。如为静脉输液,则需用胶布缠绕固定针头,调整输液速度。注射完毕,用灭菌棉球按压进针点,迅速拔出针头,局部按压片刻。

(2)后肢外侧小隐静脉注射　助手将犬侧卧保定,固定好头部。局部剪毛、消毒。用止血带结扎后肢股部或由助手用手紧握,使静脉管充盈、怒张。术者左手握在要注射部位的下方,右手持注射针头沿静脉走向刺入血管,若有回血,证明已刺入静脉,此时可将针头顺血管腔再向近心端刺入少许,松开止血带,术者用左手固定针头,右手徐徐将药液注入(图 5-16)。其他操作同前臂皮下静脉注射。

图 5-15　犬前臂皮下静脉注射

图 5-16　犬后肢外侧小隐静脉注射

技术提示

(1)要严格遵守无菌操作规程,对所有注射用具、注射部位都要严格消毒。

(2)动物确实保定,看准静脉并明确注射部位后再扎入针头,避免多次扎针而引起血肿。

(3)注入药液前应该排净注射器或输液管中的气泡,严防将气泡注入静脉。

(4)对所要注射的药品质量(如有无杂质、沉淀等)应严格检查,不同药液混合使用时要注意配伍禁忌。对组织刺激性强的药液要严防漏于血管外,油类制剂禁止进行静脉注射。

(5)给动物补液时,速度不宜过快,否则会加重心脏负担而引起不适,如呕吐等。大动物以 30~60 mL/min 为宜;犬、猫等小动物以 25~40 滴/min 为宜。药液在注入前应加温使其接近动物体温。

(6)静脉注射过程中,要随时注意观察动物的表现,如动物有不安、出汗、呼吸困难、肌肉颤栗等症状时,应该立即停止注射,待查明原因后再行处置。

(7)要随时观察药液的注入情况,一旦出现液体输入突然过慢或停止,或者注射局部明显肿胀以及针头滑出血管时,应该立即检查,进行调整,直至恢复正常。

知识链接

1. 静脉注射与采血

许多情况下动物静脉注射部位与采血部位是一致的,只是静脉注射是要将药液注入静脉内,而采血是将静脉内血液抽到采血器内。因此,在操作手法上两者基本相同,只是进针方向上略有区别。静脉注射时针头向着静脉的近心端方向进针,而采血时针头向着远心端方向进针。

奶牛的尾静脉采血可在很大程度上代替颈静脉采血,尾部抽血可减轻患牛的紧张程度,避免牛吼叫和过度保定,操作简便快捷。

2. 静脉注射时药液漏于皮下的处理

静脉注射时,常由于未刺入血管或刺入后,因患病动物骚动而针头移位脱出血管外,致使药液漏于皮下。故当发现药液外漏时,应立即停止注射,根据不同的药液采取下列措施处理:

(1)立即用注射器抽出外漏的药液。如系等渗溶液(如生理盐水或等渗葡萄糖),一般很快自然吸收。

(2)如系高渗盐溶液,则应向肿胀局部及其周围注入适量的灭菌注射用水,以稀释之;如系刺激性强或有腐蚀性的药液,则应向其周围组织内注入生理盐水;如系氯化钙液,可注入10%硫酸钠或 10%硫代硫酸钠 10~20 mL,使氯化钙变为无刺激性的硫酸钙和氯化钠。

(3)局部可用 5%~10%硫酸镁进行温敷,以缓解疼痛。

(4)如系大量药液外漏,应做早期切开,并用高渗硫酸镁溶液引流。

技能五　胸腔注射法

技能描述

胸腔注射也称胸膜腔内注射，是将药液注入胸膜腔内的给药方法。注入胸腔的药液吸收快，在动物发生胸膜炎症时，可将某些药物直接注射到其胸腔内进行局部治疗；也用于疫苗接种(如猪喘气病疫苗)。

技能情境

动物医院或诊疗实训室(亦可在动物养殖场)及相应的动物；保定绳、保定器、牛鼻钳、宠物用口笼、保定包等保定用具；酒精棉球、碘酊棉球；12 号、16 号胸腔穿刺针、一次性使用注射器(5 mL、10 mL、20 mL、50 mL 等)；止血钳、连接套管、清洁试管、消毒纱布、无菌手套、剪毛剪、镊子等。

技能实施

1. 注射部位的选择

猪在左侧第 6 肋间，右侧第 5 肋间；牛和羊在左侧第 6～7 肋间，右侧第 5～6 肋间；犬和猫在左侧第 7 肋间，右侧第 6 肋间；马在左侧第左侧第 7～8 肋间，右侧第 6～7 肋间。各种动物均在对应肋间与肩关节水平线的交点下方 1～3 cm 或与胸外静脉交点的上方 1～2 cm 处的肋骨前缘进针。

2. 注射方法

动物站立保定，术部剪毛、消毒。术者左手将术部皮肤稍向前方移动 1～2 cm，以便使刺入胸膜腔的针孔与皮肤上针孔错开，右手持连接针头的注射器，在靠近肋骨前缘处垂直皮肤刺入(深度 2～5 cm)。针头通过肋间肌时有一定阻力，进入胸膜腔时阻力消失，有空虚感。注完药液后，用灭菌棉球按压进针孔，拔出针头，使局部皮肤复位，术部消毒。

技术提示

(1)进针时，针头应该靠近肋骨前缘刺入，以免刺伤肋间血管或神经。

(2)小动物针头直接连接注射器操作；而大动物通常是在针头上接消毒后的输液胶管，并将其用盐水夹或止血钳闭合，以防止空气窜入胸腔而形成气胸。

(3)必须在确定针头刺入胸腔内后，才可以注入药液。

(4)胸腔内注射时避免伤及胸腔脏器。

(5)注入的药液应与动物体温相近。

技能六　腹腔注射法

技能描述

腹腔注射是将药液注入腹膜腔内的给药方法。由于腹腔具有强大的吸收功能，药物吸收快，注射方便，适用于腹腔内器官疾病的治疗和通过腹腔补液（尤其在动物脱水或血液循环障碍，采用静脉注射较困难时更为实用），多用于中、小动物。

技能情境

动物医院或诊疗实训室（亦可在动物养殖场）及相应的动物（牛、羊、猪、犬和猫等）；保定绳、保定器、牛鼻钳、宠物用口笼、伊丽莎白项圈、保定包等保定用具；酒精棉球、碘酊棉球；金属注射器或塑钢注射器（10 mL、20 mL、50 mL）、不同型号的兽用针头、一次性使用注射器（1 mL、2 mL、5 mL、10 mL、20 mL 等）；剪毛剪、镊子、生理盐水等。

技能实施

1. 注射部位

牛和马在右侧肷窝中部；猪、犬和猫在耻骨前缘前方 2～5 cm 处的腹中线两侧。

2. 注射方法

（1）牛和马的腹腔注射　站立保定，将注射部位进行剪毛、消毒。术者一只手将注射部位皮肤稍移动，另一只手持针头垂直刺入腹腔后，针头有空虚感时，连接注射器并回抽注射器没有血液或肠内容物即可注射。注射完毕用灭菌棉球轻压注射部位，退出注射器，局部消毒。

（2）猪的腹腔注射　体重较轻的猪可提举两后腿倒立保定（图 5-17），体重较大的猪需采用横卧保定。注射局部剪毛、消毒。术者左手把握猪的腹侧壁，右手持连接针头的注射器或输液管垂直刺入 2～3 cm，使针头穿透腹壁，刺入腹腔内。然后左手固定针头，右手回抽注射器，确认没有血液或肠内容物，即可注入或输入药液。注射完毕，用灭菌棉球按压进针孔，拔出针头，术部消毒处理。

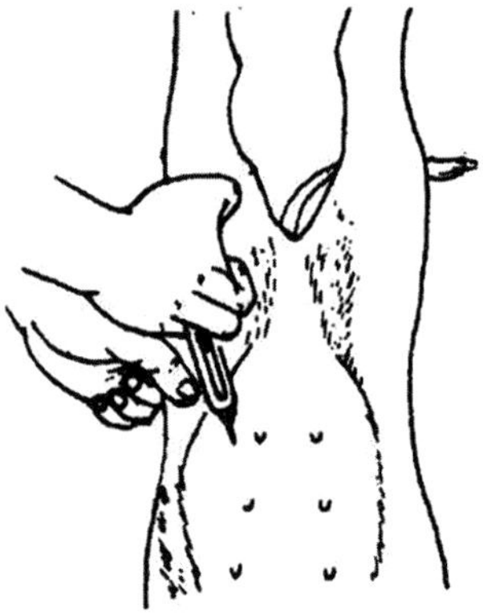
图 5-17　小猪的腹腔注射

（3）犬、猫的腹腔注射　注射前，先使犬前躯侧卧，后躯仰卧，将两前肢系在一起，两后肢分别向后外方转位，充分暴露注射部位，要保定好犬的头部。术部剪毛、消毒。右手持注射针头垂直刺透皮肤、腹肌及腹膜，进针深度为 1～2 cm，当针头刺破腹膜进入腹腔时，立刻感觉没有了阻力，有落空感。若针头内无气泡及血液流出，也无脏器内容物溢出，并且注入灭菌生理盐水无阻力时，说明刺入正确，此时可连接注射器，进行注射。

技术提示

（1）所注药液预温到与动物体温相近。

（2）所注药液应为等渗溶液，最好选用生理盐水或林格氏液。

（3）有刺激性的药物不宜做腹腔注射。

（4）注射时避免损伤腹腔内的脏器和肠管。

（5）小动物腹腔内注射宜在空腹时进行，防止腹压过大，而误伤其他器官。

技能七　气管注射法

▶技能描述

气管注射法系将药液直接注射到气管内，使药物直接作用于气管黏膜的一种给药方法。主要用于治疗猪、羊等动物的气管与肺部疾病，也用于肺部驱虫。

▶技能情境

动物医院或诊疗实训室（亦可在动物养殖场）及相应的动物；保定绳、保定器等；酒精棉球、碘酊棉球；金属注射器或塑钢注射器（5 mL、10 mL、20 mL）、不同型号的兽用针头、一次性使用注射器（1 mL、2.5 mL、5 mL、10 mL、20 mL）；止血带、橡皮膏、剪毛剪、镊子；2%盐酸普鲁卡因注射液、生理盐水等。

▶技能实施

1. 注射部位

颈部前 1/3 腹侧面的正中，可明显触到气管，在两气管环之间进针。

2. 注射方法

采取仰卧或侧卧保定，大动物可取站立保定，使其前躯稍高于后躯。术部剪毛、消毒。术者左手触摸气管并找准两气管环的间隙，右手持连有针头的注射器，垂直刺入气管内，而后缓慢注入药液，如猪气管注射法见图 5-18。若操作中动物咳嗽，则要停止注射，直至其平静下来再继续注入。注完拔出针头，术部消毒即可。

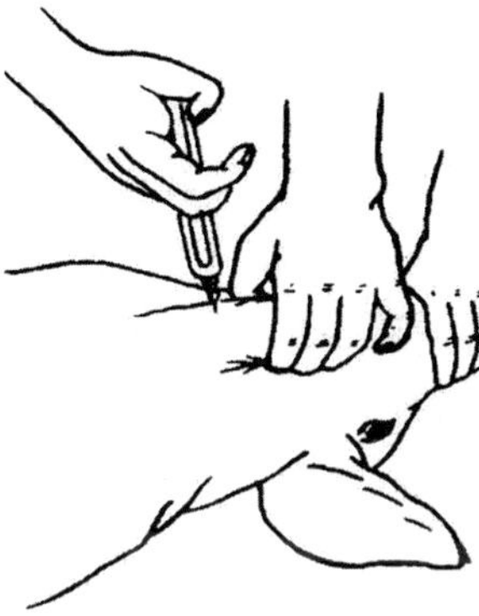
图 5-18　猪气管注射法

▶技术提示

（1）药液注射前，应将其加温至接近动物体温，以减轻刺激反应。

（2）注射速度不宜过快，可一滴一滴注入，以免刺激气管黏膜，咳出药液。

（3）注射药液量不易过大，避免量大引发气管阻塞而发生呼吸困难。猪、羊、犬一般 3～5 mL，牛 20～30 mL。

（4）如果动物咳嗽剧烈或防止注射诱发动物咳嗽，可先注入 2%普鲁卡因液 2～5 mL，降低气管的敏感反应，然后再注入所需药液。

技能八　乳房内注射法

▶技能描述

乳房内注射法是将药液通过乳导管注入乳池内的一种注射方法，它主要用于奶牛、奶山羊乳房炎的治疗，或通过乳导管送入空气，治疗奶牛生产瘫痪。

技能情境

动物医院或诊疗实训室（亦可在动物养殖场）及相应的动物；保定绳、保定器、牛鼻钳保定用具；酒精棉球、碘酊棉球；镊子、灭菌纱布、纱布条；金属注射器或塑钢注射器（10 mL、20 mL、50 mL）、乳导管、一次性使用注射器（5 mL、10 mL、20 mL）、乳房送风器及药品等。

技能实施

1. 动物准备

动物站立或侧卧保定，助手先挤干净乳房内乳汁，然后清洗乳房外部，拭干后再用70%酒精消毒乳头。

2. 操作方法

(1)乳房注射　术者位于动物腹侧，左手握紧乳头并轻轻下拉，右手持乳导管自乳头口徐徐导入，当乳导管导入一定长度时，术者的左手把握乳导管和乳头，右手持注射器，使之与乳导管连接，徐徐将药液注入（图5-19）。注射完毕，将乳导管拔出，同时术者一只手捏紧乳头管口，以防止刚注入的药液流出，用另一只手对乳房进行轻柔地按摩，使药液较快地散开。如多个乳区需要注射时，则各个乳区用相同操作方法分别注射。

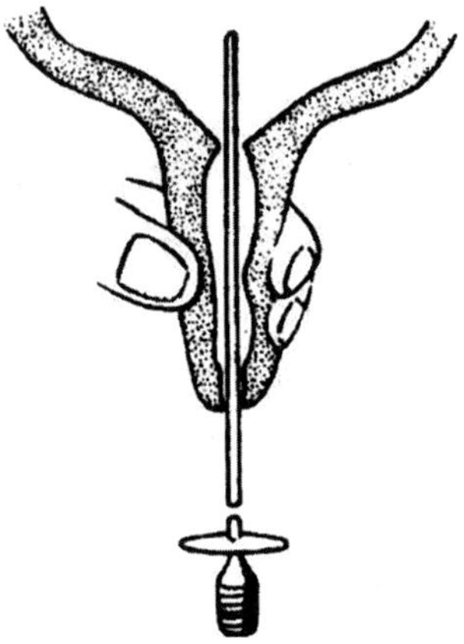
图 5-19　乳房内注射

(2)乳房送风　用乳房送风器（或100 mL注射器或消毒后手用打气筒）送风之前，在金属滤过筒内，放置灭菌纱布，滤过空气，防止感染。先将乳房送风器与乳导管连接（或100 mL注射器接合端垫2层灭菌纱布与乳导管连接）。4个乳头分别充满空气，充气量以乳房的皮肤紧张、乳腺基部的边缘清楚变厚、轻敲乳房发出鼓音为标准。充气后，可用手指轻轻捻转乳头肌，并结系一条纱布，防止空气溢出，经1 h左右解除。

技术提示

(1)注入的药液一般以抗生素溶液为主；如以洗涤乳房为目的时多用生理盐水及低浓度的青霉素溶液等注入后，随后即可挤出，反复数次，直至挤出液体透明为止。

(2)操作过程中要严格消毒，特别使用注射器送风时更应注意，包括术者的手、乳房外部、乳头及乳导管等的消毒，以免引起新的感染。

(3)乳导管导入及药液注入时，动作要轻柔，速度要缓慢，以免损伤乳房。

(4)注药前应挤净奶汁，注药后要充分按摩乳房，注药期间不要挤奶。

技能九　瓣胃注射法

技能描述

瓣胃注射是将药液直接注入反刍动物的瓣胃内，使药物直接作用于瓣胃或使其内容物软化的一种注射方法，它主要用于瓣胃阻塞的治疗。

技能情境

动物医院或诊疗实训室（亦可在动物养殖场）及牛、羊；保定绳、牛鼻钳、二柱栏；酒精棉球、碘酊棉球；金属注射器或塑钢注射器（20 mL、50 mL）、瓣胃穿刺针或兽用针头（16×150、16×48）；剪毛剪、镊子、生理盐水等。

技能实施

1. 注射部位

在右侧第 9 肋间与肩关节水平线交点上下 1～2 cm 范围内，多在第 10 肋骨前缘进针（图 5-20）。

2. 注射方法

（1）将动物在柱栏内站立保定，注射局部剪毛、消毒。术者立于动物右侧，左手使注射部皮肤稍向前或向后移动，右手持 16—18 号针头，沿第 10 肋骨前缘垂直刺入皮肤后，调整针头使其朝向左侧肘突方向刺入 8～10 cm（羊 3～5 cm）当刺入瓣胃内时感觉到阻力减小，并有沙沙感。

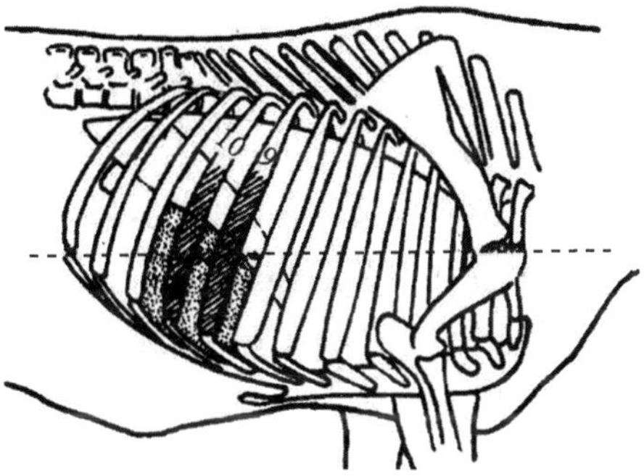

图 5-20　瓣胃内注射

9. 第 9 肋骨　10. 第 10 肋骨

（2）检查判断针头是否刺入瓣胃内，即将针头连接上注射器并回抽，如果见有血液或胆汁，提示针头刺入肝脏或胆囊，可能是针头刺入点过高或其朝向上方所致，应将针头拔出，调整朝偏下方刺入；如未见血液再用注射器注入 20～50 mL 生理盐水后，迅速回抽，如果见混有草屑的胃内容物，即为刺入正确。

（3）连接注射器注入所需药物（如 25%硫酸镁溶液、生理盐水、液体石蜡或其他药品），注射完毕后，用灭菌棉球按压进针孔，迅速拔出针头，局部消毒。

技术提示

（1）动物要确实保定，对躁动不安的患畜可先肌内注射镇静剂后再进行注射。

（2）在注入药物前，一定要确保针头准确刺入瓣胃。

技能十　皱胃注射法

技能描述

将针头直接刺入反刍动物皱胃内，直接向皱胃内注射药液进行治疗的一种给药方法。主要用于治疗某些皱胃疾病如皱胃阻塞。兽医临床上也经常进行皱胃穿刺抽取其内容物进行检验，用于皱胃阻塞或皱胃变位的诊断。

技能情境

动物医院或诊疗实训室（亦可在动物养殖场）及相应的动物（牛、羊等）；保定绳、牛鼻钳、二柱栏等保定用具；酒精棉球、碘酊棉球；金属注射器或塑钢注射器（20 mL、50 mL）、穿刺针（16×120）和兽用针头（16×38、18×38）；剪毛剪、镊子、生理盐水或25%硫酸镁溶液等。

技能实施

1. 注射部位

牛的皱胃位于右腹部第9～11肋间的肋骨弓区，当发生皱胃阻塞时，此区域出现局限性膨大，可作为刺入部位（右侧第11～13肋骨下缘）；当发生皱胃变位时，左侧肋弓处突起明显，叩诊时发出高亢的叩击钢管音，可选择此处进行穿刺，抽取积液进行诊断。

2. 操作方法

动物站立保定或左侧卧保定，局部剪毛、消毒。术者持16～18号针头，先刺穿皮肤，调整针头使其朝向对侧肘突方向刺入5～8 cm时，手感刺入坚实物，此时可以连接注射器，向内注入少量（50～100 mL）生理盐水注射液，并立即回抽之，如见回抽液中混有食糜或胃内容物，pH为1～4，表明针头已准确刺入皱胃内，根据需要可以抽取皱胃内容物进行实验室检验，也可以注入所需药物。之后，立即拔出针头，局部做消毒处理。

技术提示

（1）在确定注射或穿刺部位时，需结合临床视诊及叩诊方法判断。当针头刺入一定深度后，要谨慎判断是否刺入皱胃，只有准确刺入后，方可进行其他操作。

（2）注射或穿刺过程中，动物要确实保定，必要时可给予镇静药物。

（3）皱胃内容物pH为1～4，其他胃肠内容物均高于此值。

操作训练

利用课余时间或节假日参与门诊工作，对动物进行注射技术练习。

任务三　补 液 技 术

任务分析

补液是由静脉或其他途径输入不同成分和一定数量的溶液进行纠正动物脱水和酸碱平衡的紊乱一种治疗方法。补液疗法具有调节体内水和电解质平衡、补充循环血量、维持血压、中和毒素、补充营养物质等作用,从而促进机体恢复。补液疗法虽然一般不是特异性治疗方法,但若与特异性治疗方法协同作用,便会获得良好的疗效,使患病动物转危为安。补液的方法取决于疾病种类和病情严重程度、脱水程度、电解质紊乱的类型、患病动物的器官机能和可供选择的医疗设备等。

任务目标

1. 能正确选择补液途径,对动物进行补液操作;
2. 能正确控制输液量和速度,熟知输液注意事项。

任务情境

动物医院或诊疗实训室(亦可在动物养殖场)及相应的动物(牛、猪、羊及犬等);保定绳、保定器、牛鼻钳、宠物用口笼、伊丽莎白项圈、保定包等;酒精棉球、碘酊棉球;金属注射器或塑钢注射器(10 mL、20 mL、50 mL)、不同型号的兽用针头、一次性使用注射器(1 mL、2.5 mL、5 mL、10 mL、20 mL)、一次性使用输液器(针头规格:5.5 号、6 号、7 号、9 号)、留置针(18G、20G、22G、24G);止血带、橡皮膏、剪毛剪、镊子等。

任务实施

1. 口服补液

对脱水程度轻、尚有饮欲或消化道功能基本正常的动物,应尽可能口服补液。给足量的水和盐水,或口服补液盐(即 ORS 液:葡萄糖 20 g、氯化钠 3.5 g、碳酸氢钠 2.5 g、氯化钾 1.5 g、加水 1 000 mL),任动物自由饮用。

2. 静脉输液

静脉注射常适用于严重的电解质和酸碱平衡紊乱的急性病例。注射部位及方法可参照“静脉注射法”,其作用迅速,药量准确,效果确实,但要注意一次输入量不宜过多,大动物每次输入 1 000～5 000 mL;中等动物每次输入 500～1 500 mL;小动物每次输入 50～300 mL。必要时可分多次反复补给。

3. 腹腔内注射补液

腹膜的面积大,吸收能力强,且腹腔能容纳大量药液,一般无刺激性的等渗溶液,尤其在中、小动物静脉注射有困难时可进行腹腔注射补液。

4. 直肠给药

温水、钾离子、钠离子、氯离子可通过直肠很好地吸收。如果直肠内存在宿粪应先行清除后再行给药。操作完成后，可将塞肠器保留 15～20 min 后取出，以防液体流出。

5. 皮下注射补液

适用于小动物和年幼的动物，因为它可以克服静脉注射需较长时间保定的缺点。操作方法参考“皮下注射法”。

技术提示

(1)口服补液简便易行，不良反应少，可避免补液过量；危险性小，可不必严格注意其等渗、容积大小和溶液的无菌性。

(2)静脉输液用药量准确、药效迅速，可长时间滴注。静脉滴注药物直接进入血液，对血管丰富的组织容易使药物渗透并发挥作用。由于血流中具有多种缓冲系统，对某些有刺激性的药液和高渗溶液也可静脉输入，而不至于引起对血管的刺激。

(3)腹腔内注射补液要注意无菌操作，否则会导致腹膜炎；注意不能刺伤腹腔内器官。大量注入药物时，要注意药液的温度与体温接近。

(4)直肠给药时，操作要细心，防止损伤直肠黏膜，引起出血或穿孔。要注意药液的温度与体温接近。

(5)皮下注射的药物，要求是等渗、无刺激性的，且每一点注射量不宜过多。为了加快药物的吸收，可对局部进行轻度按摩或热敷。

(6)补液顺序上一般是先浓后淡，先晶后胶，先盐后糖，见尿补钾。

知识链接

1. 补液溶液的类型

常用的有葡萄糖溶液(浓度为 5%～50%)；电解质溶液，如生理盐水、5%葡萄糖生理盐水、林格氏液等；碱性溶液，如 5%碳酸氢钠溶液、乳酸钠溶液、谷氨酸钠溶液等；胶体溶液，如中分子右旋糖酐等。所需输液溶液类型，应根据疾病性质和体液流失的量和成分决定。

补充血容量一般选用生理盐水、5%葡萄糖溶液等。电解质溶液的电解质浓度与细胞外液相似，不但可补充血容量还可纠正酸中毒。当水、电解质丧失严重，细胞外液、有效循环量急剧下降，引起休克时，则需要输入胶体溶液，甚至全血或血浆。因为单纯输入电解质溶液很容易通过微血管壁散布于组织液中或经肾脏排出，因此不能有效地维持血容量。如果仅输入胶体溶液而不输入电解质溶液也不能有效地恢复组织液与血液的交换。所以一般输入的电解质溶液与胶体溶液的比例以 6∶1 为宜。钾离子的补充应当等血容量和尿量增加后方可开始。

2. 补液速度

静脉输液速度取决于病情和动物心脏耐受能力，一般是“先快后慢，宁慢勿快”，早期可快速输液，尤其是对休克和脱水严重的病例，应尽快补充血容量。当见动物排尿后即可减慢速度，后期可改为静脉滴注。通常情况下静脉输液速度以每千克体重 5～18 mL/h 为宜，凡是应用钙剂、镁剂、钾剂等药物时，输液速度宜慢。

3. 补液药液与量

脱水又分为等渗性脱水、低渗性脱水和高渗性脱水 3 种，临床静脉补液量取决于脱水类型和程度，一般是“缺什么补什么，缺多少补多少”。

等渗性脱水在去除病因的前提下，可根据红细胞压积容量（PCV）测定值进行计算平衡盐溶液或等渗盐水补充量，可参照下列公式计算补液量：

平衡盐溶液需要量（L）＝（实际 PCV 值/正常 PCV 值）×体重（kg）×0.25

低渗性脱水则在去除病因的前提下，补充含盐溶液或高渗盐水，具体补充量以钠盐为标准，参考下列公式计算补钠量：

需补充钠盐量（mmol）＝［血钠正常值－血钠测得值］（mmol/L）×体重（kg）×0.6

高渗性脱水时补充低渗盐溶液（0.45％氯化钠溶液或 5％葡萄糖溶液），应根据脱水程度或血钠含量进行估算。轻度脱水（口渴、精神沉郁、尿量减少血色暗）缺水量为体重的 2％～4％，中度脱水（口渴舌干、乏力、尿量很少、血液黏稠、脉搏增数）缺水量为体重的 4％～6％，重度脱水（除中度脱水症状外，还有血压下降、可视黏膜发绀、眼球凹陷、四肢末梢发凉、脉搏微弱）缺水量大于体重的 6％。

补液量可按临床表现估算：

补液量（L）＝估计脱水量相当于体重的％×现有体重（kg）

补液量根据血钠含量估算：

补液量（L）＝［血钠测得值－血钠正常值］（mmol/L）×体重（kg）×4

4. 输液疗法的应用范围

（1）各种原因引起的脱水、大出血和休克。

（2）中毒性疾病、不同原因引起的酸碱平衡紊乱及饮食废绝的患病动物。

（3）某些抗菌药物、血管扩张药、升压药和肾上腺皮质激素等，使用时要加在某些溶液中进行静脉给药。

（4）某些外科手术前后、烧伤、发热性疾病或败血症及各种原因引起的营养衰竭等。

（5）在极度贫血或一些紧急情况下，兽医临床上也应用输血补充血容量和血红蛋白，以挽救动物生命。

二维码 5-1
输血技术

操作训练

利用课余时间或节假日参与门诊工作，进行动物的补液技术练习。

项目测试

A 型题

1. 牛的皱胃注射的刺入部位是(　　)

A. 右侧第 8～10 肋骨下缘　B. 右侧第 11～13 肋骨下缘
C. 右侧第 13～14 肋骨下缘　D. 右侧第 9～11 肋骨下缘
E. 右侧第 14～15 肋骨下缘

2. 牛的瓣胃注射部位在(　　)、肩关节水平线上下 2 cm 范围内，略向前下方刺入。

A. 右侧第 10 肋间　B. 右侧第 6 肋间
C. 右侧第 7 肋间　D. 右侧第 8 肋间
E. 右侧第 9 肋间

3. 与血管内注射比较，(　　)没有危险性，操作容易，大量药液也可注射，而且药效作用持续时间较长。

A. 腹腔注射　B. 静脉注射
C. 肌内注射　D. 皮下注射
E. 皮内注射

4. 静脉内注射时出现药液外漏，如系刺激性强或有腐蚀性的药液，则应向其周围组织内注入(　　)

A. 10%硫代硫酸钠　B. 10%硫酸钠
C. 生理盐水　D. 蒸馏水
E. 5%葡萄糖溶液

5. 猪胸腔注射的部位是在左侧第(　　)肋间，右侧第(　　)肋间。

A. 6、4　B. 6、5　C. 5、4
D. 4、4　E. 6、7

6. 大量输血前，先输入 5～10 mL 血液，观察 5 min 确定是否有不良反应，如无不良反应，可按每分钟 5～10 mL 速度输入，每次输血最大量为全血量的(　　)

A. 3%～5%　B. 5%～10%　C. 20%～30%
D. 10%～20%　E. 30%～40%

B 型题

(7～9 题共用备选答案)

A. 耳静脉　B. 颈静脉　C. 后腔静脉
D. 尾静脉　E. 前肢皮下静脉

7. 犬静脉注射最常用的血管是(　　)

8. 牛、羊静脉注射最常用的血管是(　　)

9. 猪静脉注射最常用的血管是(　　)

（10～14 题共用备选答案）

A. 灌服法　　B. 灌肠法　　C. 混料给药法

D. 胃管投药法　　E. 阴道（子宫）投药法

10.（　　）适用于多数病情危重的、饮食欲废绝的动物，以及食欲尚可但不愿自行采食药物的动物，可以用强制的方法将药物经口灌入其胃内。此法适用于液体性药物或将药物用水溶解或调成稀粥样，以及中草药的煎剂，所用的药物一般应无强的刺激性或异味。

11. 当病畜尚有食欲，所投药物量少并且无特殊气味，用药时间较长的治疗过程时，一般采用（　　）进行投药。

12. 当患畜食欲废绝，或所用水剂药物量过多、带有特殊气味，经口不易灌服时，一般需要使用（　　）法投给药物。

13.（　　）多用于患畜肠内补液、肠阻塞以及直肠炎的治疗，如临床上常常用来治疗马属动物的便秘，尤其对胃状膨大部等大肠便秘更为常用；也用于动物采食及吞咽困难时的直肠内人工营养，对于小动物可用于催吐。

14.（　　）多用于母畜的阴道炎、子宫颈炎、子宫内膜炎等病的对症治疗，可促进黏膜的修复，及早恢复生殖功能，是一种较为理想的投药方法。

（15～17 题共用备选答案）

A. 灌服法　　B. 经口投药的方法　　C. 混料给药法

D. 胃管投药法　　E. 喷雾给药法

15. 在养鸡生产中，对数量较少或个别的发病鸡，可采用（　　）的方法进行治疗。

16. 由于鸡的舌黏膜的味觉乳头不发达，所以一些有特殊气味的药物也可以采用（　　）方法给药，这样可以增加应用范围，减少局限性。该方法简便易行，省时省力，尤其适于群体的长期给药。

17. 在鸡的日常管理中，（　　）多用于一些与呼吸道有亲嗜性的疫苗的免疫，如新城疫弱毒活疫苗、传染性支气管炎弱毒疫苗等。

（18～24 题共用备选答案）

A. 皮内注射法　　B. 肌内注射法　　C. 皮下注射法

D. 乳房注射法　　E. 静脉注射法

18. 由于吸收缓慢，能长时间保持药效、维持血药浓度的是（　　）

19. 具有刺激性的药物，不会引起剧烈疼痛的是（　　）

20. 适合于各种刺激性较小的注射药液及疫（菌）苗、血清等的注射是（　　）

21. 一般不用作治疗，主要适用于预防接种、药物过敏试验及某些变态反应的诊断（如牛结核、副结核、马鼻疽等）的是（　　）

22. 采用（　　）时，药液随着血液很快分布到全身，不会受消化道及其他脏器的影响而发生变化或失去作用，药效迅速，作用强，注射部位疼痛反应较轻，但其代谢也快。

23. 刺激性强的药品不能做（　　），特别是对局部刺激较强的钙制剂、砷制剂、水合氯醛及高渗溶液等，易诱发炎症，甚至组织坏死

24. 采用(   )大量注射补液时，需将药液加温后分点注射。注射后应轻轻按摩或进行温敷，以促进吸收。长期注射者应经常更换注射部位，建立轮流交替注射计划，达到在有限的注射部位吸收最大药量的效果。

(25～27 题共用备选答案)

A. 气管注射法　　B. 胸腔注射法　　C. 腹腔注射法
D. 乳房注射法　　E. 静脉注射法

25. 动物发生胸膜炎症时，可将某些药物直接注射到发病部位的方法是(   )

26. 用于治疗动物气管与肺部疾病，以及肺部驱虫的一种方法，临床上主要用于猪和羊的方法是(   )

27. 在动物脱水或血液循环障碍，采用静脉注射较困难时，为了补液可采用方法是(   )

(28～36 题共用备选答案)

A. 腹腔内注射补液　　B. 口服补液　　C. 静脉输液补液
D. 直肠给药补液　　E. 皮下注射补液

28. 对脱水程度轻、尚有饮欲或消化道功能基本正常的动物，应尽可能采用(   )

29. 常适用于严重的电解质和酸碱平衡紊乱的急性病例的治疗方法是(   )

30. 腹膜的面积大，吸收能力强，且腹腔能容纳大量药液，一般无刺激性的等渗溶液，可进行(   )

31. 温水、钾离子、钠离子、氯离子可通过直肠很好地吸收，可采用(   )，如果直肠内存在宿粪应先行清除后再行给药。操作完成后，可将塞肠器保留 15～20 min 后取出，以防液体流出。

32. 简便易行，不良反应少，可避免补液过量；危险性小，可不必严格注意其等渗、容积大小和溶液的无菌性的补液方法是(   )

33. 药物能直接进入血液，对血管丰富的组织容易使药物渗透并发挥作用。由于血流中具有多种缓冲系统，对某些有刺激性的药液和高渗溶液也可应用的方法是(   )

34. 要注意无菌操作，否则会导致腹膜炎；大量注入药物时，要注意药物的温度与体温接近的疗法是(   )

35. (   )时，操作要细心，防止损伤直肠黏膜，引起出血或穿孔。要注意药液的温度与体温接近

36. 所使用的药物，要求是等渗、无刺激性的，且每一点注射量不宜过多；为了加快药物的吸收，可对局部进行轻度按摩或热敷的疗法是(   )

项目六
动物外科手术

项目引言

动物在通过临床诊断后，一部分疾病需要通过手术的方法对其进行治疗。动物外科手术主要包括外科基本操作技术以及在动物的器官、组织上进行手术等内容。

学习目标

1. 能熟练使用常用外科手术器械，正确进行术部消毒和灭菌；
2. 能依据手术要求进行麻醉；
3. 能独立或在助手的配合下共同完成常见外科手术（阉割术、食管切开术、犬声带切除术、肠侧壁切开与肠部分切除术、胃切开术、剖腹产术等）；
4. 能在手术前后进行合理的术前准备和术后护理；
5. 培养团结协作精神和精益求精的工匠精神，巩固局部与整体协调统一的思想，养成良好的职业素养。

任务一　外科手术基本操作技术

任务分析

外科手术基本操作技术主要包括正确使用外科器械，规范进行组织分离、缝合、止血、拆线、绷带包扎、无菌术及麻醉等。动物外科手术的术者与助手只有在熟练进行外科基本操作技术的基础上，才能完成不同的手术。

任务目标

1. 熟练正确使用常用外科手术器械，能根据不同的手术准备相应的手术器械，并对手术器械进行消毒与灭菌；
2. 会进行手术前术者手臂消毒和手术动物的术部消毒；
3. 会根据不同手术需要，选用合适的麻醉方法并实施麻醉；

4. 能规范地进行组织分离、缝合、止血、拆线及绷带包扎。

技能一　手术前的准备

技能描述

外科手术器械是施行手术必需的工具，熟练规范使用常用外科手术器械，是完成外科手术的基本保证。在外科手术实施前，须准备相应数量的手术器械和辅料，并对其进行灭菌；手术人员需作术前的准备，并对动物及手术场所进行准备，从而保证手术顺利完成，也是控制手术感染的重要组成部分。

技能情境

手术准备室或实训室；动物；高压蒸汽灭菌器、消毒锅等消毒器具；常规器械、辅料、手术衣、剪毛剪、剃毛刀、泡手桶及常规消毒药品等。

技能实施

一、手术器械的识别与使用

1. 手术刀

(1)手术刀片的安装与更换　手术刀有固定刀柄和活动刀柄 2 种。活动刀柄手术刀，是由刀柄和刀片 2 部分构成。安装新刀片时，左手握持刀柄，右手用持针钳夹持刀片，先使刀柄顶端两侧浅槽与刀片中孔上端狭窄部分衔接，向后轻压刀片，使刀片落于刀柄前端的槽缝内。更换刀片时，与上述动作相反，右手用持针钳夹持刀片近侧端，轻轻抬起并向前推，使刀片与刀柄脱离(图 6-1)。

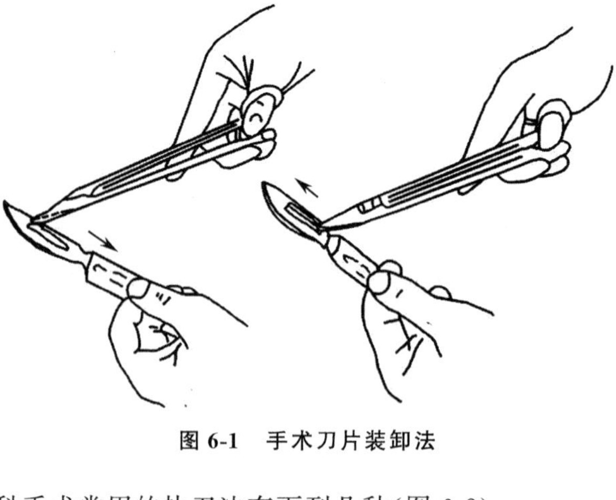

图 6-1　手术刀片装卸法

(2)执刀法　外科手术常用的执刀法有下列几种(图 6-2)。

①指压式：以食指按刀背后 1/3 处，用腕和手指力量进行切割，适用于切开皮肤、腹膜及切断钳夹组织。

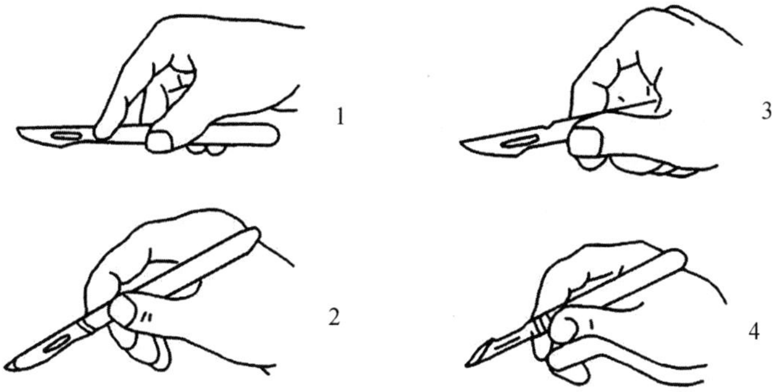

图 6-2　执手术刀的姿势

1. 指压式　2. 执笔式　3. 全握式　4. 反挑式

②执笔式：如执笔姿势，力量主要在手指，适用于短距离精细操作，如切开腹膜小口，分离神经、血管等。

③全握式：用手全握住刀柄，用于切割范围广，用力较大的切开，如切开较长的皮肤、筋膜等。

④反挑式：刀刃向上，用于由组织内向外挑开，以免损伤深部组织，如腹膜的切开。

2. 手术剪

正确的执剪法是以拇指和无名指插入剪柄的两环内，不宜插入过深，食指轻压在剪的轴节处。拇指、中指、无名指控制手术剪开合，食指则稳定和控制剪的方向，如图 6-3 所示。

3. 手术镊

手术中多用右手持手术刀或剪进行手术，故用左手执镊，执镊方法是用拇指和中指执拿镊子的中部，如图 6-4 所示。

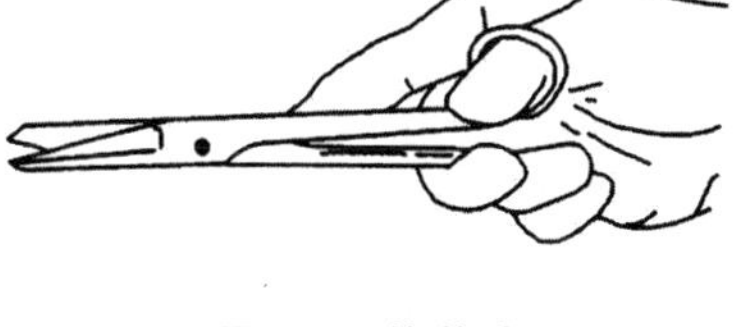

图 6-3　执剪法

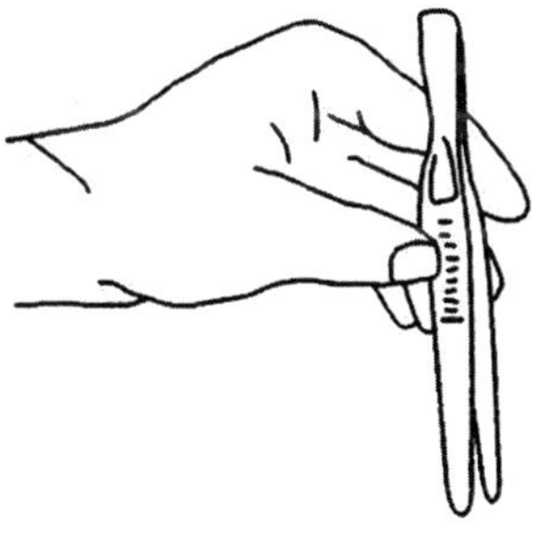

图 6-4　执镊法

4. 止血钳

止血钳的执拿法同手术剪。夹持血管后，适当用力锁上锁扣，以防松开。松钳时，用右手将拇指与无名指套入柄环内，将拇指下压再稍前推即可；用左手时，拇指及食指捏住一柄环，中指、无名指顶住另一柄环，二者相对用力，即可松开。

5. 持针钳

持针钳用于夹持缝针缝合组织，常用的有 2 种：一种是钳式持针钳，另一种是握式持针钳(图 6-5)。

持针钳多夹持弯针,缝针应夹在靠近持针钳的尖端,尽量用持针钳喙部前端 1/4 部夹针。用其尖端夹在针尾与针中部之间,缝线应重叠 1/3。使用握式持针钳时多用右手,把钳柄置于掌心内,食指顶住轴节处,用手握压钳柄,当发生 1～2 声响,即表示锁扣发生作用,已夹稳缝针。钳式持针钳的使用与止血钳执法相同。

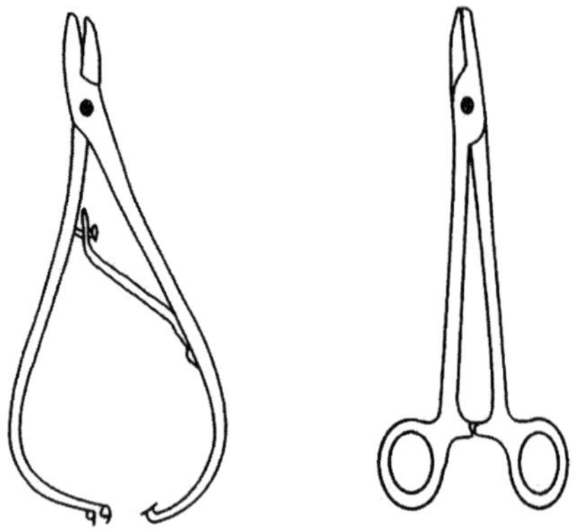

图 6-5 持针钳

6. 牵开器(拉钩)

牵开器用于牵开术部表面组织以便显露深部组织,以利于手术操作。分为手持牵开器和固定牵开器。手持牵开器有爪状拉钩(1 爪、2 爪、3 爪、4 爪及 6 爪 5 种,每种又分为锐爪与钝爪)和板状拉钩(单头和双头 2 种),可灵活地根据手术需要改变牵引部位、方向和力量(图 6-6)。固定牵开器多用于牵引时间较长而力量较大的创口。

使用牵开器时,拉力应均匀,不能突然用力或用力过大,以免损伤组织。必要时用纱布垫将拉钩与组织隔开,以减少不必要的损伤。

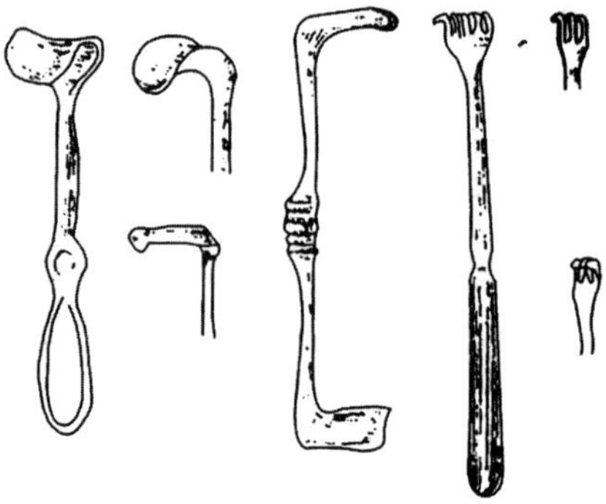

图 6-6 各种牵开器

7. 巾钳

巾钳用于固定手术创巾,隔离术部与周围体躯(图 6-7)。使用方法是将创巾固定在皮肤上,防止创巾移动,以及避免手或器械与污染区接触。

8. 肠钳

肠钳用于肠管手术,以阻止肠内容物移动、溢出或肠壁出血。肠钳分为直形与弯形 2 种。其齿槽薄,弹性好,对组织损伤小,使用时为了减少对组织的损伤,应在钳端套上乳胶管(图 6-8)。

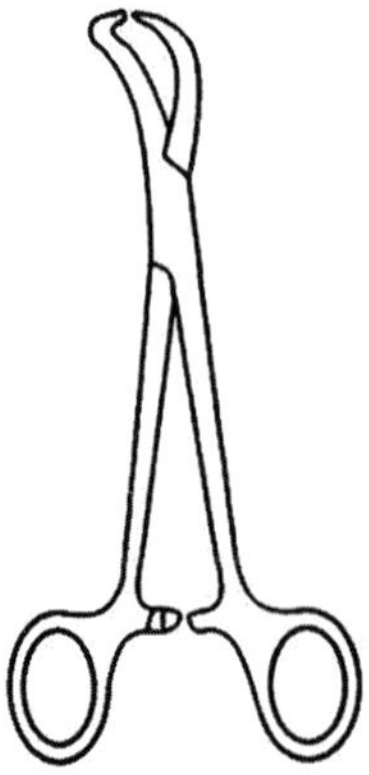

图 6-7 巾钳

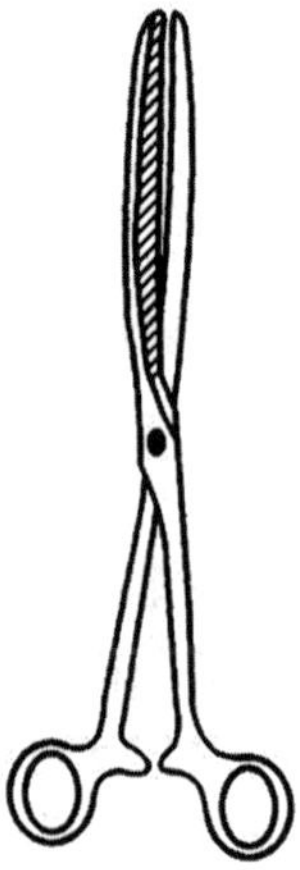

图 6-8 肠钳

9. 缝合针(缝针)

缝针主要用于闭合组织或贯穿结扎。缝针分直针、弯针 2 种,而又由于针体不同分为圆针和三棱针。直圆针多用于胃肠和子宫的缝合,可徒手直接持针操作,操作方便,但需较大的空间。弯针有一定弧度,操作灵便,不需要太大的空间,多用于深部组织的缝合,部位越深,针的弧度应越大,常用的有 1/2 弧、3/8 弧弯和半弯型针,需用持针钳操作。圆针尖端为圆锥形,穿过组织时可将附近血管或组织纤维推向一旁,不切割组织,留下的孔道较小,用于缝合肌肉、内脏、胸腹膜、血管等软组织。三棱针前半部有锐利的刃缘,对组织损伤较大,用于缝合皮肤、肌腱、软骨、瘢痕等坚韧组织。

此外,还有一种在制作时缝线已包在缝针的尾部,针尾较细,且仅为单线,对组织损伤很小,称为"无损伤缝针",适用于血管吻合或缝合。

使用时将缝针按大小排列固定在一块小纱布上。穿好线的弯针应钳在持针钳上,针尖朝上,针尾朝下以备用。

10. 缝合线(缝线)

缝合线用于闭合组织和结扎血管。分为可吸收缝线和不可吸收缝线 2 种。

(1)可吸收缝线　可吸收缝线分为动物源的和合成的 2 类。前者是胶原异体蛋白,有肠线、胶原线和筋膜条等;后者有聚乙醇酸线、聚二氧杂环已酮缝线等。

(2)不可吸收缝线　有非金属线和金属线 2 种。非金属线有丝线、棉线、麻线、聚丙烯线等,最常用的为丝线。金属线也有多种,目前最常用者为不锈钢丝,还有铜丝、银丝等。

11. 其他手术器械

(1)组织钳　一种钳端为多细齿的皮肤钳,多用于夹持皮肤,对皮肤创缘进行保护。

(2)舌钳　手术中可用于牵拉组织或胃切开时夹持和外翻胃壁等。

(3)器械钳　用于夹持和传递器械、敷料、器皿等。

(4)探针　普通探针用于探查窦道的方向、深浅,有无异物;有钩探针用于引导切开腹膜等。

二、手术器械及物品的准备

1. 金属器械的准备与消毒

根据手术准备足够数量的手术器械,器械种类要能满足手术需要,数量上要考虑到手术中是否有污染的可能性。金属器械消毒最常用的方法是高压蒸汽灭菌法,也可用煮沸灭菌法或化学药液消毒法。

2. 玻璃、瓷、搪瓷类器皿的准备与消毒

若体积较小,可以考虑采用高压蒸汽灭菌法、煮沸法或是化学消毒药物浸泡法。大件的器物如大方盘、搪瓷盆等,可以考虑使用酒精火焰灭菌法。注意酒精的数量要适当,太少时不能充分燃烧,达不到消毒目的,太多则燃烧过久,会造成搪瓷的崩裂。如果需要消毒玻璃注射器时,事先应将注射器洗刷干净,把内栓和外管按标码用纱布包好,再将针头别在纱布外表处。临床上多用高压蒸汽灭菌法,没有条件时也可采用煮沸灭菌法。采用煮沸灭菌时,玻璃器皿要冷水时放进去,切勿骤冷骤热,以免破损。

3. 敷料及其他布制品的准备与消毒

一般均采用高压蒸汽灭菌法。在没有高压灭菌器时，也可以使用普通的蒸锅，所需的时间应适当延长，可以从水沸腾后并发出大量蒸汽时计时 1～2 h。消毒的物品用布单包好，小而零散的则可装入贮槽。灭菌前，将贮槽的底窗和侧窗完全打开。在灭菌后从高压锅内取出时，立刻将底窗和侧窗关闭。贮槽在封闭的情况下，可以保证在 1 周内是无菌的。如果超过 1 周时间，则应考虑重新高压灭菌。如无贮槽，可将敷料分别装入小布袋内灭菌。

4. 缝合材料的准备与消毒

丝(棉)线一般用煮沸或高压灭菌。在灭菌前将线用水浸湿，缠在玻片或胶管上。一般缠 4～5 层，层次不能太多，否则灭菌不确实。肠线经过灭菌后封藏于玻璃管中，用时拿酒精消毒玻璃管表面，打破玻璃管取出肠线，放入温的灭菌生理盐水中泡软即可使用。

5. 橡胶和塑料制品的准备与消毒

一般用煮沸灭菌法。在煮沸时应用滤过的开水或蒸馏水，宜在水中加入碱性化学药品，以免橡胶变质。被煮沸的物品不要接触灭菌器的壁或金属器械，以免烧焦或变黑，为此需用纱布予以包裹。

因高压蒸汽会使橡胶变性而降低其坚固性，高压蒸汽灭菌很少用于橡胶和塑料制品的消毒，如果使用须将灭菌时间缩短至 10～15 min。在乳胶手套灭菌时，应向内撒入滑石粉，以避免粘连，将腕部外翻，成双的放入准备好的袋内。

对于各种橡胶导管或耐热性较差的橡胶及塑料制品，常用化学药液浸泡消毒法。

二维码 6-1 外科常用的消毒方法

三、手术人员的组织与准备

1. 手术工作的组织与分工

外科手术是一项集体活动，手术的完成，是集体智慧和劳动的结果，绝非一个人能完成的。为了手术的顺利进行，要求参加手术的成员，术前要有良好的分工。充分理解手术计划，既要明确分工，又要互相配合。以便于在手术期间各尽其职，有条不紊地工作。术者和手术人员在手术时要了解每个人的职责，切实做好准备工作。一般可做如下分工：

(1)术者　是手术治疗的组织者。负责术前对患病动物的确诊，提出手术方案并组织有关人员讨论决定，确定分工及术前准备工作。术者应将手术计划告知畜主，取得畜主同意和支持。术者是手术的主要主持者，对手术应承担主要责任。术后负责撰写手术病历、制订术后治疗和护理方案。

(2)手术助手　按手术大小和种类又分为第一、二、三助手。第一助手主要协助术者进行术前准备、手术操作和术后处理的各项工作。术者在术中因故不能完成手术时，第一助手须负责将手术完成。第二、三助手主要协助显露术部，参加止血、传递更换器械与敷料，以及剪线等工作。在术者的指导下做一些切开、结扎、缝合等基本技术操作。

(3)麻醉助手　要全面掌握患病动物的体质状况，对手术和不同麻醉方法的耐受性，做出客观的评价，使麻醉既可靠又安全。手术过程中，密切监护动物全身状况，定时记录体温、脉搏、呼吸、血压等指数。如患病动物全身情况发生突然变化，应及时报告术者，并负责采取抢救措施。术中输液、输血等工作，也由麻醉助手负责。

(4)保定助手　负责患病动物的保定。根据手术计划和术者的要求，对患病动物采取合理的体位姿势进行保定或解除保定。必要时，可要求畜主协助进行。做好手术场所的消毒工作。术后协助清点器械、敷料。

(5)器械助手　为手术准备器械，术中及时给术者传递器械者。具体要求如下：

①器械助手要有高度的责任心，严格执行无菌操作，并应熟悉各种手术步骤。根据手术进行情况，随时准备好即将需用的器械，操作要迅速敏捷。

②器械助手应比其他手术人员提前半小时洗手。铺好器械台，并将手术器械分类放在台面灭菌布上。常用器械置于近身处，拿取方便。手术中结扎止血用的针线宜先穿好数针，这样术中可节省时间。

③传递器械时须将柄端递给术者。暂时不用的器械切忌留置在畜体身上或手术台上，应迅速取回归还原处。

④切开皮肤后，应立即将用过的手术刀与止血用过的纱布收回，腹膜或胸膜切开后，用温盐水纱布或纱布垫保护内脏。血液污染的器械，及时用生理盐水洗净或用灭菌纱布擦拭干净待用。

⑤注意保护缝针及缝线，勿使受污染或脱落。剪断的缝线残端不要留在器械或手术巾上，以免误入伤口内。

⑥在缝合手术前，应与巡回助手仔细清点纱布、纱布垫和缝针数目，以防遗留在伤口内。手术结束后，将器械、手术巾与纱布泡在冷水内，以便清洗。

(6)巡回助手

①准备及检查手术前后各种需要的药品及医疗设备。如无影灯、配电盘、电动手术台、电动吸引器等，以免在使用时发生故障。

②准备洗手与泡手药液，检查酒精棉、碘酒棉等。

③协助麻醉助手静脉给药，测量各种临床检查数据，协助输液。

④负责参加手术人员的衣服穿着，主动供应器械助手一切急需物品，注意施术人员情况，夏天应特别注意擦汗。

⑤除特殊情况外，不得离开手术室。随时注意室内整洁，调节灯光。

⑥熟悉各种药械放置地方，术中一旦急需特殊药械，应迅速供应。术中负责补充各种灭菌器械与敷料。

上述的分工，对不同的手术不是相同的，要根据手术的大小和繁简、患病动物的种类、疾病的程度等决定。原则是既不浪费人力，又要有利于手术的进行。如小的手术只要术者 1 人即可完成，一般的手术 2～3 人，只有在做大手术时才需要配套齐全的手术人员。

2. 手术人员手臂的消毒

手术人员进入手术室前必须剪短磨平指甲，剔除甲缘下的污垢，有逆刺的也应事先剪除。手术人员的准备主要包括更衣、手臂皮肤的消毒以及穿戴无菌手术衣和手套。

(1)更衣　手术人员在准备室脱去外部的衣裤、鞋帽，换上手术室专用的清洁衣、裤和胶鞋。上衣要求袖口只达腋窝。手术帽应将头发全部遮住，口罩用 6 层纱布缝制，必须同时全部盖住口和鼻尖。估计手术时出血或渗出液较多时，可加穿橡皮围裙，以免湿透衣裤。

(2)手臂皮肤的准备　洗手范围包括双手、前臂和肘关节以上 10 cm 的皮肤。主要有 2 个步骤，即机械刷洗和化学药品浸泡。

第一步：剪短指甲，除去指甲边缘下的积垢，并磨光指甲缘。戴上灭菌的手术帽和口罩。

第二步：手臂消毒。手臂消毒的方法很多，现介绍 2 种常用的方法：

①氨水擦洗酒精浸泡法　用肥皂水洗刷手臂 5～10 min(洗刷时应从指端开始，逐步到肘部以上)，并用水冲净，然后再在 2 盆 0.5%氨水溶液中各洗涤 2～3 min(如有条件最好用流动氨水冲洗手臂，使氨水从指端流向肘部)，并用灭菌纱布擦干，再在 70%酒精中浸泡 5 min，最后用 2%碘酊涂擦指甲缘、指端和皮肤皱褶，并用 70%酒精脱碘。

②新洁尔灭溶液浸泡法　用肥皂水反复洗刷手、臂 5～6 min，并用清水充分冲洗，用无菌纱布擦干，然后在 0.1%新洁尔灭溶液中浸泡 5 min，也可用同样浓度的洗必泰或杜米芬进行手臂消毒。

(3)穿手术衣和戴手套　穿手术衣和戴手套，能使术者手臂的接触感染控制在最低限度。手术衣，根据动物外科手术的特点，有长短袖之分。如胸、腹腔手术时，经常整个手臂进入腹腔，以短袖为好；体表手术时，以长袖手术衣为宜。

① 穿戴灭菌手术衣　穿手术衣时，两手提起手术衣领两端，抖开手术衣，使其不接触地面和术者，向空中轻掷，立即就势将双手分别伸入袖中，然后两臂交叉提起腰部衣带，由助手在身后系紧。

② 戴手套　如用湿手套，可将手套内先装以适量消毒液，并将双手沾湿，即容易戴入。戴好后屈曲手指将水挤出，用灭菌的温生理盐水冲洗后，即可实施手术。如用干手套时，双手消毒后用灭菌纱布擦干并擦上灭菌滑石粉后戴入。

手术人员准备结束后，如手术尚不能立即开始，应将双手抬举置于胸前，并用灭菌纱布遮盖，不可垂放。

四、手术动物的准备

1. 术前对患病动物的检查

术前对患病动物进行全面检查，可提供诊断资料，并决定保定及麻醉方法，是否可以施行手术，如何进行手术并做出预后判定等。

2. 术前给药

根据病情及手术的种类决定术前是否采取治疗措施。术前给予抗菌药物预防手术创口感染；给予止血剂以防手术中出血过多；给予制酵剂，防止术中臌气；也可强心补液以加强机体抵抗力。当创伤严重污染、创道狭长及四肢部手术时，为预防破伤风，在非紧急手术之前 2 周给施术动物注射破伤风类免疫药物，在紧急手术时可注射破伤风抗毒素。

3. 禁食

一般手术都要求术前禁食，如开腹术，充满腹腔的肠管形成机械障碍，会影响手术操作。另外饱腹会增加动物麻醉后的呕吐机会。禁食时间不是一成不变的，要根据动物患病的性质和动物身体状况而定。小动物消化管比较短，禁食一般不要超过 12 h，大动物禁食不超过

24 h,过长的禁食是不适宜的。禁食期间一般不禁止饮水。临床上有时为了缩短禁食时间可采用缓泻剂。

4. 畜体准备

术前刷拭动物体表,小动物可施行全身洗浴,以清除体表污物,然后向被毛喷洒1%煤酚皂溶液或0.1%新洁尔灭溶液。在动物的腹部、后躯、肛门或会阴部手术时,术前应包扎尾绷带。会阴部的手术,术前应灌肠导尿,以免术中动物排粪尿,污染术部。

5. 术部的常规处理

手术部位的处理一般分为3个步骤,即术部除毛、术部消毒和术部隔离。

(1)术部除毛　手术前先用剪毛剪逆毛流依次剪除术部的被毛,并用温肥皂水反复擦洗,去除污垢、软化毛根。再用剃刀顺着毛流方向剃毛。剃毛的范围一般为手术区的2～3倍。剃完毛后,用肥皂反复擦刷并用清水冲净,最后用灭菌纱布拭干。对于剃毛困难的部位,可使用脱毛剂(6%～8%硫化钠水溶液,为减少其刺激性可在每100 mL溶液中加入甘油10 g)涂于术部,待被毛呈糊状时(约10 min),用纱布轻轻擦去,再用清水洗净即可。为了减少对术部皮肤的刺激,术部除毛最好在手术前1 d进行。

(2)手术区的消毒　助手用镊子夹取棉球蘸化学消毒溶液涂擦手术区,消毒的范围要相当于剃毛区。一般无菌手术,应先由拟定手术区中心部向四周涂擦,如是已感染的创口,则应由较清洁的外围向患处涂擦(图6-9)。

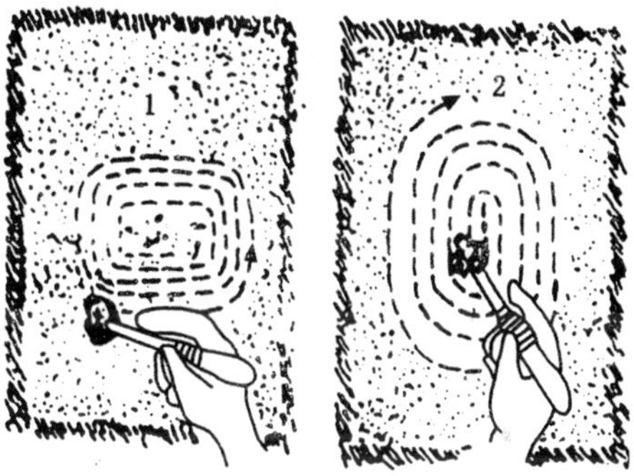

图6-9　术部皮肤的消毒

1. 感染创口的皮肤消毒　2. 清洁手术的皮肤消毒

(3)术部隔离　采用大块有孔手术巾覆盖于手术区,仅在中间露出切口部位,使术部与周围完全隔离。也可用4块小手术巾依次围在切口周围,只露出切口部位的方法隔离术部。手术区一般应铺盖2层手术巾,其他部位至少有1层大无菌手术巾。手术巾一般用巾钳固定在动物体上,也可用数针缝合代替巾钳。手术巾要有足够的大小遮蔽非手术区。

五、手术场地的准备与消毒

1. 手术室消毒

手术室应有专人管理,平时要进行定期的清洁消毒。每次手术后应立即清洗地面和擦洗手术台、器械台等。每次手术前应按下列方法进行手术室的消毒。

(1)化学消毒剂喷洒法　用2%～3%来苏儿溶液或石炭酸溶液喷洒地面和擦洗手术台、器械台等。或将上述药液装入喷雾器内进行喷雾消毒,而后关闭门窗1 h即可。

(2)化学消毒剂熏蒸法　此法近年来应用较广,熏蒸法与喷洒法比较,熏蒸法可相对节省药品,同时消毒效果较理想。

①甲醛加热熏蒸法:按每立方米40%甲醛2 mL的量,置于容器内加热蒸发,密闭门窗2 h。

②高锰酸钾氧化甲醛熏蒸法：每立方米空间用高锰酸钾粉 1 g，置于容器内，再倒入 40% 甲醛 2 mL，立即氧化产生甲醛气，密闭门窗 6 h。

(3)紫外线照射灭菌法 主要用于手术室内的空气灭菌。紫外线灯距地面及物体表面不应超过 1.5 m，照射时间一般为 1～3 h。

2. 临时手术场地消毒

由于客观条件的限制及兽医工作的特殊性，手术人员往往在没有手术室的情况下施行外科手术。为此，兽医师必须积极创造条件，选择一个临时性的手术场地。

在房舍内进行手术，可以避风雨、烈日，尤其是减少空气污染的机会，这是应该争取做到的条件，尤其在北方风雪严寒的冬季，更是必要的。在普通房舍进行手术时，也要尽可能地创造手术室应备的条件。例如，首先腾出足够的空间，最好没有杂物。地面、墙壁能洗刷的进行洗刷，否则亦应用消毒药液充分喷洒，避免尘土飞扬。为了防止屋顶灰尘跌落，必要时可在适当高度张挂布单、油布或塑料薄膜等，一般能遮蔽患病动物及器械即可。在刮风的天气，还应注意严闭门窗。

在晴朗无风的天气，手术也可在室外进行。场地的选择原则上应远离大路，避免尘土飞扬，也应远离畜舍和积肥地点等蚊蝇较易滋生、土壤中细菌芽孢含量较多的场地。最好选择能避风而平坦的空地，事先打扫并清除地面上杂物，并在地面上洒水或消毒药液。需要侧卧保定的手术，应设简易的垫褥或铺柔软的干草，在其上盖以油布或塑料布。

在无自来水供应的地点，可利用河水或井水。事先在每 100 kg 水中加明矾 2 g 及漂白粉 2 g，充分搅拌，待澄清后使用。此外，最简便易行的办法是将水煮沸消毒，还可除去很多杂质。

技术提示

(1)根据手术种类和性质，虽有不同的执刀方式，但不论采用何种执刀方式，拇指均应放在刀柄的刻痕处，食指稍在其他指的近刀片端以稳住刀柄并控制刀片的方向和力量，握刀柄的位置高低要适当，过低会妨碍视线，影响操作，过高会控制不稳。

(2)在应用手术刀切开或分离组织时，除特殊情况外，一般要用刀刃突出的部分，避免用刀尖插入深层看不见的组织内，从而误伤重要的组织和器官。

(3)在手术过程中，必须十分注意保护刀刃，避免碰撞，消毒前宜用纱布包裹。

(4)在一般情况下使用剪刀刃部之远侧部分进行剪切。若遇坚韧组织需要剪开时，要用剪刀刃的根部剪开，以防损伤剪刀刃的前部。为了避免误伤重要组织结构，必须在清楚地看到 2 个尖端时再闭合剪刀。在伤口或胸、腹腔等深部位置剪线有可能发生误伤其他组织结构时，不得使用锐头剪。

(5)在实施手术时，手术器械须按照一定的方法传递。器械的整理和传递是由器械助手负责，器械助手在手术前应将所用的器械分门别类依次放在器械台的一定位置上。传递时器械助手须将器械之握持部递交在术者或第一助手的手掌中。例如，传递手术刀时，器械助手应握住刀柄与刀片衔接处的背部，将刀柄端送至术者手中，切不可将刀刃传递给术者，以免误伤。传递剪刀、止血钳、肠钳、持针钳等，器械助手应握住钳、剪的中部，将柄端递给术者。在传递直针时，应先穿好缝线，拿住缝针前部递给术者，术者取针时应握住针尾部，切不可将针尖传递给操作人员。而传递弯针时则应穿好缝线，再用持针钳夹持，连用持针钳一并传递。

(6)金属器械在灭菌前须将刀等有刃的器械用纱布将刃包住，避免在灭菌过程中因碰撞而变钝。缝针及针头等插在纱布块上，以便于取用，能张开的器械必须稍开张。

(7)所有器械、用品在消毒前都应充分清洗干净，易损易碎者要用纱布适当包裹以保护之。

(8)手术人员的手臂消毒时，重点消毒皮肤皱褶和指甲缝隙等细菌较多部位。

(9)缝线最好按需要量的多少进行灭菌，若反复多次灭菌可使线变脆用时易断裂。

(10)已消毒的手、臂不可接触任何未消毒的物品，为此应双臂弯曲，两手置于胸前。如不马上进行操作，可用一块灭菌纱布盖住。

(11)在铺创巾前，应先认定部位，一经放下，不要移动，如需移动只许自手术区向区外移动，不能向手术区内移动。

(12)紫外线直接照射可引起结膜炎，手术室停止照射后再开始进行手术。

(13)手部有创口，尤其有化脓感染创的不能参加手术。手部有小的新鲜伤口如果必须参加手术时，应先用碘酊消毒伤口，用胶布封闭，再进行消毒，手术时最好戴上手套。

知识链接

一、手术器械

1. 手术刀

常用的 4 号、6 号、8 号刀柄，只能安装 19 号及以上刀片；3 号、5 号、7 号刀柄安装 18 号及以下刀片，兽医外科临床上多用 4 号刀柄。为了适宜不同部位和性质的手术，按刀刃的开头可分为圆刃、尖刃和弯形尖刃手术刀等。手术刀的使用范围，除了刀刃用于切割组织外，还可以用刀柄作组织的钝性分离，或代替骨膜分离器剥离骨膜。在手术器械数量不足的情况下，也可代替手术剪作切开腹膜、切断缝线等。

除了常规手术刀外，随着激光医学发展，已有二氧化碳激光及氩离子激光等“光刀”。它不仅能切开组织(皮肤、肌肉、软骨及骨组织)，而且能封闭凝结切口的小血管，可防止失血。还有微波手术刀，不仅具有独特的止血功能，而且可杀死刀口周围的细胞及癌细胞，尤其适用于肝癌等的切除。

2. 手术剪

手术剪主要用途有 2 种：一是沿组织间隙分离和剪断组织的，叫组织剪；二是剪断缝线的，叫剪线剪。手术剪一般分为直、弯 2 种，剪刀尖端分锐头、锐钝头和钝头 3 种。长的钝头弯剪用于胸腹腔深部手术，锐头直剪用于浅部组织及剪线，锐钝头剪可兼用于剪线、拆线及浅部组织分离。此外，根据手术要求，有剪开肠管用的肠剪等(图 6-10)。

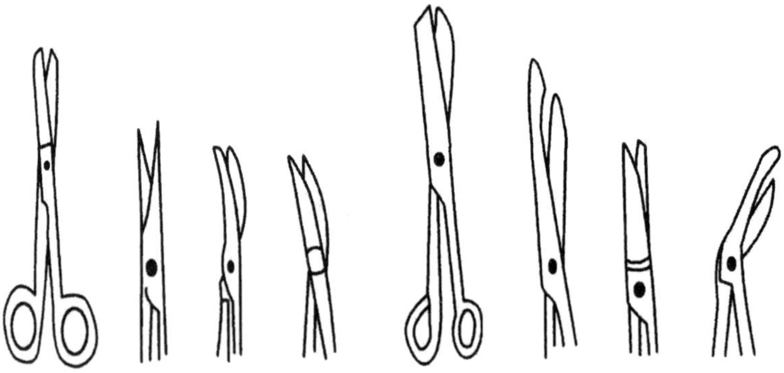

图 6-10 各种手术剪

3. 止血钳

止血钳又叫血管钳，止血钳主要用于夹住出血部位的血管或出血点，以止血或便于结扎止血，有时也用于分离组织、牵引缝线。止血钳分弯、直 2 种，直钳用于浅表组织和皮下止血，弯钳用于深部止血。止血钳尖端带齿的叫有齿止血钳（科克氏钳），用于夹持较厚的坚韧组织（图 6-11）。

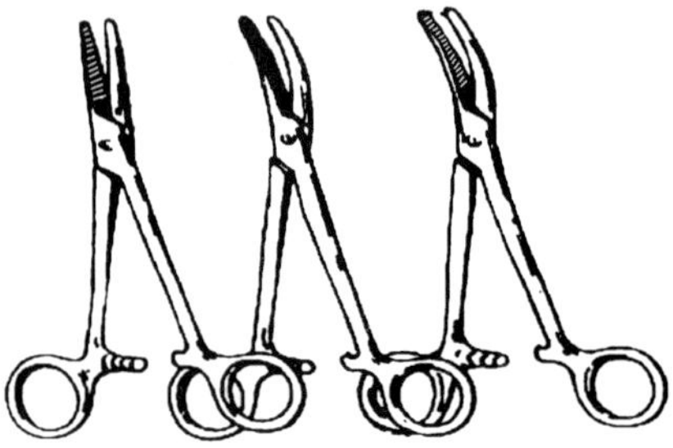

图 6-11 各种止血钳

1. 直止血钳 2. 弯止血钳 3. 有齿止血钳

4. 高频电刀

高频电刀（又称高频手术器），是一种取代传统手术刀进行组织切割的手术器械。它通过电刀尖端产生的高频电压电流与机体接触时，对组织进行加热，从而实现对组织分离与凝固，达到切割（电刀）与止血（电凝）的目的。高频电刀与传统手术刀相比，可明显减少手术出血量，大大缩短手术时间。

二、术部皮肤常用消毒药品

最常用的药物是 5%碘酊和 70%酒精。碘酊涂擦 2 遍，待完全干后，再以 70%酒精擦 2 遍去碘。也可用 1%碘伏（聚乙烯酮碘）涂擦 1 遍。对口腔、鼻腔、阴道、肛门等处黏膜的消毒不可使用碘酊，可用刺激性较小的 0.05%～0.1%新洁尔灭、0.1%利凡诺等溶液，涂擦 2～3 遍。重复涂擦时，必须待前次药品干后再涂。眼结膜多用 2%～4%硼酸溶液消毒；四肢末端手术用 2%煤酚皂溶液脚浴消毒。

三、手术前准备的时间

视疾病情况可分为紧急手术、择期手术和限期手术 3 种。紧急手术如大创伤、大出血、胃肠穿孔和肠胃阻塞等。手术前准备要求迅速和及时，绝不能因为准备而延误手术时机。择期手术是指手术时间的早与晚可以选择，又不致影响治疗效果，如十二指肠溃疡的切除手术和慢性食滞的胃切开手术等，有充分准备时间。限期手术如恶性肿瘤的摘除，当确诊之后应积极做好术前准备，又不得拖延。

四、手术计划拟定与手术记录

1. 手术计划的拟定

手术计划的拟定是术前的必备工作，根据全身检查的结果，订出手术实施方案。手术计划是外科医生判断力的综合体现，也是检查判断力的依据。在手术进行中，有计划和有秩序地工作，可以减少手术中失误，即使出现某些意外，也能设法应付，不致出现忙乱，造成遗误。但遇到紧急情况，不可能有时间拟定完整的计划。在这种情况下，如果能争取由术者召集有关人员进行简短而必要的交换意见，做出手术分工，对于顺利进行手术也是很有帮助的。手术计划可根据每个人的习惯制定，不强求一律，但一般应包括如下内容：

(1)手术人员的分工。

(2)手术保定方法和麻醉种类的选择(包括麻醉前给药)。

(3)手术通路及手术进程。

(4)术前应做的事项，如术前给药、禁食、导尿、胃肠减压等。

(5)手术方法及术中注意事项。

(6)可能发生的手术并发症、预防和急救措施，如虚脱、休克、窒息、大出血等。

(7)手术所需器材和特殊药品的准备。

(8)术后护理、治疗和饲养管理措施。

手术人员都要参与手术计划的制定，明确手术中各自分工，以保证手术的顺利进行。手术结束后器械助手要清点器械。全体手术人员都要认真总结手术的经验教训，以提高手术水平及治愈率。

2. 手术记录

完整的手术记录是总结手术经验，提高手术的技术水平，为临床、教学及科研的重要资料。因此术者或助手在手术过程中或手术后详细填写手术记录。手术记录的主要内容包括：病畜登记、病史、病症摘要及诊断，手术名称、日期、保定及麻醉的方法；手术部位、术式、手术用药的种类及数量；患畜病灶的病理变化与手术前的诊断是否相符合；术后病畜的症状、饲养、护理及治疗措施等。

技能二　麻　　醉

▶技能描述

麻醉实质就是使动物失去痛觉。其主要目的在于安全有效地消除手术动物的疼痛感觉，防止剧烈疼痛而引起休克；保持动物安静，有利于安全和细致地进行手术操作；减少动物骚动，便于无菌操作；避免人或动物发生意外损伤。麻醉是外科手术中不可缺少的一个重要专项技能。

▶技能情境

动物医院或外科手术室；动物(牛、羊或犬等)；麻醉机；注射器及相应针头、剪毛剪、镊子;各种麻醉、消毒药品;保定用具。

技能实施

一、局部麻醉

1. 表面麻醉

用药物直接作用于组织表面的神经末梢,而起到的麻醉作用称表面麻醉。麻醉结膜和角膜时,用2%～5%的利多卡因或0.5%～1%的丁卡因溶液;麻醉口、鼻、直肠和阴道黏膜,用2%～4%的利多卡因或1%～2%的丁卡因溶液;麻醉关节、腱鞘及黏液囊中的滑膜,可用4%～6%的普鲁卡因溶液注射;麻醉胸膜腔浆膜,用3%～5%的普鲁卡因喷洒。

2. 浸润麻醉

常用的药物为0.5%～1%普鲁卡因溶液,也可用0.25%～0.5%利多卡因溶液。方法是先将针头插至预定的深度,然后边退针边注射药液,可以在一个刺入点,向不同的方向分次注射药液(图6-12)。

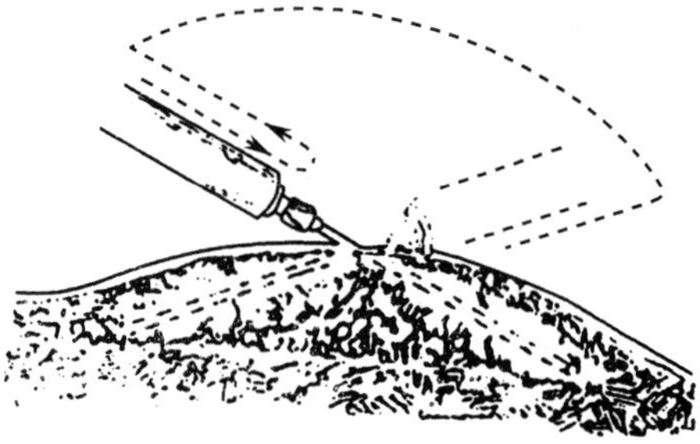

图6-12 浸润麻醉的注入方法

局部浸润麻醉按照刺入部位和进针方向不同,分为:直线浸润、菱形浸润、扇形浸润、基部浸润和分层浸润等(图6-13),以适应不同的手术需要。分层浸润麻醉时,可按照组织的解剖层次由浅入深地分层浸润,也可以在手术时采取浸润一层,切开一层的方法。

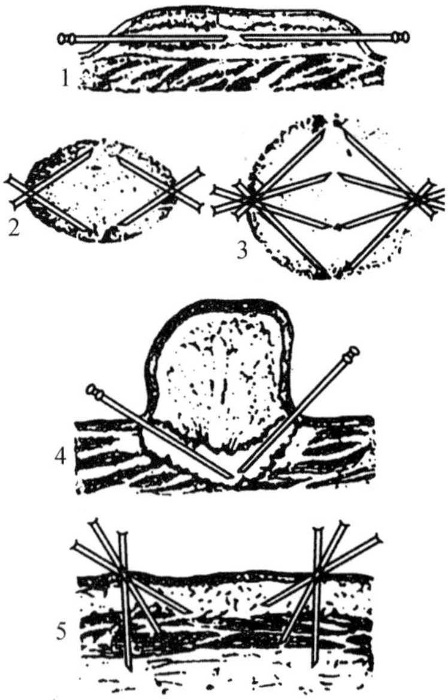

图6-13 浸润麻醉的各种方式

1. 直线浸润 2. 菱形浸润 3. 扇形浸润 4. 基部浸润 5. 分层浸润

3. 传导麻醉

临床上大动物主要腹腔手术都在髂部进行,该部由3支较大的腰旁神经干支配与控制,所以多用腰旁神经干传导麻醉。牛和马腰旁神经干传导麻醉的神经分别是最后肋间神经、髂腹下神经和髂腹股沟神经,左右腹侧各有3个注射点(图6-14)。

(1)最后肋间神经麻醉 于第1腰椎横突游离缘的前角,垂直皮肤刺入针头直达骨面,然后针头稍后退,沿前角骨缘再向前下方刺入0.5 cm,注射3%盐酸普鲁卡因溶液10 mL然后将针头提至皮下再注射药液10 mL,以麻醉该神经干的背侧支。

(2)髂腹下神经麻醉 于第2腰椎横突游离缘的后角,垂直皮肤刺入针头,直达骨面,然

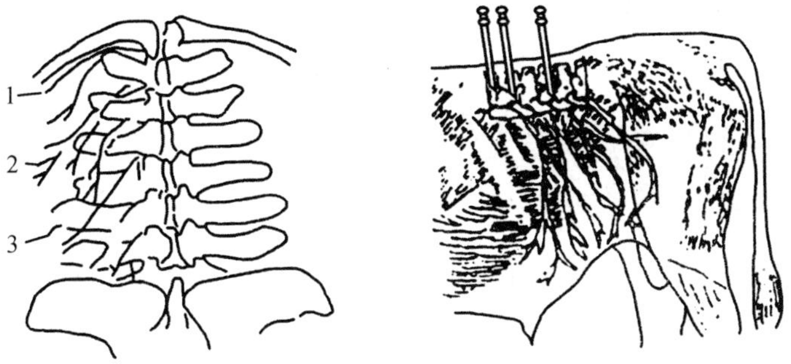

图 6-14　牛腰椎横突与神经干的位置关系

1. 最后肋间神经　2. 髂腹下神经　3. 髂腹股沟神经

后针头稍后移，再沿后角骨缘向后下方刺入 0.5 cm，注射 3%盐酸普鲁卡因溶液 10 mL，然后将针头提至皮下再注射药液 10 mL。

二维码 6-2 牛眶下神经传导麻醉与牛下颌齿槽神经传导麻醉

(3)髂腹股沟神经麻醉　牛的注射部位在第 4 腰椎横突游离缘的前角，操作方法及用药量同第 1 针。马的注射部位在第 3 腰椎横突游离缘后角，操作方法及用药量同第 2 针。

腰旁神经于在注射药液 15 min 后产生麻醉，持续时间 1～2 h，可用于腹后侧壁的手术。

4. 脊髓麻醉

根据局部麻醉药注入椎管的部位不同，脊髓麻醉分为蛛网膜下腔麻醉和硬膜外腔麻醉(图 6-15)。兽医临诊主要采用硬膜外腔麻醉。硬膜外腔麻醉一般在腰荐间隙或荐尾间隙进行。

(1)腰荐间隙硬膜外腔麻醉　将动物保定于柱栏内，严格限制其活动，在腰荐间隙即百会穴处(在两髂骨内角连线与背中线交点)，局部剪毛、消毒。将 12—16 号注射针头垂直刺入皮肤，当穿破弓间韧带则阻力骤减，注射药液阻力也小(刺入深度一般为牛 4～7 cm、马 5～7 cm、羊 3～4 cm、犬 3～4 cm)。注入 2%～3%普鲁卡因(大动物 10～20 mL、中小动物 2～8 mL)。5～15 min 后开始进入麻醉状态，可持续 1～3 h。多用于动物后躯、阴道、直肠、后肢及剖腹产手术等。

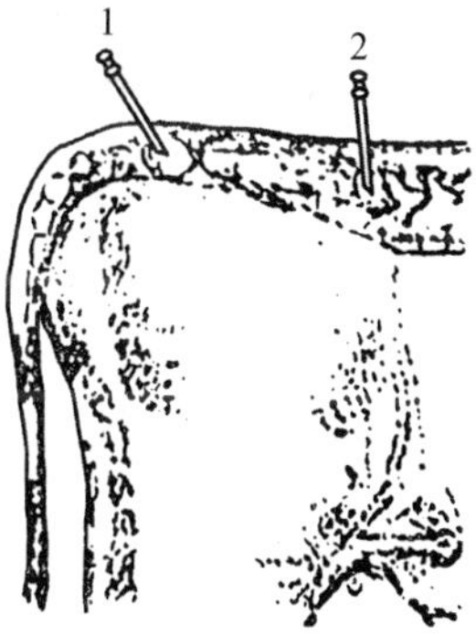

图 6-15　牛的脊髓麻醉部位图

1. 硬膜外腔麻醉的第 1、2 尾椎间隙刺入点
2. 硬膜外腔麻醉及蛛网膜下腔麻醉的腰荐间隙刺入点

(2)荐尾间隙硬膜外腔麻醉　动物的荐骨与第一尾椎间(牛为第一尾椎与第二尾间)定位方法是一只手上下晃动尾巴，另一只手指按在尾根背部，感觉动与不动交界处即为注射部位。局部剪毛消毒后，用 6～7 cm 的针头，在尾背正中处，针尖向前下方呈 45°～60°刺入，深 2～4 cm 即可刺入硬膜外腔，针头刺入椎管后阻力消失，同时可感到刺穿弓间韧带的感觉，然后接上注射器，如回抽无血即可注入药液，否则，需将针头退至皮下，调整刺入方向后再行刺入。注射 2%～3%盐酸普鲁卡因溶液或 2%～3%盐酸利多卡因溶液 10～15 mL，5～15 min 后镇痛，持续 1～2 h，用于难产救助、

直肠、肛门、阴道或髂区剖腹术。

猪、羊的硬膜外腔麻醉部位也可选用荐尾椎间隙或腰荐间隙，常注射 2%～3%盐酸普鲁卡因 3～5 mL 或 1%～2%盐酸利多卡因 2～5 mL。

二、全身麻醉

根据全身麻醉药物进入动物体内的途径不同，可将全身麻醉分为吸入麻醉和非吸入麻醉 2 大类。

1. 吸入麻醉

常用的吸入麻醉药有乙醚、氟烷、甲氧氟烷、安氟醚(恩氟烷)、氧化亚氮(笑气)、异氟醚及七氟醚等。

吸入性全身麻醉因需要一定的麻醉设备，常用的麻醉装置(麻醉机)可以供动物氧气、麻醉气体和进行人工呼吸，是临床麻醉和急救时不可缺少的设备。麻醉机根据其呼吸环路系统分为开放式、半开放式、半紧闭式和紧闭式 4 种。

2. 非吸入麻醉

给药途径有多种，如静脉内注射、皮下注射、肌内注射、腹腔内注射、口服及直肠内灌注等。

技术提示

(1)麻醉前，应进行健康检查，了解整体状态，以便选择适宜的麻醉方法。全身麻醉前要停止饲喂，牛应禁食 24～36 h，停止饮水 12 h，以防止麻醉后发生瘤胃臌气；小动物要禁食 12 h，停止饮水 4～8 h，以防止腹压过大，甚至食物反流或呕吐。

(2)麻醉操作要正确，严格控制剂量。麻醉过程中注意观察动物的状态，特别要监测动物呼吸、循环、反射功能及脉搏、体温变化，发现不良反应，要立即停药，以防中毒。

(3)麻醉过程中，药量过大，出现呼吸、循环系统机能紊乱，如呼吸浅表、间歇，脉搏细弱而节律不齐，瞳孔散大等症状时，要及时抢救。可注射苯甲酸钠咖啡因、樟脑磺酸钠或苏醒灵等中枢兴奋剂。

(4)麻醉后，要注意护理。动物开始苏醒时，其头部常先抬起，应注意保护，以防摔伤或致脑震荡。开始挣扎站立时，应及时扶持头颈并提尾抬起后躯，至自行保持站立为止，以免发生骨折等损伤。寒冷季节，当麻醉伴有出汗或体温下降时，应注意保温，防止动物发生感冒。

知识链接

1. 麻醉的相关概念

麻醉就是使动物失去痛觉，即应用药物或其他手段，使动物维持生命的主要器官仍处在生理活动范围内，而知觉或意识暂时消失去，或局部痛觉暂时迟钝或消失。

全身麻醉是指利用某些药物对动物中枢神经系统产生广泛的抑制作用，从而暂时地使机体的意识、感觉、反射和肌肉张力部分或全部丧失，但仍保持生命中枢功能的一种麻醉方法。

全身麻醉时，如果仅单纯采用一种全身麻醉剂施行麻醉的，称为单纯麻醉；如果为了增强麻醉药的作用，减低其毒性和副作用，扩大麻醉药的应用范围而选用几种麻醉药联合使用的则称为复合麻醉。在复合麻醉中，如果同时注入2种或数种麻醉剂的混合物以达到麻醉的方法，称为混合麻醉(如水合氯醛-硫酸镁、水合氯醛-酒精等)；在采用全身麻醉的同时配合应用局部麻醉，称为配合麻醉法；间隔一定时间，先后应用2种或2种以上麻醉剂的麻醉方法，称为合并麻醉。在进行合并麻醉时，于使用麻醉剂之前，先用1种中枢神经抑制药达到浅麻醉，再用另1种麻醉剂以维持麻醉深度，前者即称为基础麻醉。如为了减少水合氯醛的有害作用并增强其麻醉强度，可在注入之前先用氯丙嗪做基础麻醉，其后注入水合氯醛作为维持麻醉或强化麻醉以达到所需麻醉的深度。

根据麻醉强度，又可将全身麻醉分为浅麻醉和深麻醉；前者是给予较少量的麻醉剂使动物处于欲睡状态、反射活动降低或部分消失，肌肉轻微松弛；后者使动物出现反射消失和肌肉松弛的深睡状态。动物在全身麻醉时会形成特有的麻醉状态，表现为镇静、无痛、肌肉松弛、意识消失等。在全身麻醉状态下，对动物可以进行比较复杂的和难度较大的手术。全身麻醉是可以控制的，也是可逆的，当麻醉药从体内排出或在体内代谢后，动物将逐渐恢复意识，不对中枢神经系统有残留作用或留下任何后遗症。

局部麻醉是利用某些药物有选择性地暂时阻断神经末梢、神经纤维以及神经干的冲动传导，从而使其分布的或支配的相应局部组织暂时丧失痛觉的一种麻醉方法。局部麻醉适用于较浅表的小手术。利用麻醉药的渗透作用，使其透过黏膜而阻滞浅在的神经末梢，称表面麻醉。将局部麻醉药沿手术切口注射于手术区的组织内，阻滞神经末梢，称局部浸润麻醉。在神经干周围注射局部麻醉药，使其所支配的区域失去痛觉，称为传导麻醉(神经阻滞)。优点是使用少量麻醉药产生较大区域的麻醉，多使用浓度为2%盐酸利多卡因或2%～3%盐酸普鲁卡因，所用浓度及用量与所麻醉的神经大小成正比。

硬膜外腔麻醉属于脊髓麻醉，是将局部麻醉药注入脊髓硬膜外腔，阻滞某一部分脊神经，使躯干的某一节段得到麻醉。常用于腹腔、乳房及生殖器官等手术的麻醉。根据不同手术的需要，临床上常选择腰荐间隙或荐尾间隙硬膜外腔麻醉。

2. 常用的局部麻醉药

(1)盐酸普鲁卡因　注入组织后1～3 min出现麻醉，一次量可维持0.5～1 h。其穿透黏膜力量弱，不宜做表面麻醉。临床上应用0.5%～1%进行局部浸润麻醉，2%～5%的做传导麻醉；2%～3%作脊髓麻醉；4%～5%进行关节内麻醉。

(2)盐酸利多卡因　本品局部麻醉强度和毒性在1%浓度以下时，与普鲁卡因相似，在2%浓度以上时，其麻醉强度增强至2倍，并有较强的穿透力和扩散性，作用出现的时间快，能持久，一次给药量可维持1 h以上。所用浓度：局部浸润麻醉0.25%～0.5%；神经传导麻醉2%；表面麻醉2%～5%，硬膜外麻醉为2%。

(3)盐酸丁卡因　本品麻醉作用强、作用迅速，并具有较强的穿透力，最常用于表面麻醉。毒性比普鲁卡因大12～15倍，麻醉强度大10倍，表面麻醉强度比利多卡因大10倍，点眼时不散大瞳孔，不妨碍角膜愈合，因此该药常用于表面麻醉，可用1%～2%溶液。

3. 常用的非吸入性全身麻醉药

(1)隆朋　商品名又叫麻保静，化学名为二甲苯胺噻嗪。临床上常以其盐酸盐配成2%～10%水溶液，主要用于草食动物，也可用于小动物。剂量：牛肌内注射量为0.11～

0.22 mg/kg，静脉注射量减半；水牛肌内注射量为1～2 mg/kg；羊肌内注射量为0.1 mg/kg；马肌内注射量为1.5～2.5 mg/kg；犬、猫皮下注射量为2.2 mg/kg，静脉注射量减半。灵长目动物肌内注射量为2～5 mg/kg；狮、虎、熊等肌内注射量为5～8 mg/kg。一般肌内注射后10～15 min或静脉注射后3～5 min出现作用，镇静可维持1～2 h，镇痛延缓时间15～30 min。1%苯噁唑溶液（回苏3号）可逆转其药效。

（2）静松灵（二甲苯胺噻唑） 其药理特性与隆朋基本相同，是目前国内在草食动物中应用最广泛的麻醉药。剂量：牛肌内注射量为0.2～0.6 mg/kg；水牛肌内注射量为0.4～1.0 mg/kg；马肌内注射量为0.5～1.2 mg/kg，静脉注射量为0.3～0.8 mg/kg；羊、驴、梅花鹿等肌内注射量为1～3 mg/kg。

（3）氯胺酮 临床上用于对牛、马、猪、羊、犬、猫及多种野生动物的化学保定、基础麻醉和全身麻醉。由于本品麻醉后显示镇静作用，但受惊扰仍能觉醒并表现在意识反应，这种特殊的意识和感觉分离的麻醉状态称为分离麻醉。肌肉、腹腔或静脉注射皆可。剂量为10～30 mg/kg。由于氯胺酮使用后会出现流涎，多在用药前15 min先皮下注射阿托品。兽医临床上又常常将氯胺酮与氯丙嗪、隆朋、安定等神经安定药混合应用，以改善麻醉状况。

（4）水合氯醛 是马属动物全身麻醉的首选药物，对于小动物使用较少。临床上常用5%～10%水合氯醛注射液，静脉注射剂量为0.1 g/kg。

（5）巴比妥类麻醉药 临床麻醉常使用的为短时或超短时作用型。该类药可以少量多次给药作为维持麻醉之用。因其有较强的抑制呼吸中枢和抑制心肌作用，在临床应用时应严格计算用量，严防过量导致动物死亡。常用的有硫喷妥钠、戊巴比妥钠、异戊巴比妥钠。

（6）速眠新合剂（846合剂） 广泛应用于犬科动物、猫科动物。肌内注射量：牛0.005～0.015 mL/kg，马0.01～0.015 mL/kg，羊、犬、猴0.1～0.15 mL/kg，猫、兔0.2～0.3 mL/kg。在犬科动物给药后4～7 min内有呕吐表现（特别是当胃内容充满情况下），但当胃内空虚时则不表现呕吐，表现安静，后来卧地，全身肌肉松弛、无痛、遍及全身，表明已进入麻醉状态，一般维持1 h以上。为了减少唾液腺及支气管腺体的分泌，在麻醉前10～15 min皮下注射硫酸阿托品0.05 mg/kg体重。如果手术时间较长，可用速眠新追加麻醉。手术结束后需要动物苏醒时，可用速眠新的拮抗剂——苏醒灵4号静脉注射，注射剂量应与速眠新的麻醉剂量比例一般为（1～1.5）∶1，注射后1～1.5 min动物苏醒。

技能三 组织分离与止血

技能描述

组织分离是指利用器械将正常组织分开，以暴露位于下层和体腔内的病变部位。恰当选择分离方法并实施，能够尽快打开手术通路，显露、切除某器官或病变组织；手术中完善的止血，可以保持术野清晰，便于操作，还可以减少失血量，有助于术后的恢复，有利于争取手术时间，避免误伤重要器官，预防并发症的发生。

技能情境

动物医院或外科手术室；动物（或动物组织模型）；手术台；常用外科手术器械及缝线；各种消毒、麻醉、止血药品；保定用具。

技能实施

一、组织分离的操作方法

1. 锐性分离

用手术刀或手术剪进行切开或剪开，对组织损伤小，术后反应也少，愈合较快。适用于比较致密的组织。用刀分离时，以刀刃沿组织间隙作垂直的、轻巧的、短距离的切开。用手术剪时以剪刀尖端伸入组织间隙内，不宜过深，然后张开剪柄，分离组织，在确定没有重要的血管、神经后，再予以剪断。为了避免发生副损伤，必须熟悉解剖，需在直视下辨明组织结构时进行。

2. 钝性分离

用刀柄、止血钳、剥离器或手指等进行。适用于组织间隙或疏松组织间的分离，如正常肌肉、筋膜和良性肿瘤等的分离。方法是将这些器械或手指插入组织间隙内，用适当的力量，分离周围组织。钝性分离时，组织损伤较重，往往残留许多失去活性的组织细胞，因此，术后组织反应较重，愈合较慢。钝性分离切忌粗暴，避免重要组织结构的撕裂或损伤。

二、软组织切开

1. 皮肤切开法

(1)紧张切开　在皮肤活动性较大而皮下组织疏松的部位作切口时，术者左手食指与拇指在预定切口的两侧将皮肤撑紧使之固定，较大的皮肤切口应由术者与助手在切口两旁或上、下将皮肤撑紧固定，然后将刀刃与皮肤垂直，用力均匀、一次切开皮肤及皮下组织，必要时也可补充运刀，但要避免多次切割，边缘参差不齐，影响到创缘对合和愈合。

(2)皱襞切开　在切口下面有重要的器官，如大血管、大神经等，而皮下组织疏松，可由术者和助手用手指将皮肤提起呈垂直样皱襞进行切开（图 6-16）。

图 6-16　皱襞切开法

皮肤切开的形状最常用的是直线切口，既方便操作，又利于愈合，但根据手术需要，也可作菱形、“○”形、“U”形、“T”形及“十”字形切开，多用于脑部、副鼻窦或肿瘤等手术。

2. 皮下组织及其他组织的分离

切开皮肤后宜采用逐层切开的方法分离皮下组织，以便识别组织，避免对大血管、大神经的损伤。

(1)皮下疏松结缔组织的分离　因其分布有许多小血管，故多用钝性分离。方法是先将组织切一小口，再用刀柄、止血钳或手指进行分离。

(2)筋膜和腱膜的分离　用刀在其中央做一小切口，然后用弯止血钳在此切口上、下将筋膜下组织与筋膜分开，再剪开筋膜。若筋膜下有神经血管，可用手术镊将筋膜提起，切一小口，插入有钩探针引导切开。

(3)肌肉的分离　一般沿肌纤维方向用刀柄、止血钳或手指钝性分离开，扩大到所需的长度，但为了使手术通路广阔和便于排液，也可横断切开。遇有横过切口的血管可用止血钳钳夹或用细缝线作双重结扎后，再从中间将血管切断。

(4)腹膜的分离　切开腹膜时，为了避免伤及内脏，术者和助手用手术镊或止血钳夹起腹膜，术者先用手术刀在腹膜的皱襞上切一小口，再利用食指和中指或有钩探针引导，用手术刀反挑或手术剪分离。

3. 肠管的切开

肠管侧壁切开时，一般在肠管的纵带上或肠系膜对侧，一次纵行切开肠壁全层，并应避免伤及对侧肠壁。

4. 胃、子宫的切开

胃切开一般在胃大弯上、血管较少处切开。子宫的切开也是在子宫大弯、血管较少处，牛、羊子宫切开时还应注意避开母体胎盘子叶。

5. 索状组织的分离

索状组织(如精索)的分离，除用手术刀(剪)作锐性切断外，也可用刮断、拧断等钝性分离方法，以减少出血。

三、硬组织的分离

分离骨组织之前，首先应分离骨膜。分离骨膜时，先用手术刀切开骨膜(切成“十”字形或“T”字形)，然后用骨膜分离器分离骨膜。分离骨组织一般是用骨剪剪断或骨锯锯断，其骨的断端应使用骨锉锉平其锐缘，以免损伤软组织，并清除骨片或骨屑，以免遗留在手术创内引起不良反应和影响愈合。

蹄和角的分离亦属于硬组织分离。对于蹄角质可用蹄刀、蹄刮挖除，浸软的蹄壁可用柳叶刀切开。蹄壁上裂口的闭合可用骨钻、锔子钳和锔子。牛、羊断角时可用骨锯和断角器。

四、手术过程常用的止血方法

1. 压迫止血

用灭菌纱布块压迫出血的部位，以促血栓与凝血块的形成，多用于手术中的毛细血管出血，压迫片刻可自行停止。对中、大血管出血，用纱布按压可暂时停止出血，为下一步采取可靠止血措施创造条件，同时还可黏除血液，清洁创面，便于手术操作的进行。

2. 填塞止血

用大块灭菌纱布紧紧塞于出血的创腔或解剖腔内，以压迫血管断端达到止血目的。必要时对其创围皮肤作暂时性缝合或用压迫绷带固定之。填塞物一般在 24～48 h 后取出。

3. 钳夹止血

用止血钳最前端垂直夹住血管断端，对小血管出血钳夹数分钟后大多达到止血效果。为了更好的止血，钳夹住血管断端后再扭转1～2周，数分钟后轻轻去钳，可闭合断端而止血。

4. 结扎止血

多用于较大血管出血的止血，是手术中最常用、最可靠的止血方法，其方法有2种：

(1)单纯结扎止血　先用止血钳前端垂直夹住血管断端，然后用缝线绕过止血钳所夹住的血管及少量组织，助手将止血钳放平并略向上挑露出钳端，这时打紧第1结扣，助手松开止血钳，接着打紧第2结扣。

(2)贯穿结扎止血　用带有缝针的缝线穿过所钳夹组织(不能穿过血管)，然后进行结扎。常用的有"8"字缝合结扎及单纯贯穿结扎2种(图6-17)。

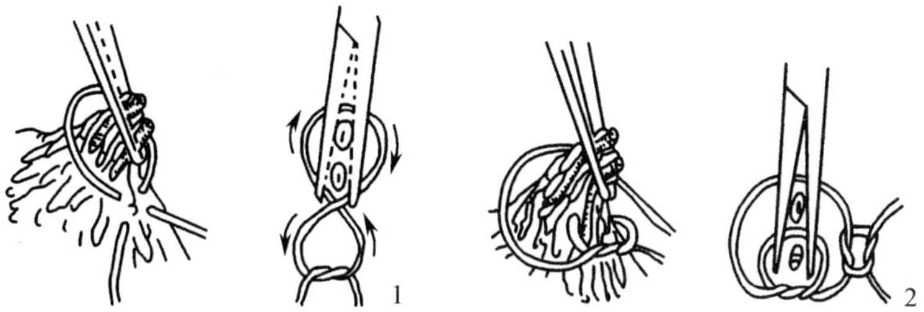

图6-17　贯穿结扎止血法

1. "8"字缝合结扎法　2. 单纯贯穿结扎法

5. 烧烙止血

用电热烧烙器或铁制烧烙器的烧烙作用使血管断端收缩、组织蛋白凝固成痂而止血。此法多用于弥漫性出血、犬或羔羊断尾等的止血。使用时将烧烙器烧得微红，稍用力按压出血点后即迅速移开，即达到止血目的。其缺点是损伤组织较多。

6. 电凝止血

将钳夹出血处的止血钳轻轻向上提起，不与周围组织接触，擦干血液，将电凝器与止血钳接触，待局部冒烟即可。

7. 局部化学及生物止血法

用止血的化学药物或活组织等填塞或压迫出血处。如用1%～2%麻黄素溶液或0.1%肾上腺素溶液浸湿的纱布进行压迫止血；止血明胶海绵铺在出血面上或填塞在出血伤口内即可；如肝脏等实质器官损伤出血用网膜填塞止血，或用取自腹部切口的带蒂腹膜、筋膜和肌肉瓣，牢固地缝在损伤器官上，达到止血目的。

技术提示

(1)组织切开时，须按解剖层次分层进行，切口大小必须适当，并注意保持切口从外到内的大小相同。

(2)切开骨组织时，要先分离骨膜，尽可能保留健康部分，以利于骨组织愈合。

(3)压迫止血时，为了提高压迫止血效果，可用浸有温生理盐水、1%～2%麻黄素、0.1%肾上腺素溶液的纱布块进行压迫止血。注意是纱布按压而不是擦拭，以免损伤组织或破坏已形成的血栓。

(4)钳夹止血时,止血钳只能钳夹血管断端,不要钳夹过多的组织。

(5)电凝止血时,电凝时间不宜过长,以免烧伤范围过大影响切口愈合。对空腔脏器、大血管附近及皮肤等处不可用电凝止血,以防组织坏死发生并发症。电凝止血迅速,不留线结于组织内,但止血效果不完全可靠,凝固的组织易于脱落而再次出血,故只适于浅表小血管的止血,对较大的血管仍应以结扎止血为宜。

知识链接

1. 组织切开的原则

(1)切口位置要适当,便于显露、接近病变组织或病变器官。

(2)切口大小要适中,以能充分暴露病变为准,切口过大损伤组织过多,切口偏小则影响手术进行。

(3)切开组织必须整齐,力求一次切开,不要切成毛边形或阶梯状,以免缝合时对合不良,影响愈合。

(4)为了避免损伤大的神经、血管和腺体导管,减少手术中出血,切开时要尽可能按肌纤维方向分层切开,如果肌纤维的走向与神经、血管、腺体导管方向不一致,可不考虑肌纤维方向,以保证其生理功能。

(5)切开的方法要合适,进行断离大多采用锐性分离,用刀切或剪断,这样操作方便、节约时间,但对血管较多处,用钝性分离可减少出血,如刀柄剥离、撕开等。

(6)分离骨组织,要先分离骨膜,尽量保持其完整性和健康部分,同时骨的断端锐缘要修整,去除游离骨片或骨屑,以利于骨组织愈合。

2. 出血的种类

(1)动脉出血　由于动脉压力大,血液含氧量丰富,所以动脉出血的特征为:血液鲜红,呈喷射状流出,喷射线出现规律性起伏并与心脏搏动一致。动脉出血一般自血管断端的近心端流出,指压动脉管断端的近心端,则搏动性血流立即停止,反之则出血状况无改变。具有吻合支的小动脉管破裂时,近心端及远心端均能出血。大动脉的出血须立即采取有效止血措施,否则可导致出血性休克,甚至引起动物死亡。

(2)静脉出血　静脉出血时血液以较缓慢的速度从血管中呈均匀不断地泉涌状流出,颜色为暗红或紫红。一般血管远心端的出血较近心端多,指压出血静脉管的远心端则出血停止,反之出血加剧。

静脉出血的转归不同,小静脉出血一般能自行停止,或经压迫、堵塞后而停止出血,但若深部大静脉受损如腔静脉、股静脉、髂静脉、门静脉等出血,则常由于迅速大量失血而引起动物死亡。体表大静脉受损,可因大失血或空气栓塞而死亡。

(3)毛细血管出血　毛细血管出血的血液色泽介于动、静脉血液之间,多呈渗出性点状出血。一般可自行止血或稍加压迫即可止血。

(4)实质出血　实质出血见于实质器官、骨松质及海绵组织的损伤,为混合性出血,即血液自小动脉与小静脉内流出,血液颜色和静脉血相似。由于实质器官中含有丰富的血窦,而血管的断端又不能自行缩入组织内,因此不易形成断端的血栓,易产生大失血威胁动物的生命，故应予以高度重视。

3. 预防性止血方法

(1)全身预防性止血法　为了减少手术过程中出血，术前给施术动物注射增高血液凝固性的药物和同类型血液，以提高机体抗出血能力。

①输血：输血是一种良好的全身性止血方法，它不但可以增高施术动物血液的凝固性，又刺激血管运动中枢反射性地引起血管痉挛性收缩，以减少手术中的出血。为此，在术前30～60 min 输入同种类型血液，或同种动物的氯化钙相合血(即10%氯化钙溶液50～100 mL，加入相合血500～1 000 mL)，牛、马500～1 000 mL，猪、羊200～300 mL。

②10%氯化钙溶液：其作用是增高血液中钙离子。马100～200 mL，牛100～150 mL，猪、羊20～40 mL，犬5～10 mL，静脉注射。

③维生素 K_3 注射液：其作用是提高凝血酶原的合成与促进血凝。牛、马100～400 mg，猪、羊20～30 mg，犬10～30 mg，猫1～5 mg，肌内注射。

④凝血质注射液：其作用是促进血液凝固(每支含量15 mg/2 mL)，牛、马20～30 mL，猪、羊、犬5～10 mL，肌内注射。

⑤安络血注射液：其作用是增强毛细血管的收缩力和降低其渗透性(每支含量10 mg/2 mL)，牛、马10～20 mL，猪、羊2～4 mL，犬、猫2～3 mL，肌内注射。

⑥止血敏注射液：其作用是增强血小板机能及黏合力，减少毛细血管渗透性(每支含量0.25 g/2 mL)，牛、马10～20 mL，猪、羊2～4 mL，犬、猫1～2 mL，肌内注射。

(2)局部预防性止血法

①肾上腺素局部注射：术部进行局部麻醉时，在100 mL普鲁卡因溶液中加入0.1%肾上腺素溶液0.2 mL，使局部小血管收缩，以减少手术局部的出血，其作用可维持20 min至2 h。但有炎症的术部，因局部组织呈酸性反应，可减弱肾上腺素的作用。另外，当肾上腺素作用消失后，局部小动脉扩张，如血管内血栓形成不牢固时，可能发生二次出血。

②装置止血带：术前装置橡皮管止血带或其他代用品——乳胶管、绳索、绷带，最理想是用血压计的空气囊止血带，以暂时阻断血液循环，减少手术中的出血。多用于四肢中、下部、阴茎和尾部手术。止血带装置在术部的上方，局部应垫以纱布或手术巾，以防勒伤软组织、血管及神经，缠缚止血带应有足够压力(以止血带远侧端的脉搏将消失为度)，缠绕2～3圈固定之，其保留时间最好不超过2 h，冬季不超过40～60 min。在此时间内如未完成手术，可临时松开止血带10～30 s，然后重新缠好。松开止血带时，应用多次“松、紧、松、紧”的方法，不可一次松开。

技能四　缝合与拆线

▶技能描述

在手术过程对分离的组织、器官进行手术操作后，需要对合和固定或重建其通道，才利于创口愈合及恢复其功能，这就需要对分离的组织和器官进行缝合。皮肤缝合常使用的是不可吸收缝线，皮肤缝合经过一段时间组织愈合后，其牢固性已能阻止切口裂开，因此术后一定时间需要对缝合线进行拆除。

▶技能情境

动物医院或外科手术室(实训室);缝合模型或动物切开模型(离体动物组织);持针钳、缝针、缝线、剪刀、镊子等。

▶技能实施

一、打结

常用的有单手打结、双手打结和器械打结 3 种。外科中方结用得最多,现以方结为例介绍打结方法。

1. 单手打结

为最常用的方法,简便迅速,左右手打结均可,虽各人打结的习惯不同,但基本动作相似(图 6-18)。

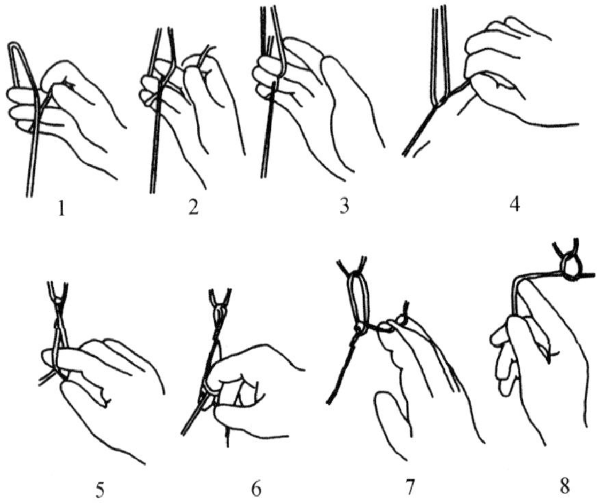

图 6-18　单手打结

2. 双手打结

除用于一般结扎外,对深部或张力较大的组织缝合、结扎较为方便可靠(图 6-19)。

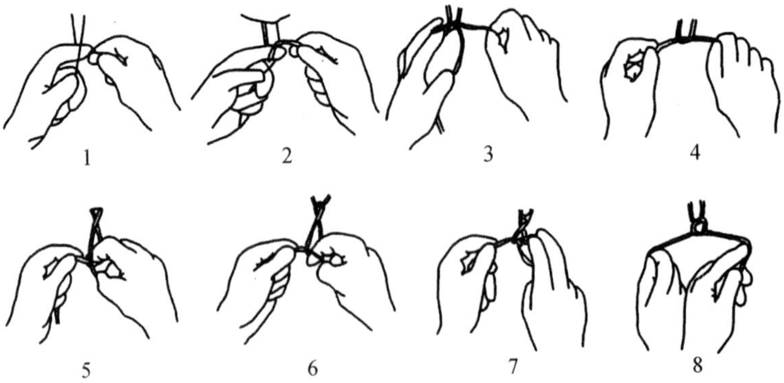

图 6-19　双手打结

3. 器械打结

用持针钳或止血钳打结，用于缝合线头过短、深部和某些精细手术的打结(图 6-20)。

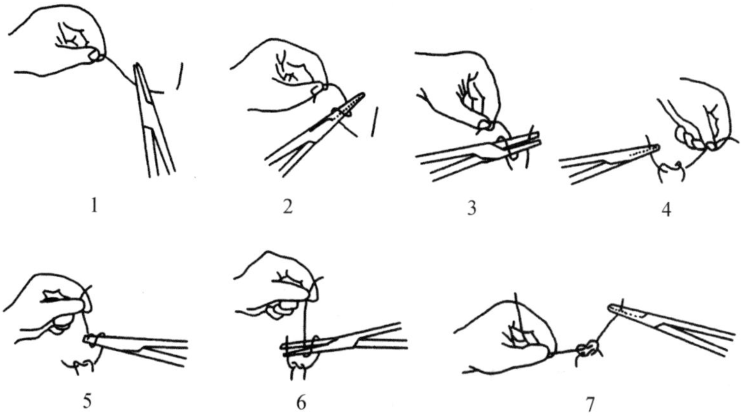

图 6-20　器械打结

二、缝合法

外科手术中所用的缝合方法很多，根据缝合后切口边缘的形态，可分为单纯缝合、内翻缝合、外翻缝合 3 类，而第 1 类中，又有间断缝合和连续缝合 2 种。

1. 单纯缝合法

又称单纯对接缝合，缝合后创缘平整对合，多用于皮肤、肌肉和筋膜的缝合。

(1)间断缝合

①结节缝合：为最常用的基本缝合法，是用带有 15～25 cm 缝线的缝针，于创缘一侧垂直刺入，于对侧相应的部位穿出进行打结(图 6-21)。一般进针和出针距创缘 0.5～1 cm，线距为 1.0～1.5 cm。直线切口的缝合可从切口的中央开始缝合，然后再在每段的中间处下针，直至缝合好。

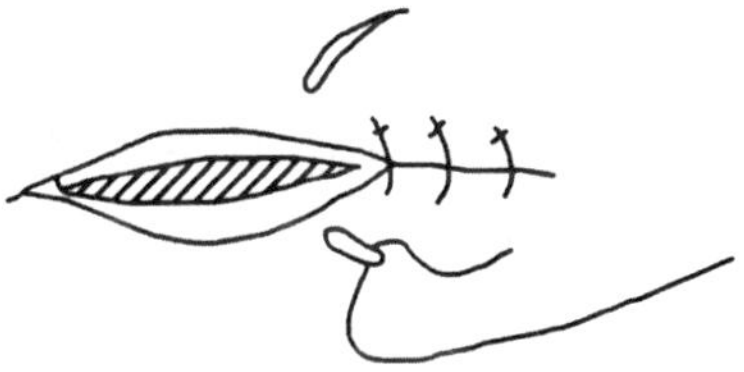

图 6-21　结节缝合

②“8”字形缝合：又称双间断缝合，为 2 个相反方向交叉的间断缝合组成。分为内“8”字形和外“8”字形 2 种。多用于腹白线、肌肉、腱或由数层组织形成的深创的缝合(图 6-22)。

图 6-22　“8”字形缝合

③减张缝合:应用在张力过大的皮肤缝合,以防止缝线扯裂创缘组织。在结节缝合的基础上,用缝线每隔 2～3 针缝 1 针减张缝合,即针的进、出点距缘 2～4 cm,然后打结。为了减小线对皮肤的压力,可在线的两端缚以适当粗细的消毒纱布卷或橡皮管作为圆枕,称圆枕减张缝合。也可在缝线上套上胶管,在创口的一侧打结(图 6-23)。

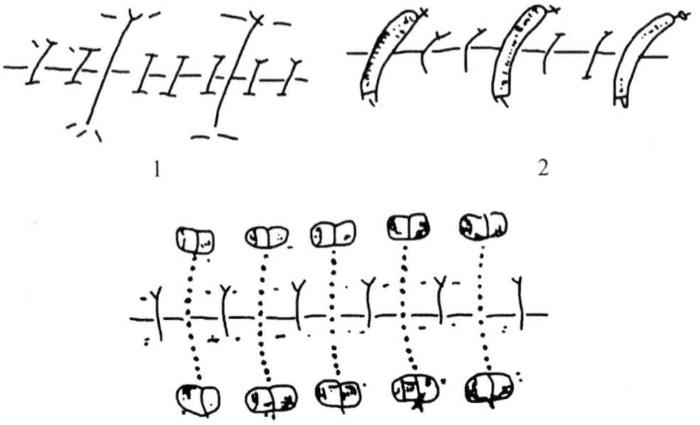
1　　2　　3

图 6-23　减张缝合

1. 减张缝合　2、3. 圆枕减张缝合

④钮孔状缝合:又称褥垫缝合,分为水平、垂直与重叠 3 种缝合法(图 6-24),前 2 种用于张力较大的皮肤和腱的缝合及治疗子宫、阴道脱出的缝合固定,重叠钮孔状缝合多用于修补疝轮。

(2)连续缝合　用一根长缝线把创口全部闭合的缝合称连续缝合。

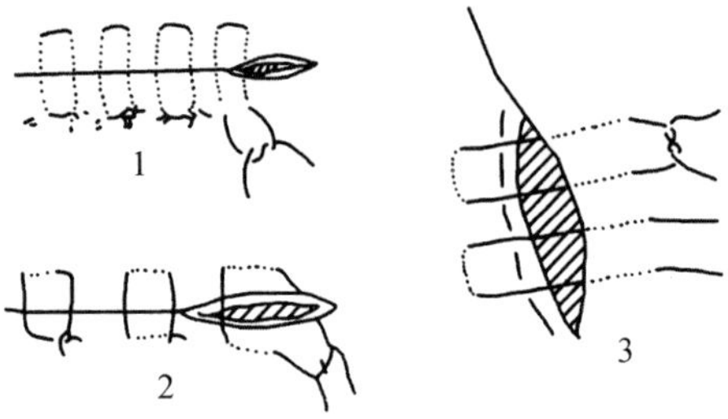
1　　2　　3

图 6-24　钮孔状缝合

1. 水平钮孔状缝合　2. 垂直钮孔状缝合

3. 重叠钮孔状缝合

①螺旋形缝合:用一根长缝线,先在创口一端缝合打结,然后以等距离螺旋形缝合,最后留下线尾在一侧打结(图 6-25)。常用于具有弹性,无太大张力的切口,如肌肉,腹膜及肠胃、子宫的第一层缝合。

②锁边缝合:锁边缝合和螺旋形缝合基本相似,但在缝合过程中每次应将缝线交锁(图 6-26),多用于缝合皮肤直线形切口以及用于薄而活动性较大的组织。

图 6-25　螺旋形缝合

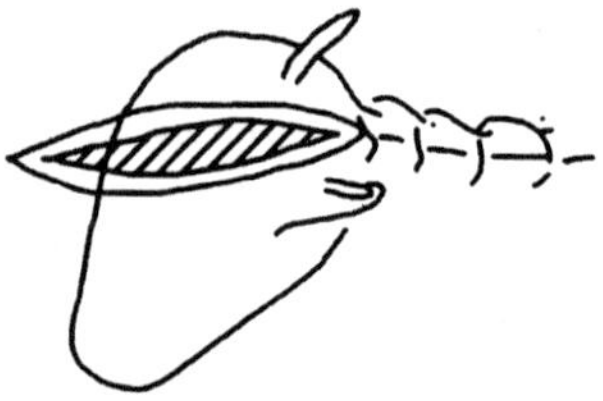

图 6-26　锁边缝合

2. 内翻缝合法

内翻缝合后创缘内翻，浆膜面相互密接，表面光滑，有利于愈合。主要用于胃肠、子宫、膀胱等空腔器官的缝合。

(1)伦伯特氏(Lembert)缝合　又称垂直褥式内翻缝合。分间断与连续 2 种，空腔器官缝合时，用于缝合浆膜肌层(图 6-27)。

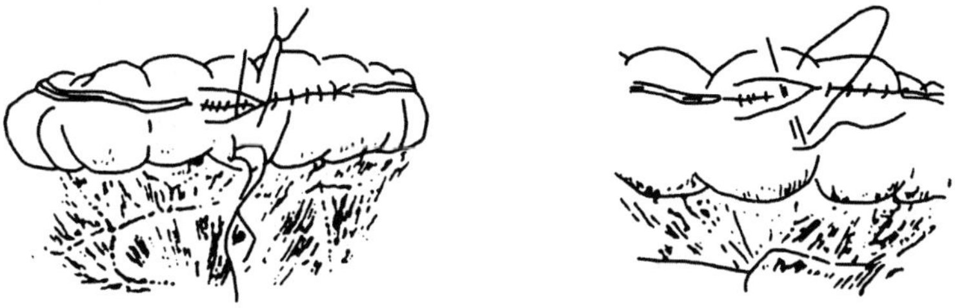

1　　　　2

图 6-27　伦伯特氏缝合

1. 间断内翻缝合　2. 连续内翻缝合

(2)库兴氏(Cushing)缝合　又称连续水平褥式内翻缝合。适用于胃肠、子宫浆膜肌层缝合(图 6-28)。

(3)康乃尔氏(Connell)缝合　此法大致与库兴氏缝合相同，但在缝合时要穿透全层组织。多用于胃肠、子宫壁全层缝合(图 6-29)。

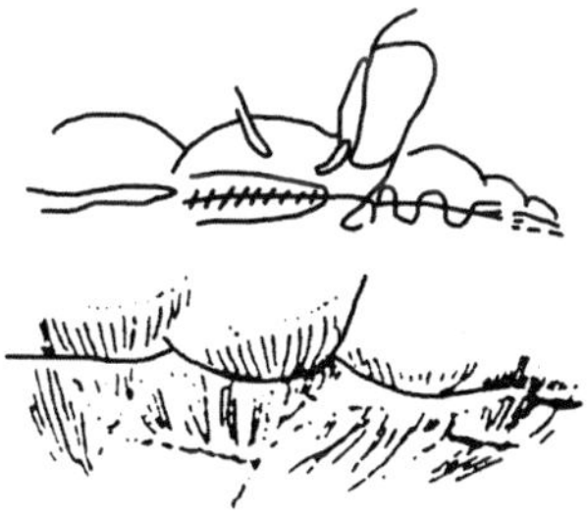

图 6-28　库兴氏缝合

图 6-29　康乃尔氏缝合

(4)荷包缝合　即做环形的浆膜肌层连续缝合。主要用于胃肠壁小范围的内翻缝合、直肠脱整复后的固定缝合及胃肠、膀胱造瘘等引流管的固定等(图 6-30)。

3. 外翻缝合法

外翻缝合是将缝合组织边缘向外翻出。分间断和连续缝合 2 种。

(1)间断垂直褥式外翻缝合　用于松弛皮肤的缝合，以防皮缘内卷，保证边缘对合良好(图 6-31)。

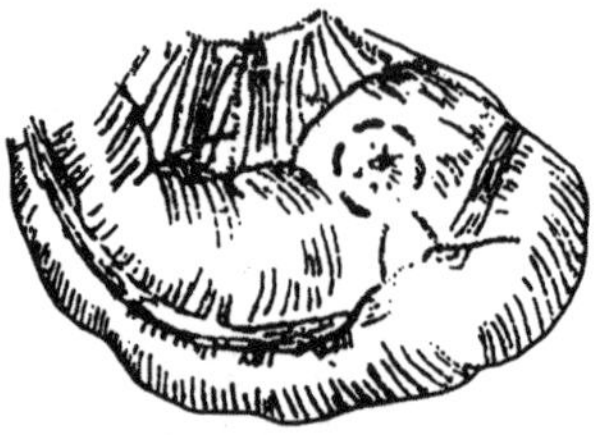

图 6-30　荷包缝合

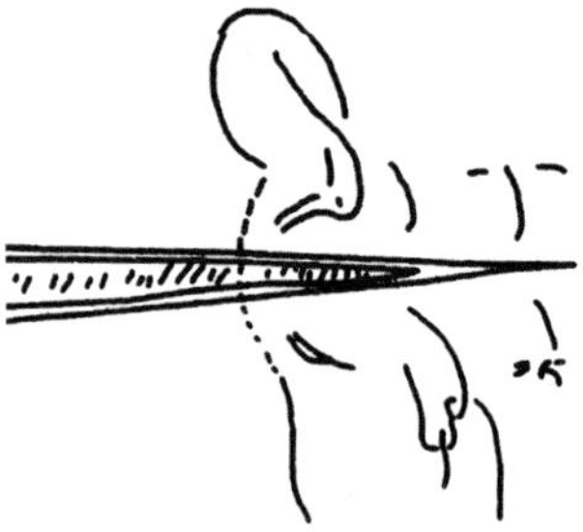

图 6-31　间断垂直褥式外翻缝合

(2)间断水平褥式外翻缝合　又称“U”型外翻缝合或钮孔状缝合。用于血管的吻合，张力较大的肌肉和疝轮等的缝合(图 6-32)。

(3)连续外翻缝合　连续外翻缝合是连续水平褥式缝合，又称“弓”字形外翻缝合，用于血管、腹膜的缝合(图 6-33)。

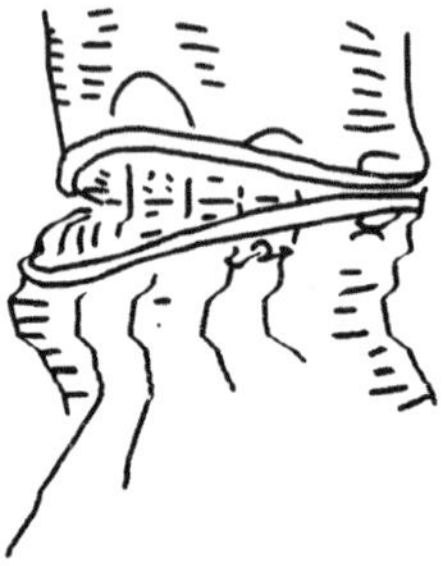

图 6-32　间断水平褥式外翻缝合

图 6-33　连续外翻缝合

三、拆线

拆线时，先消毒皮肤创口、缝线及创口周围皮肤，将线结用手术镊轻轻提起，用拆线剪紧贴皮肤，使埋在组织内的缝线露出后剪断，向着剪断的一侧拉出缝线(图 6-34)。再次消毒创口及周围皮肤。如拆线偏迟，线孔组织常化脓，拆线后涂擦碘酊可自愈。

图 6-34　拆线方法

▶技术提示

1. 打结注意事项

(1)拉紧结扣时，两手尽量放平成一直线，不可成角向上提起，否则使结扎点容易撕脱或打成滑结。

(2)结第 2 扣时，不要让第 1 扣松开，如组织张力过大，可由助手用止血钳轻轻夹住或压住第 1 扣，待第 2 扣收紧时立即抽出止血钳。

(3)用力要均匀，两手离线结不要太远，特别是深部打结时，最好用两手食指伸到结旁，以指尖顶住双线，两手握住线端，徐徐拉紧，否则容易将缝线拉断或打不紧结。留在组织内的线头要适当，一般丝、棉线留 2～3 mm，肠线留 4～5 mm，细线可留短些，粗线可留长些，较大血管的结扎也应留长些，以免滑落。

(4)正确的剪线是将双线尾提起，用稍张开的剪尖沿着拉紧的缝线滑至结扣处，再将剪刀稍向上倾斜，然后剪断之。倾斜的角度大则所留线头较长，反之较短。

2. 缝合的基本原则

(1)严格遵守无菌操作。

(2)缝合前必须彻底止血，清除凝血块、异物及无生机的组织。

(3)进针的边距合理，以防缝线割断组织。

(4)缝针刺入和穿出部位应彼此相对，针距相等，否则易使创伤形成皱襞和裂隙。

(5)凡无菌手术创或轻污染的新鲜创经外科处理后，可作对合密闭缝合。具有化脓腐败过程以及具有深创囊的创伤可不缝合，必要时做部分缝合。

(6)在组织缝合时，一般是同层组织相缝合，除非特殊需要，不允许把不同类的组织缝合在一起。缝合时不宜过紧，否则将造成组织缺血或拉穿组织。

(7)创缘、创壁应互相均匀对合，皮肤创缘不得内翻，创伤深部不应留有死腔、积血和积液。在条件允许时，可作多层缝合。

(8)缝合的创伤，若在手术后出现感染症状，应迅速拆除部分缝线，以便排出创液。

3. 拆线

(1)拆线的时间，一般是在术后 7～8 d，凡营养不良、贫血、老龄动物及局部张力较大或活动性较大等，应适当延长拆线时间，但创伤已感染或缝线撕断不起缝合作用时，可根据创伤治疗需要随时拆除全部或部分缝线。

(2)如果线结表面有血痂，应先行消毒后用温生理盐水浸泡、软化，再消毒、折线。

▶知识链接

1. 结的种类

常用的结有方结、三叠结和外科结。此外，在打结过程中常产生的错误结，有假结和滑结 2 种。各种结如图 6-35 所示。

(1)方结　又称平结、二重结，是手术中最常用的一种结。由于第 1 结和第 2 结方向相反，不易滑脱;用于结扎小血管和一般组织缝合的打结。

(2)三叠结　又称加强结，三叠结是在方结的基础上再加 1 层结，第 3 结和第 2 结方向相反，较牢固，多用于组织张力较大时缝合打结，如大血管的结扎以及肠线、尼龙线和不锈钢丝的打结。

(3)外科结　打第 1 结时绕 2 次，使摩擦面增大，打第 2 结时不易松动，此结牢固可靠，

图 6-35　各种线结

1. 方结　2. 外科结　3. 三叠结　4. 假结　5. 滑结

可用于大血管或张力较大组织的缝合结扎。

(4)假结(斜结)　打方结时，两手未进行交叉而形成，此结易松脱。

(5)滑结　打方结时，虽则两手交叉打结，但两手用力不均，只拉紧一根线而形成，易滑脱，应尽量避免发生。

2. 结节缝合与连续缝合的比较

结节缝合优点是效果确实，拆除方便，对局部血液循环影响小，即使个别线结断裂，不影响其他邻近缝合结扣，不至于整个创口裂开，若有感染须排液时，可拆除少数缝线。其缺点是费时和需要较多的缝线及在创缘留的线结较多。

连续缝合优点是组织对合完全，相邻组织接合牢固，防止液体从创口漏出，同时节省时间和缝线。缺点是一处断裂，则全部缝线松脱以致创口裂开。

技能五　包　扎　术

▶技能描述

为了完成包扎止血，保护创面，防止自我损伤，吸收创液，限制活动等，外科中常利用敷料、卷轴绷带、复绷带、夹板绷带、支架绷带及自凝绷带等材料对局部进行包扎。

▶技能情境

动物医院或实训室；动物或模型；卷轴绷带、夹板、硬化绷带、脱脂棉及其辅料。

▶技能实施

1. 卷轴绷带

装置时，一般用左手持绷带开端，右手持绷带卷，以绷带的背面紧贴患部，由左向右缠绕，当缠好第 1 圈后，将绷带的游离端反转盖在第 1 圈绷带上，再用第 2 圈绷带压住第 1 圈绷带。然后根据需要进行不同形式的缠绕，最后仍以环形终止，将绷带末端剪成两半，在肢体外侧打结或以胶布将末端固定。

(1)环形带　环形带多用于系部、掌(跖)部等较小创口的包扎，也是其他形式包扎的起始和结尾。方法是在患部把卷轴带呈环形缠绕数圈，每圈盖住前 1 圈(图 6-36 的 1)。

(2)螺旋带　用于粗细一致的较长部位，如掌部、跖部和尾部，先在下端以环形带开始，再以螺旋形向上缠绕，每后一圈盖住前一圈的 1/3～1/2，最后以环形带结束(图 6-36 的 2)。

(3)折转带　折转带用于上粗下细的部位，如前臂部和胫部，方法是由下向上螺旋形缠绕，当每圈绕到肢外侧时，用左手拇指压住绷带上边缘，把绷带向下回折继续缠绕(图 6-36 的 3)。

(4)蛇形带　蛇形带用于固定夹板绷带的衬垫材料，斜行向上缠绕，各圈互不遮盖(图 6-36 的 4)。

(5)交叉带　交叉带用于腕、肘、系关节等。其方法是在关节下方做环形带，然后斜向关节上方做一圈环形带后再斜行至关节下方，呈“8”字形交叉至患部完全被包扎住，最后以环形带结束(图 6-36 的 5)。

(6)蹄冠绷带　蹄冠绷带用于蹄冠或蹄踵部包扎，使用一头长另一头较短的双头绷带，将其中间背面覆盖于患部上，包住蹄冠，使两头在患部对侧相遇，彼此扭缠，然后将用长头逐渐由上向下缠绕，每遇小头即扭缠一次返回再缠，最后打结于患部对侧(图 6-36 的 6)。

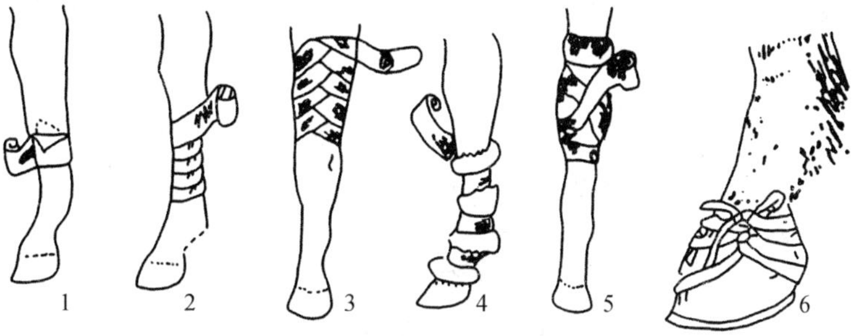

图 6-36　卷轴绷带装置法

1. 环形带　2. 螺旋带　3. 折转带　4. 蛇形带　5. 交叉带　6. 蹄冠绷带

(7)蹄绷带　蹄绷带用于蹄底疾病。将绷带开端留下约 20 cm 作缠绕的支点，在系部做环形带数圈，然后由一侧斜经蹄前壁向下折过蹄尖经蹄底，至蹄踵与游离的绷带头扭转后，再由另侧斜经蹄前壁作蹄底缠绕，同样操作至将整个蹄底包妥为止，最后与游离部分打结(图 6-37)。为防止蹄绷带被污染，在外部可用帆布套等包扎。

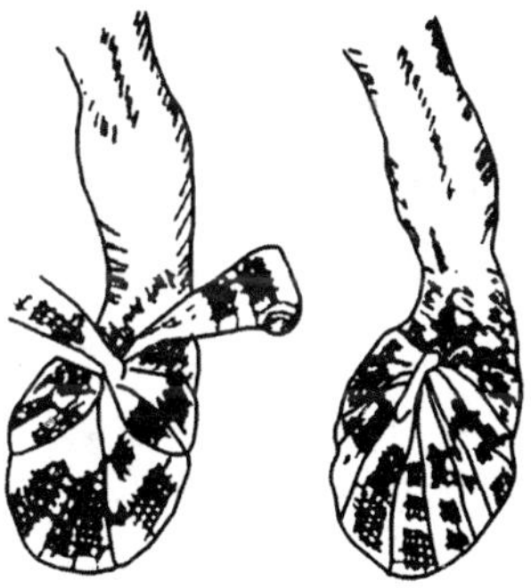

图 6-37　蹄绷带

(8)角绷带　角绷带用于牛羊角壳脱落和角折。先用一块纱布盖在断角上，用环形带固定纱布，然后以健康角为支持点，以“8”字缠绕进行包扎，最后在健康角根做环形带打结(图 6-38)。

(9)尾绷带　尾绷带用于后躯、肛门、会阴部施术前、后固定尾部，防止污染切口。先在尾根上做环形带。然后把背侧尾毛折转向上用绷带螺旋包扎压住，以同样方法螺旋缠至尾尖时，将整个尾毛全部折转做数圈环形带后，绷带末端通过尾毛折转所形成的圈内(图 6-39)，拉到颈基部围绕打结固定。

2. 结系绷带

利用圆枕缝合的游离线尾将无菌纱布块固定在创口上，或者选用适当大小的无菌纱布块数层盖在切口上，四周用 4～8 个结节缝合将其固定在皮肤上。

图 6-38　角绷带

图 6-39　尾绷带

3. 复绷带

复绷带是根据畜体部位的形状而缝制的，具有一定结构、大小的双层盖布，其四周缝合若干布条以打结固定，要求装置简便，固定可靠。常用的复绷带如图 6-40 所示。

图 6-40　复绷带

1. 眼绷带　2. 背腰绷带　3. 腹绷带　4. 前胸绷带

4. 胶质绷带

将适当大小的 2 块布的一侧剪成若干条，在条子的对应边上，涂上胶质（锌明胶）后黏附在已剪毛的伤口两侧皮肤上，伤口盖上敷料后，将布条打结固定。常用的锌明胶制法：白明胶 90 g，氧化锌 30 g，甘油 60 g，水 150 g。先将氧化锌在研钵中研成细末，加入甘油中搅匀成糊状。另将白明胶和水加热溶化，然后倒入氧化锌糊内，慢慢搅匀即成。用时水浴加热融化即可使用。拆除时用温水浸软后即可取下（图 6-41）。

5. 夹板绷带

包扎时先将患部进行整复处理后，包上较厚的棉花或毡片等衬垫，并用蛇形带加以固定，然后装置夹板。用于掌（跖）部可准备 4 块宽 1.5～2.5 cm 的夹板，用于前臂部或胫部的可制备 6 块 2.5～4 cm 宽的夹板，长度必须包括患部上下 2 个关节，又略短于衬垫材料，最后用细绳或螺旋带捆绑固定。若利用的是竹板，可先用细绳编系起来再用较为方便（图 6-42）。

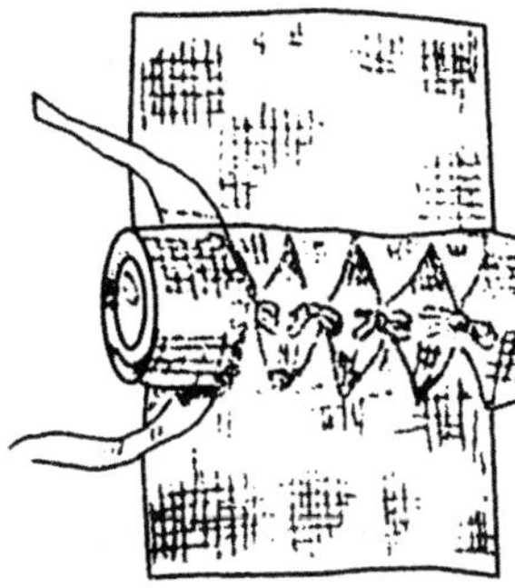

图 6-41　胶质绷带

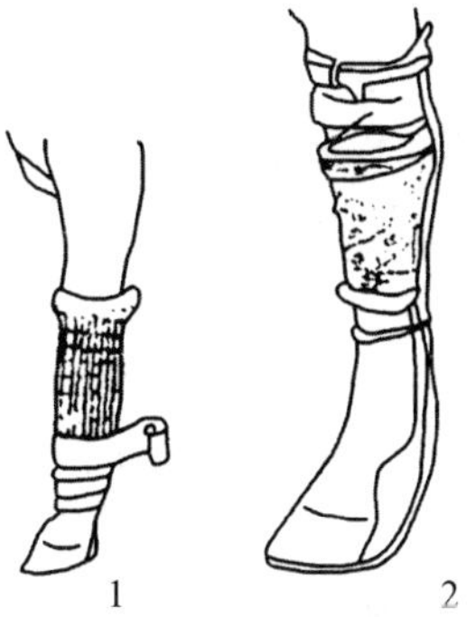

图 6-42　夹板绷带

1. 竹板夹板绷带　2. 单辐铁板夹板绷带

6. 石膏绷带

装置石膏绷带时，患部先按常规处理，骨折的要先行整复，有创伤的进行创伤处理，并将肢体上、下端各绕1圈薄的纱布棉垫，同时将石膏绷带浸没于30～40℃温水中，待气泡出完后两手握住石膏绷带两端从水中取出，轻轻对挤，挤出多余水分，用螺旋带的方法从病肢下端向上缠绕，松紧要适宜，每缠1层后均匀地涂抹石膏泥。当第1卷快要用完时，再将下1卷绷带浸入温水中。一般大动物包扎6～8层，中、小动物3～4层，在缠最后1层时，须将上下衬垫向外翻转，包住石膏绷带的边缘，最后表面涂抹石膏泥，使之表面光滑、美观，并写明日期。为了加强固定作用，在缠完第2层或第3层后，在患部四周放上若干夹板。如有创伤，创口上覆盖无菌的创伤压布，将大于创口的杯子放于布上，绕过杯子按前法缠完绷带，在石膏未硬固之前取下杯子用石膏泥将窗口边缘整好，通过窗口可观察和处理创伤(图6-43)。

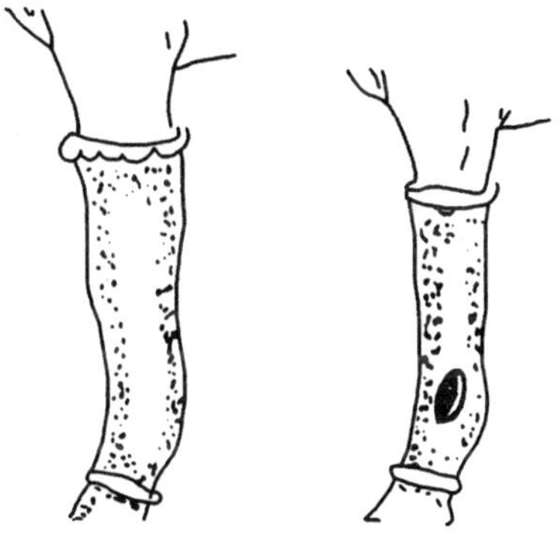

图 6-43　石膏绷带

石膏绷带缠好后，一般经过20～30 min才能硬化成型，为加速其硬化，可用电吹风机吹干。

石膏绷带的拆除：先用热醋、双氧水或饱和食盐水在石膏表面划好拆除线，使之软化，然后沿拆除线用石膏刀切开、石膏锯锯开或石膏剪逐层剪开。简便的拆除方法则用热醋或热水浸透石膏绷带，找到末端，逐层撕下即可。

技术提示

1. 包扎软质绷带注意事项

患部应先清创和用药，骨折要加以整复；应做向心性缠绕，防止淤血；松紧要适宜，以不阻断血液循环，动物感觉舒适为原则；经常检查，发现装着过松或偏紧、被分泌物浸透、患部增温、肿胀等，应及时处理。

2. 包扎石膏绷带注意事项

(1)将一切物品备齐，然后开始操作，以免临时出现问题，延误时间。由于水的温度直接影响石膏硬化时间(水温降低会延缓硬化过程),应予以注意。

(2)患病动物必须保定确实,必要时可做全身或局部麻醉。

(3)装置前必须将病肢整复到解剖位置,使其主要力线和肢轴尽量一致。为此,在装置前最好应用X线摄片检查。

(4)长骨骨折时,为了达到制动目的,一般应固定上下2个关节。

(5)骨折发生后,使用石膏绷带做外固定时,必须尽早进行。若在局部出现肿胀后包扎,则在肿胀消退后,皮肤与绷带间出现空隙,达不到固定作用。此时应将其拆除,重新包扎石膏绷带。

(6)缠绕时要松紧适宜,过紧会影响血流循环,过松会失去固定作用。缠绕的基本方法是把石膏绷带"贴上去",而不是拉紧"缠上去"。

(7)未硬化的石膏绷带不要指压,以免向下凹陷压迫组织,影响血液循环,发生溃疡、坏死。

(8)石膏绷带敷缠完毕后,为了使石膏绷带表面光滑美观,有时用干石膏粉少许加水调成糊,涂在表面,使之光滑整齐。石膏夹两端的边缘,应修理光滑并将石膏绷带两端的衬垫翻到外面,以免摩擦皮肤。

知识链接

(1)卷轴绷带是用适当宽度的纱布或棉布卷制而成,分为单头、双头和丁字形绷带。卷轴绷带多用于大动物的四肢游离部、尾部、角和蹄及小动物的胸、腹部。

(2)结系绷带又称缝合绷带,是用缝线代替绷带固定敷料的一种保护手术创口及减轻其张力的绷带,它可以装在畜体任何部位。

(3)夹板绷带是利用夹板的作用固定患部,避免移位和再损伤等的一种起制动作用的绷带。分为临时夹板绷带和预制夹板绷带,多用于骨折、关节脱位的救治等。临时夹板绷带常用竹板、薄木板等作夹板,预制夹板绷带常用金属丝、薄铁板、桐木等制成适合四肢解剖形状的各种夹板。

(4)石膏绷带是由淀粉液浆制过的大网眼纱布加上煅石膏粉制成的,具有可塑性好、固定可靠、装着方便等特点,主要用于四肢中、下部疾病(骨折、关节脱位、腱断裂等)。

操作训练

利用课余时间或节假日参与动物医院外科手术,做好助手工作,加强基本操作的训练。

任务二 常用外科手术

任务分析

外科手术的目的是为了诊断和治疗疾病,有时甚至是唯一措施。要顺利完成常用外科手术,术者在熟练掌握无菌技术、基本操作技术、各部位及器官的局部解剖、动物护理等技术的基础上，分析动物病情，并进行手术评估、拟定手术计划，才能实施手术。

任务目标

1. 能针对不同手术，制订手术计划，并进行术前准备；
2. 能完成阉割术、食管切开术、犬声带切除术等；
3. 能在助手的帮助下实施肠侧壁切开与肠部分切除术、胃切开术、剖腹产术等手术；
4. 能进行常见手术的术后护理。

技能一 阉 割 术

▶技能描述

阉割术是摘除或破坏动物的睾丸或卵巢，并消除其生理机能的手术。其目的是使性情恶劣的动物变得温顺，便于饲养管理和使役；选育优良品种，提高动物的利用价值，如猪、鸡等畜禽阉割后，生长迅速，肉质细嫩，节约饲料，从而提高动物的经济价值。此外，还可以治疗生殖器官疾病及淘汰不良品种等。公畜的阉割术又称为去势术。

▶技能情境

动物（公畜：猪、犬、猫；母畜：猪、犬、猫）；阉割刀，常规手术器械；麻醉药品，消毒药品及保定用具等。

▶技能实施

一、去势术

1. 公猪去势术

小公猪的去势以1～2月龄或体重5～10 kg的最为适宜，现代养猪生产中多在1～2周龄进行去势。大公猪不作种用亦可去势。

(1)保定 小公猪左侧躺卧，背向术者。术者左脚踩住颈部，右脚踩住尾根，并用左手腕部按压在公猪右侧大腿的后部，使该腿向上，充分暴露阴囊。

图 6-44 小公猪去势术

(2)手术方法 术者用左手的中指、食指和拇指捏住阴囊颈部，把睾丸推向阴囊底部，使阴囊皮肤紧张，将睾丸固定。局部消毒。右手持刀，在一侧睾丸最突出的阴囊上做一与阴囊中缝平行的切口，一次切透阴囊全层和总鞘膜，挤出睾丸(图6-44)。食指和拇指捏住鞘膜韧带与睾丸连接部，然后切断或用手扯断鞘膜韧带，再以右手向外牵引睾丸，左手把韧带和总鞘膜推向腹壁，用拇指和食指固定精索，右手放开睾丸，再在睾丸上方 1～2 cm 处的精索上来回刮挫，直到断离为止。然后从原阴囊切口切开阴囊中隔，同样的方法摘除另一侧睾丸。创部涂 5%碘酊，切口一般不缝合，对切口较大的可适当作 1～2 针缝合。因大公猪精索粗而短，须牢靠结扎后再将睾丸切除。

2. 公犬、公猫去势术

采取仰卧保定，全身麻醉。阴囊局部剪毛，常规消毒并隔离。术者在动物仰卧保定时立于动物的右侧，侧卧保定时立于背侧。用左手拇指和食指从前方固定睾丸并使阴囊皮肤紧张，与阴囊中隔平行纵向切开阴囊皮肤后再切开总鞘膜，当睾丸露出后助手轻轻向外牵引，剪开阴囊韧带，向上撕开睾丸系膜，露出精索。在近腹股沟外环处贯穿结扎精索并切断。将精索断端用镊子还纳入总鞘膜内，有时部分总鞘膜露于阴囊创外不易还纳时可切除。缝合皮肤切口，用 2%碘酊消毒切口。

二、卵巢摘除术

（一）猪卵巢摘除术

1. 小挑花

适用于 1～3 月龄或体重不超过 15 kg 的小母猪。术前应禁饲一顿，最好在清晨饲喂前手术。

（1）保定　术者以左手提起小母猪的左后肢，右手捏住左侧膝皱襞，使其背向术者呈右侧卧地。术者立即用右脚踩住猪的左侧颈部，脚跟着地，脚尖用力。并将左后肢向后伸直，使猪的后躯即接近仰卧姿势。左脚踩住猪的左后肢的跖部。术者也可坐凳保定，使身体重心落于两脚上，猪即被充分保定。

（2）手术部位　在左下腹部，左侧乳头外侧 2～3 cm，与左侧髋结节的相对处。术者左手中指顶住左侧髋结节，拇指压在同侧腹壁上（拇指指端要按在同侧乳头与膝前皱襞之间中点的稍外方），此处就是切口位置（图 6-45）。

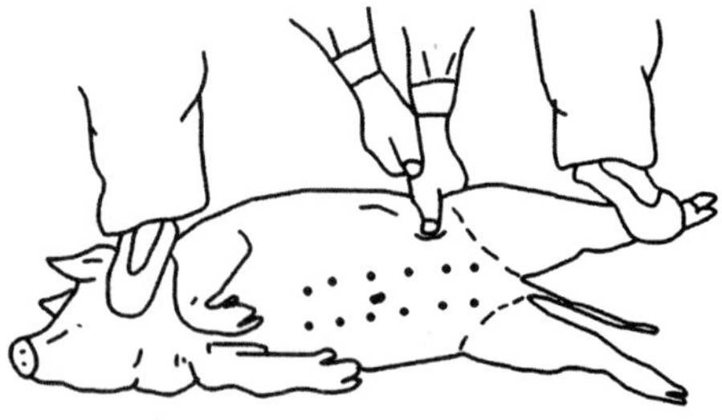

图 6-45　小挑花切口部位

仔猪营养好、发育快者，切口可稍偏腹侧；营养差、身体消瘦的仔猪，切口稍偏背侧。即俗语所谓“饥朝前、饱朝后，肥靠内、瘦靠外”。

（3）手术方法　局部消毒后，术者右手将术部皮肤稍向腹侧牵拉，左手拇指用力按压在术部稍外侧，压得越紧离卵巢越近，手术也容易成功。右手持刀，用拇指与中、食指控制刀刃的深度，用刀刃垂直切开皮肤成 0.5～1 cm 的纵切口，左手仍然压住不动，右手将刀调转刀头，用刀柄钩端呈 45°向斜前方伸入切口内，在猪嚎叫时，随腹压升高而适当用力“点”破腹壁肌层和腹膜，此时有少量腹水流出，有时子宫角也随着涌出。如子宫角不出来，左手一定要压紧，右手将刀柄钩端在腹腔内作弧形滑动，稍扩大切口，由于猪叫时腹压升高，子宫角或卵巢便从腹腔脱出于切口外，以刀柄轻轻引出，右手捏住脱出的子宫角及卵巢，轻轻向外牵拉，然后用左、右手的拇、食指轻轻地轮换往外导，左右手的其他 3 指交换压迫腹壁切口。当引出两侧卵巢和子宫体的一部分时，以手指钝性挫断子宫体，将两侧子宫角及卵巢一同除去。切不可留下一侧子宫角及卵巢，否则猪仍会发情、受孕。

此时可收回左手，切口涂布碘酊，提起猪的后肢，稍摆动一下，放开即可。因切口小可不缝合。

由于操作不熟练或其他原因，按上述操作未达到目的时，助手将猪两后肢提起，行倒立保定。术者稍微扩大术部切口，用刀柄拨开肠管、膀胱，显露出粉红色的子宫角，然后用刀柄钩出或用止血钳取出，连同卵巢一起除去，最后缝合腹膜、肌肉和皮肤切口。

2. 大挑花

适用于 3 月龄以上、体重在 15 kg 以上的母猪。在发情期最好不要进行手术，此时卵巢及子宫均高度充血容易造成大出血。术前须禁食一顿。

(1)保定　左侧或右侧横卧保定，使猪背部向着术者。以右侧卧为例，术者右脚踏住颈部，左脚踏住猪尾根部，助手将两后肢向后牵引伸直。对 50 kg 以上的母猪，最好由助手用木杠压住颈部保定。

(2)手术部位　在髋结节前下方 5～10 cm 处(根据猪的大小而定)，一般指压抵抗小的部位为好(图 6-46)。

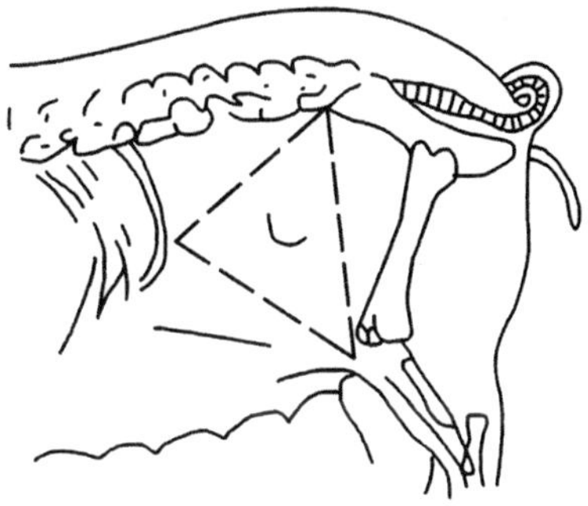

图 6-46　大挑花切口部位

(3)手术方法　术部消毒后，术者左手捏起膝皱褶，使术部紧张，右手持刀将皮肤切开 3～5 cm 的弧形口，用左手指垂直戳破腹肌及腹膜，伸入腹腔，并沿脊柱、侧腹壁，由前向后探摸左侧卵巢。摸着卵巢时，用指尖压住沿腹壁向外钩出，当用食指钩出卵巢时，需用屈曲的中指、无名指及小指用力按压腹壁，使卵巢不致滑脱。卵巢达到切口时，用刀柄钩出。再伸入腹腔，通过直肠下方到右侧，探摸右侧卵巢，同法钩出，分别结扎并除去卵巢。

如猪体肥大，手指短而触摸不到时，可先将左侧卵巢结扎，摘除卵巢，然后还纳左子宫角，同时向外导出右子宫角并取出卵巢，以同样方法摘除卵巢。

卵巢摘除后，一般施行皮肤、肌肉、腹膜的全层结节缝合。对大母猪应连续缝合腹膜，再结节缝合肌肉和皮肤。缝合时，应注意不要伤及肠管，同时腹膜缝合必须紧密，以防肠管脱出于皮下而发生粘连、嵌闭或坏死等继发症。

(二)犬猫卵巢子宫摘除术

1. 麻醉与保定

速眠新全身麻醉，仰卧保定。

2. 手术方法

术部在脐后腹中线。

(1)常规消毒术部，从脐后沿腹中线切开腹壁 5～10 cm(依动物个体大小而定)。打开腹腔后将肠管推向前方，若膀胱积尿时可压迫使其排空。

(2)术者手伸入骨盆腔入口找到子宫体，沿子宫体向前找到两侧子宫角牵引至创口，再顺子宫角提起输卵管和卵巢。卵巢由卵巢悬韧带和卵巢系膜将其悬吊在腹腔的腰部，钝性分离卵巢悬韧带，将卵巢提至腹壁切口处。

(3)在卵巢动、静脉的后方卵巢系膜上开一小孔，用3把止血钳穿过小孔夹住卵巢血管及其周围组织，其中1把靠近卵巢，另2把远离卵巢，在卵巢远端止血钳外侧0.2 cm处用缝线作一结扎除去远端止血钳，然后在余下2把止血钳之间剪断卵巢系膜和血管，观察断端有无出血，若无出血，取下中间止血钳。再观察断端，若有出血，可在断端处再行结扎止血，卵巢近端止血钳仍保留。

(4)从游离的卵巢开始钝性分离卵巢系膜，并沿子宫角向后分离子宫阔韧带，分离至子宫阔韧带中部时有一索状物，即子宫圆韧带，应将其撕断，继续分离至子宫角交叉处。注意不要损伤子宫动、静脉。如阔韧带上有大的血管应作集束结扎。

(5)将两侧游离的卵巢和子宫角引出切口外，暴露子宫体和子宫颈。结扎子宫颈后方两侧的子宫动、静脉，并切断(图6-47)。用三钳法钳夹子宫体(图6-48)。先在远端止血钳与子宫颈之间子宫体上做一贯穿结扎，然后在中间和近端止血钳间切断子宫体，这样子宫连同卵巢一并除去。松开中间止血钳，若无出血，将子宫体断端送回原位。如果是年幼的犬、猫，则不必单独结扎子宫血管，可采用三钳法把子宫体与子宫血管一同结扎。

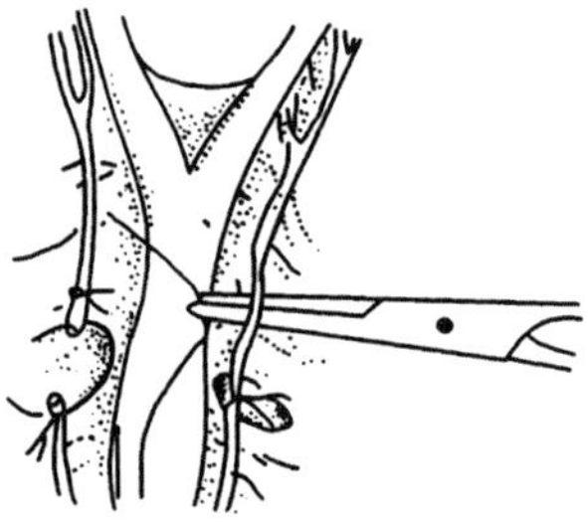

图6-47 贯穿结扎子宫血管

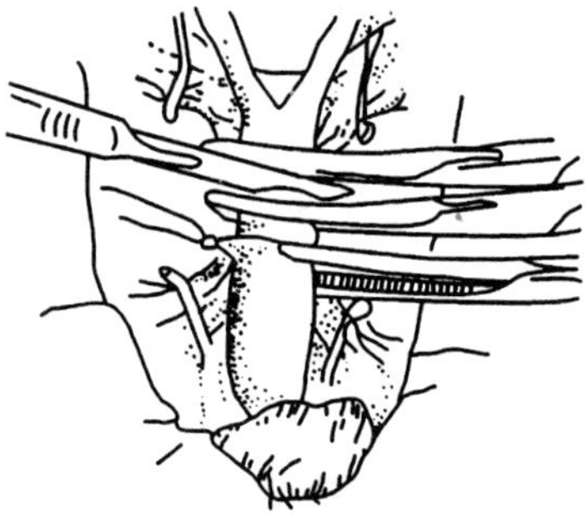

图6-48 三钳钳夹法切断子宫

(6)清创后，按常规闭合腹壁切口。犬、猫有舔咬习惯，在缝合皮肤时，先做皮肤内缝合，再做皮肤结节缝合。

3. 术后护理

术后保持犬、猫舍清洁、干燥，防止犬、猫舔咬创口。全身应用抗生素3～5 d，给予易消化食物。1周内限制剧烈运动。

▶技术提示

1. 去势后的并发症及其处置

(1)术后出血　往往由于对精索断端及阴囊壁血管止血不确实或结扎线脱落等引起。当阴囊壁的血管出血时，血液从阴囊壁创口的皮肤边缘滴状流出，一般可不予治疗，不久则自然止血。

当精索内动脉出血时，则有大量血液从阴囊创口呈细线状流出。对于较轻的术后出血，可注射止血药或于阴囊内滴入0.1%肾上腺素，或填塞消毒纱布压迫止血。对于严重的术后出血，则应迅速将动物保定好，用消毒的止血钳伸入阴囊内，直至腹股沟管内找出精索断端拉出，用丝线进行结扎。出血过多时，除用上述方法外，应进行补液。

(2)腹腔内容物和精索断端脱出　阉割后并发总鞘膜或精索断端的脱出，可应用结扎切除的方法去除。对于网膜或肠管脱出，必须慎重处理。一旦发生肠管脱出时，应进行急救手术，先用生理盐水或0.1%雷夫奴尔溶液冲洗，然后还纳腹腔，当肠嵌闭甚至坏死时，则按嵌闭性疝处理或进行肠管部分截除术，闭锁腹股沟外环。连用抗生素3～5 d。

(3)阴囊及包皮炎性水肿　去势后由于炎性渗出液浸润到阴囊壁和包皮，有时扩散到下腹壁的皮下而至水肿。局部肿胀严重、体温升高者，可用消毒过的手指划开去势创口，排净阴囊内积存的凝血块和渗出液，并配合抗生素治疗。

当包皮和阴囊部分肿胀严重而消散缓慢且无明显的全身症状者，可行局部乱刺后涂碘酊，并适当地加强牵溜运动以改善局部的血液循环和淋巴循环。

(4)厌气性蜂窝织炎　厌气性蜂窝织炎是去势后创口感染厌气菌所引起。临床表现为阴囊部剧烈肿胀，有时波及包皮、下腹部。初期肿胀部有明显的热痛反应，但随着浸润物的增多，热痛反应逐渐消失，自切口内排出血样稀薄的渗出液。病畜精神沉郁，体温升高，在公绵羊局部组织浸润常混有气体蓄积，且主要局限在阴囊组织中，常于发病后2～3 d内死亡。

治疗时，首先应将创口及阴囊侧壁做深而广阔的切开，并切除精索断端。用氧化剂洗涤创口，并用纱布条引流。配合应用强心剂、利尿剂、抗生素疗法、磺胺疗法等进行治疗。

2. 小挑花注意事项

(1)保定要确实，小挑花时必须前侧、后仰、体肢平展。

(2)切口要正确，如靠前则肠管容易脱出，靠后时膀胱圆韧带容易脱出。

(3)应空腹摘除，饱腹时肠管后移，子宫角被压不易脱出，而肠管则易从切口脱出。

(4)在用刀尖切开及用刀柄端钩取子宫角时，切勿抵触底壁，以免损伤后腔静脉，造成大出血而死亡。

(5)在向外牵拉子宫角时，不可用力过猛，因小猪子宫角细嫩，极易拉断。摘除前要检查是否连带卵巢，千万不可将卵巢遗留在腹腔内。

二维码6-3　阴囊与睾丸解剖特点

二维码6-4　卵巢与子宫解剖特点

二维码6-5　公马、公牛及公羊的去势术

技能二　食管切开术

技能描述

对发生食管梗塞的动物，当采取一般疗法无效时，则采用食管切开术，另外也适用于食管憩室及食管创伤。犬多因采食肉团、碎骨、塑料等引起食管完全或不完全梗塞，以及误食鱼刺、鱼钩等异物引起的食管损伤，需手术治疗。

技能情境

门诊外科手术室或动物外科手术实训室；患病动物；常规手术器械(手术刀、手术剪、止血钳、持针钳、缝针、缝线等)；药品(麻醉药品、抗生素等)；手术台或保定柱栏及相应的辅料等。

技能实施

1. 保定

牛、马多采用右侧卧保定，也可站立保定，但要确实固定好头部。中小动物采用右侧卧或仰卧保定。

2. 麻醉

局部浸润麻醉或全身麻醉。

3. 切口部位

颈部食管分为上切口与下切口(图 6-49)。上切口是沿颈静脉沟的上缘和臂头肌之间的切口，用于皮肤切口预备加以缝合的患畜。下切口是在颈静脉的下方沿胸头肌上缘的切口，用于食管严重损伤预备作开放疗法确保创液顺利排出的患畜。

4. 手术方法

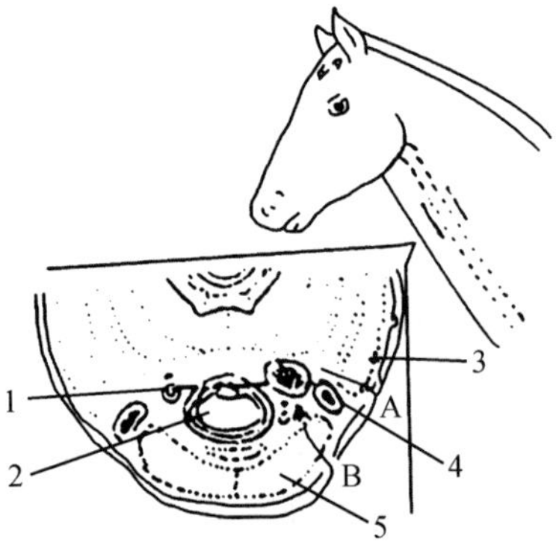

图 6-49 上切口通路与下切口通路的切口定位

A. 上切口通路 B. 下切口通路
1. 食管 2. 气管 3. 臂头肌
4. 颈静脉 5. 胸头肌

不论是上切口或下切口均须沿颈静脉纵向切开皮肤 12～15 cm，犬则切开 4～5 cm，钝性分离颈静脉和臂头肌(上切口)或颈静脉和胸头肌(下切口)之间的筋膜，在不损伤颈静脉周围结缔组织腱鞘的情况下，用剪刀剪开纤维性腱鞘。以后根据施术部位，在颈上 1/3 处和中 1/3 处，钝性分离肩胛舌骨肌并剪开深筋膜；在颈下 1/3 处，剪开肩胛舌骨肌筋膜及深筋膜，根据梗塞物很容易找到病变食管段，如无梗塞物时，可根据解剖位置寻找呈淡红色、柔软、扁平、表面光滑的食管。显露病变食管段后，小心将食管拉出，注意不得破坏周围结缔组织，并用灭菌纱布隔离食管，一次切开食管壁的全层(其长度以能顺利取出梗塞物为度)，谨慎地取出异物。食管切口经冲洗之后，用单纯连续缝合法缝合食管黏膜层。在确认黏膜层缝合严密后，用青霉素生理盐水清洗，用内翻缝合法缝合食管肌层和外膜而闭合食管。皮下肌肉及皮肤可根据情况进行全缝合或部分缝合。只有食管壁有坏死倾向时，才施行开放疗法，皮肤及皮下肌肉做部分缝合。

5. 术后处理

术后禁食 1～2 d 以后给予柔软饲料和流体食物。可静脉注射葡萄糖生理盐水，半个月内不可使用胃导管，皮肤缝合于术后 10～14 d 拆线。

技术提示

1. 手术部位的确定

牛的食管梗塞多见于吞食块根饲料，发生部位多在颈上 1/3 食管的起始部位。牛的异物刺伤食管也多发生于此处。马的食道梗塞多发生在胸腔的入口处。犬的食道梗塞多在咽下食管起始部，或在贲门前的食管部。

临床上常根据触诊或用胃导管探诊来判定梗塞位置而确定手术部位。牛或犬食管梗塞若发生在胸部食道靠近贲门处时，可做瘤胃或胃切开手术，然后用手或钝头钳将贲门处异物取出。

2. 手术中注意事项

为了使手术创能顺利愈合，术中应尽量不使食管周围组织发生分离，手术切口与颈静脉相离很近，应避免伤及，食管缝合必须严密，以免唾液或食物残渣进入组织间隙引起感染化脓，甚至形成久不愈合的瘘管。

在进行反刍动物食管切开之前，术中或术后可进行瘤胃穿刺，以避免瘤胃发生臌气。

知识链接

食管可分为颈部食管、胸部食管和腹部食管。颈部食管起始于咽头的食管口，直达胸腔入口之前。这部分食管位于颈椎和气管之间，其经路开始沿气管的背面向后行走，约在第 4 颈椎的水平位处以后，逐渐偏于气管的左侧，从第 6 颈椎至胸腔入口之前，则完全位于气管左侧。食管壁分为外膜、肌层、黏膜下层和黏膜 4 层。

二维码 6-6
气管切开术

技能三　犬声带切除术

技能描述

通过手术彻底或部分消除犬的吠叫，以免影响主人及其周围住户的休息。也是治疗声带肿瘤的重要措施。

技能情境

门诊外科手术室或外科手术实训室；犬；常规手术器械（手术刀、手术剪、止血钳、持针钳、缝针、缝线等）；开口器；长柄止血钳；长柄弯圆头手术剪；压舌板及小型高频电刀；手术台；麻醉及消毒药品等。

技能实施

1. 麻醉及保定

速眠新全身麻醉。经口腔喉室声带切除术时俯卧保定，将其颈部伸长；对经腹侧喉室切除声带仰卧保定，头颈伸展，保持前低后高体位。

2. 手术方法

(1)经口腔喉室声带切除术　装上开口器充分打开口腔,用压舌板压住舌根和会厌软骨的尖端,暴露喉的入口,“V”字形声带位于喉口里面的喉腹侧基部,用长柄止血钳钳夹声带黏膜,注意不要损伤声带背侧的喉动脉分支,边向外牵引边用长柄手术剪将声带黏膜全部剪除(包括声带肌)。但应避免切除声带腹侧的联合部,以免引起肉芽组织增生,造成声门狭窄。用同样方法剪除另一侧声带。对手术中出血,可用浸有0.1%肾上腺素液的棉球压迫止血,或用电灼止血、钳夹止血。为防止血液吸入气管,应装置气管插管,放低头部,若有血液流入气管内,应及时吸出(图6-50)。

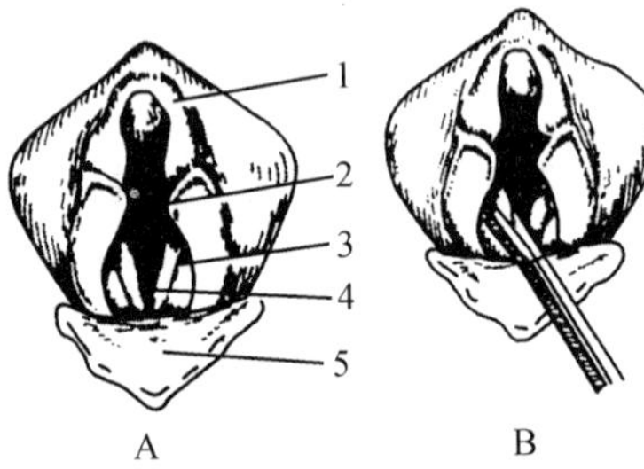

图6-50　经口声带切除术

A. 从口腔观察声门　1. 小角状突　2. 楔状突　3. 勺状会厌壁　4. 声带　5. 会厌软骨
B. 手术钳剪除右侧声带　C. 声带的腹侧不切除　D. 两侧声带均切除,但仍保留其腹侧

(2)腹侧喉室声带切除术　以甲状软骨突起为切口中心,准确地在喉腹中线上切开皮肤,分离胸骨舌骨肌,暴露环甲软骨韧带、喉甲状软骨,沿环甲软骨韧带中线纵行切开,并向前切开1/2甲状软骨。用小的有齿创钩拉开创缘,暴露喉室和声带。左手用组织钳夹(镊)持声带基部并向外牵引,右手持弯手术剪或高频电刀将其完整地切除(图6-51)。若切除不

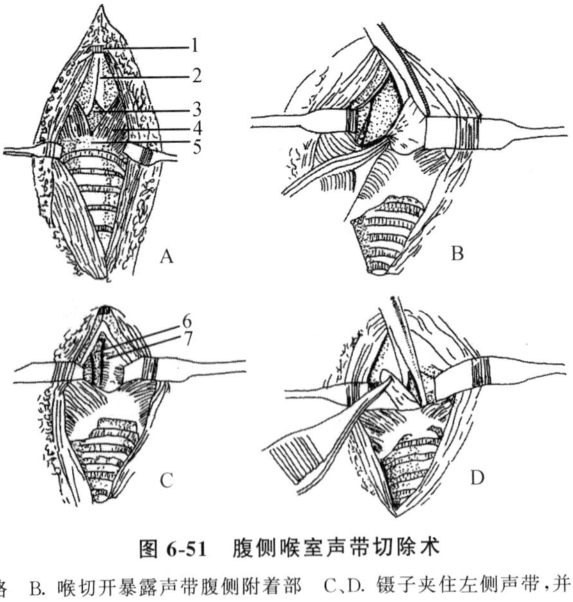

图6-51　腹侧喉室声带切除术

A. 喉腹侧手术径路　B. 喉切开暴露声带腹侧附着部　C、D. 镊子夹住左侧声带,并向外牵引,便于剪除
1. 舌骨静脉弓　2. 甲状软骨　3. 环甲韧带　4. 环甲状肌　5. 环状软骨　6. 喉腔　7. 左侧声带

彻底，犬会出现低沉、沙哑的叫声。用同样方法切除另一侧声带。采取电灼、钳夹或压迫止血后，清除血液，结节缝合甲状软骨和环甲软骨韧带。注意所有缝线不要穿过喉黏膜，且缝合时创缘要对合良好、紧密。最后缝合胸骨舌骨肌、皮下组织和皮肤。颈部包扎绷带。

▶技术提示

术后保持低头体位，以利于唾液、血液自口腔排出；保持环境安静，减少外界刺激而引起犬鸣叫，以利创口愈合。也可向喉室内喷入 2%丁卡因溶液，以免咳嗽影响创口愈合，术后应使用抗生素 3～5 d 以防感染。

▶知识链接

声带由声带韧带和声带肌组成，两侧声带之间称声门裂。声带上端起于勺状软骨的最下部(声带突/楔状突)，下端止于甲状软骨腹内侧面中部，并在此与对侧声带相遇。喉室黏膜有黏液腺，分泌的黏液润滑声带。

技能四　胃 切 开 术

▶技能描述

胃切开术常用于胃内异物的取出，胃内肿瘤的切除，急性胃扩张——扭转的整复、胃减压或坏死胃壁的切除，慢性胃炎或食物过敏时胃壁活组织检查等。

▶技能情境

动物医院手术室或外科手术实训室；犬；保定用具；手术台；常规手术器械；纱布块；创巾；麻醉药；酒精棉及碘伏等。

▶技能实施

1. 麻醉与保定

仰卧保定。全身麻醉，气管内插入气管导管，以保证呼吸道通畅，减少呼吸道死腔和防止胃内容物逆流误咽。

2. 手术部位选择与处理

脐前腹中线切口。从剑突末端到脐之间作切口，但不可自剑突旁侧切开。犬的膈肌在剑突旁切开时，极易同时开放两侧胸腔，造成气胸而引起致命危险。切口长度因动物体型、年龄大小及动物品种、疾病性质而不同。幼犬、小型犬和猫的切口，可选择在剑突到耻骨前缘之间；胃扭转的腹壁切口及胸廓深的犬腹壁切口均可延长到脐后 4～5 cm 处。

对术部进行除毛、消毒及隔离等常规处理。

3. 手术方法

(1)常规切开腹壁　沿腹中线切开皮肤、肌膜及腹直肌，皱襞切开腹膜，显露腹腔，切除镰状韧带，并进行腹腔探查。

(2)显露胃　将胃从腹腔轻轻拉出，在胃的周围用数块温生理盐水纱布垫填塞在胃和腹壁切口之间，以抬高胃壁并将胃壁与腹腔内其他脏器隔开，以减少胃切开对腹腔和腹壁切口的污染。胃的切口位于胃腹面的胃体部，在胃大弯和胃小弯之间的无血管区内，采用纵向切口。在胃的胃大弯与胃小弯之间的预定切开线两端，用艾利斯钳夹持胃壁的浆膜肌层，或用丝线在预定切开线的两端，通过浆膜肌层缝合 2 根牵引线。用艾利斯钳或两牵引线向后牵引胃壁，使胃壁显露在腹壁切口之外。

(3)切开胃　先用手术刀在胃壁上向胃腔内戳一小口，退出手术刀，改用手术剪通过胃壁小切口扩大胃的切口。胃壁切口长度视需要而定。对胃腔各部检查时的切口长度要足够大。胃壁切开后，清除胃内容物并进行胃腔检查，应包括胃体部、胃底部、幽门、幽门窦及贲门部。检查有无异物、肿瘤、溃疡、炎症及胃壁是否坏死。若胃壁发生了坏死，应将坏死的胃壁切除。

(4)缝合胃壁切口　犬胃壁切口的缝合，第 1 层用 6-0～5-0 号的铬制肠线或 4-0～3-0 号丝线进行康乃尔氏缝合，清除胃壁切口缘的血凝块及污物后，用 4-0～3-0 号丝线进行第 2 层的连续伦伯特氏缝合(图 6-52)。用温生理盐水冲洗胃壁切及腹壁创口。

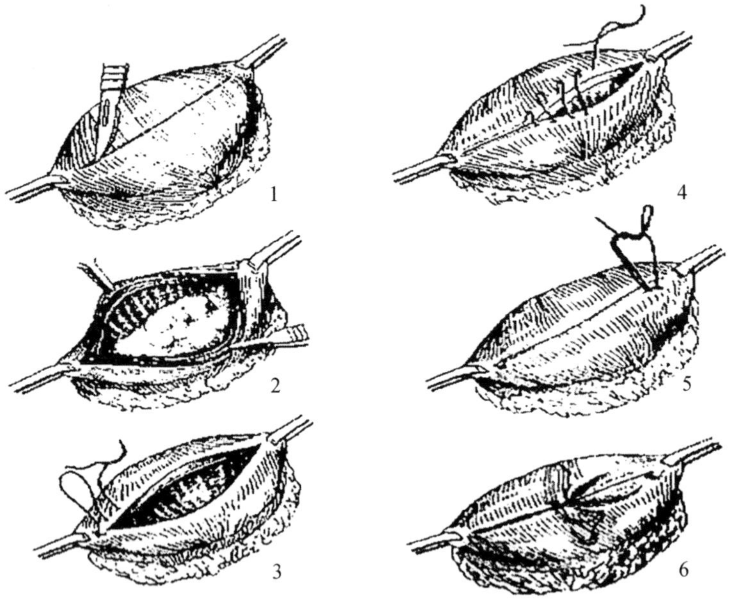

图 6-52　胃的切开术与缝合

1. 用艾利斯钳夹持预定切开线两端　2. 切开胃壁显露胃腔　3. 康乃尔氏缝合开始
4. 第 1 层康乃尔氏缝合开始　5. 第 1 层康乃尔氏缝合结束　6. 伦伯特氏缝合第 2 层

(5)胃还纳腹腔　拆除胃壁上的牵引线或除去艾利斯钳，清理除去隔离的纱布垫后，用温生理盐水对胃壁进行冲洗。若术中胃内容物污染了腹腔，用温生理盐水对腹腔进行灌洗，然后转入无菌手术操作。

(6)闭合腹壁切口　分层缝合腹膜、腹直肌及皮肤，注意止血，安装结系绷带并装腹绷带。

4. 术后护理

术后禁食 48 h，静脉补液。禁食 48 h 后可给予肉汁等流质食物，术后 3 d 可以给予软的易消化的食物，应少量多次喂给。术后 5 d 内每天定时给予抗生素，注意调整水及电解质平衡。

技能拓展

反刍动物瘤胃切开术

当反刍动物发生严重的瘤胃积食经保守疗法无效时；当误食有毒饲料、饲草，且在瘤胃内停留者，需立即手术取出毒物并进行胃冲洗；或创伤性网胃炎、创伤性心包炎、网胃内有塑料布、塑料管等异物时，需要通过瘤胃切开取出异物；或瓣胃梗塞或皱胃积食时，需要通过瘤胃切开及对瓣胃或皱胃进行冲洗治疗；或胸部食管梗塞且梗塞物接近贲门者，可经瘤胃切开取出食管内梗塞物。

二维码 6-7
皱胃切开术

1. 术部确定

可根据手术目的和病情，在左肷部 3 个切口部位选择。羊可参考牛的手术定位。

(1)牛左肷部中切口　在左肷部，由髋结节向最后肋骨下端引直线，自此直线中点下 5 cm 左右处向下垂直切开 20～25 cm。此切口适用于以检查左侧腹腔器官为主的腹腔探查术、瘤胃切开术，也适用于网胃探查、瓣胃冲洗等手术。

(2)牛左肷部前切口　在左肷部，距最后肋骨 5 cm，自腰椎横突下方 8～10 cm 处起，向下平行于肋骨切开长 20～25 cm。此切口适用于体形较大病牛的网胃内探查及瓣胃冲洗术。

(3)牛左肷部后切口　在第 4 或第 5 腰椎横突下 5～6 cm 处，垂直向下作 20～25 cm 的切口。此切口作为瘤胃积食手术，且兼作右侧腹腔探查术。

2. 保定

牛多取二柱栏站立保定，也可右侧卧保定；羊则取右侧卧保定。

3. 术部常规处理与麻醉

术部除毛、消毒和隔离。站立保定下施术采用腰旁神经干传导麻醉及局部浸润麻醉，必要时配合镇静剂。侧卧保定时可行全身浅麻醉，配合局部浸润麻醉。

4. 切开腹壁

(1)切开皮肤显露腹外斜肌　术部常规处理后，在预定切口部位作 20～25 cm 长的切口。切开皮肤、皮肌、皮下结缔组织及筋膜，用扩创钩扩大创口，充分显露腹外斜肌。

(2)分离腹外斜肌显露腹内斜肌　按肌纤维的方向在腹外斜肌及其腱膜上做一小切口，用钝性分离法将腹外斜肌切口分离至一定长度，如有横过切口的血管，进行双重结扎后切断，充分显露腹内斜肌(图 6-53)。

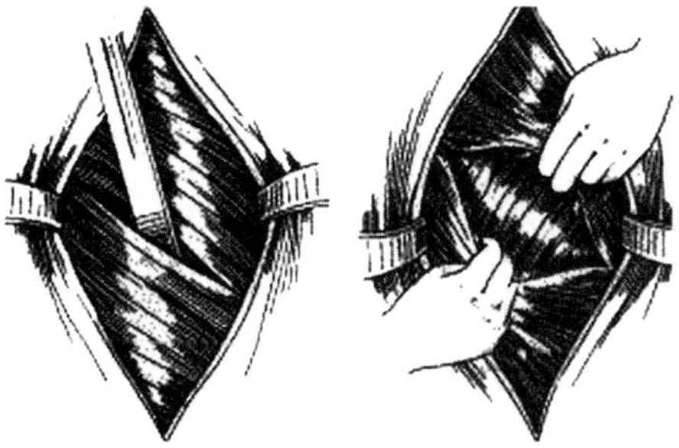

图 6-53　钝性分离腹外斜肌

(3)分离腹内斜肌显露腹横肌　用同样方法按肌纤维方向分离腹内斜肌切口,并扩大腹内斜肌切口,充分显露腹横肌。各层肌肉及其腱膜的切口大小应与皮肤切口大小一致,避免术野越来越小。

(4)显露腹膜　腹壁肌肉分离开后,充分止血,清洁创面,用腹壁拉钩由助手扩开腹壁肌肉切口,充分显露腹膜。

(5)切开腹膜　由术者及助手用镊子于切口两侧的一端共同提起腹膜,用皱襞切开法在腹膜上做一小的切口,插入有沟探针或由此切口伸入食、中二指,由二指缝中剪开腹膜(图 6-54)。腹膜切口应略小于皮肤切口。然后用大块灭菌纱布浸生理盐水,衬垫腹壁切口的创缘,进行术野隔离。

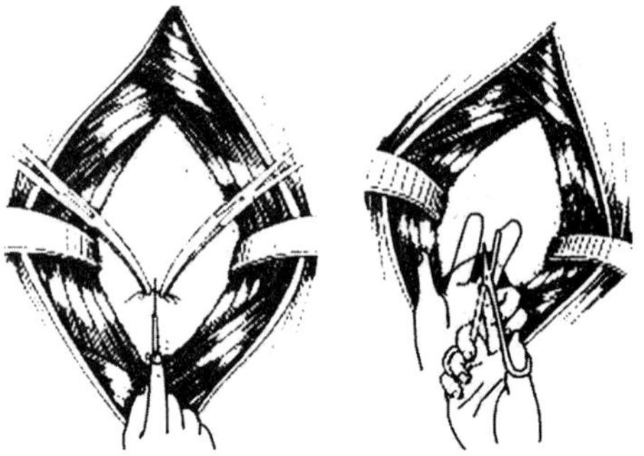

图 6-54　剪开腹膜

5. 腹腔探查

腹壁切开以后,术者左手伸入腹腔内进行探查,健康牛瘤胃浆膜光滑,触诊瘤胃内容物上 1/3 多为气体,中 1/3 为草团,下 1/3 为液体。手自瘤胃背囊探查,斜向前下方为脾脏的位置,其紧贴于瘤网胃壁上。瘤胃前背盲囊的前下方,可摸到紧贴膈肌的网胃,并可感到心搏动。

网胃前壁浆膜光滑,注意与横膈膜有无粘连或异物。

术者右手自瘤胃后背盲囊后方,经过直肠下方,进入右侧腹腔。在大网膜浅层和右侧腹膜之间探查,可摸到十二指肠髂弯曲、乙状弯曲、瓣胃后部及皱胃大部分。于网膜上隐窝间口进入网膜上隐窝,可探查盲肠、结肠袢上部和空回肠袢的腹缘与后缘。

6. 瘤胃固定与隔离

瘤胃固定与隔离方法介绍下面 3 种。

(1)瘤胃浆膜肌层与切口皮缘连续缝合固定法　显露瘤胃后,用三棱缝针作瘤胃浆膜肌层与腹壁切口皮缘之间的环绕 1 周连续缝合,针距为 1.5～2 cm。胃壁显露宽度 8～10 cm。缝毕检查切口下角是否严密,必要时应作补充缝合并加纱布垫(图 6-55)。

(2)瘤胃 6 针固定和舌钳夹持外翻法　显露瘤胃后,在切口上下角与周缘,做 6 针钮孔状缝合,将胃壁固定在皮肤或肌肉上,打结前应在瘤胃与腹腔之间填入浸有青霉素普鲁卡因溶液的纱布。纱布一端在腹腔内,另一端置于腹壁切口外(图 6-56)。

(3)瘤胃四角吊线固定法　将胃壁欲作切口部分,牵引至腹壁切口外,在胃壁与腹壁切口间,填塞大块灭菌纱布,并保证大纱布牢固地固定局部。在瘤胃壁预定切口的左上角与右上角、左下角与右下角依次用缝线穿入胃壁浆膜肌层,做成预置缝线。每预置缝线相距 5～8 cm。切开胃壁,由助手牵引预置线使胃壁膜紧贴术部皮肤,并使其缝合固定于皮肤上(图 6-57)。此法操作简单,适用于不取出瘤胃内容物的网胃内探查与异物取出。

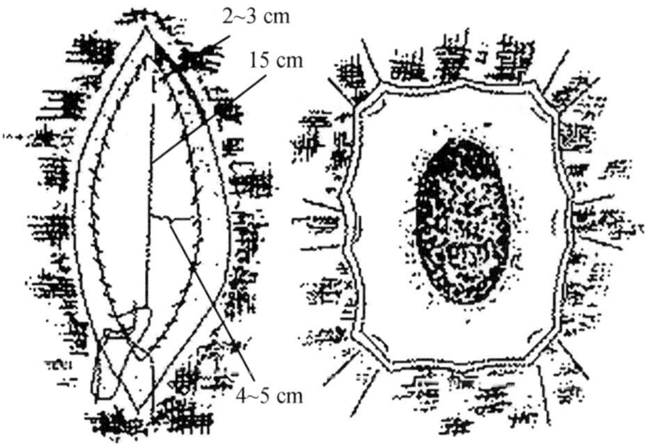

图 6-55　瘤胃切开术

1. 瘤胃壁浆肌层与皮肤连续缝合 1 周，以固定胃壁

2. 胃壁切缘两侧各做 3 个钮孔状缝合，牵引线使胃壁黏膜外翻

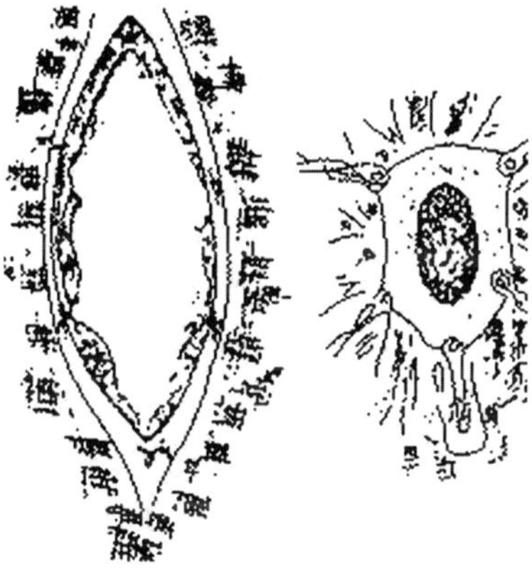

图 6-56　瘤胃壁 6 针固定和舌钳夹持瘤胃壁切缘使之外翻

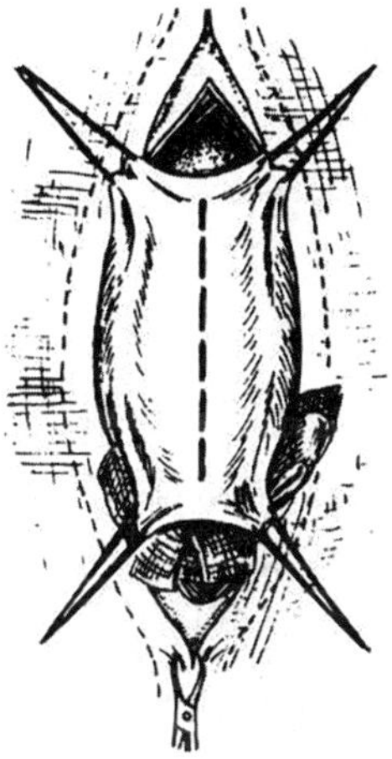

图 6-57　瘤胃四角吊线固定法

7. 切开瘤胃

此阶段为污染手术。用浸有青霉素普鲁卡因溶液的纱布隔离创围，在切开线上方用刀将胃壁先切一小口，慢慢地放出气体，然后由上向下扩大创口切开 15～20 cm，胃壁切口上下角距胃壁缝合固定点为 2 cm。胃壁切缘两侧各做 3 个钮孔缝合，以牵引外翻胃壁黏膜。外翻的胃壁浆膜与皮肤间仔细地填塞纱布垫。钮孔状缝合线端用巾钳固定在皮肤或隔离巾上，或用巾钳把舌钳柄夹住，固定在皮肤和创布上，以便胃内容物流到地面。胃壁黏膜外翻是防止胃内容物污染胃壁浆膜与减少手臂频繁进出对胃壁切口的机械性刺激。

8. 放置洞巾

在胃壁切口内，放入橡胶洞巾。橡胶洞巾系由 70 cm 正方形的防水材料制成（橡胶布、油布、塑料布等），洞孔直径为 15 cm，洞孔弹性环是用弹性胶管或弹性钢丝缝于防水洞巾孔边缘制成的(图 6-58)。应用时将洞巾弹性环压成椭圆形,把环的一端塞入胃壁切口下缘,另一端塞入胃壁切口的上缘。将洞巾四周拉紧展平,并用巾钳固定在隔离巾上,以便掏取瘤胃内容物和进行网胃探查。

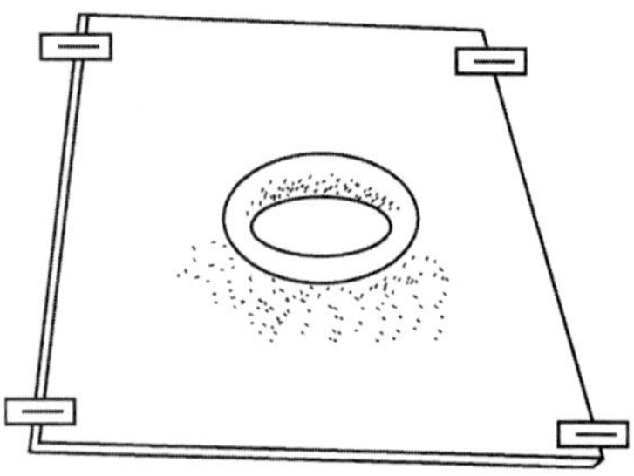
图 6-58 带有弹性环的橡胶洞巾

9. 胃腔内探查与病变的处置

将瘤胃、网胃内过多的液体,经胶管虹吸至体外,胃内液体水平面保持在瘤胃的下 1/3 处即可。向胃内填入 1.5～2.5 kg 青干草或健康牛的瘤胃内容物,以刺激胃壁恢复收缩能力,促进反刍。

(1)对瘤胃疾病的处理 对于粗纤维引起的瘤胃积食,可取出胃内容物总量的 1/2～2/3。对泡沫性臌气,取出胃内部分内容物后,用等渗温生理盐水灌入瘤胃,冲洗胃腔,清除发酵的胃内容物。对饲料中毒的病畜,将有毒物取出,剩余部分用大量等渗温盐水冲洗,并放置相应解毒药。

(2)网胃内探查与处理 术者用手自瘤胃前背盲囊向前下方,经瘤网胃孔进入网胃。首先检查网胃前壁和胃底部每个多角形黏膜隆起褶——网胃小房,有无异物刺入(如针、钉、铁丝等),胃壁有无硬结和脓肿。已刺入网胃壁上或游离网胃底部的异物要全部取出。

(3)瓣胃梗塞的探查与处理 瓣胃梗塞的病牛,于瘤胃腔前肌柱下部,隔瘤胃壁触摸瓣胃体积较正常增大 2～3 倍,坚实、指压无痕,网瓣胃孔常呈开张状态,孔内与瓣胃沟中充满干涸胃内容物,瓣胃叶间嵌入大量干燥如豆饼样物质。

瓣胃冲洗前,先将瘤胃基本取空,然后左手进入网瓣胃孔,取出干涸胃内容物。将双列弹性环的橡胶排水袖筒洞巾放入瘤胃腔内,再插入胶管,并用漏斗灌注大量温盐水,泡软瓣胃沟内干涸内容物,一面灌水一面用手指松动瓣胃沟及瓣胃叶间的内容物。泡软冲碎的内容物、随水反流至网胃和瘤胃腔内。在瓣胃叶间干涸的内容物未全部泡软冲散前,一定不要将瓣皱胃孔阻塞部冲开,以免灌注水大量涌入皱胃并进入肠腔造成不良后果。由于其解剖特点,瓣胃左上方叶间干涸的内容物最难泡软冲散,手指的松解动作也难以触及该部。应将手退回瘤胃腔内,在前肌柱下部隔着瘤胃壁按压瓣胃的左上角,促使瓣胃叶间干涸物松散脱落。

这样反复地灌注温盐水及手指松动干涸胃内容物和隔胃按压相结合的方法,可将瓣胃内容物全部冲散除尽。大量冲洗瓣胃反流到瘤胃的液体,不断地经瘤胃切口排出,冲洗用水量为 250～400 kg。

用手指松动瓣胃叶间干涸内容物时,切勿损伤叶片,以免造成叶片血肿或出血,影响手术效果。

(4)皱胃积食的胃冲洗法 皱胃积食常继发瓣胃阻塞,因此皱胃冲洗的步骤应先冲洗瓣胃。当瓣胃沟和大部分瓣胃叶间干涸内容物已松软冲散后,手持胶管进入瓣皱胃口内冲洗皱胃干硬胃内容物。皱胃前半部干硬物,经边灌注边用手指松动的方法冲开,随水反流至瘤网胃腔内,并自瘤胃切口排出,反流冲洗液呈现胃酸味。皱胃后半部干硬物,手难以直接触及松动,主要依靠温盐水浸泡冲洗与体外撬杠按摩的方法松动解除。也可在瘤胃腹囊处,隔瘤胃壁对皱胃进行按摩。皱胃内干涸胃内容物比瓣胃内容物较易泡软冲散。在皱胃幽门部阻塞物冲开前，一定要确定瓣胃与皱胃的干涸阻塞物已基本冲散除尽，方可将皱胃幽门冲开，至此皱胃积食的胃冲洗术即告结束。

10. 清理瘤胃创口与胃壁的缝合

病区处理结束后，除去橡胶洞巾，用温生理盐水冲净附着在胃壁上的胃内容物和凝血块。拆除钮孔状缝合线，在胃壁创口进行自下而上的连续全层缝合，缝合要求平整、严密，并防止黏膜外翻。

用温生理盐水再次冲净胃壁浆膜上凝血块，并用浸有青霉素盐酸普鲁卡因溶液的纱布覆盖创缘上，拆除瘤胃固定线，清理局部。

此后，由污染手术进入无菌手术。手术人员重新洗手消毒，污染器械不许再用。清理纱布后，对瘤胃浆肌层进行连续伦伯特氏或库兴氏缝合，局部涂以抗生素软膏，将瘤胃送回腹腔。

11. 闭合腹壁创口

除去术野隔离纱布，清点器械物品。在压肠板引导下螺旋缝合法缝合腹膜。缝至最后几针时，通过切口向腹腔注入青、链霉素生理盐水溶液（500 IU/mL）。缝完后用含青霉素的生理盐水冲洗肌肉切口，结节缝合法分别缝合腹横肌、腹内斜肌、腹外斜肌及皮肌。用 1～3 号缝线结节皮肤（图 6-59）。冲洗擦净后涂碘酊，装置结系绷带。

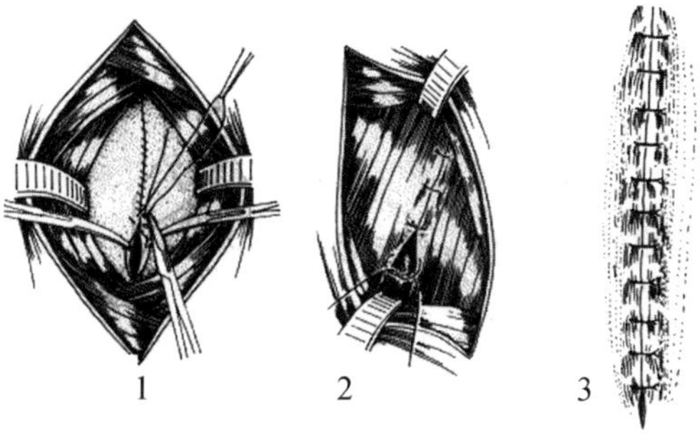

图 6-59　闭合腹壁创口

1. 缝合腹膜　2. 缝合肌层　3. 缝合皮肤

12. 术后护理

手术当日禁止饲喂，给予清洁饮水，从第二天起给少量的柔软饲料，以后每日递增，一般术后 7 d 可恢复正常饲养。倘若体质较弱，同时在手术过程中有污染可能，在术后 3 d 内连续使用抗生素。并考虑应用 0.25%盐酸普鲁卡因溶液 100～200 mL，青霉素 100 万～200 万 IU 作腹壁封闭注射，1 次/d。此外，还应进行适当补液。根据患畜身体情况逐渐让其进行适当运动。术后经过良好，8～10 d 后可拆除皮肤缝线。

技术提示

（1）胃切开术时，若是动物站立保定，应该妥善进行保定，防止术中卧地；侧卧保定时，应防止手术时间过长导致胃臌气。

（2）腹壁切开时，分离肌肉应按照肌纤维方向进行分离，避免造成创囊；按层切开，避开大血管和神经。

（3）胃切开术时，应杜绝胃内容物及冲洗液体渗入腹腔。切开胃壁从上而下，而缝合胃壁时应从下到上，胃壁的两道缝合应注意缝合严密。

（4）胃切开手术过程有污染术和无菌术两个过程，由无菌手术进入污染手术时，污染的手术器械要放置在污染区域；由污染手术进入无菌手术时，手术人员重新消毒，将污染的器械更换成无菌器械，才能开始操作。

(5)在患畜恢复期间，应注意动物水、电解质代谢是否发生了紊乱及酸碱平衡是否发生了失调，必要时应予以纠正。

(6)手术后还应密切观察胃的解剖复位情况，特别在胃扩张——扭转的病犬，经胃切开减压整复后，注意犬的症状变化，一旦发现胃扩张——扭转复发，应立即进行救治。

技能五　肠侧壁切开与肠部分切除术

技能描述

肠腔内容物的正常运行发生障碍或有异物存在，可将阻塞部肠管进行侧壁切，去除异物或阻塞物，使肠管运行通畅。而当部分肠管发生坏死，可通过手术将病变部分切除，将两健康端进行吻合，以恢复肠管机能。

技能情境

门诊外科手术室或外科手术实训室；患病动物；常规手术器械(手术刀、手术剪、止血钳、持针钳、缝针、缝线等)2 套；肠钳 4 把；药品(麻醉药、消毒药、抗生素等)；手术台或保定柱栏及相应手术辅料等。

技能实施

一、术前准备

积极采取减压、补液、强心、镇痛措施，以维护全身状况；投服新霉素或链霉素，制止肠道菌群紊乱，减少内毒素的生成。

二、麻醉与保定

大动物采取站立保定时行腰旁神经干传导麻醉，并配合局部的直线浸润麻醉；马侧卧保定或仰卧保定时，一般采用全身麻醉；小动物采用全身麻醉，侧卧保定或仰卧保定。

三、术部选择与常规处理

1. 切口的部位选择

(1)牛右肷部中切口　与左肷部正中相对应。此切口适用于以检查右侧腹腔器官为主的腹腔探查术及十二指肠第 2 段的手术。

(2)牛右肷部肋后斜切口　在右肷部、距最后肋骨 5～10 cm，自腰椎横突下方 15 cm 起平行于肋骨及肋弓向下切开长 20 cm。此切口适用于空肠、回肠及结肠的手术。

(3)牛右侧肋弓下斜切口　在右侧最后肋骨下端水平位处向下、距肋弓 5～15 cm 并平行于肋弓切开 20～25 cm。此切口适用于皱胃切开术。

(4)马左肷部切口　由髋结节到最后肋骨做一与背中线的平行线，由此线的中点下方

3～5 cm 处开始向下作 20～25 cm 长切口，这一切口部位可依手术目的不同，可以靠前、靠后或偏下方与肋平行，以利于手术的进一步实施。此切口适用于小结肠、小肠及左侧大结肠手术。

(5)马右肷部切口　右侧大结肠、胃状膨大部及盲肠手术时，在靠近右侧剑状软骨部，与肋弓平行，具体部位与左侧大结肠部位相对应。

(6)腹中线切开法　切口部位是在腹下正中白线上，脐的前部或后部，切口长度视需要而定。小动物胃切开以脐孔为后界，而剖腹产和膀胱切开术则从脐孔向后。公畜的脐后术部应避开阴茎和包皮，或将阴茎推向一侧进行。

(7)中线旁切开法　切口部位不受性别限制。在腹白线一侧 2～4 cm 处，做一与正中线平行的切口，切口长度视需要而定。

羊切口部位参考牛的进行选择，猪选择最靠近病变部位做切口，小动物多选择腹中线切口。

2. 术部常规处理

对动物术部进行除毛、消毒和隔离。

四、术式

(一)打开腹腔

根据不同动物的不同病情，打开腹腔的途径有侧腹壁切开法和下腹壁切开法 2 种。

(1)侧腹壁切开法　同牛瘤胃切开法切开腹壁，打开腹腔。

(2)下腹壁切开法　切开皮肤后，钝性分离皮下结缔组织及腹直肌鞘的外板；然后按肌纤维的方向钝性分离腹直肌切口，继则切开腹直肌鞘内板，并向两侧分离扩大创口，显露腹膜；按腹膜切开法切开腹膜，打开腹腔。

(二)腹腔探查

手进入腹腔后，应五指并拢，以手背推移肠管或网膜，手在内脏间隙中缓慢移行。探查时由近及远进行仔细触摸，在探查时，肠管和网膜经常窜入手指间隙。轻柔地摆动并拢的手指端，并使手掌呈拳握姿势，即可将网膜和肠管挤出，改变方向继续探查。如发现肠管硬结或臌气段，随即引出切口外进行处理。

(三)病变处理

1. 肠侧壁切开术

用生理盐水纱布垫保护隔离，两把肠钳夹闭闭结点两侧肠腔。术者用手术刀在闭结点对肠系膜侧做一纵行切口，切口长度以能顺利取出阻塞物为原则。助手自切口的两侧适当推挤阻塞物，使阻塞物由切口自动滑入器皿内。助手持肠钳固定肠管，用酒精棉球消毒切口缘，转入肠切口的缝合。

肠的缝合要用可吸收缝线进行全层连续内翻缝合，缝合完毕，用生理盐水冲洗后，再进行一次连续伦伯特氏缝合或库兴氏缝合。除去肠钳，检查有无渗漏后，用生理盐水冲洗肠管，涂以抗生素油膏，将肠管还纳回腹腔内。

2. 肠部分切除术

将病部肠管引至腹壁切口外，用温生理盐水纱布隔离术部，保护肠管。肠切除线须在距病变部位两侧 5～10 cm 的健康肠管上。切除线与肠管呈 45°，以保证吻合端供血良好，并可防止吻合口狭窄。

展开肠系膜，在预定切除的肠段两端，用肠钳在距切断部 2～5 cm 处的健康肠段固定，对相应肠系膜作“V”形或扇形预定切除线，在预定切除线两侧双重结扎分布在该肠段的肠系膜上的血管(图 6-60)，然后在结扎线之间将坏死肠管及肠系膜切除，并彻底冲洗肠管断端。

3. 肠吻合

(1)端端吻合　助手合拢 2 肠钳，使两肠断端对齐靠近。首先在两肠断端肠系膜侧距肠端缘 0.5～1 cm 处，用 3-0～2-0 号丝线将两肠壁浆膜肌层或全层做 25 cm 长的牵引线。在肠系膜对侧用同样方法另做一牵引线，紧紧固定两肠断端以便缝合(图 6-61)。

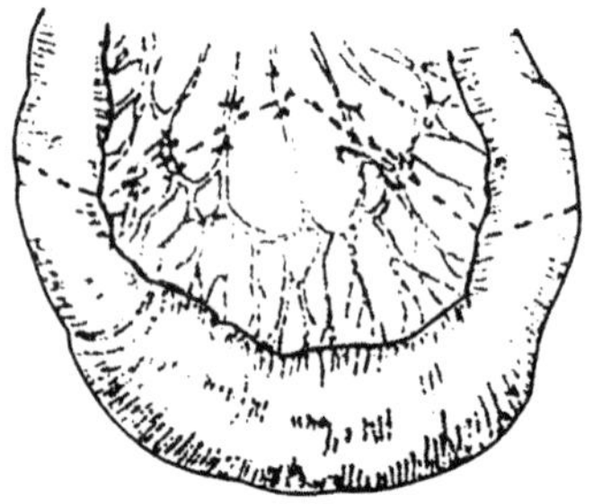

图 6-60　肠系膜血管双重结扎

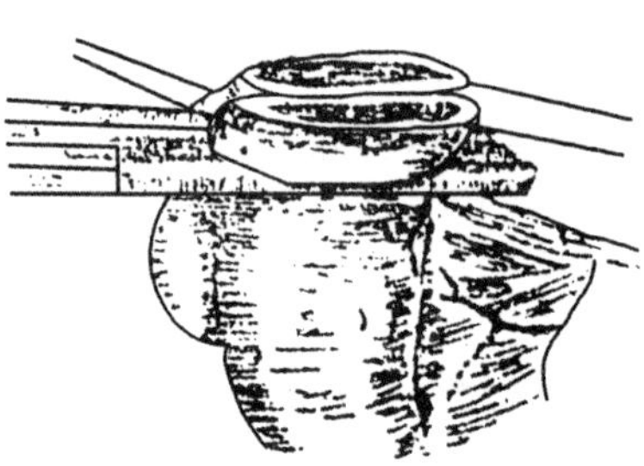

图 6-61　肠端端吻合

然后用直圆针自两肠端的后壁从肠系膜对侧开始，在肠腔内从左向右地做连续全层缝合，缝合接近肠系膜侧向前壁折转处，将缝针自一侧肠腔黏膜向肠壁浆膜刺出，而后缝针从另一侧肠管前壁浆膜刺入(图 6-62)。自此，采用康乃尔氏缝合法缝合前壁，至肠系膜对侧与后壁连续缝合起始的线尾打结于肠腔内(图 6-63)。

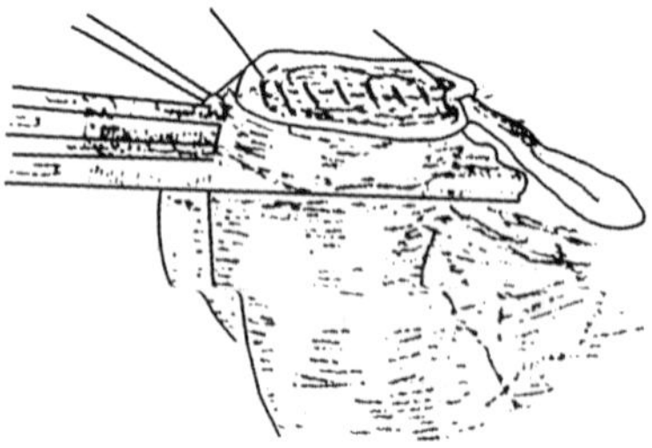

图 6-62　后壁连续全层缝合，缝至前壁的翻转穿刺的方法

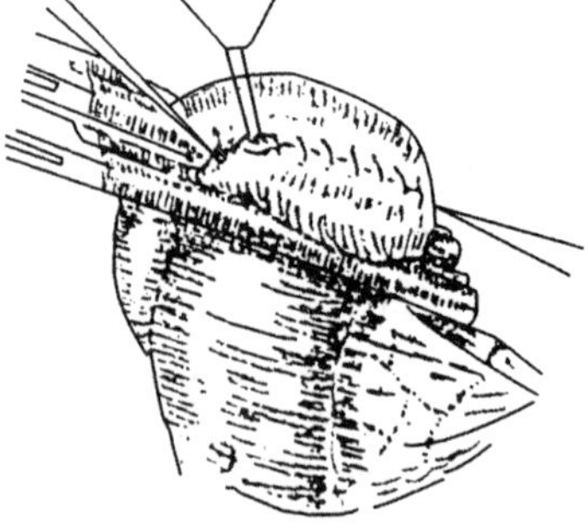

图 6-63　前壁缝合到最后 1 针和后壁的第 1 针线尾打结于肠腔内

完成第 1 层缝合后，用生理盐水冲洗肠管，手术人员重新消毒，更换手术巾与器械，转入无菌手术，第 2 层采用伦伯特氏缝合法缝合前后壁(图 6-64)。肠系膜侧和肠系膜对侧两折转处，必要时可作补充缝合。撤除肠钳，检查吻合口是否符合要求。最后间断缝合肠系膜游离缘。

(2)侧侧吻合 肠管吻合前，首先闭合两肠管断端。用 2 把肠钳将两肠管断端夹住，用连续全层缝合法分别缝合两端，温生理盐水冲洗后，再做一次伦伯特氏缝合，形成盲端。随后将远近两肠段盲端以相对方向使肠侧壁交错重叠接近，用 2 把肠钳分别在近盲端处沿纵轴方向钳夹盲端肠管。钳夹的水平位置要靠近肠系膜侧。然后将 2 肠钳并列靠拢，交助手固定，纱布垫隔离术部。

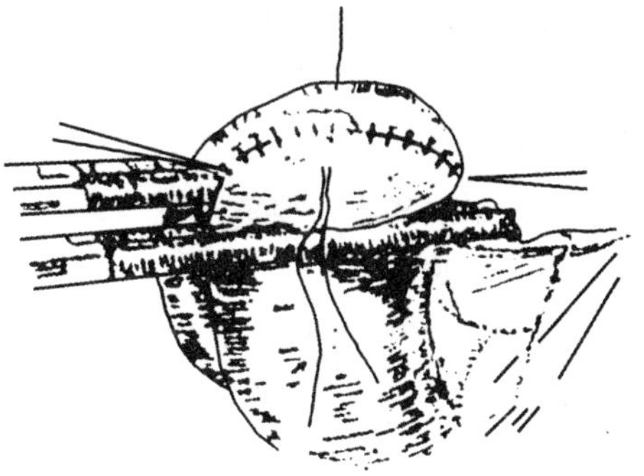

图 6-64 前后壁间断伦伯特氏缝合

靠近肠系膜侧做间断或连续伦伯特氏缝合，缝合长度应略超过切口长度。距此缝合上方 1～1.5 cm 处，位于两侧肠壁中央部，各做一相当于肠管管径 1～2 倍的切口，形成肠吻合口，吻合口后壁做连续全层缝合，直至前后壁折转处，按端端吻合的方法转入前壁，进行康乃尔氏缝合。缝至最后 1 针，缝线与开始第 1 针线尾打结。检查薄弱点做加强补充缝合。用温生理盐水冲洗后，在前壁浆膜上做间断或连续伦伯特氏缝合。撤除肠钳，将重叠肠系膜游离缘做间断缝合。

(3)端侧吻合 切除病变肠管，两断端管径不一致时，先将一肠断端(管径较小的一断端)做全层连续缝合，再做浆膜肌层伦伯特氏缝合成盲端，并用肠钳沿肠管纵轴钳夹盲端，并在其上做一与另一断端大小基本一致的新吻合口。助手将 2 肠钳靠拢，再按肠管端端吻合法进行缝合，缝毕检查吻合口，并缝合游离缘肠系膜。

(四)还纳肠管与闭合腹腔

肠管缝合完毕，检查有无渗漏后，撤去肠钳，用生理盐水冲洗肠管，除去隔离纱布，肠吻合处涂以抗生素油膏。将肠管还纳回腹腔内，并再次进行腹腔探查，确认腹腔器官没有其他可疑病变及血凝块等异物。

在压肠板引导下螺旋缝合法缝合腹膜。缝至最后几针时，通过切口向腹腔注入青、链霉素溶液(500 IU/mL)。缝完后用含青霉素的生理盐水冲洗肌肉切口，结节缝合法分别缝合腹横肌、腹内斜肌、腹外斜肌及皮肌。并且每缝一层都用温生理盐水冲洗，并注意止血。皮肤缝合完毕后，对其进行适当矫正，涂擦碘酊，装置结系绷带。

(五)术后护理

术后静脉补充水、电解质及营养物质，给予足量的抗菌药物。在动物肠蠕动音恢复，出现排粪或排气现象，方可给予优质易消化的饲料，开始时量少，逐渐增加，7 d 后可给予正常饲料。手术局部按一般创伤处理，适当牵遛，促进恢复。

▶技术提示

(1)犬、猫进行肠管端端吻合时，因其肠管细小，常常只做一层浆肌层内翻缝合即可，缝线间距 3～4 mm，针距创缘 2～3 mm。为促进肠管愈合，可将一部分大网膜覆盖在肠管吻合处，并将其固定在肠管上。

(2)打结时切忌黏膜外翻，每一个线结都应使黏膜处于内翻状态。前壁缝合后，再按同样的缝合方法完成肠后壁的缝合。简单间断缝合之后，检查缝合有否遗漏或封闭不严密，可进行补针。最后用大网膜的一部将肠吻合处包裹并将网膜用缝线固定于肠管上，对肠吻合处起到保护作用。

(4)肠系膜缺损处必须进行间断缝合。肠管回纳腹腔后要及时进行腹腔探查，将尽量使肠管复位。

▶知识链接

肠吻合的方式有端端吻合、侧侧吻合与端侧吻合等 3 种。端端吻合符合解剖学与生理学要求，临床上常用。但在肠管较细和技术不熟练的情况下，吻合后易出现肠腔狭窄。侧侧吻合适用于较细肠管的吻合，能克服肠腔狭窄之缺点。端侧吻合在兽医临床上仅在两肠管口径相差悬殊时使用。

技能六　膀胱切开术

▶技能描述

膀胱切开术是将腹腔打开暴露并切开膀胱，常用于膀胱或尿道结石、膀胱肿瘤、膀胱息肉等疾病的手术解除。亦可应用于动物膀胱发生破裂时的修补。

▶技能情境

门诊外科手术室或外科手术实训室；动物(牛、羊或犬等)；常规手术器械(手术刀、手术剪、止血钳、持针钳、缝针、缝线等)；导尿管；双腔导尿管或蕈状导管；药品(麻醉药、抗生素等)；手术台及相应手术辅料等。

▶技能实施

1. 切口选择

切口应在阴囊(乳房)侧方腹股沟外环与阴囊(乳房)之间，做一平行腹白线的切口；或行腹中线切口。切口后缘在耻骨前缘 2～3 cm，切口 15～20 cm。

2. 保定与麻醉

大动物前躯右侧卧，后躯仰卧，且使后躯稍高于前躯，左后肢向后方开张保定；小动物行仰卧保定。全身麻醉，大动物亦可硬膜外腔麻醉配合局部浸润麻醉。

3. 术部常规处理

同常规开腹术。

4. 腹壁切开

同腹底切开法。

5. 排出尿液，切开膀胱

腹壁切开后，如果膀胱胀满，需要排空蓄积尿液，使膀胱排空。术者用手指或组织钳将膀胱牵出切口外，并小心地把膀胱翻转，使膀胱背侧向外。然后用纱布隔离，防止尿液流入腹腔。在膀胱背侧面血管稀疏部位切开膀胱。

6. 取出结石或将肿瘤切除

用舌钳夹持膀胱，用茶匙除去结石或结石残渣。特别注意取出狭窄的膀胱颈及近端尿道的结石。在尿道中插入导尿管，反复冲洗，保证尿道和膀胱颈畅通。

7. 缝合膀胱

先用可吸收缝线进行膀胱壁浆肌层连续缝合，然后再间断内翻缝合膀胱壁浆肌层。

8. 腹壁缝合

还纳膀胱于腹腔中，冲洗腹腔，常规缝合腹壁。

9. 术后护理

术后观察患畜排尿情况，特别在术后 48～72 h，有轻度血尿，或尿中有血凝块。小动物可安置双腔导尿管，接尿袋。每日用温生理盐水加抗生素由导尿客进行膀胱冲洗 1 次，待尿液清亮无血，拆除导尿管和尿袋。全身应用抗菌防止术后感染。

▶技术提示

(1)如果膀胱过度充盈时，应先行导尿，排出部分尿液后再予保定与进行手术。

(2)如果是在尿路阻塞而发生膀胱破裂进行修补术时，为解决排尿问题，应在膀胱内留置蕈状导管，以随时排出膀胱内积尿，待尿路通畅后拔去蕈状导管。

(3)膀胱破裂进行修补术时，须用大量温生理盐水进行腹腔冲洗。如破裂缘不整齐要用手术剪进行修整，以利于愈合。

▶知识链接

蕈状导管的装置与拔除　先在膀胱体腹面用缝合线通过浆膜肌层做一荷包缝合，缝线暂不打结，用手术刀在荷包缝合圈内将膀胱切一小口，随后用止血钳引导，通过切口插入蕈状导管，并抽紧缝线固定导管。在腹壁切口旁 5 cm 左右处的皮肤上切一小口，用止血钳钳夹导管游离端引出。自膀胱荷包缝合处到腹壁小切口间留足够长度的导管，以防导管移位。最后将游离于小切口外的导管缝合固定于腹部皮肤上。原发性尿路阻塞排除后，用止血钳暂时关闭导管。观察动物排尿正常、尿液清亮时，可局部消毒拆除导管与皮肤间的缝合线，在小切口缘紧压腹壁皮肤，迅速拔出导管。

技能七　剖腹取胎术

▶技能描述

剖腹取胎术即剖腹产术(亦称剖宫术)，是指经由切开腹部及子宫的方式将胎儿娩出，其目的是因特定适应症之下，为保护胎儿及母畜安全，而进行的手术。

技能情境

门诊外科手术室或外科手术实训室；怀孕接近分娩期的动物；常规手术器械（手术刀、手术剪、止血钳、持针钳、缝针、缝线等）；绷带；药品（麻醉药、消毒药、抗生素等）；手术台及相应手术辅料等。

技能实施

一、牛的剖腹取胎术

1. 腹下切口法

（1）保定　术前应检查动物的体况，使其左侧卧或右侧卧，分别绑住前后腿，并将头压住。

（2）术部确定与处理　腹下切口可供选择的部位有 5 处，即乳房前方腹白线、腹白线与右乳静脉之间的平行线上、乳房和右乳静脉的右侧 5～8 cm 的平行线上、腹白线与左乳静脉之间的平行线上以及乳房和左乳静脉的左侧 5～8 cm 的平行线上。对母畜的尾根、外阴部、会阴及产道中露出的胎儿部分，首先应用温肥皂水清洗，然后用消毒液洗涤，并将尾根系于身体一侧。身体周围铺上消毒巾，腹下部的地面铺以消毒过的塑料布。术部剪毛并消毒。

（3）麻醉　可行硬膜外麻醉及切口局部浸润麻醉，或盐酸二甲苯胺噻唑肌内注射及切口局部浸润麻醉法，或用电针麻醉，但如果胎儿仍然活着则应尽量少用全身麻醉及深麻醉。

（4）切开腹壁与暴露子宫　在中线与右乳静脉间，从乳房基部前缘开始，向前做一长 25～30 cm 的纵切口，切透皮肤、腹黄筋膜和腹斜肌肌腱、腹直肌，用镊子把腹横肌腱膜和腹膜同时提起，切一小口，然后在食指和中指引导下，将切口扩大。为了操作方便及防止腹腔脏器脱出，可在切开皮肤后使母畜后躯仰卧，再完成其他部分的切开，也可在切开腹膜后由助手用大块纱布防止肠道及大网膜脱出。如果奶牛的乳房很大，为了避免切口过于靠前，难以暴露子宫，可先不把切口的长度切够，切开腹膜后再确定向前或向后延伸。乳腺和腹黄筋膜的联系很疏松，切口如需向后延长，可将乳房稍向后拉。如果切口已经够大，可将手术巾的两边用连续缝合法缝在切口两边的皮下组织上。

（5）固定子宫　切开腹膜后，常可发现子宫及腹腔脏器上覆盖着大网膜，此时可将双手深入切口，紧贴下腹壁向下滑，以便绕过它们，或者将大网膜向前推，这样有助于防止小肠从切口脱出，也利于暴露子宫。手伸入腹腔后，可隔着子宫壁握住胎儿的身体达到某些部分（正生时是两后腿跖部，倒生时是头和前腿的掌部），把子宫孕角大弯的一部分拉出切口之外，这样也就把小肠和大网膜挤开了。在子宫和切口之间塞上一大块纱布，以免肠道脱出及切开子宫后其中的液体流入腹腔。如果发生子宫捻转，则因为子宫被捻短了，而且紧张，暴露子宫壁有困难，切开子宫壁时出血也多，所以应先把子宫矫正复位。如果胎儿为下位，背部靠近切口，向外拉子宫壁时无处可握，应尽可能先把胎儿转为上位。如果在切开皮肤之后让牛仰卧，则此时应使其侧卧。有时子宫内胎儿太沉，无法取出切口外，也可用大纱布充分填塞在切口和子宫之间，在腹内切开子宫再取胎。

(6)切开子宫 沿着子宫角大弯,避开子叶,做一与腹壁切口等长的切口,切透子宫壁。切口不可过小,以免拉出胎儿时被扯破而不易缝合。将子宫切口附近的胎膜剥离一部分,拉于切口之外,然后再切开,并覆于两侧皮肤切口外,这样可以防止胎水流入腹腔,尤其在子宫内容物已受污染时更应如此。在胎儿活着或子宫捻转时,切口出血一般较多,须边切边止血,不要一刀把长度切够。

(7)拉出胎儿 胎儿正生时,经切口在后肢上拴上绳子,倒生时在胎头上拴上绳套,慢慢拉出胎儿,交助手处理。从后肢拉出胎儿时速度宜快,以防止胎儿吸入胎水引起窒息。如果腹壁及子宫壁上的切口较小,可在拉出胎儿之前再行扩大,以免撕裂。拉出的胎儿首先要清除口、鼻内的黏液,擦干皮肤。如果发生窒息,先不要断脐带,可一边用手捋脐带,使胎盘上的血液流入胎儿体内,一边按压胎儿胸部,以诱导吸气,待呼吸出现后,拉出胎儿。必要时可给胎儿吸氧气。如果拉出胎儿困难,而且胎儿已经死亡,可先将造成障碍的部分躯体截除。

(8)清理子宫与子宫切口缝合 拉出胎儿后如有可能,应把胎衣完全剥离拿出,子宫颈闭锁时尤应如此,但不要硬剥。如果胎儿活着,则胎儿胎盘和母体胎盘一般都粘连紧密,剥离会引起出血,此时最好不要剥离,但剖腹产后子宫感染及胎衣不下的发病率均较高,因此可以在子宫腔内注入10%氯化钠溶液,停留1～2 min,亦有利于胎衣的剥离。如果剥离很困难,可以不剥,在子宫中放入1～2 g四环素,术后注射催产素,使它自行排出。有时子宫中未剥离的胎衣可能会妨碍缝合,此时可用剪刀剪除一部分。

将子宫内液体充分蘸干,均匀散布四环素族抗生素2 g,或者使用其他抗生素或磺胺药。

用丝线或肠线、圆针连续缝合子宫壁浆膜和肌肉层的切口,再用胃肠缝合法缝第2道内翻缝合(针不可穿透黏膜)。

(9)还纳子宫,闭合腹腔 用加有青霉素的温生理盐水将暴露的子宫表面洗干净(冲洗液不能流入腹腔),蘸干并充分涂布抗生素软膏,然后放回腹腔。缝合好子宫壁后,可使牛仰卧,放回子宫后将大网膜向后拉,使其覆盖在子宫上。腹壁缝合同开腹术。

(10)术后护理 术后应注射催产素,以促进子宫收缩及复旧,并按一般腹腔手术常规进行术后护理。如果伤口愈合良好,可在术后7～10 d拆线。

2. 腹侧切开法

(1)保定 必须站立保定,这样才能将一部分子宫壁拉到腹壁切口之外。但应注意有些牛在手术过程中可能努责强烈甚至发生休克而卧地。施术时不能进行侧卧保定,否则因为胎儿的重量,暴露子宫壁会遇到很大困难。

如果无法使牛站立,可使它伏卧于较高的地方,把左后肢拉向后下方,这样便于将子宫壁拉向腹壁切口,同时也可扩大术部。

(2)术部确定与处理 腹侧切口也有上下之分,上位是在腹壁的上1/3部髋结节下角5 cm的下方起始;下位是在腹壁的中1/3与下1/3交界处起始,做斜行切口或垂直切口。

术部除毛与消毒。硬膜外腔注射5～10 mL 2%盐酸普鲁卡因,可以减少腹壁的努责、排粪及尾巴的活动,并使施术动物能够保持站立位,再在手术部位施行局部浸润麻醉,也可采用肌内注射盐酸二甲苯胺噻唑并配合局部浸润麻醉的方法进行麻醉。

(3)打开腹腔 在左腹胁部髋结节与脐部之间的连线或稍上方做35 cm长的切口。整个切口宜稍低一些，这样便于暴露子宫壁，但必须要与乳静脉之间有一定的距离。

切开皮肤和皮肌后，按肌纤维方向依次切开腹外斜肌、腹内斜肌、腹横肌腱膜和腹膜，以便于切口的缝合及愈合，但切口的实际长度会大为缩小，因此可将腹外斜肌按皮肤切口方向切开，其他腹肌按其纤维方向切开或撕开。切开腹膜后，如果有大量腹水或甚至腹水染血，则表明发生了子宫捻转或子宫破裂，此时应仔细检查子宫，确定哪侧为孕角及捻转或破裂的程度。如果发生了子宫捻转，应确定捻转的方向，并进行矫正。如果矫正困难，可在取出胎儿后再行矫正。

(4)固定子宫与拉出胎儿　暴露子宫时，如果瘤胃妨碍操作，助手可垫着大块纱布将它向前推，术者隔着子宫壁握住胎儿的某一部分向切口拉，即能将子宫角大弯暴露出来，在其上做切口，拉出胎儿。

(5)缝合子宫，闭合腹腔及术后护理　同腹下切口法。

二、猪的剖腹取胎术

1. 术部

由于猪的乳房位于腹下，切口部位可选择腹侧的 2 个地方(左右侧均可)：一是距腰椎横突 5～8 cm，髋结节与最后肋骨中点连线上做垂直切口；二是在髋结节之下 10 cm 处，沿肋弓方向向前向下做斜行切口。

2. 保定与消毒

侧卧保定，常规外科手术消毒。

3. 麻醉

可应用氯丙嗪、保定宁做基础麻醉，配合切口局部浸润麻醉。

4. 术式

手术要点外科手术基本操作与牛的剖腹取胎术基本相同，在此仅介绍猪术式的特点。

打开腹腔后，术者首先向骨盆方向探摸，隔着子宫壁将最靠近产道的胎儿推向产道，由助手协助试行从产道拉出。如果取出的胎儿是唯一过大或为最后 1 个胎儿，不必再将子宫切开，可等待或帮助其余胎儿排出。此法不能奏效时，再切开子宫。

如果切开子宫，术者可将手伸入腹腔找到一侧子宫角，隔着子宫壁抓住胎儿头或臀部将其慢慢向切口外牵拉，等一侧子宫角全部被拉出以后，将子宫体与子宫角交界处分辨清楚，在被拉出的子宫上覆盖以生理盐水浸润韵纱布，子宫切口在已拉出的子宫角和子宫体交界处的大弯上，切口长 10～15 cm。切开子宫后，把每一个胎儿与其胎衣取出来，当一侧子宫角胎儿拉完后，再从同一切口将另一侧子宫内的胎儿和胎衣取出。子宫缝合与腹壁缝合同牛。

三、犬、猫的剖腹取胎术

1. 术部

可选在距离腹白线 1～2 cm 的两侧，最后一个或倒数第 1～2 对乳头之间，亦可在脐孔后腹壁正中线上，切口长度一般 10～15 cm，可依犬(猫)体大小灵活掌握。

2. 保定与消毒

可采用后躯仰卧、前躯侧卧的姿势保定，犬(猫)应戴上防护口罩或用绷带缠绕保定。术部常规处理。

3. 麻醉

一般做全身麻醉再配以局部浸润麻醉，全身麻醉常用药为氯胺酮或846合剂。

4. 术式

手术要点因为犬、猫的皮肤很薄，切开腹壁要小心细致，下刀不可用力过大。在切开腹膜之前必须先开一个小口，然后在伸入的手指指引下，用钝头剪刀剪开。犬、猫都是多胎动物，且又仰卧保定，探找和拉出怀孕子宫并不困难。子宫拉出后行子宫切口及其他处理方法同猪剖腹取胎术，但腹壁缝合后的腹壁创口应装置绷带加以保护，以防止舔咬。

5. 术后护理

同牛的剖腹取胎术。

技术提示

(1)切口的选择应视具体情况而定，一般选择切口的原则是，胎儿在哪里摸的最清楚，就靠近那里作切口。牛剖腹取胎的切口有腹侧切口和腹下切口2种。腹侧切口又分为左侧壁切口和右侧壁切口2种。左子宫角怀孕以左侧壁切口较好，右子宫角怀孕以右侧壁切口较好。可以采用左侧壁切口的尽可能采用左侧切口，因为右侧常受空肠干扰，给手术实施带来一定难度。腹下切口的优点是子宫角和胎儿是沉于腹底的，在侧卧保定的情况下，很容易把子宫壁的一部分拖出腹壁切口之外，子宫内容物不易流入腹腔，此外，较之腹侧切口，它破坏的肌肉很少，出血也很少。缺点是如果缝合不好，可能发生疝气或豁口，亦容易发生感染。

(2)进行剖腹取胎时应全面检查母畜与胎儿状况，对手术进行综合评估。

(3)子宫切口不能切在子宫侧面或小弯上，因这些地方血管较为粗大，切破引起的出血较多。

(4)全层缝合子宫时不可缝合到黏附在子宫壁上而没有剥离的胎膜。

知识链接

剖腹取胎术的适应症　骨盆发育不全(交配过早)或骨盆变形(骨软症、骨折)而使骨盆过小；羊等小动物体格小，手不能伸入产道；阴道极度肿胀或狭窄，手不易伸入；子宫颈狭窄，且胎囊破裂，胎水流失，子宫颈没有继续扩张的迹象，或者子宫颈发生闭锁；子宫捻转，矫正无效；胎儿过大或水肿；胎向、胎位或胎势严重异常，无法矫正；胎儿畸形，难以施行截胎术；子宫破裂；子宫迟缓，催产或助产无效；干尸化胎儿很大，药物不能使其排出；胎儿严重气肿难以矫正或截除；妊娠期满母畜，因患其他疾病生命垂危，须剖腹抢救仔畜；双胎性难产；用于胎儿的手术难以救治的任何难产；需要保全胎儿生命而其他手术方法难以达到时；用于研究目的，如培养SPF仔(幼)畜，直接由剖腹产术取得胎儿。

操作训练

查阅资料，完成常用外科手术的手术计划，并利用课余时间和节假日参与动物医院或养殖场(厂)的手术治疗工作。

项目测试

A 型题

1. 反挑式执刀法常用于分离(　　)

A. 实质脏器　B. 皮肤　C. 腹膜　D. 黏膜　E. 肌肉

2. 肠线主要适用于缝合(　　)

A. 皮肤　B. 肌肉　C. 骨　D. 子宫　E. 筋膜

3. 利用物理的方法将附着在器械等物品上的微生物杀死称为(　　)

A. 灭菌　B. 消毒　C. 防腐　D. 防止感染　E. 无菌

4. 盐酸可卡因最适用于(　　)

A. 表面麻醉　B. 浸润麻醉　C. 传导麻醉

D. 脊髓麻醉　E. 全身麻醉

5. 下列药物属于吸入麻醉的是(　　)

A. 氯胺酮　B. 乙醚　C. 速眠新

D. 水合氯醛　E. 氯丙嗪

6. 下列麻醉药属于分离麻醉剂(　　)

A. 静松灵　B. 隆朋　C. 氯胺酮

D. 速眠新　E. 普鲁卡因

7. 进行小母猪小挑花右侧卧保定时,使猪的下颌部、(　　)至蹄构成一条直线。

A. 左侧肩部　B. 右侧肩部

C. 左后肢的膝盖骨　D. 右后肢的膝盖骨

E. 左侧倒数第 2 乳头

8. 对于直肠脱出或子宫脱出,最佳的缝合方法是(　　)

A. 圆枕缝合　B. 内翻式缝合　C. 外翻缝合

D. 结节缝合　E. 荷包式缝合

9. 最适宜食道切开术的术部在(　　)

A. 左侧颈静脉沟　B. 右侧颈静脉沟　C. 咽后气管下方

D. 咽后气管右侧　E. 左右颈静脉沟均可

10. 牛瘤胃切开术最适宜的保定方法是(　　)

A. 站立保定　B. 仰卧保定　C. 左侧卧保定

D. 右侧卧保定　E. 倒提保定

X 型题

11. 下列关于高压蒸汽灭菌的描述正确的是(　　)

A. 高压灭菌器内的物品不宜排得太密,所装物品不超过其容量的 85%

B. 持续加热 30 min 以上就可以达到灭菌效果

C. 瓶装液体灭菌时，要用玻璃纸和纱布包扎瓶口
D. 易燃、易爆物品，如碘仿、苯类等，禁用高压蒸汽灭菌
E. 可杀灭芽孢菌

12. 手术中用于急救的药物包括(　　)
A. 肾上腺素　B. 咖啡因　C. 尼可刹米
D. 阿米卡星　E. 阿托品

13. 适宜用钝性分离方法进行组织分离的组织包括(　　)
A. 皮下组织　B. 肌肉　C. 脂肪
D. 腹膜　E. 筋膜

14. 关于犬剖腹取胎术描述错误的是(　　)
A. 用硬膜外腔麻醉配合局部浸润麻醉进行麻醉
B. 切口一般选择在腹侧壁
C. 子宫最佳切开位置是子宫体背侧
D. 闭合腹腔前要进行腹腔探查
E. 手术要用子宫收缩药物

15. 常用手术器械消毒的化学消毒剂包括(　　)
A. 0.1%新洁尔灭　B. 70%酒精
C. 0.25%氢氧化钠　D. 10%甲醛溶液
E. 5%来苏儿

16. 较大的血管出血，在纱布压迫止血后即可看见，可用(　　)
A. 压迫止血法　B. 止血钳止血法
C. 结扎止血　D. 填塞止血法
E. 烧烙止血

17. 下列内容中属于手术剪的用途是(　　)
A. 沿组织间隙分开剥离和剪开、剪断组织
B. 剪断缝线和各种敷料
C. 切开和解剖组织
D. 可以较牢固地夹住组织
E. 缝合组织

B 型题

(18～20 题共用备选答案)
A. 羊肠线　B. 丝线
C. 聚丙烯线　D. 不锈钢丝
E. 以上 4 种的任何一种

18. 骨骼固定最适合的缝合线是(　　)
19. 膀胱缝合最适合的缝合线是(　　)
20. 血管缝合最适宜的缝合线是(　　)

（21～24 题共用备选答案）

A. 结节缝合　　B. 荷包缝合　　C. 库兴氏缝合

D. 外翻缝合　　E. “8”字形缝合

21. 对穿孔的胃应选择的缝合方式(　　)

22. 胃壁的第 2 层缝合应选择的缝合方式(　　)

23. 对张力比较大的腹膜缝合应选择的缝合方式(　　)

24. 皮肤缝合应选择的缝合方式(　　)

（25～28 题共用备选答案）

A. 左肷部中切口　　B. 左肷部前切口　　C. 右肷部中切口

D. 右侧肋弓下斜切口　　E. 左侧肋弓下斜切口

25. 牛皱胃切开术理想的腹壁切口是(　　)

26. 牛腹腔探查术及十二指肠手术较合理的切口位置是(　　)

27. 牛网胃内探查及瓣胃冲洗术理想的腹壁切口是(　　)

28. 牛瘤胃切开术常用的腹壁切口是(　　)

项目七

穿刺与封闭疗法

项目引言

穿刺术是将穿刺针(特制的穿刺器具如套管针、骨髓穿刺针)刺入动物体腔,以排出体腔内容物或气体,或注入药物的一种治疗技术。穿刺术也常作为采集特定组织或内容物,供实验室进行检验的一种病料采集方法。封闭术是将一定浓度和剂量的盐酸普鲁卡因注射到病变区域,以缓解疾病症状的一种辅助治疗方法。

学习目标

1. 会进行兽医临床常用的穿刺技术;
2. 能实施动物的封闭疗法;
3. 树立整体观念,精益求精,理论联系实际,在实践中总结、升华。

任务一　穿刺技术

任务分析

穿刺实施时可取体腔或器官内积液进行一般性状检测、化学检测、显微镜检测和细菌学检测,明确积液的性质,寻找引起积液的病因;抽出体腔或器官内的积液和积气,减轻液体和气体对内脏的压迫,缓解症状;排出体腔或器官内的脓汁,并进行冲洗,控制感染的进一步发展;还可向体腔或器官内给药,以控制或消除疾病。

任务目标

1. 会进行动物的腹腔和反刍动物瘤胃的穿刺;
2. 能进行胸腔、膀胱及马属动物盲肠的穿刺。

技能一 胸腔穿刺

技能描述

胸腔穿刺是指用穿刺针刺入胸腔的穿刺方法。主要用于排出胸腔的积液、血液或洗涤胸腔及注入药液，进行治疗；也可用于检查有无积液，或采集胸腔积液，鉴别其性质，帮助诊断。

技能情境

动物医院或诊疗实训室（亦可在动物养殖场）及相应的动物；套管针或16—18号针头（接有胶管，并用止血钳或输液夹密闭胶管游离端）；注射器；胸腔洗涤剂，如0.1%雷佛奴尔溶液、0.1%高锰酸钾溶液、生理盐水（加热至与机体体温相近）；剪毛剪，镊子；酒精棉球和碘酊棉球；碘仿火棉胶；保定用具。

技能实施

1. 穿刺部位

胸腔穿刺一般选择在右侧进行。牛、羊、马在右侧第6肋间隙或左侧第7肋间隙，猪、犬在右侧第7肋间隙，与肩关节水平线交点下方1～3 cm处，胸外静脉上方1～2 cm处。

2. 保定与术部处理

动物站立保定；穿刺部位剪毛，用5%碘酊消毒，酒精脱碘。

3. 穿刺

术者左手将术部皮肤稍向侧方或上下方移动1～2 cm，右手持套管针，在相应肋骨前缘垂直刺入，穿刺肋间时有阻力感，当阻力消失而有落空感时，表明已刺入胸腔内。如有必要，可用手术刀刺穿皮肤，再行穿刺。

4. 放出积液

套管针刺入胸腔后，左手固定套管，右手拔去针芯或松开胶管上作密闭用的止血钳或输液夹，如有多量胸腔积液即可流出。亦可接注射器，缓慢抽取。

5. 胸腔洗涤

有时放完积液之后，需要洗涤胸腔，可将装有清洗液的输液瓶乳胶管或输液器连接在套管口或注射针上，高举输液瓶，药液即可直接流入胸腔，然后将其抽出。如此反复冲洗2～3次，最后注入治疗性药物。

6. 拔出穿刺针

放液或洗涤完毕，插入针芯，拔出套管针或针头，使局部皮肤复位，术部涂擦碘酊，用碘仿火棉胶封闭穿刺孔。

技术提示

(1)穿刺或排液过程中，应注意无菌操作，穿刺针或注射针头要接胶管并用止血钳密闭，以防止空气进入胸腔。

(2)套管针刺入时，应以手指控制套管针的刺入深度，或用灭菌棉包裹穿刺针，以防刺入过深损伤心、肺。

(3)穿刺过程中遇有出血时，应充分止血，改变位置再行穿刺。

(4)放液时不宜过急，应用拇指不断堵住套管口，做间断性引流，防止胸腔减压过急，而影响心、肺功能。

(5)如针孔堵塞不流时，可用针芯疏通，直至放完为止。

(6)需进行药物治疗时，可在抽液完成后，将药物经穿刺针注入，药液温度要接近体温。

(7)胸壁的血液供应由紧贴于每根肋骨之后的肋间动脉提供，并有静脉和神经伴行。进行胸腔穿刺时进针应从对应肋骨的前缘进针，以免刺穿肋间血管。

技能二　腹腔穿刺

技能描述

腹腔穿刺是借助穿刺针直接从腹前壁刺入腹的一项诊疗技术。用于原因不明的腹水，穿刺抽液检查积液的性质以协调明确病因；排出腹腔的积液进行治疗；采集腹腔积液，以帮助对胃肠破裂、肠变内脏出血、腹腔炎等疾病进行鉴别诊断；腹腔内给药或洗涤腹腔。

技能情境

动物医院或诊疗实训室(亦可在动物养殖场)及相应的动物；16 号针头，注射器，镊子，剪毛剪；消毒药品及保定用具。

技能实施

1. 穿刺部位

牛、羊在右侧脐与膝关节连线的中点；猪、犬、猫均在脐与耻骨前缘连线的中间腹白线上或腹白线的侧旁 1～2 cm 处；马在剑状软骨突起后 10～15 cm 白线两侧 2～3 cm 处。

2. 保定与术部处理

大动物采取站立保定，小动物采取仰卧或侧卧保定；术部剪毛常规消毒。

3. 穿刺

术者左手固定穿刺部位的皮肤并稍向一侧移动，右手控制套管针或针头的深度，垂直刺入腹壁，待抵抗感消失时，表示已穿过腹壁层，即可回抽注射器，抽出腹水放入备好的试管中送检。如以排出腹水为目的时，可连接橡胶管或输液管，将液体导入容器，以备定量或检查。

4. 拔出穿刺针

放液后，用灭菌棉球压迫针孔拔出穿刺针，并稍压片刻，覆盖无菌纱布，胶布固定。

技术提示

(1)动物保定要确实，穿刺位置应准确，刺入深度不易过深，以防刺伤肠管。

(2)抽、放腹水引流不畅时,可将穿刺针稍做移动或稍变动体位,针孔如被堵塞,可用针芯疏通。

(3)抽、放液体速度不可太快,可间断抽取或在导流管上加上输液夹以控制流速。穿刺过程中注意动物的反应,观察呼吸、脉搏和黏膜颜色的变化,发现有特殊变化时应停止操作,并进行适当处理。

(4)当腹压过高时,穿刺时易刺入肠管而将肠内容物误为腹腔积液,造成误诊。

(5)腹腔内有大量积液时,不可一次放净,以免引起虚脱,可隔日再放。

(6)如以冲洗腹腔为目的的穿刺,可同时在腹腔注射部位(中、小动物可在肷部)注入药液,再由穿刺部排出,如此反复冲洗 2～3 次,冲洗液的温度接近体温为宜。

技能三 瘤胃穿刺

技能描述

瘤胃穿刺是指用穿刺针(套管针)穿透瘤胃壁,到达瘤胃腔的穿刺方法。反刍动物急性瘤胃膨胀时,穿刺放气紧急救治和向瘤胃内注入药液。

技能情境

动物医院或诊疗实训室(亦可在动物养殖场)及相应的动物;套管针(瘤胃穿刺针);剪毛剪;手术刀;酒精棉球和碘酊棉球;碘仿火棉胶;保定用具。

技能实施

1. 穿刺部位

在左侧肷窝部,由髋结节向最后肋骨所引水平线的中点下方(牛距腰椎下方 10～12 cm,羊距腰椎横突下方 3～5 cm 处)或髋结节与最后肋骨中点所作连线的中点。发生瘤胃臌气时,也可选瘤胃隆起最高点穿刺。

2. 保定与术部处理

站立保定,术部剪毛,常规消毒。

3. 穿刺

先在穿刺点旁 1 cm 处用手术刀做一小的皮肤切口(有时也可不做切口,羊一般不做切口)。术者左手将皮肤切口移向穿刺点,右手持套管针从皮肤切口向对侧肘头方向迅速刺入(牛 10～12 cm、羊 3～5 cm)瘤胃内,左手固定套管,右手拔出针芯,用手指间断堵住管口,使瘤胃内的气体间断排出。若套管堵塞,可插入针芯疏通。

气体排出后为防止复发,可经套管向瘤胃内注入制酵剂。

4. 拔出套管针

穿刺完毕,插回套管针针芯,用灭菌棉球压住皮肤切口,迅速拔出套管针,皮肤切口结节缝合 1 针,涂碘酊,或以碘仿棉胶封闭穿刺孔。

技术提示

(1)放气速度不宜过快,防止发生急性脑贫血、休克,同时注意观察病畜的表现。

(2)根据病情,为了防止臌气继续发展,避免重复穿刺可将套管针固定,留置一定时间后再拔出。

(3)穿刺和放气时,应注意防止针孔局部感染。因为放气后往往伴有泡沫样内容物流出,污染套管针口周围并易流进腹腔,从而继发腹膜炎。

(4)经套管针注入药液时,注药前一定要明确判定套管针仍在瘤胃内后,方可实施药液注入。

技能四　膀 胱 穿 刺

技能描述

膀胱穿刺是指用穿刺针经腹壁或直肠内直接刺入膀胱的穿刺方法。主要用于动物尿路阻塞或膀胱麻痹时,尿液在膀胱内潴留,以缓解症状,为进一步治疗提供条件。

技能情境

动物医院或诊疗实训室(亦可在动物养殖场)及相应的动物;接有长胶管的针头,注射器;剪毛剪;酒精棉球和碘酊棉球;长臂乳胶手套;保定用具。

技能实施

1. 穿刺部位

牛、马可通过直肠内对膀胱进行穿刺;猪、羊、犬在耻骨前缘白线侧旁 1 cm 处。

2. 大动物的穿刺

动物站立保定,先灌肠排出直肠内粪便,术者将事先消毒好的连有胶管的针头护于手掌中,使手呈锥形缓缓伸入直肠,在直肠正下方触到充满尿液的膀胱,在其最高处将针头向下方刺入,并固定好针头,直至排完尿为止。必要时,也可在胶管外端连接注射器,向膀胱内注射药液。然后,要将针头同样护于掌中并带出肛门。

3. 中、小动物的穿刺

仰卧保定动物,助手将其左或右后肢向后牵引,充分暴露术部。术部剪毛、消毒后,在耻骨前缘或触诊腹壁波动最明显处进针,向后下方刺入深达 2～3 cm,刺入膀胱后,固定好针头,待尿液排完后拔出针头,术部涂以碘酊消毒。

技术提示

(1)动物保定要确实,以确保人、畜安全。

(2)针头刺入膀胱后,一定要固定好,防止滑脱,若进行多次穿刺易引起腹膜炎和膀胱炎。

(3)通过直肠进行膀胱穿刺时,应严格按照直肠检查的要求规范操作。若动物强烈努责,手无法进入直肠时,不可强行操作,可给以镇静剂后再行穿刺。

(4)穿刺中如需要冲洗膀胱时,可经乳胶管另一端(直肠内穿刺)或针头(后腹穿刺)注入防腐剂或含有抗菌药物的溶液,然后再导出,反复数次到导出液与注入药液色泽基本一致为止。

技能五　盲肠穿刺

▶技能描述

盲肠穿刺是指用穿刺针入盲肠腔的穿刺方法。用于马属动物急性盲肠臌气,放气急救,也可用于向肠腔内注入药液。

▶技能情境

动物医院或诊疗实训室(亦可在动物养殖场)及相应的动物;剪毛剪;套管针或盐水针头,静脉注射针头,外科刀与缝合器械;酒精棉球和碘酊棉球;碘仿火棉胶;保定用具。

▶技能实施

1. 穿刺部位

马盲肠穿刺部位在右侧肷窝的中心,即距腰椎横突下方约一掌处,或选在肷窝最明显的突起点。马结肠穿刺部位在左侧腹部臌胀最明显处。

2. 保定与术部处理

动物站立保定,穿刺部位剪毛,常规消毒。

3. 穿刺

用外科刀在术部旁皮肤切约 1 cm 切口,术者再以左手将皮肤切口移向穿刺点,右手持套管针将针尖置于皮肤切口内,向对侧肘头方向刺入 6～10 cm;左手立刻固定套管,右手将针芯拔出,让气体缓慢或断续排出。必要时,可以从套管针向盲肠内注入药液。结肠穿刺时,左手亦将术部皮肤稍错位,右手持针垂直刺入 3～4 cm 即可,其他操作同上。

4. 拔出穿刺针

当排气结束时左手压刺入点的皮肤,右手迅速拔出套管针。术部注意清洁消毒。

▶技术提示

(1)穿刺和放气时,应注意防止针孔局部感染。

(2)放气速度不能过快,防止发生急性脑贫血、休克。

(3)根据病情,为了防止臌气继续发展,避免重复穿刺可将套管针固定,留置一定时间后再拔出。

(4)经套管针注入药液时,注药前一定要明确判定套管针仍在盲肠内后,方可实施药液注入。

操作训练

利用课余时间或节假日参与门诊工作，进行患病动物的穿刺技术练习。

任务二　封闭疗法

任务分析

封闭疗法是以不同剂量和不同浓度的局部麻醉药注入组织或血管内，利用其局部麻醉作用减少局部病变对中枢的刺激并改善局部营养，促进炎症修复，从而促进疾病痊愈的一种治疗方法。封闭疗法只是一种辅助性治疗方法，在临床上应与其他疗法配合应用。

任务目标

1. 能正确选择药物，实施病灶周围封闭、静脉封闭疗法的操作；
2. 会进行腰部肾区疗法；
3. 会根据动物疾病需要进行穴位封闭疗法。

任务情境

动物医院或诊疗实训室（亦可在动物养殖场）及相应的动物（牛、马、猪、羊、犬等）；不同型号的注射器及针头，长封闭针，敷料，镊，剪毛剪；0.25％、0.5％、1％、2％盐酸普鲁卡因溶液；生理盐水；醋酸氢化可的松或醋酸泼尼松；酒精棉球，碘酊棉球，保定用具等。

任务实施

1. 病灶周围封闭法

在病灶周围约 2 cm 处的健康组织上，分点将 0.25％～0.5％盐酸普鲁卡因溶液注入病灶周围皮下或肌肉深部，使药液包围整个病灶。所注药量以能达到浸润麻醉的程度即可，大动物 20～50 mL，中、小动物 10～20 mL，每天或隔天 1 次。为了提高治疗效果，可在溶液中加入 50 万～100 万 IU 青霉素。

2. 四肢环状封闭法

用注射器将 0.25％～0.5％盐酸普鲁卡因溶液，分别于四肢病灶上方 3～5 cm 的前、后、内、外健康组织，从皮下到骨膜进行环状分层注射。对注射部进行剪毛、消毒，与注射部皮肤呈 45°或垂直刺入皮下，先注射适量药液，再横向推进针头，一边推针一边注射药液，直达骨面为止，拔出针头，再以同样的方法环绕患部上方注射所需药液。以达到局部浸润麻醉程度的量为宜，每日或隔日 1 次。也可参考照病灶周围封闭法加入青霉素提高效果。

3. 腰部肾区封闭法

（1）封闭部位　牛在右侧最后肋骨与第 1 腰椎突之间，或在第 1～2 腰椎之间，横突末端向背侧 1.5～2.0 cm 处。马在左侧肾区的第 1 腰椎横突与最后肋骨之间，距背中线 8～10 cm，右肾区在第 18 肋骨前面，距背中线 10～12 cm 处。

(2)保定与术部处理　动物站立保定，术部剪毛，常规消毒。

(3)操作　给牛封闭时，从腰椎横突背侧的刺入点向垂直刺入深度 8～11 cm。给马穿刺时将针头垂直刺入，左侧平均深度为 8 cm，右侧平均深度为 5～6 cm。注射时没有阻力，分离针头与针筒，残留在针头内的药液不会被吸收，这时可注入温的 0.25%盐酸普鲁卡因溶液，马、牛的用量为 1 mL/kg，总量不要超过 600 mL。注射完毕退针，局部消毒。

4. 静脉内封闭法

将普鲁卡因溶液注入静脉内，使药物作用于血管内壁感受器，以达到封闭作用。静脉内封闭疗法的注射部位、注射方法与一般的静脉注射法相同，一般注射 0.1%普鲁卡因生理盐水，注射速度缓慢，每分钟以 50～60 滴为宜。大动物每次用量为 100～250 mL，中、小动物酌减。

5. 盆神经封闭法

动物站立保定，针刺部位在第 3 荐椎棘突顶点，两侧旁开一掌(5～8 cm)处。剪毛、消毒后，用长 12 cm 的封闭针垂直刺入皮肤后，以与刺入点外侧皮肤呈 55°由外上方向内下方进针，当针尖达荐椎横突边缘后，将进针角度稍加大，沿荐椎横突侧面穿过荐坐切带(手感似刺破硬纸)1～2 cm，即达骨盆神经丛附近。此时可以注入 0.25%盐酸普鲁卡因溶液，剂量为每千克体重 1 mL。大动物需要注入药液总量大，需要分成左右两侧注射，每隔 2～3 d 注射 1 次。同时，可以在盐酸普鲁卡因溶液中加入青霉素 80 万～100 万 IU，以免感染。

6. 穴位封闭法

穴位封闭法是采用麻醉剂或镇静止痛剂注入动物穴位的一种治疗方法。一般是将盐酸普鲁卡因溶液直接注入动物的抢风、百会、大胯等穴位，以治疗动物的多种疾病。临床上用于动物四肢的扭伤、风湿、类风湿等疾病。

动物保定后，术者首先找准穴位，局部剪毛、消毒，依据不同穴位注入不同浓度的局部麻醉药物，用肌内注射法向穴位内注入药液即可。每天 1 次，连用 2～3 d 即可。

穴位一般选择患部的近心端的穴位，具体穴位确定可参考中兽医课程的相关内容。

技术提示

(1)病灶周围封闭的部位应选定正确，针头刺入的角度及深度要准确，必须保证药液注入封闭的部位才能奏效；同时还应注意针头不要损伤较大的神经和血管。本法常用于治疗创伤或局部炎症，但在治疗化脓创时须特别注意注射点不可距病灶太近，以免注射而引起病灶扩展。

(2)腰部肾区封闭法是将盐酸普鲁卡因溶液注入肾脏周围脂肪囊中，通过浸润麻醉肾区神经丛来治疗疾病的方法。临床上适用于治疗各种急性炎症，如创伤、蜂窝织炎、腱鞘炎、黏液囊炎、关节炎、溃疡、去势后水肿、精索炎等。此外，对胃扩张、肠臌气、肠便秘亦有效果。注射速度要慢(60 mL/min)，注射可选在一侧进行，也可分注在两侧，或者两侧交替进行，2 次注射间隔 5～10 d。

(3)动物静脉内封闭疗法注入药液后多出现沉郁、站立不支、垂头闭眼等,但也有表现暂时兴奋,这类现象不久即可恢复正常。为防止普鲁卡因的过敏反应,可加入适量氢化可的松溶液。用于肠痉挛、风湿病、蹄叶炎、乳房炎及各种创伤、挫伤、烧伤的治疗。

(4)盆神经封闭是将盐酸普鲁卡因溶液直接注入骨盆部结组织间隙内骨盆神经丛附近,通过浸润麻醉骨盆神经丛来治疗盆腔器官的急、慢性炎症。临床上应用于子宫脱、阴道脱、直肠脱或上述各器官的急、慢性炎症的治疗及其脱垂时的整复手术。

(5)穴位封闭时,为了确保疗效,可在盐酸普鲁卡因溶液中加入泼尼松(强的松龙)、丹参(复方丹参)注射液、青霉素等药物。

(6)普鲁卡因封闭疗法必须与其他疗法配合使用,才能发挥更好的治疗效果。因为普鲁卡因封闭,仅阻断不良因素对中枢的刺激还不够,它只能为有机体战胜疾病创造一定的条件。在治疗疾病过程中,更主要的是要排除并尽快消灭不良因素的存在。

(7)普鲁卡因的量不宜过大,用量过大容易造成中毒或发生过敏反应。

(8)严格执行无菌操作规程,所有注入的药物最好加热,接近体温为宜。

知识链接

封闭疗法是使用局部麻醉药物治疗疾病的方法,能使很多疾病痊愈,主要依靠普鲁卡因等局部麻醉药物的作用。普鲁卡因能阻断病灶的强烈刺激向中枢方向传导,消除恶性兴奋灶,解除中枢神经系统的疲劳状态,恢复大脑皮层对内脏器官和组织的正常调节功能,使病畜得到康复。

普鲁卡因以神经系统有微弱的刺激作用,在大脑皮层上形成良性兴奋灶,促进神经恢复营养机能。普鲁卡因可使被炎性产物改变了的毛细血管的通透性得以恢复。

在炎症过程中,经普鲁卡因封闭后,普鲁卡因可使被炎性产物刺激而收缩了的血管舒张,也能使被舒张了的血管收缩,减少渗出,减轻疼痛和消肿,调节血管机能,改善组织营养。封闭疗法可阻止急性炎症(化脓性或非化脓性炎症)的发展,使亚急性炎症和慢性炎症局部营养得到改善,促使病理产物的吸收,促进炎症的治愈。

操作训练

利用课余时间或节假日参与门诊工作,进行患病动物的封闭疗法练习。

项 目 测 试

A 型题

1. 关于腹腔穿刺适应症,以下说法中错误的是(　　)

A. 用于原因不明的腹水,穿刺抽液检查积液的性质以协调明确病因

B. 排出腹腔的积液进行治疗

C. 采集腹腔积液,以帮助对胃肠破裂、肠变位、内脏出血、腹腔炎等疾病进行鉴别诊断

D. 腹腔内给药或洗涤腹腔

E. 用于治疗腹膜炎

2. 治疗牛急性瘤胃臌气时，瘤胃穿刺放气的正确做法是于(　　)

A. 左肷部刺入瘤胃腔　　B. 右肷部刺入瘤胃腔

C. 右腹壁中 1/3 刺入瘤胃腔　　D. 左腹壁下 1/3 刺入瘤胃腔

E. 左腹壁中 1/3 处刺入瘤胃腔

3. 实施胸腔穿刺时，下列哪种说法(　　)是错误的

A. 动物一般为侧卧保定

B. 穿刺时尽量靠近肋骨前缘刺入，深度一般为 3～5 cm

C. 穿刺时必须注意并防止损伤肋间血管与神经

D. 穿刺或排液过程中，应注意无菌操作，并防止空气进入胸腔

E. 需进行药物治疗时，可在抽液完成后，将药物经穿刺针注入

4. 胸腔穿刺部位正确描述是(　　)

A. 牛、羊、马在右侧第 7 肋间或左侧第 6 肋间，与肩关节水平线交点下方 2～3 cm 处，胸外静脉上方约 4 cm 处

B. 牛、羊、马在右侧第 6 肋间或左侧第 7 肋间，与肩关节水平线交点下方 2～3 cm 处，胸外静脉上方约 2 cm 处

C. 猪、犬在右侧第 8 肋间，与肩关节水平线交点下方 3～4 cm 处，胸外静脉上方约 4 cm 处

D. 猪、犬在右侧第 7 肋间，与肩关节水平线交点下方 2～3 cm 处，胸外静脉上方约 4 cm 处

E. 无法确定

5. 关于膀胱穿刺，描述错误的是(　　)

A. 当病畜尿路阻塞或膀胱麻痹时，尿液在膀胱内潴留，易导致膀胱破裂时使用

B. 牛、马可通过直肠对膀胱进行穿刺

C. 猪、羊、犬在耻骨前缘白线侧旁 1 cm 处

D. 各种动物一般采用站立保定

E. 针头刺入膀胱后，一定要固定好，防止滑脱

6. 病灶周围封闭法使用的盐酸普鲁卡因浓度一般为(　　)

A. 0.1%～0.2%　　B. 0.25%～0.5%　　C. 0.5%～1%

D. 1%～2%　　E. 2%～3%

7. 静脉封闭，大动物使用剂量一般为(　　)

A. 50～100 mL　　B. 100～250 mL　　C. 500～1 000 mL

D. 1 000～1 500 mL　　E. 1 500 mL 以上

8. 给动物采用穴位封闭疗法时，前肢常注射的穴位是(　　)

A. 抢风　　B. 百会　　C. 大胯

D. 邪气　　E. 曲池

X 型题

9. 以下哪类疾病可以用到静脉封闭疗法(　　)

A. 过敏性疾病　　B. 乳房炎　　C. 风湿症

D. 神经炎　　E. 瘤胃酸中毒

10. 关于腰部肾区封闭疗法描述正确的是(　　)

A. 将盐酸普鲁卡因溶液注入肾脏周围脂肪囊中

B. 封闭的是肾区神经丛

C. 药物直接注射到肾脏

D. 可用于治疗化脓性子宫内膜炎

E. 可用于治疗胎衣不下

项目八
其他治疗技术

项目引言

兽医临床除给药疗法、手术疗法、穿刺与封闭疗法外，还有其他治疗方法，如冲洗疗法、物理疗法、输氧疗法等应用也十分广泛，而且对一些疾病的治疗效果良好。

学习目标

1. 能应用冲洗疗法对患病动物实施治疗；
2. 会应用常用物理疗法对患病动物实施治疗；
3. 会对缺氧动物实施输氧疗法；
4. 传承和发扬中华医学精髓，勇于创新，探索动物疾病防治新技术。

任务一　冲 洗 疗 法

任务分析

冲洗疗法是利用药液反复冲洗患病部位，洗去黏膜上的渗出物、分泌物和污物，以促进组织的修复。主要用于眼、阴道、子宫、尿道、膀胱等与体外相通的器官黏膜发生炎症时的治疗。

任务目标

1. 会对患结膜与角膜炎的动物进行洗眼与点眼治疗；
2. 能对患阴道炎、子宫颈炎、子宫内膜炎的母畜进行阴道及子宫冲洗治疗；
3. 能对动物进行导尿与膀胱冲洗治疗；
4. 会给动物实施直肠给药和灌肠。

技能一　洗眼与点眼

技能描述

洗眼与点眼主要用于各种眼病，特别是结膜与角膜炎症的治疗。

技能情境

动物医院或诊疗实训室(亦可在动物养殖场)及相应的动物(牛、羊、猪、犬或猫等)；洗眼瓶或冲眼壶、一次性注射器、泪道冲洗针和药物；保定用具等。

技能实施

(1)助手要确实固定动物头部，术者用一手拇指与食指翻开上下眼睑，另一只手持冲眼壶(洗眼瓶、去针头的注射器等)，使其前端斜向内眼角，徐徐向结膜上灌注药液冲洗眼内分泌物，如冲洗不彻底时，可用硼酸棉球轻拭结膜囊。必要时用泪道冲洗针由泪点插入鼻泪管内，连接注射器注入洗眼药液，有利于洗去眼内的分泌物从鼻泪孔排出。

(2)洗净之后，左手食指向上推上眼睑，以拇指与中指捏住下眼睑缘。向外下方牵引，使下眼睑呈一囊状，右手拿点眼药瓶，靠在外眼角眶上，斜向内眼角，将药液滴入眼内，闭合眼睑，用手轻轻按摩1～2下，以防药液流出，并促进药液在眼内扩散。

(3)如用眼膏时，可用小玻棒一端蘸眼膏，横放在上下眼睑之间，闭合眼睑，抽去小玻棒，眼膏即可留在眼内，用手轻轻按摩1～2下，以防流出，或直接将眼膏挤入结膜囊内。

技术提示

(1)有眼外伤或异物伤及眼球者，禁用眼部冲洗。

(2)根据病情选定冲洗药液，每天冲洗次数视病情而定。冲洗所用的药液温度应与体温接近，以免发生反应。

(3)操作中防止动物骚动，冲眼壶或洗眼瓶与病眼不能接触，且与眼球不能呈垂直方向，以防感染和损伤角膜。

(4)点眼药或眼膏应准确点入眼内，防止流出。

(5)在使用冲洗疗法的同时，可配合应用其他疗法。

知识链接

(1)洗眼点眼用器械冲眼壶、洗眼瓶、胶帽吸管、眼药膏(液)瓶等，也可用不带针尖的注射器代用。

(2)常用的洗眼药有2%～4%硼酸溶液、0.1%～0.3%高锰酸钾溶液、0.1%雷佛奴尔溶液及生理盐水等。常用的点眼药有0.55%硫酸锌溶液、3.5%盐酸可卡因溶液、0.5%阿托品溶液、0.1%盐酸肾上腺素溶液、0.5%锥虫黄甘油、1%～3%蛋白银溶液等，还有氯霉素、红霉素、四环素等抗生素眼药膏(液)等。

技能二　阴道与子宫冲洗

技能描述

阴道冲洗主要为了排出炎性分泌物，用于母畜阴道炎的治疗。子宫冲洗是用于宫颈炎、子宫内膜炎及子宫蓄脓等疾病的对症治疗，以排出子宫内的分泌物及脓液，促进黏膜的修复，及早恢复生殖功能。常用药液包括温生理盐水、5%～10%葡萄糖、0.1%雷佛奴尔、0.1%高锰酸钾溶液，以及抗生素和磺胺类制剂。

技能情境

动物医院或诊疗实训室(亦可在动物养殖场)及相应的动物(牛、羊、猪、犬或猫等)；根据动物种类准备无菌的各型开膣器、颈管钳、颈管扩张棒、子宫冲洗管、洗涤器及橡胶管；冲洗溶液(微温生理盐水、0.1%雷佛奴尔溶液及0.1%～0.5%高锰酸钾溶液等)；保定用具等。

技能实施

一、阴道冲洗

将患病动物保定好，先充分洗净外阴部，而后插入开膣器开张阴道；通过一端连有漏斗的软胶管，把导管的一端插入阴道内，将配好的接近动物体温的消毒或收敛液冲入阴道内，冲洗液即可流入，借患病动物努责冲洗液可自行排出，如此反复洗至冲洗液透明为止。

二、子宫冲洗

先进行动物保定。由于雌性动物的子宫颈口只在发情期间开张，此时是进行投药的好时机。如果子宫颈封闭，应先充分洗净外阴部，而后插入开膣器开张阴道，再用颈管钳夹住子宫外口左侧下壁，拉向阴门附近。然后依次应用由细到粗的颈管扩张棒，插入子宫颈口使之扩张，再插入子宫冲洗管。通过直肠检查确认冲洗管在子宫内之后，用手固定好冲洗管，然后接好洗涤器的胶管，将药液注入子宫内，并借助虹吸作用使子宫内液体自行排出，直至排出液透明为止。另一侧子宫角也同样操作。当不具备上述器械时，可把所需药液配制好，并稍加温使药液温度接近动物体温。先注射雌激素制剂，促使子宫颈口松弛，开张后，用开膣器打开阴道，术者从阴道或者通过直肠把握子宫颈，将带回流支管的子宫导管或小动物灌肠器(其末端接以带漏斗的长橡胶管)送入子宫内，将药液倒入漏斗内让其自行缓慢流入子宫。待输液瓶或漏斗的冲洗液快流完时，迅速把输液瓶或漏斗放低，借虹吸作用使子宫内液体自行排出。如此反复冲洗2～3次，直至流出的液体与注入的液体颜色基本一致为止。

每次治疗所用的溶液总量不宜过大，牛一般为500～1 000 mL，并分次冲洗，直至排出的溶液变为透明为止。以上较大剂量的药液对子宫冲洗之后，可根据情况往子宫内注入抗菌防腐药液，或者直接投入抗生素。为了防止注入子宫内的药液外流，所用的溶剂(生理盐水或注射用水)数量以20～40 mL为宜。

技术提示

(1)严格遵守消毒规则,切忌因操作人员消毒不严而引起的医源性感染。

(2)在操作过程中动作应轻柔,不可粗暴,以免对患病动物的阴道、子宫造成损伤。

(3)不要应用强刺激性或腐蚀性的药液冲洗,冲洗完后,应尽量排净子宫内残留的洗涤液。

(4)当注入药液不顺利时,切不可施加压力,以免刺激子宫使子宫内炎性渗出物扩散。每次注入药液的数量不可过多,并且要等到液体排出后才能再次注入。

技能拓展

1. 阴道内投药

在阴道冲洗的基础上再行阴道内投药将患畜保定好,通过一端连有漏斗的软胶管,将配好的接近动物体温的药液灌入阴道内,然后术者戴灭菌手套将消毒药剂涂在阴道壁上,或者是直接将浸有磺胺乳剂的棉塞放入阴道内。

2. 子宫内投药

由于母畜的子宫颈口在发情期间开张,此时是进行投药的好时机。如果子宫颈封闭,应该先用雌激素制剂,促使子宫颈口松弛,开张后再进行处理。

在子宫投药前,应将动物保定好,把所需药液配制好,并且药液温度以接近动物体温为佳。可使用阴道开膣器,及带回流支管的子宫导管或小动物灌肠器,其末端接带漏斗的长橡胶管。

术者从阴道或者通过直肠把握子宫颈的方法将导管送入子宫内,将药液倒入漏斗内让其自行缓慢流入子宫。

一般在子宫冲洗之后进行投药,可根据情况往子宫内注入抗菌防腐药液,或者直接投入抗生素。为了防止注入子宫内的药液外流,所用的溶剂(生理盐水或注射用水)体积以 20～40 mL 为宜。

技能三　导尿与膀胱冲洗

技能描述

导尿与膀胱冲洗主要用于尿道炎及膀胱炎的治疗。目的是为了排出炎性渗出物和注入药液,促进炎症的治愈。也可用于导尿或采取尿液供化验诊断。

技能情境

动物医院或诊疗实训室(亦可在动物养殖场)及相应的动物(牛、羊、猪、犬或猫等);导尿管、阴道开膣器、膀胱冲洗器或注射器;药物(2%硼酸溶液、0.1%高锰酸钾溶液、1%～2%石炭酸溶液等);液体石蜡;保定用具等。

技能实施

一、母畜导尿与膀胱冲洗

1. 准备工作

所用导尿管用消毒药液浸泡消毒，使用前在顶端涂以润滑油。术者手臂清洗、消毒，戴乳胶手套。大动物于柱栏内站立保定，特别应保定其后肢，以防踢人，小动物则是在全身麻醉状态下行仰卧保定。外阴部清洗、消毒。

2. 操作方法

助手将动物尾巴拉向一侧或吊起，术者右手将导尿管握于掌心，前端与食指同长，呈圆锥形伸入阴道(大动物深 15～20 cm)，先用在前庭处下方触摸尿道外口，以左手送入导尿管直至尿道外口部，用右手食指将导尿管头端引入尿道口，再继续推送入 10 cm 左右深度，即达膀胱(图 8-1)。当识别尿道口有困难时，可用开膣器开张阴道，即可看到尿道口。体型稍大的母猪、母羊也可参照此法进行。中、小动物直接用开膣器扩张阴道，看到尿道口再行导尿。

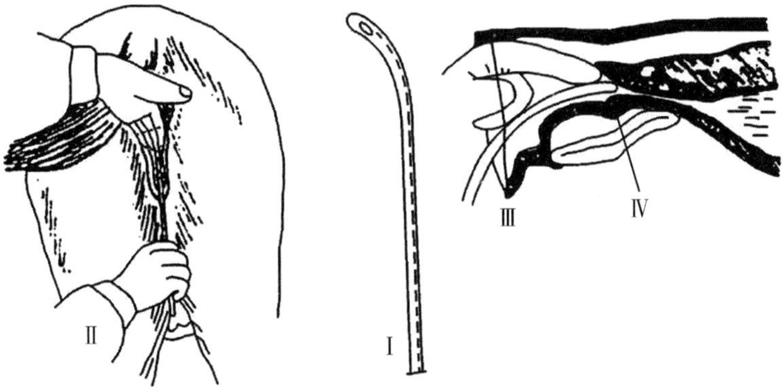

图 8-1 母畜的导尿

Ⅰ. 金属导尿管 Ⅱ. 母马的导尿管插入法

Ⅲ. 母牛导尿时用左手食指尖端将导尿管引入尿道口 Ⅳ. 憩室

当进入膀胱后，利用虹吸原理先导净膀胱尿液，然后用导尿管的另一端连接洗涤器或注射器，注入冲洗药液，反复冲洗，直至排出药液呈透明状为止，最后将膀胱内药液导出，必要时可在膀胱内留置药物。

二、公犬导尿与膀胱冲洗

犬全身麻醉，仰卧保定，局部清洗、消毒。术者左手抓住阴茎的龟头并慢慢拉出，用消毒药液(2%硼酸溶液或 0.1%高锰酸钾溶液等)清洗龟头及尿道口。右手将导尿管经尿道外口徐徐插入尿道，当导尿管尖端达坐骨弓处时，则有一定阻力而难以继续插入，术者可用手指隔着皮肤将导尿管前端向深部按压，迫使导管前端弯向前方，术者再稍稍用力将导尿管推入，即可通过骨盆腔段，继续推送达膀胱，尿液可自行流出。膀胱冲洗方法与母畜相同。

技术提示

(1)所用器具应用前要严格灭菌,母畜外阴部及公畜阴茎、尿道口要清洗消毒,并按无菌操作进行,以防尿路感染。

(2)选择导尿管粗细要与动物相对应。

(3)导尿管插入时前端应涂润滑剂,以防损伤尿道黏膜。

(4)冲洗动作要轻柔防止粗暴,以免损伤尿道及膀胱壁。

知识链接

导尿与膀胱冲洗母畜操作容易,公畜难度较大。根据动物种类及性别备用不同类型的导尿管,公畜选用不同口径的橡胶或软塑料导尿管,母畜选用不同口径的特制导尿管。用前将导尿管放在 0.1%高锰酸钾溶液或温水中浸泡 5～10 min,插入端蘸液状石蜡;冲洗药液宜选择刺激性或腐蚀性小的消毒、收敛剂,常用的有生理盐水、2%硼酸、0.1%～0.5%高锰酸钾、1%～2%石炭酸、0.1%～0.2%雷佛奴尔等溶液及常用抗生素、磺胺制剂的溶液,冲洗药液温度要与体温相近。

技能四　灌肠与直肠给药

技能描述

灌肠法是用导管自肛门经直肠插入结肠灌注液体,以达到通便排气的治疗方法。能刺激肠蠕动,软化、清除粪便,并有降温、催产、稀释肠内毒物、减少吸收作用。直肠给药是向直肠内注入大量的药液、营养溶液或温水,直接作用于肠黏膜,使药液、营养液被迅速吸收进入大循环,发挥药效或排出宿粪,以及除去肠内分解产物与炎性渗出物,达到清肠通便和供给药物、营养、水分等治疗目的。该疗法具有作用快、疗效高、毒副作用少,操作方便、费用低廉的优点。

技能情境

动物医院或诊疗实训室(亦可在动物养殖场)及相应的动物(牛、羊、猪、犬或猫等);软肥皂、水盆、温水、温度计;灌肠器(图 8-2,图 8-3)、肛门塞(可自制);保定用具等。

技能实施

一、浅部灌肠法

灌肠时,将动物站立保定好,助手把尾拉向一侧或向上提起。术者一手提盛有药液的灌肠用灌肠器,另一手将连接灌肠器的橡胶管徐徐插入肛门内(大动物深 10～20 cm,中、小动物深 3～5 cm),然后高举灌肠器,使药液流入直肠内。大动物一般每次 1 000～2 000 mL,小动物每次 100～200 mL。溶液注入后由于努责,很容易将药液排出,为防止药液的流出,可拍动物

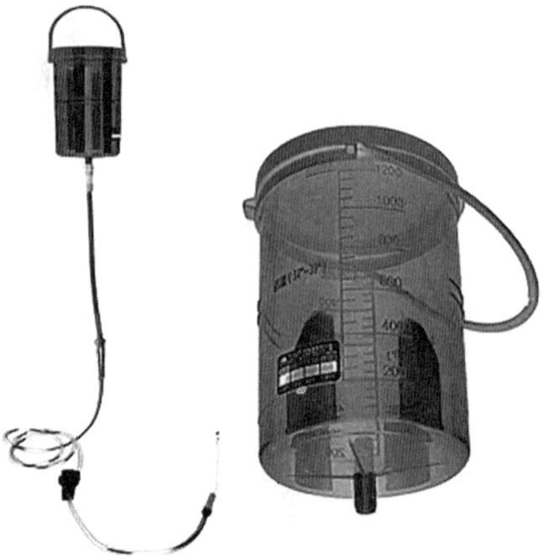

图 8-2　桶式灌肠器

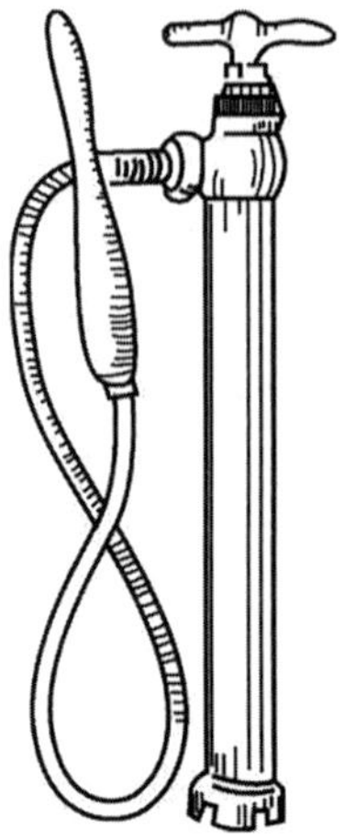

图 8-3　唧筒式灌肠器

尾根部，并捏住肛门促使其收缩。灌肠后使动物保持安静，以免引起排粪动作而将药液排出。

二、深部灌肠法

1. 大动物深部灌肠法

（1）保定　将病牛在柱栏内确实保定，用绳子吊起尾巴。

（2）麻醉　为使肛门括约肌及直肠松弛，可施行后海穴封闭，即以 10～12 cm 长的封闭针头，与脊柱平行地向后海穴刺入 10 cm 左右，注射 1%～2%普鲁卡因溶液 20～40 mL。

（3）塞入肛门塞　①木制肛门塞：长 15 cm，前端直径为 8 cm，后端直径为 10 cm，中间有直径 2 cm 的孔道，后端装有 2 个铁环，塞入直肠后，将 2 个铁环绳子系在颈部的套包或夹板上。②球胆制肛门塞：将带嘴的排球胆剪 2 个相对孔，中间插一根直径 1～2 cm 的胶管，然后再用胶黏合管的一端露出 5～10 cm，朝向牛头一端露出 20～30 cm，连接灌肠器。塞入直肠后，由原球胆嘴向球胆内打气，胀大的球胆堵住直肠膨大部，即自行固定。

（4）灌水　将灌肠器的胶管插入木制肛门塞的孔道内，或与球胆制肛门塞的胶管相连接，大动物可缓慢地灌入温水或 1%温盐水 10～30 L。灌水量的多少依据便秘的部位而定。灌肠开始时，水进入顺利，当水到达结粪阻塞部位时则流速缓慢，甚至随患病动物努责而向外反流，以后当水通过结粪阻塞部，继续向前流时，水流速度又见加快。若患病动物腹围稍增大，并有腹痛表现，呼吸增加，胸前微微出汗，则表示灌水量已经适度，不要再灌。灌水后，经 15～20 min 取出肛门塞。

如无肛门塞，术者也可用双手将插入肛门内的灌肠器的胶管连同肛门括约肌一起捏紧固定。但此法不可预先做后海穴麻醉，以免肛门括约肌弛缓，不易捏紧。尾巴也不必吊起或拉向一侧，任其自然下垂，避免动物努责时，粪水喷在术者身上。在灌肠过程中，如动物努责，可让助手在动物前方摇晃鞭子，吸引其注意力，以减少努责。

2. 中、小动物深部灌肠法

灌肠时，对动物施以站立或侧卧保定，并呈前低后高姿势。术者先将灌肠器的胶管一端插入肛门，并向直肠内推进 8～10 cm。另一端连接漏斗或灌肠器，也可使用 100 mL 注射器注入溶液。先灌入少量药液软化直肠内积粪，待排净积粪后再大量灌入药液。灌入量根据动物个体大小而定，一般幼犬或仔猪 80～100 mL，成年犬 100～500 mL。

技术提示

(1)重症感染、脱水、电解质紊乱及严重腹泻的患病动物应以静脉输液为主，直肠给药为辅。

(2)疑有肠道梗阻、坏死、穿孔等急腹症及心功能衰竭或心律失常的动物禁止灌肠。

(3)直肠内存有蓄粪时，按直肠检查要领取出，再进行灌肠。

(4)对以人工营养、消炎和镇静为目的的灌肠，在灌肠前应先把直肠内的宿粪取出。

(5)避免粗暴操作损伤肠黏膜或造成肠穿孔，肛门塞的头端须润滑石蜡油或凡士林膏。

(6)溶液注入后由于排泄反射，易被排出，应用手压迫尾根和肛门或于注入溶液的同时，用手指刺激肛门周围，也可通过按摩腹部减少排出。

(7)灌肠溶液根据用途选择，一般用 1％温盐水、复方生理盐水、0.1％高锰酸钾溶液、2％硼酸溶液、5％葡萄糖溶液或甘油(小动物用)等，药液温度以 35℃为宜。

知识链接

浅部灌肠主要应用于动物有采食障碍或咽下困难、食欲废绝时，进行人工营养；或直肠炎、结肠炎时，灌入消炎剂；或动物兴奋不安时，灌入镇静剂；或排出直肠内积粪。深部灌肠主要适用于治疗肠套叠、大肠便秘、排出胃内毒物和异物等。

操作训练

利用课余时间参与动物门诊工作，给需要实施冲洗疗法治疗的患病动物进行冲洗。

任务二 物理疗法

任务分析

物理治疗法是指用自然界及人工的各种物理因素预防和治疗疾病的方法。物理疗法适用于各种炎症、损伤、溃疡及各种功能障碍性疾病和变态反应性疾病的治疗。常用的有水疗法和光疗法。

任务目标

1. 能根据动物疾病的状态选择冷疗法或温热疗法；

2. 能对患有亚急性和慢性炎症过程的创伤、挫伤、溃疡、湿疹、神经炎及风湿症等疾病的动物实施红外线疗法；

3. 能应用紫外线疗法对患病动物实施治疗；
4. 能应用激光疗法对需要的患病动物实施治疗。

技能一 水 疗 法

技能描述

水疗法是利用不同温度、压力、成分的水，以不同形式和方法（浸、冲、擦、淋洗）作用于动物体全身或局部进行预防和治疗疾病的方法。主要有冷疗法和温热疗法。

技能情境

动物医院或诊疗实训室（亦可在动物养殖场）及相应的动物；冰块；胶皮袋；水盆、木桶或橡胶蹄套、石蜡、95%酒精；铝锅、电炉或水浴锅、排刷、毛巾或大块纱布、脱脂棉、绷带；温度计；保定用具等。

技能实施

一、冷疗法

1. 冷敷

用冷水（0～15℃）把毛巾或脱脂棉浸湿，稍微拧干后敷于患部，也可用装有冷水、冰块或雪块的胶皮袋冷敷于患部，并用绷带固定。每天数次，每次 30 min。

2. 冷蹄浴

让患病动物患肢站在冷水桶内浸泡，不断更换桶内冷水，每次浸泡 30 min。冷水中最好加入 0.1%高锰酸钾，以增强防腐作用。有条件时也可用自来水浇注患部或将患畜牵至小河中浸泡 30 min，同样可达到治疗目的。用于治疗蹄、趾、指关节的疾患。

二、温热疗法

1. 热敷

在 40～50℃的温水中浸湿毛巾，或用温热水装入胶皮袋中，敷于患部，每天 3 次，每次 30 min。

2. 温蹄浴

具体方法与冷蹄浴相同，只是将冷水换成 40～45℃的温水。

3. 酒精热绷带

将 95%酒精或白酒放在水浴中加热到 50℃，用棉花浸渍，趁热包裹患部，再用塑料薄膜包于其外，防止挥发，塑料膜外包上棉花以保持温度，最后用绷带固定。这种绷带维持治疗作用的时间可长达 10～12 h，所以每天更换 1 次绷带即可。

4. 石蜡疗法

患部仔细剪毛，用排笔蘸 65℃的熔化石蜡，反复涂于患部，使局部形成 0.5 cm 厚的防烫层，石蜡疗法可隔日进行1次。根据患部不同，适当选用以下方法：

(1)石蜡棉纱热敷法　用4～8层纱布，按患部大小叠好，浸于石蜡中。第1次使用时，石蜡温度为65℃，以后逐渐提高温度，但最高不要超过85℃，取出，挤去多余蜡液，敷于患部，外面加棉垫保温并固定之。也可把熔化的石蜡灌于各种规格的塑料袋中，密封、备用。使用时，用70～80℃水浴加热后，敷于患部，外面用绷带固定。可用于任何患部。

(2)石蜡热熔法　做好防烫层后，从肢端套上一个胶皮套，用绷带把胶皮套下口绑在腿上固定，把65℃石蜡从上口灌入，上口用绷带绑紧，外面包上保温棉花并用绷带固定。适用于四肢游离部。

技术提示

(1)掌握冷疗和温热疗法的时间，每次不超过30 min。

(2)观察局部皮肤和蹄的变化，10 min 1次，若发现异常，应及时停止。

(3)随时检查冰块融化和水温、石蜡温度情况，及时更换。

(4)对于恶性肿瘤和有出血倾向的病例禁用温热疗法，有创口的炎症也不宜使用湿的温热疗法。

(5)可用热药液替代普通水，如复方醋酸铅液(醋酸铅25 g、明矾5 g、水5 000 mL)，10%～25%硫酸镁液、食醋以及中药等，均有较好的热敷效果。

知识链接

冷疗法主要应用在急性炎症的最早期，其作用是使患部血管收缩，减少炎性渗出和炎性浸润，防止炎症扩散和局部肿胀，以及消除疼痛，临床上常用于肌肉、腱、腱鞘、韧带、关节等各种急性和亚急性炎症初期的治疗，禁用于化脓性炎症，有外伤的部位不可用湿的冷疗。

温热疗法的作用是使患部温度提高、血液循环旺盛，血管扩张，使细胞氧化作用增强，机体新陈代谢增强，以及局部白细胞吞噬作用加强等，临床上常用于治疗各种急性炎症的后期和亚急性炎症，如亚急性腱炎、腱鞘炎、肌炎及关节炎，以及尚未出现组织化脓溶解的化脓性炎症的初期。

技能二　光　疗　法

技能描述

光疗法是利用阳光或人工产生的光线(红外线、紫外线、激光)照射动物患部或全身，以达防治疾病和促进机体康复的一种物理治疗方法。临床上经常用到的光疗法有红外线疗法、紫外线疗法和激光疗法。

技能情境

动物医院或诊疗实训室（亦可在动物养殖场）及相应的动物；红外线治疗仪或太阳灯；紫外线治疗仪（又称紫外线光疗仪）；氦氖激光治疗仪；二氧化碳激光治疗仪；护目镜；卷尺；遮盖用布；剪毛剪；消毒棉球；保定用具等。

技能实施

一、红外线疗法

首先将拟治疗部位去除污物，剪毛并局部消毒，用厚纸板或红（黑）布遮盖动物头部；确实保定动物；把红外线治疗仪移到治疗部位的斜上方或旁侧，灯头距体表 30～50 cm；调节距离使光线照射处的体表温度为 45℃，灯光对准治疗部位照射。每天 1～2 次，每次 20～30 min，10～15 次为 1 个疗程。

二、紫外线疗法

紫外线疗法可分为全身照射和局部照射，临床上多用局部照射。照射前，要先清除患部的污垢、痂皮、脓汁等。局部剪毛消毒，将动物确实保定，用遮盖布覆盖非照射部位；调节紫外线治疗仪距患部 30 cm 左右，第 1 次照射 5 min，以后每天增加 5 min，连用 5 d，但是最长时间不能超过 30 min。

三、激光疗法

激光治疗中最常用的一种方法就是照射法，将动物确实保定，根据治疗需要，参照生产厂家的使用说明，开展激光治疗。可根据照射部位的不同，分为局部照射（患部照射）、穴位照射和经络照射。

1. 局部照射

局部照射是将激光直接对准患部病变部位进行照射。

2. 穴位照射

将激光聚焦或用光纤对准患病动物的某些穴位进行照射，又叫激光针灸。

（1）光针疗法　应用氦氖激光治疗器，根据病情选取 1 个或多个穴位，剪毛消毒，接通激光电源，打开开关，发出红光，光束对准穴位，一般每穴照射 5～15 min，每天 1 次，连续 7～14 次为 1 个疗程，照射距离以 5～10 cm 为宜。

（2）光灸疗法　应用二氧化碳激光治疗仪，如灼烧穴位，每穴灼烧 2～6 s，如用扩束照射头，距穴位应为 20～30 cm，每穴区照射 5～10 min。

（3）神经经络照射　将激光束进行聚焦后或用原来光束或用光纤，对准某一神经经络进行照射。如氦-氖激光照射牛、羊、猪及犬的正中神经及胫神经，持续 20～30 min，即可达到麻醉的目的。

采用激光治疗疾病时，应将激光器射出窗口到照射部位之间的距离控制在 50～100 cm

之间，每天1次，每次的照射时间为10～20 min(二氧化碳激光烧灼每次0.5～1.0 min)，连续10～14 d为1个疗程，连续2个疗程之间应间隔1周为宜。

▶技术提示

(1)使用红外线疗法时，应密切观察局部反应，以免发生灼伤；照射部位接近眼或光线可射及眼时，应用纱布遮盖双眼或戴上黑色护眼镜。

(2)使用紫外线疗法时，操作人员应戴上黑色护眼镜，治疗用动物也应戴上防护面罩保护动物的眼睛，同时应避免较长时间直接照射；灯管开启后3 min后才能照射患部；当照射部位出现水疱时，表明剂量过大，应立即停止照射。

(3)激光疗法的注意事项：

①操作人员应戴防护眼镜，患病动物要确实保定，激光器要合理放置，以确保人、动物、仪器的安全。

②在照射前，创面应用生理盐水清洗干净，除去污物，创缘周围剪毛；穴位应剪毛，除去污垢，拭净，并以龙胆紫标记。

③激光束(光斑)与被照射部位尽量垂直，使光斑呈圆形，准确地照射在病变部位或穴位上，若不便直接照射穴位的，可通过光纤使激光垂直照射在治疗部位。

④照射时间系指激光准确地照射在被照射部位的时间，若因患病动物移动使光斑移开，此段时间不能包括在照射时间内。

⑤二氧化碳激光治疗仪进行照射时，需采用扩焦照射，照射距离为50～100 cm，以局部皮肤有适宜的温热感为宜，不要使其过热，以免烫伤动物。为了达到烧灼的目的，必须采用聚焦照射且越接近焦点越好。

⑥激光器的使用，应该严格按照生产厂家所提供的说明书上的使用操作方法和注意事项进行操作，以免发生意外。

▶知识链接

1. 红外线

红外线位于可见光谱中红色光线之外，它是不可见光，临床上用于治疗的红外线波长范围为760～3 000 nm。在合理的剂量作用下，红外线可使局部血液循环旺盛，新陈代谢活跃，酶的活性增强，白细胞游走和吞噬作用增强，具有镇静、镇痛，促进炎性产物的吸收和排出，以及促进肉芽创时肉芽和上皮的生长等作用。红外线疗法可改善局部血循环，促进炎症消散，加速伤口愈合，减轻术后粘连，软化瘢痕等，多用于治疗亚急性和慢性炎症过程，如创伤、挫伤、溃疡、湿疹、神经炎及风湿症等，对急性炎症、肿瘤、血栓性静脉炎等禁用。

2. 紫外线

紫外线位于可见光谱中紫色光线之外，它是光疗中应用比较广泛的一种光线。其光谱分3个波段：长波紫外线(波长范围400～320 nm)、中波紫外线(波长范围320～280 nm)和短波紫外线(波长范围280～100 nm)。短波紫外线因具有较强的杀菌作用而被用于室内消毒，中、长波紫外线因其可以使皮肤内血管扩张，改善血液循环和新陈代谢而多用于治疗。

紫外线疗法具有消毒杀菌，改善伤口的血液循环，抗维生素D缺乏，刺激并增强机体免疫功能，镇痛等作用常用于治疗皮肤损伤、疖、湿疹、皮肤炎、肌炎、久不愈合的创伤、溃疡、炎性浸润、风湿症、骨及关节病等。在动物患有皮肤光过敏、肝功能不全或肾炎时禁用。

3. 激光

由于激光具有方向性好、单色性强、亮度高和相干性好的特性。激光对生物体的作用主要表现在热效应、光化效应、压强效应及电磁场效应4方面，并且因激光器的种类和输出功率不同，它对活组织的作用也不同。激光疗法根据不同的激光种类，可以用于激光手术，以及慢性伤口、溃疡的愈合和过敏性鼻炎等。目前，在兽医临床常用的激光器有低功率的氦氖激光治疗仪和中等功率、大功率的二氧化碳激光治疗仪。

(1)氦氖激光治疗　其治疗作用有提高机体免疫机能及防御适应能力，刺激组织再生和修复，生物刺激和调节以及消炎镇痛作用。临床上用于治疗创伤、挫伤、溃疡、烧伤、脓肿、疖、蜂窝织炎、关节炎、湿疹、睾丸炎、奶牛疾病性不育症(如卵巢机能不全、卵泡囊肿、黄体囊肿、持久黄体、卡他性及化脓性子宫内膜炎)、乳房炎、阴道炎、阴道脱垂等，还用于激光麻醉。

(2)二氧化碳激光治疗　常用小功率的二氧化碳激光(10 W以下)扩焦照射，可使局部组织血管扩张，血液循环加快，新陈代谢旺盛，同时具有刺激、消炎、镇痛和改善局部组织营养之功能。临床上用于治疗化脓创、溃疡、褥疮、慢性肌炎及仔猪黄痢、白痢、羔羊下痢，犊牛、驹下痢及消化不良，奶牛腹泻、瘤胃迟缓，马的胃肠卡他、肠秘结等。30～100 W以上的高功率的二氧化碳激光主要利用其“破坏”作用，用于手术切割和气化，如利用它切除奶牛乳房的乳头状瘤以及其他部位的肿瘤。另外，二氧化碳激光经聚焦后，其光点处能量高度集中，在极短的时间内可使局部高温，组织凝固、脱水和组织细胞被破坏，从而达到烧灼、止血的作用。

4. 激光针灸

激光针灸可分为光针疗法和光灸疗法。目前，兽医临床上应用最多的是氦-氖激光器和二氧化碳激光器，其中前者功率较小，输出红光，穿透力较强，热效应较弱，主要用于照射穴位和病灶局部；后者功率较大，输出红外不可见光，穿透力较弱，热效应较强，用于肿瘤切除和穴位烧灼等。

一般根据针灸穴位的主治性能酌情选穴。例如，消化不良取脾俞、关元俞、后三里；结症取关元俞、大肠俞、脾俞；骨软症取脾俞、百会、关元俞、巴山、邪气、抢风、冲天等；风湿症取风门、九委、抢风、百会、肾棚、腰中、大胯、小胯等；不孕症取后海、阴俞阴蒂等；乳房炎取阳明、滴明(乳井后缘腹壁皮下静脉上)、通乳(前后乳头之间旁开3 cm处)；仔猪白痢、羔羊下痢取交巢(后海)等。针灸还可提高畜体免疫能力，镇痛、麻醉、催情排卵，以及各种常见病的治疗，如消化不良、风湿症、支气管炎、仔猪白痢、羔羊下痢、不孕症、神经麻痹、结症、骨软症、关节扭挫伤、外伤等。

操作训练

利用课余时间参与动物医院门诊工作，给需要进行物理疗法治疗的患病动物实施水疗或光疗。

任务三 输氧疗法

任务分析

输氧疗法是通过给患病动物输入高于空气中氧浓度的氧气，来提高患病动物肺泡内的氧分压，达到改善组织缺氧为目的的一种治疗方法。氧疗法在兽医临床上主要用于急救，是一种支持疗法。

任务目标

1. 会对抢救危重患病动物提供鼻导管给氧治疗；
2. 能对抢救危重患病动物提供简便有效的3%过氧化氢静脉注射给氧治疗；
3. 会对抢救危重患病动物实施皮下输氧法治疗。

任务情境

动物医院或诊疗实训室（亦可在动物养殖场）及相应的动物；输氧装置；输液器；药物（3%过氧化氢溶液、10%～25%葡萄糖溶液）；剪毛剪及常规消毒用品；保定用具等。

任务实施

一、鼻导管输氧法

适当保定动物。打开氧气筒总开关及流量表，检查氧气流出量是否通畅，以及全套装置是否适用。根据动物个体大小选择粗细不同的橡皮鼻导管，一端连接湿化瓶上的玻璃管，一端插入动物鼻孔内并适当固定。输氧过程中观察患病动物心跳、脉搏、血压、精神状态、皮肤颜色、温度与呼吸方式等有无改善来衡量氧疗效果，还可测定动脉血气分析判断疗效，选择适当的用氧浓度。停氧时，应先分离鼻导管接头，再关流量表开关，以免一旦开关倒置，大量气体冲入呼吸道损伤肺组织。

二、3%过氧化氢静脉注射输氧法

现场稀释过氧化氢溶液，按照牛2 mL/kg体重、马5 mL/kg体重、其他动物1～2 mL/kg体重，用10%～25%葡萄糖注射液作10～15倍稀释后，进行缓慢静脉注射，每天2～3次。操作方法及要点同静脉注射给药。

三、皮下输氧法

局部剪毛消毒；将注射针头刺入皮下；把氧气输入导管和针头相连接，打开流量表的旁栓或氧气筒上的总阀门，则氧气输入，皮肤逐渐鼓起，待皮肤比较紧张时停止输入。如一次注入量不足，可另加一处。牛、马为 6～10 L，中、小动物为 0.5～1 L，输入速度为 1～1.5 L/min。

技术提示

(1)为保证安全，给氧时，患病动物需妥善保定，氧气筒与动物保持一定的距离，周围严禁烟火，以防燃烧和爆炸。

(2)输氧导管宜选用便于穿插、较为细软的橡皮管，以减少对鼻、咽黏膜的刺激。给氧前应检查导管是否通畅，并清洁动物鼻腔。

(3)搬运氧气筒不许倒置，不许剧烈振动，附件上不许涂油类。

(4)吸入氧气时，其流量的大小应按患病动物呼吸困难的改善状况进行调节；皮下给氧时，不能把氧气注入血管内，以防形成气栓。

(5)过氧化氢溶液要现用现配，避免久置。过氧化氢浓度过高或输入速度过快易发生溶血。此种给氧方法，为基层抢救危重患病动物提供了简便有效的给氧途径。

(6)皮下输氧操作应严格无菌，避免针头插入血管而引起气性血栓。

知识链接

1. 输氧装置

(1)氧气筒(瓶)　氧气筒为柱形无缝钢筒，顶端设总开关以控制氧气的输出量，侧边有与氧气表相连的气门，是氧气从筒中输出的途径。

(2)压力表　从表上的指针能测知筒内氧气的压力，压力越大，则说明氧气贮存量越多。

(3)减压器　减压器是一种弹簧自动减压装置，用于减低来自氧气筒内的氧气压力，使氧流量平衡，保证安全，便于使用。

(4)流量表　用于测量每分钟氧气流出量，流量表内装有浮标，当氧气通过流量表时，即将浮标吹向上端平面所指刻度，测知每分钟氧气的流出量。

(5)湿化瓶　瓶内装入 1/3 或 1/2 的冷开水，通气管浸入水中，用于湿润氧气，以免呼吸道黏膜被干燥氧气刺激，出气管和鼻导管相连。

(6)安全阀　由于氧气表的种类不同，安全阀有的在湿化瓶上端，有的在流量表的下端，当氧气流量过大、压力过高时，内部活塞即自行上推，使过多的氧气由四周小孔流出，以保证安全。

2. 供氧机理

应用过氧化氢供氧的机理是当它与组织中的酶类相遇时，立即分解出大量氧为红细胞所吸收，从而增加血液中的可溶性氧。新鲜且未被污染的 3%过氧化氢，用 10%～25%葡萄糖溶液稀释 10 倍，使其浓度达到 0.3%，供马属动物用；牛、羊等动物，在使用过氧化氢给氧时浓度不可超过 0.24%。

3. 皮下输氧

皮下输氧法是把氧气注入肩后或两肋皮下疏松结缔组织中，通过皮下毛细血管内红细胞逐渐吸收而达到给氧的目的。皮下给氧后一般于 6 h 内被吸收。

操作训练

利用课余时间参与动物医院门诊工作，给需要的患病动物实施输氧疗法。

任务四　针灸疗法

任务分析

针灸包括针术和灸术。针术是应用各种不同类型的针具和不同的手法，刺扎动物体的一定穴位，给以适当的机械刺激，从而治疗疾病的一种方法。针术疗法可以分为：白针疗法、火针疗法、血针疗法、电针疗法、耳针疗法、水针疗法、激光针灸、磁针疗法和微波针灸疗法等。灸术是用特制的灸具或其他温热物体，烧灼或熏烤动物的一定穴位，而达到治疗疾病的一种方法。灸术疗法可以分为：艾灸、温熨疗法和烧烙疗法。动物针灸疗法在临床应用中有许多独到之处，具有治疗广泛、疗效迅速、操作简单，安全易学、便于推广等优点。

任务目标

1. 能对动物部分穴位施行白针、血针及火针疗法；
2. 能对患病动物选择适当穴位实施水针治疗；
3. 会电针疗法对动物某些疾病实施治疗；
4. 会对动物实施艾灸疗法。

任务情境

动物医院或诊疗实训室（亦可在动物养殖场）及相应的动物；针灸疗法用器械和药物；保定用具等。

任务实施

一、针术疗法

（一）针术前的准备工作

1. 检查针具

施针前需选择适当的针具，并检查针尖有无生锈、带钩、折弯现象，针柄有无松动等，如果有上述情况则不能使用，以免发生意外。此外，要将所用针具擦拭光洁并用酒精棉球消毒。

2. 动物准备

针术疗法常引起患畜疼痛，以致骚动不安，容易影响到治疗效果，因此患畜要确实保定。马、牛等大动物一般在六柱栏内站立保定，猪、羊、犬可采取横卧保定。选择好穴位剪毛后，用酒精、碘酊涂擦，待干后施针。术者双手用清水洗净，晾干，并用酒精棉球擦拭消毒。

(二)白针疗法

应用圆利针和毫针按规定的深度，对血针穴位以外的穴位施针。其操作方法如下：

1. 持针

右手拇、食指夹持针柄以便用力，中指、无名指抵住针身，以辅助进针。

2. 按穴

一般以左手按穴，固定穴位皮肤，右手持针、进针。左手固定穴位的方法有指切按穴和舒张按穴2种。指切按穴，即以左手拇指切压在穴位近旁的皮肤上，右手持针沿指甲边缘刺入。舒张按穴，即以左手拇指、食指将穴位皮肤撑压绷紧，右手持针在二指间的中点刺入。

3. 进针

(1)急刺法　左手按穴，右手持针，以持针手拇、食指固定并控制针刺深度，将针尖点在穴位中心，迅速刺入所需深度。急刺法宜用宽针和三棱针。

(2)缓刺法　按上述方法按穴，将针尖先刺至皮下，然后在捻转进针至所需深度。缓刺法宜用圆利针和毫针。

进针的角度一般有3种，即平刺、斜刺和直刺(图8-4)。

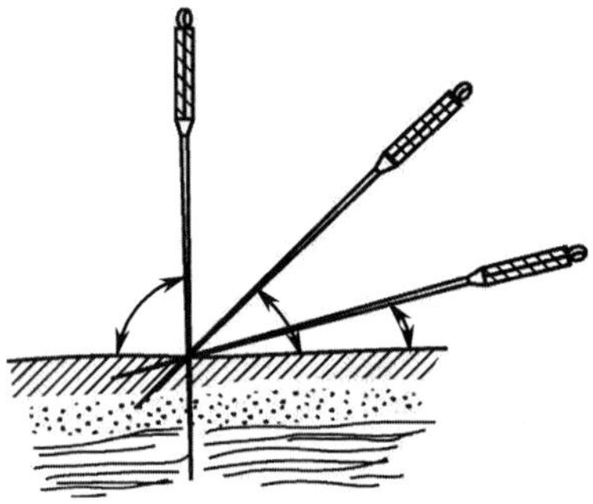

图8-4　进针角度

4. 行针

针刺达到所需深度后，若立即退针，称不留针，适于新发病、轻症。若将针停留在穴位，称为留针。留针时间的长短，依病情而定，一般病症可留5～15 min，慢性、顽固性疾病可留15 min以上。留针过程中，可以使针保持静止，有的为了加强作用可每隔3～5 min处理1次针，可采用提插、捻转、搓和弹击针柄等方法，使患畜出现提肢、拱腰、摆尾、肌肉收缩和皮肤震颤等针感反应，从而进一步增强疗效。

5. 退针

行针“得气”后，左手按压住穴位皮肤，右手持针柄捻转，将针抽出。

(三)火针疗法

火针同时兼有针和灸2种功能，可使针刺处组织出现较深的灼伤灶，在较长时间内保持对穴位的刺激作用，该法在治疗风湿症、慢性腰肢病等有较好疗效。

1. 选定穴位

先选定穴位，消毒后用碘酊或龙胆紫点上记号。火针与白针穴位基本相同，但是脉管及关节部位不得使用火针疗法。

2. 烧针

(1)油火烧针　用棉花将针尖及针身一部分缠成枣核形，松紧适当，然后浸透植物油，将尖部的油挤至微干，以便点燃烧针，待棉花将要燃尽时去掉灰烬(图8-5)，迅速刺入穴位。

图8-5　火针烧针法

(2)直接烧针　常用酒精灯直接烧红针尖部分立即刺入穴位。

3. 针刺与退针

待针烧红后，立即刺入穴中。刺入后不留针或稍留针，退针时，稍把针身捻动一下即可抽出。针孔用碘酊消毒，并以胶布或火棉胶封闭针孔。

(四)血针疗法

血针疗法是用宽针或三棱针等针具在动物的血针穴位上施针，刺破穴部浅表静脉，放出一定量的血，从而达到防治疾病目的的一种方法。常用于治疗热性病，加感冒、中暑及中毒等，对某些体弱的动物应用血针疗法有促进膘的效果。

1. 选择穴位

要看清血管，定准穴位，可用眼瞄法，也可用手指触压的方法。

2. 施针

首先使血管怒张，便于刺中，可弹击或压迫血管，也可用绳捆扎(如颈静脉，可在颈下部扎绳)。术者用右手持针，也可将针装在针锤上，快速刺入选定的血管穴内。

3. 放血

应根据畜体类别、体质强弱、疾病性质和季节而定。马宜多放，牛宜少放；体壮、急性热病，应多放；体弱、慢性病，应少放；夏季多放，冬季少放。

4. 止血

放血一定量后，拔出刺针大多能自行止血，或稍加压迫即可。如出血不止时，应多加压迫，必要时可以用止血钳或止血药止血。

(五)水针疗法

水针疗法也叫穴位注射法，是一种针刺与药物相结合的新疗法。它是在穴位、痛点或肌肉起止点注射某些药物，通过针刺和药物对穴位的双重刺激，以达到治疗疾病的方法。此法操作简便，使用器材和药品少，疗效显著，在临床上用于眼病、风湿症、神经麻痹等的治疗，并逐步广泛应用到许多常见病、多发病和少数传染病的治疗。

1. 注射点的选择

选择注射点可有 3 种不同的选择，分别是：①穴位：一般毫针穴位均可使用，可根据不同疾病，选用不同穴位；②痛点：根据诊断找出痛点，进行注射；③患部肌肉起止点：若痛点不易找到，可选择在患部肌肉的起止点注射，注射深度要达到骨膜和肌膜之间。

2. 施针

选好注射点，局部剪毛、消毒后，以相应长度的针头刺入，至所需深度后，动物会出现针感反应，即可连接注射器注入药物。注入后拔出针头，刺点消毒。一般 1～2 d 注射 1 次，3～5 次为 1 个疗程，必要是可停药 3～7 d 后，再进行第 2 个疗程。

3. 药物与剂量

应用于水针疗法的药物有：生理盐水、10%～20%葡萄糖液，0.5%～3.0%普鲁卡因液、青霉素、链霉素、安乃近、25%硫酸镁液、维生素 B_1 或维生素 B_{12} 注射液、当归液、10%红花液、黄连素注射液、穿心莲注射液等。药物用量可根据药物性质、注射部位及注射点的多少而定，一般为肌内注射量的 1/5～1/3。

(六)电针疗法

针刺一定穴位得气后，再通以适当的电流刺激穴位，以调节机体的机能，从而达到治疗疾病的目的。在临床上，电针疗法用于治疗各种家畜的起卧症、消化不良、神经麻痹、肌肉萎缩、风湿症、直肠及阴道垂脱等多种疾病。

电针疗法一般可根据病情，每次选2～4个穴位，经剪毛消毒后，将针刺入穴位达所需深度(即患畜出现针感反应)。将电疗机的两极导线分别夹在针柄上，确认输出调节在刻度"0"时接通电源。一般输出电流由弱到强，频率由低到高，逐渐调到所需强度(以病畜能够安静地接受治疗为准)。

通电时间一般为15～30 min，也可根据需要而适当延长。在治疗过程中，为避免病畜对电刺激的逐渐适应，可通过适当地加大输出，使电压与频率时高时低或中途短时间停电后再继续通电等措施来确保满意的疗效。

治疗结束时，将调节旋钮调到零值后关闭电源，然后除去金属夹，退出针具，消毒针孔。一般每天或隔天1次，5～7 d为1个疗程，2个疗程间可间隔3～5 d。

二、灸术疗法

灸术是点燃艾卷或艾炷，熏灼动物体穴位或特定部位，或利用其他温热物体，对患部给予温热灼痛刺激，借以疏通经络、驱散寒邪，达到治疗目的的方法。

(一) 艾灸法

分为艾炷灸和艾卷灸2种，如根据灸后灼伤皮肤的程度可分为无疤痕灸和疤痕灸2种。

1. 艾炷灸

(1)直接灸　根据病情选择适宜大小的艾炷(枣子大或李子大)直接放在穴位上，点燃艾炷尖，待燃烧到底，不等燃尽就更换一个艾炷，称为"一壮"。每穴灸5～10壮或更多一些。其补泻手法是，以点燃艾炷令其自灭，按穴者为补，不按穴者为泻。

(2)间接灸　将厚0.2～0.3 cm的生姜片或大蒜片、药物等，刺上小孔，垫在艾炷和穴位之间。其他操作同直接灸。

2. 艾卷灸

根据艾灸的方式和对穴位皮肤灼热程度分为温和灸和雀啄灸2种。

(1)温和灸　将点燃的艾卷距穴位1.5～3 cm处熏烤，每穴连续灸5～10 min。

(2)雀啄灸　将点燃的艾卷象雀啄食一样接触一下穴位皮肤、立即拿开，反复操作，每穴灸3～5 min。

(二) 温熨法

温熨法常用的有醋酒灸和醋麸灸等。

1. 醋酒灸

俗称火烧战船或背火鞍。将马或牛保定在四柱栏内，用温醋刷湿背腰部被毛，盖上用醋浸湿的双层纱布，洒上70%酒精(或白酒)，点燃，醋干加醋，火小用注射器洒酒，勿使纱布烧干，先文火后武火，连续烧30～40 min，至马耳根或腋下出汗时，用于麻袋盖压灭火焰，抽出湿纱布，固定麻袋，将动物拴于暖厩，勿受风寒。

2. 醋麸灸

将一半麦麸放在铁锅内加醋拌炒，加醋的量以手握麦麸成团、放手即散或不全散开为度，炒至麸热 40～60℃，趁热马上装入布袋，平搭在腰背部施灸。再用同样方法炒另一半麦麸。两布袋交换使用，稍凉就换，直至马耳后或腋下微汗，除去布袋，盖上干麻袋保暖，勿受风寒。

（三）烧烙法

烧烙要用专门的器械，最常用刀形或方形等各种形状的烙铁（图 8-6），另外还有自动烧烙器、白金烙铁等。烧烙的方法因炎症的性质不同而有差别，常用到的有点状烧烙、线状烧烙、穿刺烧烙等几种方法。

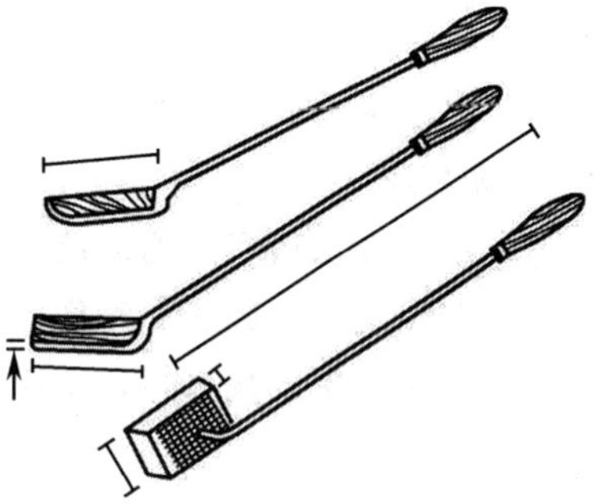

图 8-6　烙铁

1. 直接烧烙

动物停食 8 h 后，将其横卧保定，在患部进行烧烙。先烧掉毛，再由轻到重，边烙边喷醋，至皮肤烙呈焦黄色为度。烙后要防止啃咬和感染。

2. 间接烧烙

动物站立保定，将浸醋的棉纱垫固定于患部，然后用烧至半红的烙铁，反复在棉纱垫上烙熨，每个部位烙 10 min。其间应不断加醋，以免将棉纱垫烧焦。若不愈，1 周后再烙。

技术提示

（1）进行针灸治疗，必须建立在正确诊断的基础上，并对选定的穴位按疗程规定有计划地进行针刺。

（2）遇到恶劣天气（如大雨、大风等）、母畜配种前后或母畜妊娠后期等情况时，不宜进行针灸治疗。

（3）针灸后不要立即使役，但可以适当运动；针灸部位要防止雨淋和摩擦；针刺四肢下部穴位后不要下水或走泥泞路，以防感染。

（4）在施针过程中，有时由于患畜骚动或肌肉强烈收缩，常引起针身弯曲（弯针）和针刺入肌肉后不能捻转、提插的现象（滞针），此时术者应沉着冷静、安抚患畜，使之安静，轻轻捻动针柄，顺针弯的方向慢慢拔出。

（5）进针时应留适当长度的针身在体外，以防折断时易于拔出。若遇针体折断，体外尚露一小段时，应用镊子或钳子迅速拔出；全部折于体内的，则用手术方法取出。

（6）进针时如果由于针头过大、进针过深、刺伤动脉或切断血管等而出血不止的，应采取压迫、钳夹或结扎等止血措施。

（7）如果因消毒不严，针身生锈、烧针不透以及术后感染而引起针孔化脓者，应排出脓汁，清洁针孔，涂以碘酊；感染严重者，应切开排脓引流，按脓疮处理。

（8）火针要烧透，针孔要封闭，以防止感染；火针后要加强护理，防止患畜摩擦，啃咬针孔或被雨水浸湿等。火针对患畜的刺激性较强，且针孔周围组织受到的灼伤刺激能持续1周以上，因此扎火针前应有全面的计划，每次选穴3～4个，每隔7～10 d扎1次，第2次选穴不能重复以前扎过火针的穴位。

(9)不同的血管穴，行血针时所用针具不同。较大的血管穴，如胸腔静脉，可以用大宽针；中、小血管，可用中、小宽针。三棱针大多用于细小血管，如玉堂、通关、分水、三江等。

(10)血针要快速进针，一次穿透皮肤及血管壁。使用宽针时，针刃需与血管平行刺入，切勿切断血管。

(11)体质衰弱、孕畜、久泻、失血的病畜，不宜放血。四肢下部的穴位放血后，不宜立即涉水，以防感染。

(12)水针疗法所用药物以能皮下或肌内注射为宜，刺激性过强的药物不宜使用。注射后局部常会出现轻度肿胀和疼痛，一般经1 d可自行消失。个别病畜注射后会有体温升高现象，因此，对发热的病畜最好不用此法治疗。

知识链接

1. 兽医针灸的针具

具体见图8-7。

(1)毫针　针体粗0.64～1.25 mm，用不锈钢制成，又叫新针，针体长有10 cm、12 cm、15 cm、20 cm、25 cm、30 cm 6种。这种毫针多用于深刺、针刺麻醉或小动物的白针穴位。

(2)圆利针　针体粗1.5～2.0 mm，分大、小圆利针。大圆利针长有6 cm、8 cm、10 cm 3种，一般用于牛、马、猪的白针穴位；小圆利针长有2 cm、3 cm、4 cm 3种，一般用于针刺大动物眼部周围、小动物或禽的白针穴位。

(3)宽针　针尖形如矛尖，针刃锋利，有大、中、小3种规格。大宽针长约12 cm，针头宽约0.8 cm。多用于放马、牛静脉、肾堂、蹄头血；小宽针长约10 cm，针头宽约0.4 cm，用于放牛、马缠腕、太阳血；中宽针介于大、小宽针之间，用于放牛、马带脉、胸膛血。

(4)三棱针　针尖部为三棱状，有大、小2种，多用于面部血管穴位或其他小血管穴，如三江、玉堂、通关穴等。

(5)穿黄针　状如小宽针，尾部有一小孔，可以穿马尾，专用于穿黄。

(6)火针　比圆利针粗大，针头圆锐，针身长度可分2 cm、3 cm、5 cm、10 cm 4种。用于肌肉丰满处的非血管穴，如九委、百会、巴山穴等。

(7)夹气针　形如矛尖状，扁平，针尖钝圆，由竹签或合金制成，长约30 cm，宽约0.4 cm，专用于夹气穴。

(8)针锤　为一种针刺辅助器械，多用于安装宽针，在放胸膛、带脉、蹄头血时使用。

2. 兽医针灸的灸具

最常用的灸具为艾卷，有时也用到艾炷。艾卷是用干燥的艾绒薄摊在草纸上，卷成长约15 cm，粗约1 cm的松紧适度的艾卷，用糨糊封口；艾炷是用艾绒制成红枣大小的圆锥体，用于细针艾灸和隔姜(蒜)灸等。

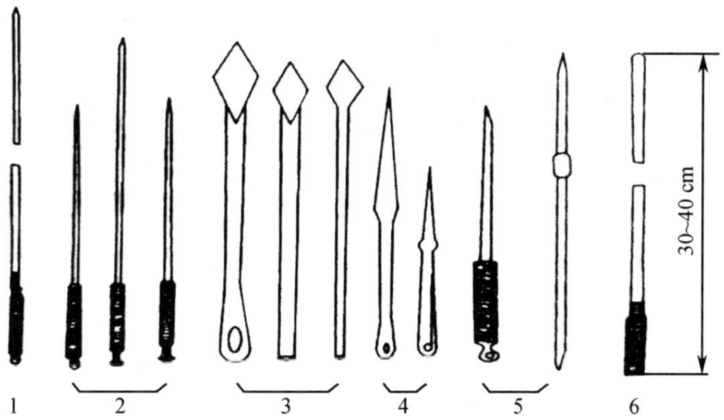

图 8-7　常用各类针具

1. 毫针　2. 圆利针　3. 宽针　4. 三棱针　5. 炎针　6. 夹气针

3. 取穴法

针灸施术前要在病畜体表准确地找出穴位，因为取穴正确与否，会直接影响疗效，所以掌握取穴方法是非常重要的。依据不同的取穴标准，可将取穴方法分为以下几种：

(1)自然标志取穴法

①外观体形取穴：即以畜体各部自然标志为基础而取穴，如马的鼻端旋毛取分水穴，口角取锁口穴等。

②解剖部位取穴：即按畜体解剖学部位为基础而取穴，如腰椎与荐椎结合部凹陷正中为百会穴。

(2)体躯连线取穴法　即将动物体某些部位间的连线距离划分一定的比例而取穴，如股骨中转子与百会穴连线的中点取巴山穴，髋结节到背中线所做垂线的中、外 1/3 交界处取雁翅穴等。

(3)指量取穴法　即以人的手指第 2 指关节的宽度作为取穴尺度。食指、中指相并(二横指)约为 3 cm；食指、中指、无名指、小指相并(4 横指)约为 6 cm。

4. 针感反应

对患病动物的一定穴位针刺时，其有无针感反应，是判断取穴准确与否的关键。针感反应又名得气，是指针刺病畜某一特定穴位时，病畜所表现出的相应的独特的症状，如针刺后病畜有针感反应，则是针刺穴位准确无误的标志。针感反应的表现，依不同穴位而异，如鼻前穴的针感反应是“上唇提肌明显收缩”；百会穴则有“弓腰和臀部肌肉颤动”反应等。治疗某一疾病，可以取 1 个穴位，也可以选取多个穴位。取多个穴位治疗疾病时，其中起主要作用的叫主穴，起协同作用的叫配穴，如治疗肘黄(肘关节炎)时，抢风穴为主穴，肘俞、乘重为配穴。

5. 常用针炙穴位及其应用

现将马、牛的部分常见针灸穴位，按名称、部位、针法及主治等项，列表简介如下：

(1)牛的常用穴位及应用(表 8-1)。

表 8-1　牛的常用穴位及应用

部位	穴名	穴位	针法	主治
头颈部	天门	两角根连线正中后方的凹陷中，即枕骨外结节与寰椎之间的凹陷处，1 穴	圆利针或火针向后下方刺入 1.5～3.0 cm	癫痫，破伤风，脑黄
	人中（山根）	主穴在鼻唇镜背侧正中有毛与无毛交界处，左右鼻孔背角处各 1 副穴，共 3 穴	小宽针向后下方刺入 1.0 cm，出血	中暑，消化不良，冷痛，风湿，癫痫
	开关（牙关）	颊部咬肌前缘，最后 1 对臼齿稍后上方，左右侧各 1 穴	中、小宽针或火针向后上方刺入 1.5～2.5 cm	腮肿，破伤风，歪嘴风
	颈脉（大脉）	颈静脉沟前 1/3 处的颈静脉上	吊起牛头，颈系采血绳，用大宽针平行脉管刺入 1～1.5 cm，放血	急性中毒，五脏积热，中暑，脑黄
前肢部	抢风（中腕）	三角肌深部，小圆肌后缘与臂三头肌长头、外头之间所形成的间隙中，左右肢各 1 穴	中宽针、小宽针、圆利针或火针直刺入 3～5 cm	闪伤，前肢风湿，外夹气
	肘俞（下腕）	臂骨外与肘突之间的凹陷中，左右肢各 1 穴	小宽针或火针向内下方斜刺 3 cm	肘部肿胀，前肢风湿，闪伤
	缠腕（寸子）	悬蹄旁上约 1.5 cm 处凹陷中，即球节上方，指屈腔与骨间中肌之间的凹陷处，前后肢内外各 1 穴，共 8 穴	中宽针或小宽针向内下方刺入 1～2 cm，出血	蹄黄，扭伤，寸腕肿痛，风湿
	蹄头（八字）	蹄冠缘背侧正中，有毛与无毛交界处，即三、四指（趾）蹄匣上缘，每蹄内外各 1 穴，共 8 穴	中宽针或小宽针向后下方刺入蹄冠 1 cm，出血	蹄黄，蹄胎肿，中暑，腹痛，感冒
躯干及尾部	苏气	倒数第 5、6 胸椎棘突间的凹陷中，1 穴	中宽针或火针向前下方刺入 1.5～2.5 cm，圆利针刺入 3～4.5 cm	肺热咳喘，气胀，食滞
	百会（千金）	腰荐椎连接处的凹陷中，1 穴	小宽针、火针或圆利针直刺 3～6 cm	腰胯风湿，二便不利，后躯瘫痪
	肾俞	髋结节与百会穴连线的中点处，即百会穴旁约 8 cm 的臀中肌中，左右侧各 1 穴	中宽针或火针向内下方刺入 1.5～2.5 cm，圆利针刺入 3～4 cm	腰背和后肢风湿
	脾俞	倒数第 3 肋间隙上端，背最长肌与髂肋间的肌沟中，左右侧各 1 穴	中宽针、小宽针或火针向内下方刺入 2.5～3 cm	气胀，脾虚泄泻，腹痛，慢草
	关元俞	肛门与尾根之间的凹陷中，1 穴	圆利针向内下方刺入 4～7 cm	水草肚胀，便秘，泄泻
	肺俞	倒数第 5、6、7、8 肋的任何一肋间与髋肩关节连线的交点处，左右侧各 1 穴	中宽针、小宽针或火针向内下方刺入 2.5～3 cm	咳嗽，气喘，肺胀，肺热

续表 8-1

部位	穴名	穴位	针法	主治
躯干及尾部	后海（地户、交巢）	肛门与尾根之间的凹陷中，1 穴	提起尾巴，以小宽针或火针向前上方刺入 3～4.5 cm，圆利针刺入 4.5～7 cm	痢疾，泄泻，肠胃热结
	尾根	尾背侧正中，荐尾结合部棘突间凹陷处，1 穴	手摇动尾根时，能动的骨节前凹陷中，用小宽针或火针直刺 1 cm，圆利针刺入 1.5～2.5 cm	便秘，脱肛，子宫脱，热痛
	尾尖（垂珠）	尾尖部，1 穴	中宽针刺入 1 cm 或十字切开，出血	中暑，感冒，过劳
后肢部	大胯	股骨大转子上方凹陷中，即髋关节直上方 6～10 cm 处的臀中肌内，左右肢各 1 穴	中宽针、圆利针或火针直刺 3 cm	后肢风湿，腰胯闪伤
	小胯	股骨大转子直下方约 8 cm 的股二头肌中，左右肢各 1 穴	中宽针、圆利针或火针直刺 3 cm	后肢风湿，腰胯闪伤
	邪气（黄金）	坐骨结节和股骨大转子连线与股二头肌沟的交点处，左右肢各 1 穴	小宽针、圆利针或火针直刺 3 cm	后肢风湿，闪伤腰胯痛，后肢麻痹
	仰瓦	邪气穴前下方 5～12 cm 处的股二头肌沟中，左右肢各 1 穴	小宽针、圆利针或火针直刺 3 cm	后肢风湿，闪伤疼痛，后肢麻痹
	肾堂	股内侧上部皮下隐静脉上，左右肢各 1 穴	吊起对侧后肢，术者站在患牛的后方，以宽针沿血管刺入 1 cm，出血	外肾黄，后肢肿痛
	曲池（承山）	附关节前上方稍内侧，趾长伸肌腱与第 3 腓骨肌腱之间的胫前静脉上，左右肢各 1 穴	中宽针或小宽针向后上方急刺 1.5 cm，出血	合子骨肿痛，后肢风湿

(2)犬的常用穴位及应用(表 8-2)。

表 8-2 犬的常用穴位及应用

部位	穴名	穴位	针法	主治
头颈部	人中	上唇唇沟上、中 1/3 交界处,1 穴	毫针或三棱针直刺 0.5 cm	中风,中暑,支气管炎
	山根	鼻背正中有毛无毛交界处,1 穴	三棱针点刺 0.2～0.5 cm,出血	中暑,中暑,感冒,发热
	三江	内眼角下的眼角静脉上,左右侧各 1 穴	三棱针点刺 0.2～0.5 cm,出血	便秘,腹痛,目赤肿痛
	承泣	下眼眶上缘中部,左右侧各 1 穴	上推眼球,毫针沿眼球与眼眶之间刺入 2～3 cm	目赤肿痛,睛生云翳,白内障
	睛明	内眼角上、下眼睑交界处,左右眼各 1 穴	外推眼球,毫针直刺 0.2～0.3 cm	目赤肿痛,眵泪,云翳
	上关	下颌关节后上方,下颌骨关节突与颧弓之间的凹陷中,左右侧各 1 穴	毫针直刺 3 cm	歪嘴风,耳聋
	下关	下颌关节前下方,颧弓与下颌骨角之间的凹陷中,左右侧各 1 穴	毫针直刺 3 cm	歪嘴风,耳聋
	翳风	耳基部下颌关节后下方,乳突与下颌骨之间的凹陷中,左右侧各 1 穴	毫针直刺 3 cm	歪嘴风,耳聋
	耳尖	耳郭尖端背面的静脉上,左右耳各 1 穴	三棱针或小宽针点刺,出血	中暑,感冒,腹痛
	天门	枕寰关节背侧正中点的凹陷中,1 穴	毫针直刺 1～3 cm,或艾灸	发热,脑炎,抽风,惊厥
前肢部	肩井	肩关节前上缘,肩峰前下方的凹陷中,左右肢各 1 穴	毫针直刺 1～3 cm	肩部神经麻痹,扭伤
	抢风	肩关节后方,三角肌后缘、臂三头肌长头和外头形成的凹陷中,左右肢各 1 穴	毫针直刺 2～4 cm,或艾灸	前肢神经麻痹,扭伤,风湿症
	前三里	前臂上 1/4 处,腕外侧屈肌与第 5 指伸肌之间的肌沟中,左右肢各 1 穴	毫针直刺 2～4 cm,或艾灸	桡、尺神经麻痹,前肢神经痛,风湿症
	涌滴	第 3、4 掌(跖)骨间的掌(跖)背侧静脉上,每肢各 1 穴	三棱针直刺 1 cm,出血	风湿症,感冒
	指(趾)间	足背指(趾)间,掌(跖)、指(趾)关节水平线上,每足 3 穴	毫针斜刺 1～2 cm,或三棱针点刺	指(趾)扭伤或麻痹
躯干及尾部	大椎	第 7 颈椎与第 1 胸椎棘突间的凹陷中,1 穴	毫针直刺 2～4 cm,或艾灸	发热,咳嗽,风湿症,癫痫
	身柱	第 3、4 胸椎棘突间的凹陷中,1 穴	毫针向前下方刺入 2～4 cm,或艾灸	肺热,咳嗽,肩扭伤

续表 8-2

部位	穴名	穴位	针法	主治
躯干及尾部	灵台	第 6、7 胸椎棘突间的凹陷中，1 穴	毫针稍向前下方刺入 1～3 cm，或艾灸	胃痛，肝胆湿热，肺热咳嗽
	中枢	第 10、11 胸椎棘突间的凹陷中，1 穴	毫针直刺 1～2 cm，或艾灸	食欲不振，胃炎
	悬枢	最后(第 13)胸椎与第 1 腰椎棘突间的凹陷中，1 穴	毫针斜向后下方刺入 1～2 cm，或艾灸	风湿症，腰部扭伤，消化不良，腹泻
	命门	第 2、3 腰椎棘突间的凹陷中，1 穴	毫针斜向后下方刺入 1～2 cm，或艾灸	风湿症，泄泻，腰痿，水肿，中风
	阳关	第 4、5 腰椎棘突间的凹陷中，1 穴	毫针斜向后下方刺入 1～2 cm，或艾灸	性机能减退，子宫内膜炎，风湿症，腰部扭伤
	百会	腰荐十字部，即最后(第 7)腰椎与第 1 荐椎棘突间的凹陷中，1 穴	毫针直刺 1～2 cm，或艾灸	腰胯疼痛，瘫痪，泄泻，脱肛
	肺俞	倒数第 10 肋间背中线约 6 cm 的髂肋肌沟中，左右侧各 1 穴	毫针沿肋间向下斜刺 1～2 cm，或艾灸	咳喘，气喘
	心俞	倒数第 8 肋间距背中线 6 cm 的髂肋肌沟中，左右侧各 1 穴	毫针沿肋间向下斜刺 1～2 cm，或艾灸	心脏疾患，癫痫
	肝俞	倒数第 4 肋间距背中线 6 cm 的髂肋肌沟中，左右侧各 1 穴	毫针沿肋间向下斜刺 1～2 cm，或艾灸	肝炎，黄疸，眼病
	脾俞	倒数第 2 肋间距背中线 6 cm 的髂肋肌沟中，左右侧各 1 穴	毫针沿肋间向下斜刺 1～2 cm，或艾灸	脾胃虚弱，呕吐，泄泻
	三焦俞	第 1 腰椎横突末端相对的髂肋肌沟中，左右侧各 1 穴	毫针直刺 1～3 cm，或艾灸	食欲不振，消化不良，呕吐，贫血
	肾俞	第 2 腰椎横突末端相对的髂肋肌沟中，左右侧各 1 穴	毫针直刺 1～3 cm，或艾灸	肾炎，多尿症，不孕症，腰部风湿、扭伤
	大肠俞	第 4 腰椎横突末端相对的髂肋肌沟中，左右侧各 1 穴	毫针直刺 1～3 cm，或艾灸	消化不良，肠炎，便秘
	关元俞	第 5 腰椎横突末端相对的髂肋肌沟中，左右侧各 1 穴	毫针直刺 1～3 cm，或艾灸	消化不良，便秘，泄泻
	二眼	第 1、2 背荐孔处，每侧各 2 穴	毫针直刺 1～1.5 cm，或艾灸	腰胯疼痛，瘫痪，子宫疾病
	胸膛	胸前，胸外侧沟中的臂头静脉上，左右侧各 1 穴	头高位，小宽针或三棱针顺血管直刺 1 cm，出血	中暑，肩肘扭伤，风湿症
	中脘	胸骨后缘与肚脐的连线中点，1 穴	毫针向前斜刺 0.5～1 cm，或艾灸	消化不良，呕吐，泄泻，胃痛
	天枢	肚脐旁开 3 cm，左右侧各 1 穴	毫针直刺 0.5 cm，或艾灸	腹痛，泄泻，便秘，带症
	后海	尾根与肛门间的凹陷中，1 穴	毫针稍向前上方刺入 3～5 cm	泄泻，便秘，脱肛，阳痿

续表 8-2

部位	穴名	穴位	针法	主治
躯干及尾部	尾根	最后荐椎与第 1 尾椎棘突间的凹陷中,1 穴	毫针直刺 0.5～1 cm	瘫痪,尾麻痹,脱肛,便秘,腹泻
	尾本	尾部腹侧正中,距尾根部 1 cm 处的尾静脉上,1 穴	三棱针直刺 0.5～1 cm,出血	腹痛,尾麻痹,腰风湿
	尾尖	尾末端,1 穴	毫针或三棱针从末端刺入 0.5～0.8 cm	中风,中暑,泄泻
后肢部	环跳	股骨大转子前方,髋关节前缘凹陷中,左右侧各 1 穴	毫针直刺 2～4 cm,或艾灸	后肢风湿,腰胯疼痛
	肾堂	股内侧上部皮下隐静脉上,左右肢各 1 穴	三棱针或小宽针顺血管刺入 0.5～1 cm,出血	腰胯闪伤、疼痛
	膝上	髌骨上缘外侧 0.5 cm 处,左右肢各 1 穴	毫针直刺 0.5～1 cm	膝关节炎
	膝下(掠草)	膝关节前外侧,膝中、外直韧带之间的凹陷中,左右肢各一穴	毫针直刺 1～2 cm,或艾灸	膝关节炎,扭伤神经痛
	后三里	小腿外侧上 1/4 处的胫、腓骨间隙内,左右肢各 1 穴	毫针直刺 1～2 cm,或艾灸	消化不良,腹痛,泄泻,胃肠炎,后肢疼痛、麻痹
	阳辅	小腿外侧下 1/4 处的胫骨前缘,左右肢各 1 穴	毫针直刺 1 cm,或艾灸	后肢疼痛、麻痹,发热,消化不良
	解溪	跗关节前横纹中点,胫、跗骨间,左右肢各 1 穴	毫针直刺 1 cm,或艾灸	扭伤,后肢麻痹
	后跟	跟骨与腓骨远端之间的凹陷中,左右肢各 1 穴	毫针直刺 1 cm,或艾灸	扭伤,后肢麻痹

操作训练

利用课余时间参与动物医院门诊工作,给需要的患病动物实施针灸治疗。

项 目 测 试

A 型题

1. 洗眼常用的冲洗液为(　　)

A. 0.1% $KMnO_4$　　B. 2%硼酸　　C. 10%盐水

D. 70%酒精　　E. 2%盐酸

2. 当眼角有分泌物或其他异物时，可蘸取(　　)轻轻洗掉污物，并滴入几滴抗生素眼药水保护眼睛。

A. 2%硼酸　　B. 2%盐酸　　C. 2%醋酸
D. 2%硫酸　　E. 2%磷酸

3. 2.5 岁博美犬，产后已经 18 h，表现弓背和努责，时有污红色带异味液体自阴门流出。治疗原则为(　　)

A. 增加营养和运动量　　B. 剥离胎衣、增加营养
C. 抗菌消炎和增加运动量　　D. 促进子宫收缩和抗菌消炎
E. 抗菌消炎和运动量

4. 动物的后海穴位于(　　)

A. 肛门上、尾根下的凹陷中
B. 尾腹侧面正中，距尾基部 6 cm 的血管上
C. 最后荐椎与第 1 尾椎棘突间的凹陷中
D. 尾末端
E. 尾根中部

5. 在兽医用针具中，毫针用于(　　)

A. 血针疗法　　B. 白针疗法　　C. 火针疗法
D. 气针疗法　　E. 激光疗法

6. 在血针疗法中，常使用的针具为(　　)

A. 毫针　　B. 火针　　C. 宽针
D. 圆利针　　E. 窄针

7. 较长的毫针进针时，一般使用(　　)

A. 指切押手法　　B. 骈指押手法　　C. 舒张押手法
D. 夹持押手法　　E. 伸展押手法

8. 直刺是指针体和穴位部皮肤刺入角度为(　　)

A. 90°　　B. 60°　　C. 45°
D. 15°～25°　　E. 任意角度

9. 将某注射液注入穴位或患部痛点以防治疾病的方法，称为(　　)

A. 封闭疗法　　B. 白针疗法　　C. 水针疗法
D. 攻毒疗法　　E. 艾灸疗法

10. 水针疗法的操作方法相当于(　　)

A. 肌内注射　　B. 皮下注射　　C. 皮内注射
D. 静脉注射　　E. 穴位注射

11. 下面哪个不是水针疗法的穴位(　　)

A. 白针穴位　　B. 阿是穴　　C. 肌肉起止点
D. 血针穴位　　E. 后海穴

12. 位于尾根与肛门间的凹陷中的穴位是(　　)

A. 尾根　　B. 中脘　　C. 膀胱俞

D. 后海　　E. 肾俞

13. 紫外线疗法主要是利用其光谱中的(　　)

A. 长波紫外线　　B. 中波紫外线　　C. 短波紫外线

D. 中长波紫外线　　E. 中短波紫外线

14. 关于输氧疗法描述错误的是(　　)

A. 动物输氧可用直接连接于输氧装置的橡胶鼻导管,插入并固定于鼻孔内

B. 直接向动物静脉内注入 3%过氧化氢溶液

C. 可将一定量的氧注入皮下

D. 过氧化氢溶液一定要现配现用

E. 氧气瓶搬运时不可倒置

15. 博美犬近 10 d 来经常摩蹭和舔舐肛部,临诊发现肛门部肿大,肛门下方两侧破溃,流脓性分泌物,触诊敏感。根据上述症状,错误的疗法是(　　)

A. 烧烙疗法　　B. 手术治疗　　C. 冲洗疗法

D. 缝合破溃口　　E. 使用抗生素治疗

B 型题

(16～20 题备选答案)

A. 深部灌肠　　B. 手术治疗　　C. 冲洗疗法

D. 注射阿托品　　E. 针灸疗法

16. 一哺乳母猪断奶后不久出现阴唇肿,阴门黏膜红肿,阴道内流出脓性分泌物,最适宜的治疗方法是(　　)

17. 一空怀母猪,表现排粪费力,粪便干结,色深,根据临床症状,不可采用的治疗方法是(　　)

18. 一空怀母猪,表现排粪费力,粪便干结,色深,根据临床症状,最适宜选用的治疗方法是(　　)

19. 眼、鼻、口、耳、尿道、膀胱、阴道、子宫等部位发生炎症时,其共同的治疗方法是(　　)

20. 病犬发生面神经麻痹,可选用(　　)

附录

项目测试参考答案

项目一

1. E 2. E 3. E 4. B 5. E 6. E 7. B 8. ABDE 9. BCD 10. ABDE 11. AB 12. ABC 13. ACDE 14. E 15. A 16. B 17. D 18. C 19. E 20. E 21. A 22. A 23. D 24. C 25. D

项目二

1. C 2. C 3. B 4. A 5. E 6. B 7. A 8. B 9. BCD 10. ABDE 11. ABD 12. ABC 13. ABE 14. E 15. B 16. D 17. B 18. D 19. A 20. E

项目三

1. D 2. A 3. A 4. B 5. D 6. C 7. C 8. B 9. B 10. D 11. B 12. A 13. B 14. A 15. E 16. D 17. C 18. E

项目四

1. E 2. E 3. D 4. ABCDE 5. ADE

项目五

1. B 2. E 3. D 4. C 5. B 6. D 7. E 8. B 9. A 10. A 11. C 12. D 13. B 14. E 15. B 16. C 17. E 18. B 19. B 20. C 21. A 22. E 23. C 24. C 25. B 26. A 27. C 28. B 29. C 30. A 31. D 32. B 33. C 34. A 35. D 36. E

项目六

1. C 2. D 3. A 4. A 5. B 6. C 7. C 8. E 9. A 10. A 11. ACDE 12. ABCE 13. ABCE 14. ABE 15. ABDE 16. BC 17. AB 18. D 19. A 20. C 21. B 22. C 23. D 24. A 25. D 26. C 27. B 28. A

项目七

1. C 2. A 3. A 4. B 5. D 6. B 7. B 8. A 9. ABC 10. ABDE

项目八

1. B 2. A 3. D 4. A 5. B 6. C 7. B 8. A 9. C 10. A 11. D 12. D 13. D 14. B 15. D 16. C 17. D 18. A 19. C 20. E

参考文献

1. 吴敏秋,沈永恕．兽医临床诊疗技术．4 版．北京:中国农业大学出版社,2014.

2. 韩博．动物疾病诊断学．北京:中国农业大学出版社,2005.

3. 王俊东,刘宗平．兽医临床诊断学．2 版．北京:中国农业出版社,2010.

4. 执业兽医资格考试应试指南编写组．2019 年执业兽医资格考试应试指南·兽医全科类．北京:中国农业出版社,2019.

5. 唐兆新．兽医临床治疗学．北京:中国农业出版社,2002.

6. 吴敏秋．执业兽医临床操作手册．北京:中国农业出版社,2014.

7. 汪世昌,陈家璞．家畜外科学．3 版．北京:中国农业出版社,2000.

8. 袁占奎,何丹,夏兆飞,等．小动物临床技术标准图解．北京:中国农业出版社,2012.

9. 吴敏秋．动物外科与产科．北京:中国农业出版社,2018.

10. 武瑞．兽医临床诊疗学．2 版．哈尔滨:东北林业大学出版社,2006.

11. 彭广能．兽医外科与外科手术学．北京:中国农业大学出版社,2009.

12. 吴敏秋,周建强．兽医实验室诊断手册．南京:江苏科学技术出版社,2009.

13. 邓俊良．兽医临床实践技术．北京:中国农业大学出版社,2006.

14. 董忠生,吐尔洪·艾买尔．临床基础检验．武汉:华中科技大学出版社,2011.

15. 汤德元,陶玉顺．实用中兽医学．北京:中国农业出版社,2005.

16. 须建,彭裕红．临床检验仪器．2 版．北京:人民卫生出版社,2016.

17. 林德贵．兽医外科手术学．北京:中国农业出版社,2011.

18. 余建明,李真林．医学影像技术学．北京:科学出版社,2018.

19. 石焦,王洪斌,张建涛,等．腹腔镜技术在马疾病诊治中的应用．中国兽医杂志,2009,45(9):80-82.

20. 万鹏程,杨永林,石国庆,等．B 超仪与腹腔内窥镜在绵羊早期妊娠诊断中的应用．草食家畜(季刊),2003,118(1):31-32.

21. 刘志学，赵凯，王玉珠．心电图在动物疾病与麻醉中的应用．畜牧兽医科技信息，2005(1)：63-64.

22. 邵景涛，王洪斌，张建涛，等．腹腔镜技术的小动物临床应用．中国兽医杂志，2008，44(8)：66-68.

23. 覃广胜，梁贤威，杨炳壮，等．B超在水牛繁殖中的应用．中国奶牛，2010(6)：28-30.

24. 王洪斌．微创外科与兽医学．东北农业大学学报，2011，42(3)：1-7.

25. 张建涛，王洪斌，孙玉国，等．用腹腔镜探查母山羊腹腔．中国兽医杂志，2008，44(9)：25-27.

26. 郑家三，夏成，张洪友．应用腹腔镜对奶牛进行腹腔探查．中国奶牛，2009(8)：45-47.